HUAWEI

华为“1+X”职业技能
等级证书配套系列教材

移动应用开发

初级

华为软件技术有限公司 ◎ 编著

清華大学出版社
北京

内容简介

本书在全面介绍Java编程、前端开发、Java Web开发、Android编程以及鸿蒙系统(HarmonyOS)编程等基本知识的基础上,着重介绍华为移动服务(HUAWEI Mobile Services,HMS),包括账号服务、推送服务以及应用内支付服务集成的具体方法,并通过宠物商城项目的实现过程来说明如何在实际应用中集成华为各项服务。

全书共分为7章:第1章着重介绍Java编程,包括Java基础编程以及Java面向对象编程等知识;第2章着重介绍前端开发,包括HTML、CSS和JavaScript等知识;第3章着重介绍Java Web开发,包括环境配置和Servlet技术等知识;第4章着重介绍Android编程,包括Android基础入门、Android UI开发、Activity的应用、数据存储技术以及网络技术等知识;第5章着重介绍HarmonyOS编程,包括HarmonyOS概述、HarmonyOS的UI开发、HarmonyOS的网络与连接、HarmonyOS的数据管理等知识以及HarmonyOS案例开发;第6章着重介绍HMS应用开发,包括HMS概述、账号服务集成、推送服务集成以及应用内支付服务集成等知识;第7章着重介绍移动开发项目实战,包括宠物商城项目集成各项服务。全书提供了大量应用实例,每章后均附有习题。

本书适合作为中职和高职软件技术、移动互联网应用技术等计算机相关专业的移动应用开发"1+X"教材,同时可供对HarmonyOS开发和HMS感兴趣的开发人员、广大科技工作者和研究人员参考。

图书在版编目(CIP)数据

移动应用开发:初级/华为软件技术有限公司编著. —北京:清华大学出版社,2021.8(2023.8重印)
华为"1+X"职业技能等级证书配套系列教材
ISBN 978-7-302-58557-2

Ⅰ. ①移… Ⅱ. ①华… Ⅲ. ①移动终端-应用程序-程序设计-教材 Ⅳ. ①TN929.53

中国版本图书馆CIP数据核字(2021)第132319号

责任编辑:刘 星
封面设计:刘 键
责任校对:焦丽丽
责任印制:杨 艳

出版发行:清华大学出版社
网 址:http://www.tup.com.cn,http://www.wqbook.com
地 址:北京清华大学学研大厦A座 **邮 编**:100084
社 总 机:010-83470000 **邮 购**:010-62786544
投稿与读者服务:010-62776969,c-service@tup.tsinghua.edu.cn
质量反馈:010-62772015,zhiliang@tup.tsinghua.edu.cn
课件下载:http://www.tup.com.cn,010-83470236
印 装 者:三河市人民印务有限公司
经 销:全国新华书店
开 本:186mm×240mm **印 张**:23.25 **字 数**:524千字
版 次:2021年8月第1版 **印 次**:2023年8月第4次印刷
印 数:4001~5200
定 价:79.00元

产品编号:091808-01

本书编委会

前 言
PREFACE

华为移动服务(HMS)是华为为其设备生态系统提供的一套应用程序和服务，旨在为全球用户提供更智能、更快和更好的无缝体验。华为移动服务以及HMS应用程序集成了华为的芯片、设备和云计算能力，并形成了一套用于IDE开发和测试的HMS核心服务、工具和平台，HMS Core功能和服务的开发人员只需集成HMS软件开发套件即可使用华为的开放功能，目前HMS已成为全球第三大移动应用生态。

为响应教育部关于"学历证书+若干职业技能等级证书"(简称"1+X"证书)制度的试点工作，填补市场上HarmonyOS编程和HMS应用开发相关书籍的空白，编者结合移动应用开发专业的特点编写了本书。本书紧扣读者需求，采用循序渐进的叙述方式，深入浅出地论述了移动应用开发的关键技术、应用实例和发展前沿，此外，本书还分享了大量的程序源代码并附有详细的注解，有助于读者加深对移动应用开发相关原理的理解。

一、内容特色

与同类书籍相比，本书有如下特色。

例程丰富，解释翔实

本书根据编者多年从事移动应用开发教学与项目的经验，列举了丰富的Java源代码实例，并附有详细注解。通过对源代码的解析，不但可以加深读者对相关技术的理解，而且可以有效地提高读者在HMS应用开发方面的编程能力。本书所提供程序的编程思想、经验技巧也可为读者学习其他编程语言提供借鉴。

原理透彻，注重应用

将理论和实践有机地结合是进行HMS应用开发的关键。本书将HMS的相关知识分门别类、层层递进地进行了详细的叙述和透彻的分析，既体现了各知识点之间的联系，又兼顾了其渐进性。本书在介绍每个知识点时都结合了实际案例，同时，在第7章给出了实战案例，贯穿全书所学知识，使读者能够体会到"学以致用"的乐趣。

传承经典，突出前沿

本书不仅详细介绍了Java编程、前端开发、Java Web开发和Android编程等传统知识，而且探讨了HarmonyOS编程和HMS应用开发等前沿知识，并用大量案例与真实项目讲解最新技术，使读者在掌握理论知识的同时，能够动手实践。

图文并茂，语言生动

为了更加生动地诠释知识要点，本书配备了大量的图片，以便提升读者的兴趣，加深读者对相关理论的理解。在文字叙述上，本书摒弃了枯燥的平铺直叙，而是采用案例引导的方式，充分彰显了本书以读者为本的人性化的特点。

二、配套资源，超值服务

本书提供以下教学资料，读者可扫描下方二维码查看获取方式。

- 教学课件
- 习题答案
- MOOC 视频
- 程序源码
- 教学大纲
- 考试大纲
- 模拟考试题

配套资源

三、结构安排

本书主要介绍移动应用开发的相关知识，共 7 章，内容：Java 编程、前端开发、Java Web 开发、Android 编程、HarmonyOS 编程、HMS 应用开发和移动开发项目实战。

四、读者对象

- 对 HarmonyOS 编程和 HMS 感兴趣的读者。
- 中职和高职软件技术、移动互联网应用技术等计算机相关专业的学生。
- 相关工程技术人员。

五、致谢

感谢重庆工程职业技术学院谢先伟、王海洋老师以及福建船政交通职业学院郑志娴老师参与编写本书的具体内容，华为技术有限公司王希海、童得力、吴海亮、张莹莹、孙思源、张嘉涛、崔春、王碧波、吕军涛、陈斌、范瑞群、侯伟龙、翁新瑜、蔡晓权、曹立波为本书的编写提供技术支持，并审校全书。

限于编者的水平和经验，加之时间比较仓促，疏漏之处在所难免，敬请读者批评指正，联系邮箱 workemail6@163. com。

编　者

2021 年 5 月于重庆

目录

CONTENTS

第 1 章

Java 编程

1.1 Java 基础编程

Java 是一种可以撰写跨平台应用软件的面向对象的程序设计语言,它是由 Sun 公司于 1995 年 5 月推出的 Java 程序设计语言和 Java 平台(即 Java SE、Java EE、Java ME)的总称。下面介绍一下 Java 语言的发展及前景。

1995 年 5 月 23 日,SunWorld 大会上 Java 和 HotJava 浏览器的第一次公开发布标志着 Java 语言正式诞生。

1996 年 1 月 23 日,Java 1.0 正式发布,第一个 JDK(Java Development Kit,Java 开发工具包)——JDK 1.0 诞生。JDK 是整个 Java 的核心,包括 Java 运行环境、Java 工具和 Java 基础类库。各大知名公司纷纷向 Sun 公司申请 Java 的许可。一时间,Netscape、惠普、IBM、Oracle、Sybase 甚至当时刚推出 Windows 95 的微软都是 Java 的追随者。与此同时,Java 这门新生的语言拥有了自己的会议——JavaOne。

1997 年 2 月 18 日,JDK 1.1 发布。之后的一年内,下载次数超过 2000000 次。

1997 年 4 月 2 日,JavaOne 会议召开,参与者超过一万人,创当时全球同类会议规模之纪录。同年度,JavaDeveloperConnection 社区成员超过十万。

1998 年 12 月 8 日,Java 2 平台正式发布。

1999 年 6 月,Sun 公司发布 Java 的三个版本:标准版(J2SE)、企业版(J2EE)和微型版(J2ME)。以上三个版本构成了 Java 2,它是 Sun 意识到"one size doesn't fit all"之后,把最初的 Java 技术打包成 3 个版本的产物。

2000 年 5 月 8 日,JDK 1.3 发布。

2000 年 5 月 29 日,JDK 1.4 发布。

2001 年 9 月 24 日,J2EE 1.3 发布。

2002 年 2 月 26 日,J2SE 1.4 发布,自此 Java 的计算能力有了大幅提升。

2004 年 9 月 30 日,J2SE 1.5 发布,成为 Java 语言发展史上的又一里程碑。为了突出该版本的重要性,J2SE 1.5 更名为 Java SE 5.0。在 Java SE 5.0 版本中,Java 引入了泛型编程(Generic Programming)、类型安全的枚举、不定长参数和自动装/拆箱等语言特性。

2005 年 6 月，JavaOne 大会召开，Sun 公司公开 Java SE 6。此时，Java 的各种版本已经更名，以取消其中的数字“2”：J2EE 更名为 Java EE，J2SE 更名为 Java SE，J2ME 更名为 Java ME。

2006 年 12 月，Sun 公司发布 JRE 6.0。

2009 年 4 月 20 日，Oracle 公司（甲骨文公司）以 74 亿美元收购 Sun 公司，取得了 Java 的版权。

2010 年 9 月，JDK 7.0 发布，增加了简单闭包功能。

2011 年 7 月，Oracle 公司发布了 Java 7 的正式版。

2014 年 3 月，Oracle 公司发布了 Java 的版本 1.8，Oracle 官方称为 Java 8。Java 8 中的新特性主要有：接口的默认方法、Lambda 表达式、函数式接口、多重注解等。

2017 年 9 月，Oracle 公司发布了 Java 9 正式版。Java 9 中的新特性主要有简化进程 API、轻量级 JSON API、改善锁竞争机制、智能 Java 编译等。

2018 年 3 月，Oracle 公司发布了 Java 10 正式版。Java 10 中的新特性主要有局部变量的类型推断、GC 改进和内存管理等。

2018 年 9 月，Oracle 公司发布了 Java 11 正式版。Java 11 中的新特性主要有本地变量类型推断、字符串增强、集合增强等。

2019 年 3 月，Oracle 公司发布了 Java 12 正式版。

2019 年 9 月，Oracle 公司发布了 Java 13 正式版。Java 13 中的新特性主要有 swtich 优化更新、文本块升级等。

2020 年 3 月，Oracle 公司发布了 Java 14 正式版。Java 14 中的新特性主要有 switch 优化变更为最终版、垃圾回收相关优化、instanceof 的模式匹配等。

2020 年 9 月，Oracle 公司发布了 Java 15 正式版。

Java 平台由 Java 虚拟机和 Java 应用编程接口构成。Java 应用编程接口为 Java 应用提供了一个独立于操作系统的标准接口，可分为基本部分和扩展部分。在硬件或操作系统平台上安装一个 Java 平台之后，Java 应用程序就可以运行了。现在 Java 平台已经嵌入了几乎所有的操作系统。这样 Java 程序只编译一次，就可以在各种系统中运行。

Java 分为三个体系，即 Java 平台标准版、Java 平台企业版和 Java 平台微型版。

Java 技术具有卓越的通用性、高效性、平台移植性和安全性，广泛应用于个人计算机、数据中心、游戏控制台、科学超级计算机、移动电话和互联网，同时拥有全球最大的开发者专业社群。在全球云计算和移动互联网的产业环境下，Java 更具备了显著的优势和广阔的发展前景。

1.1.1 环境配置

1. 下载和安装 JDK

下载地址：http://www.oracle.com/technetwork/java/javase/downloads/index.html，推荐安装 Java SE 8u281 这个版本，如图 1.1 所示。

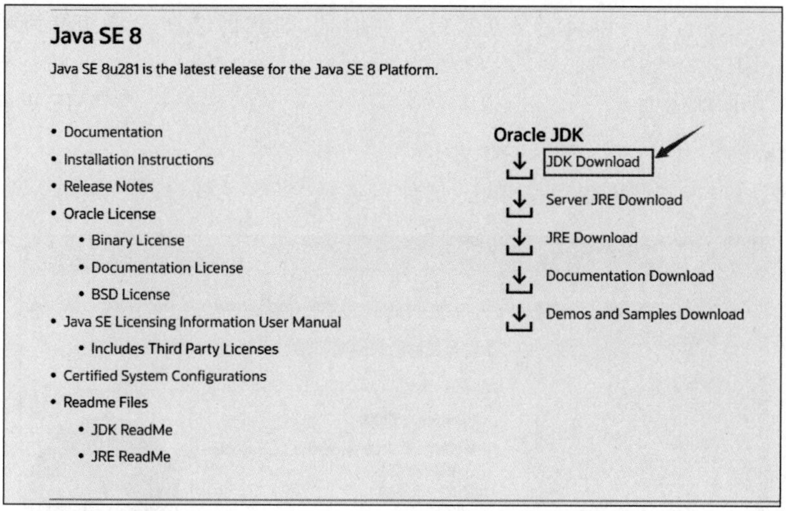

图 1.1 JDK 下载网址

在下载页面中需要选择接受许可,并根据自己的系统选择对应的版本,本书以 Windows 64 位系统为例,如图 1.2 所示。

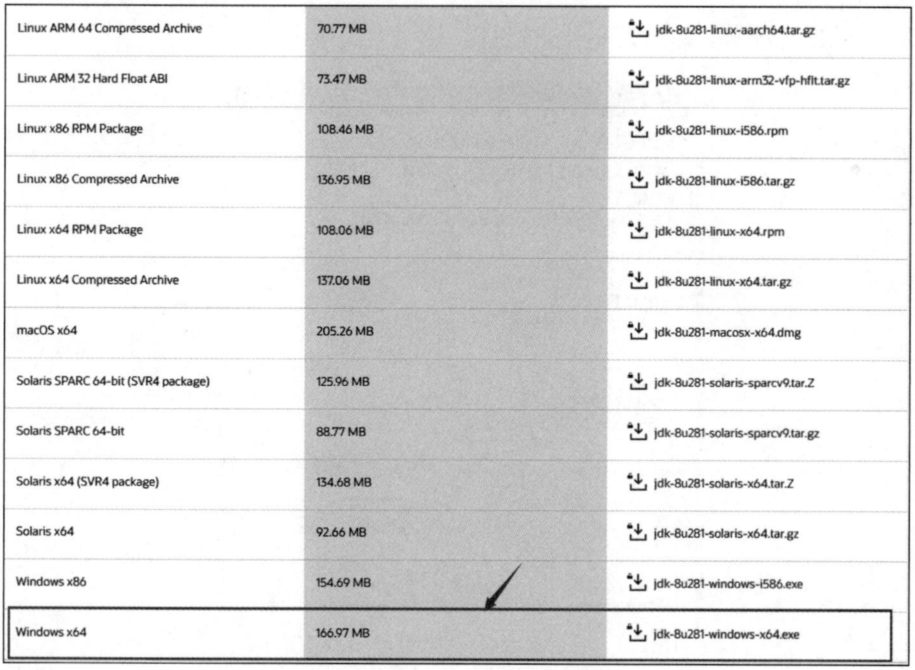

Linux ARM 64 Compressed Archive	70.77 MB	jdk-8u281-linux-aarch64.tar.gz
Linux ARM 32 Hard Float ABI	73.47 MB	jdk-8u281-linux-arm32-vfp-hflt.tar.gz
Linux x86 RPM Package	108.46 MB	jdk-8u281-linux-i586.rpm
Linux x86 Compressed Archive	136.95 MB	jdk-8u281-linux-i586.tar.gz
Linux x64 RPM Package	108.06 MB	jdk-8u281-linux-x64.rpm
Linux x64 Compressed Archive	137.06 MB	jdk-8u281-linux-x64.tar.gz
macOS x64	205.26 MB	jdk-8u281-macosx-x64.dmg
Solaris SPARC 64-bit (SVR4 package)	125.96 MB	jdk-8u281-solaris-sparcv9.tar.Z
Solaris SPARC 64-bit	88.77 MB	jdk-8u281-solaris-sparcv9.tar.gz
Solaris x64 (SVR4 package)	134.68 MB	jdk-8u281-solaris-x64.tar.Z
Solaris x64	92.66 MB	jdk-8u281-solaris-x64.tar.gz
Windows x86	154.69 MB	jdk-8u281-windows-i586.exe
Windows x64	166.97 MB	jdk-8u281-windows-x64.exe

图 1.2 选择 Java SE 8u281 64bit 版本

注册 Oracle 账号后,开始下载,下载后的安装根据提示进行,安装 JDK 的时候也会安装 JRE,一并安装就可以了。

安装 JDK 的过程中可以自定义安装目录等信息，如我们选择安装目录为 C:\Program Files \Java\jdk1.8.0_281。

2. 配置 JDK 环境变量

1）高级系统设置

安装完成后，右击“我的电脑”，单击“属性”，选择“高级系统设置”，如图 1.3 所示。

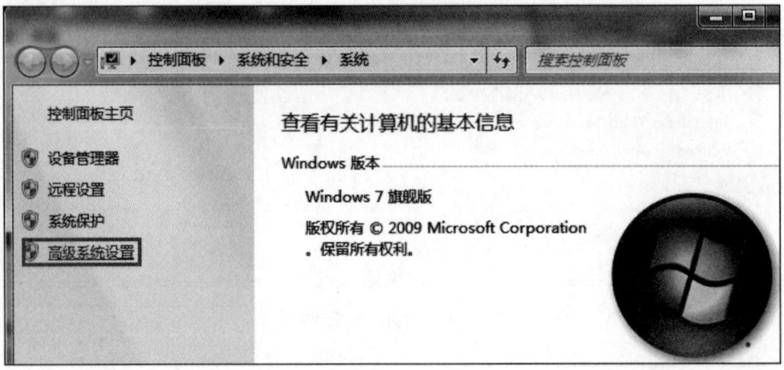

图 1.3　选择高级系统设置

2）配置环境变量

选择“高级”选项卡，单击“环境变量”按钮，如图 1.4 所示。

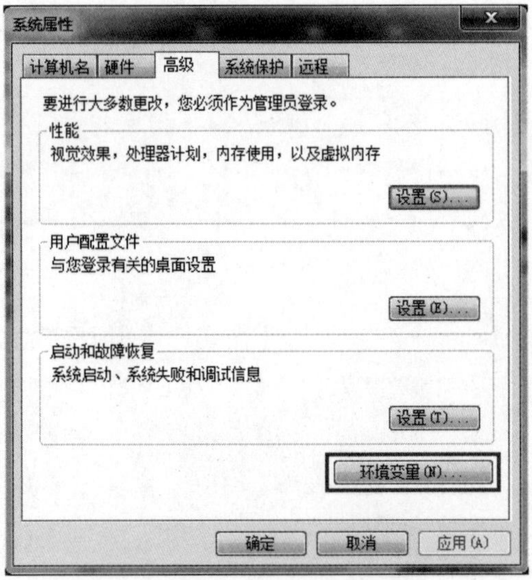

图 1.4　单击高级页框中的“环境变量”按钮

3）配置系统变量

在如图 1.5 所示的图中配置“系统变量”，其中需设置 JAVA_HOME 和 Path 两项属性，若已存在则单击“编辑”按钮，不存在则单击“新建”按钮。具体配置如图 1.6 和图 1.7 所示。

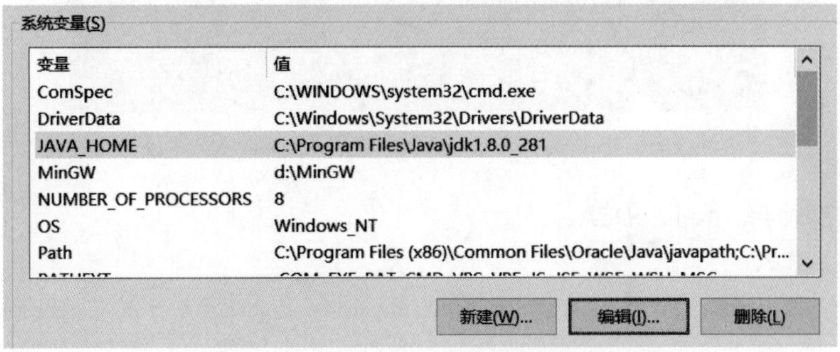

图 1.5 环境变量中的“系统变量”

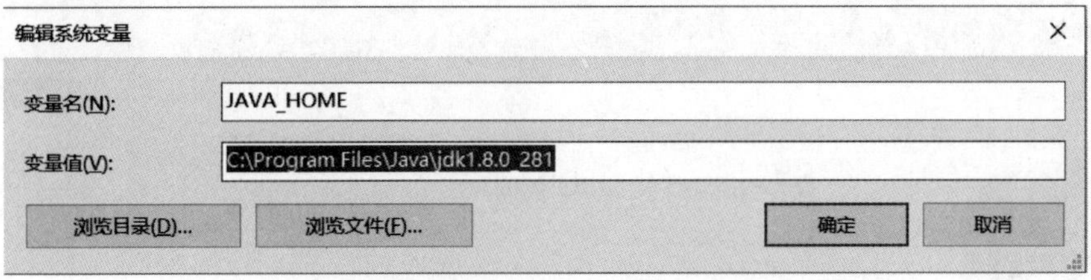

图 1.6 配置 JAVA_HOME 系统变量

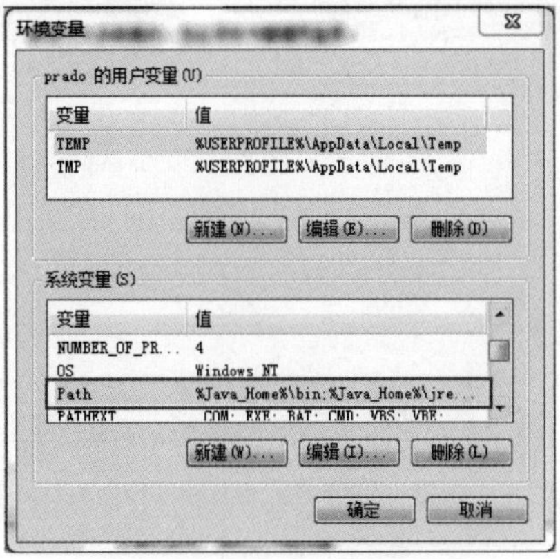

图 1.7 配置 Path 系统变量

变量设置参数如下。

- 变量名：JAVA_HOME。
- 变量值：C:\Program Files\Java\jdk1.8.0_281(要根据自己的实际路径配置)。
- 变量名：Path。
- 变量值：%JAVA_HOME%\bin。

4）测试 JDK 是否安装成功

(1) 选择“开始”→“运行”，输入“cmd”。

(2) 输入命令：java -version 命令，出现如图 1.8 所示的信息，说明环境变量配置成功。

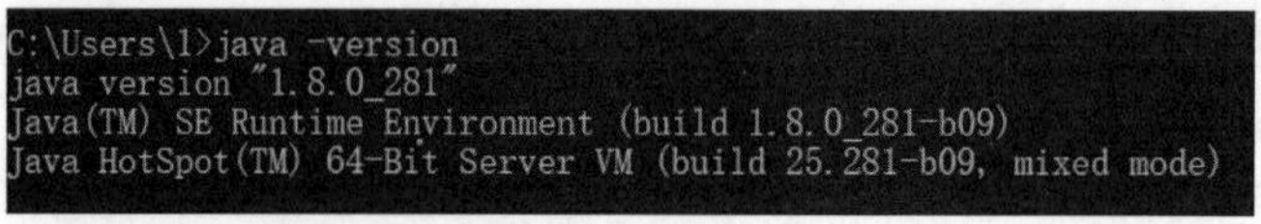
C:\Users\1>java -version
java version "1.8.0_281"
Java(TM) SE Runtime Environment (build 1.8.0_281-b09)
Java HotSpot(TM) 64-Bit Server VM (build 25.281-b09, mixed mode)

图 1.8　使用 java -version 命令验证 JDK 是否安装成功

3. 安装和使用 IntelliJ IDEA

1）下载 IEDA

下载地址为 https://www.jetbrains.com/idea/download/#section=windows，如图 1.9 所示。

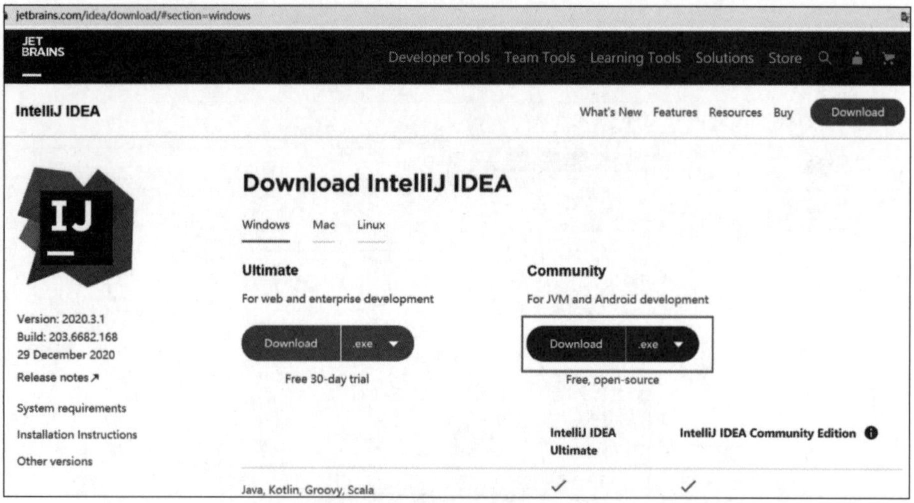

图 1.9　IDEA 下载地址

2）安装 IDEA

下载到本地后，双击运行进行安装。选择安装地址，如图 1.10 所示。

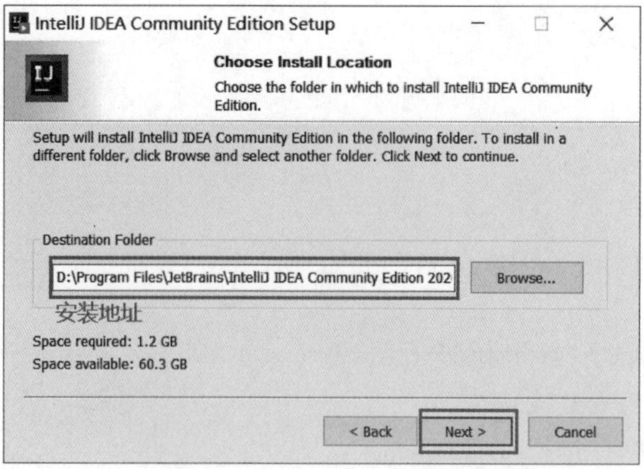

图 1.10　配置 IDEA 安装路径

单击 Next 按钮，可以进行创建快捷方式等配置安装选项，如图 1.11 所示。

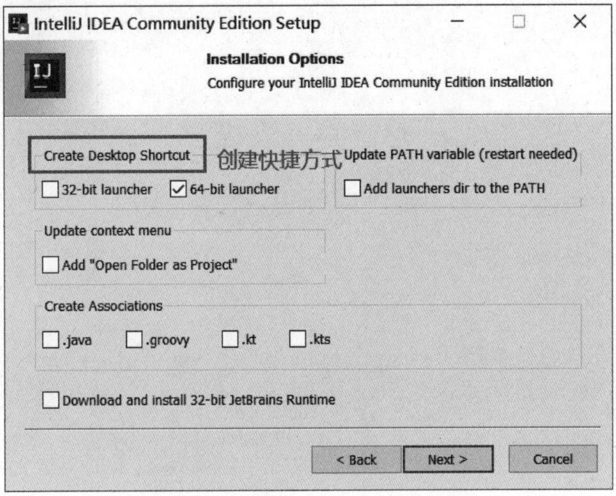

图 1.11 IDEA 安装选项配置界面

按向导完成安装，弹出安装完成界面，如图 1.12 所示。

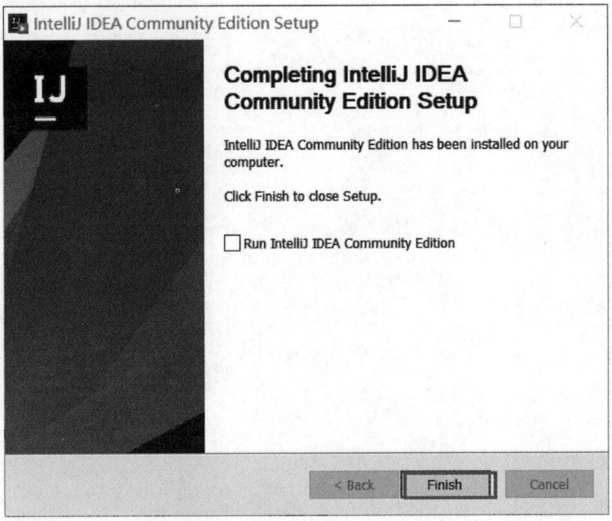

图 1.12 IDEA 安装完成界面

4. 创建并运行第一个 Java 程序

1）创建一个新 Project

单击 New Project 按钮创建一个新工程，如图 1.13 所示。或在项目窗口中选择 File→New→Project 创建一个新工程。

2）选中 Java 与 JDK 版本

在如图 1.14 所示的界面中，选择 Java 及工程对应的 JDK 版本，单击 Next 按钮。

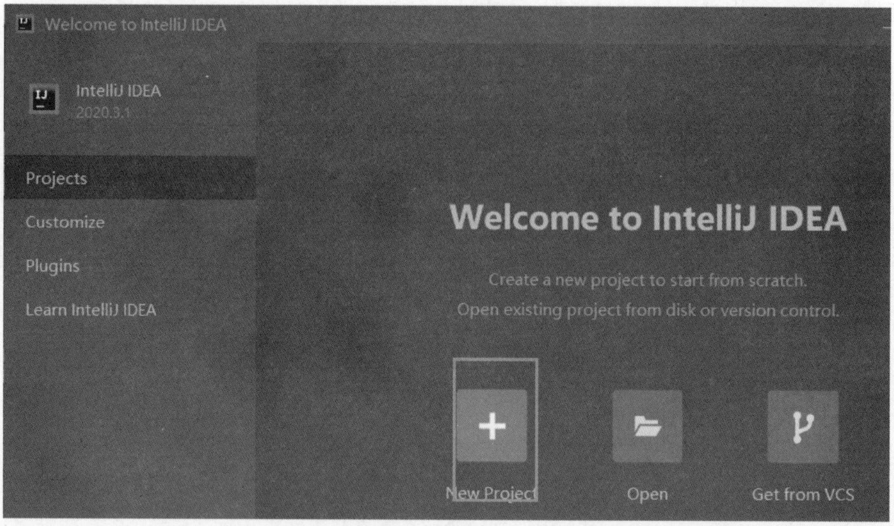

图 1.13　创建一个新工程

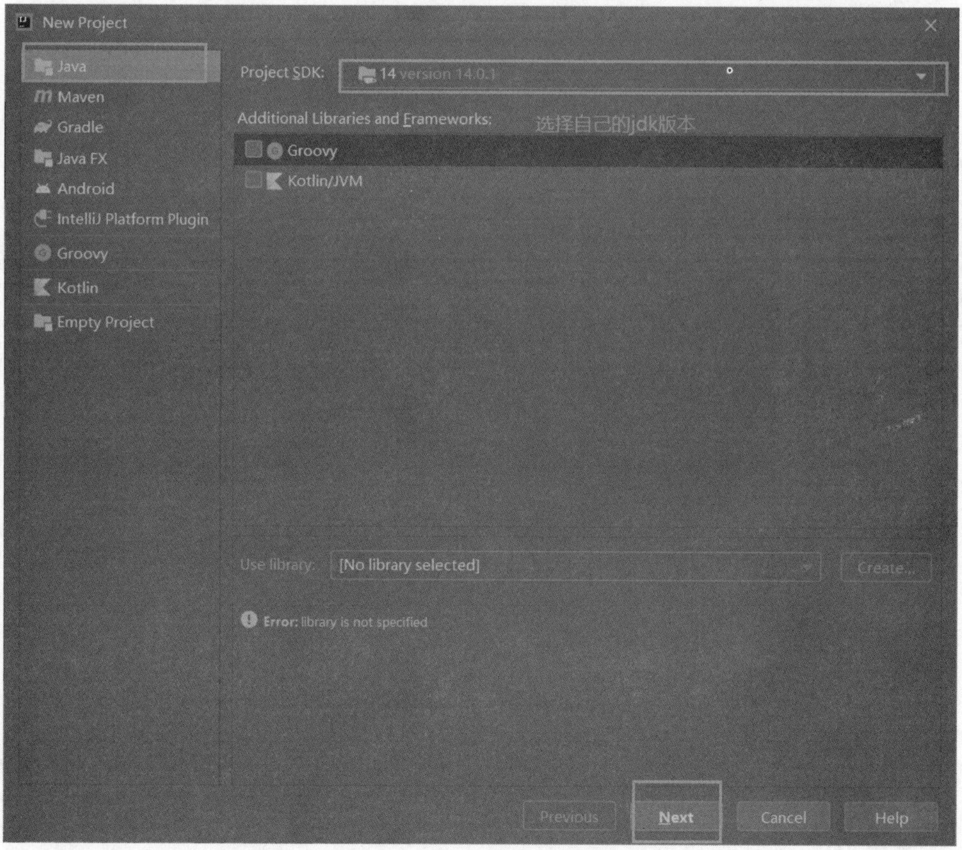

图 1.14　选择 Java 工程及对应的 JDK 版本

3）填写项目名称及选择保存路径

在如图1.15所示的界面中配置项目（工程）名称，并选择工程的保存路径，最后单击Finish按钮完成工程的创建。

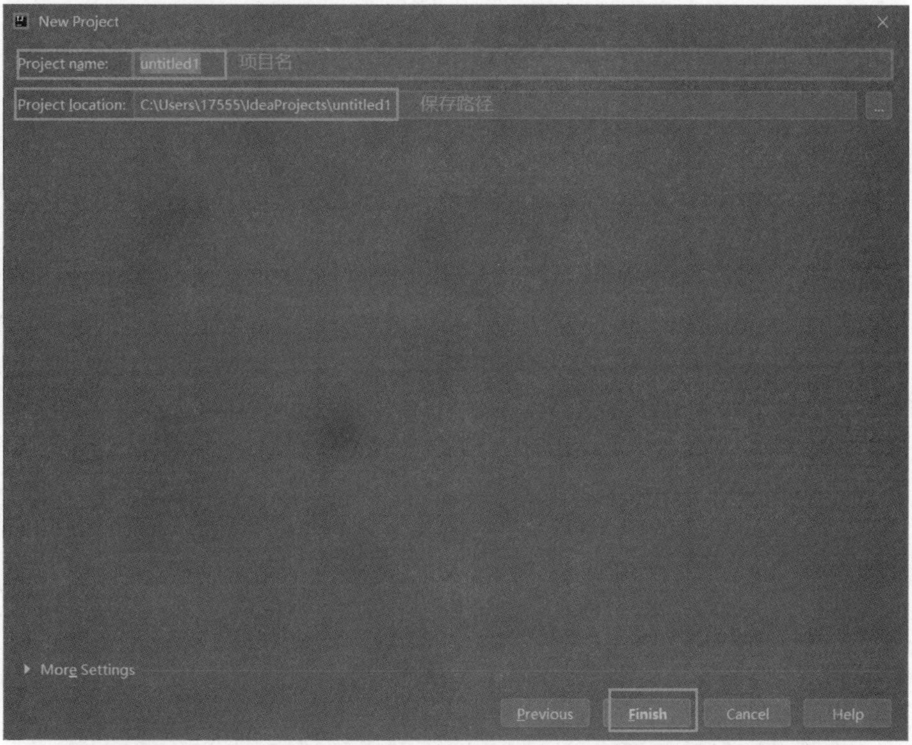

图1.15　配置Java工程名称和对应的保存路径

4）创建一个新的Class

在项目的src文件夹下右击新建一个Java Class文件，如图1.16所示。

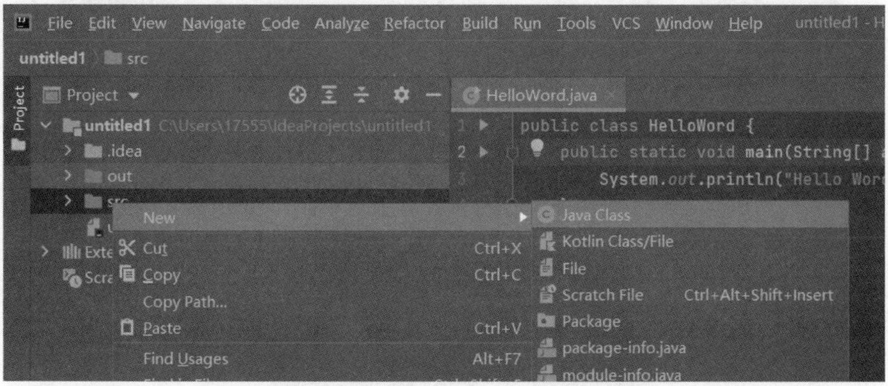

图1.16　在工程中新建一个Java Class文件

5）输入类名，编写 main()方法

输入类名：HelloWord，创建主方法：public static void main(String[] args){ }。在 main()方法中输入功能代码：System. out. println("Hello Word!")，如图 1.17 所示。

```
public class HelloWord {
    public static void main(String[] args) {
        System.out.println("Hello Word!");
    }
}
```

图 1.17　HelloWorld 类文件的 main()方法

6）运行程序

有三种运行 Java 程序的方式，选择哪一种都可以。在如图 1.18 所示的界面中，这三种方式分别是：①单击右边的绿色三角形直接运行；②右键选择带有绿色三角形的按钮，单击运行；③单击上方下拉框，选择类名后单击绿色三角形运行。程序运行结果界面如图 1.19 所示。

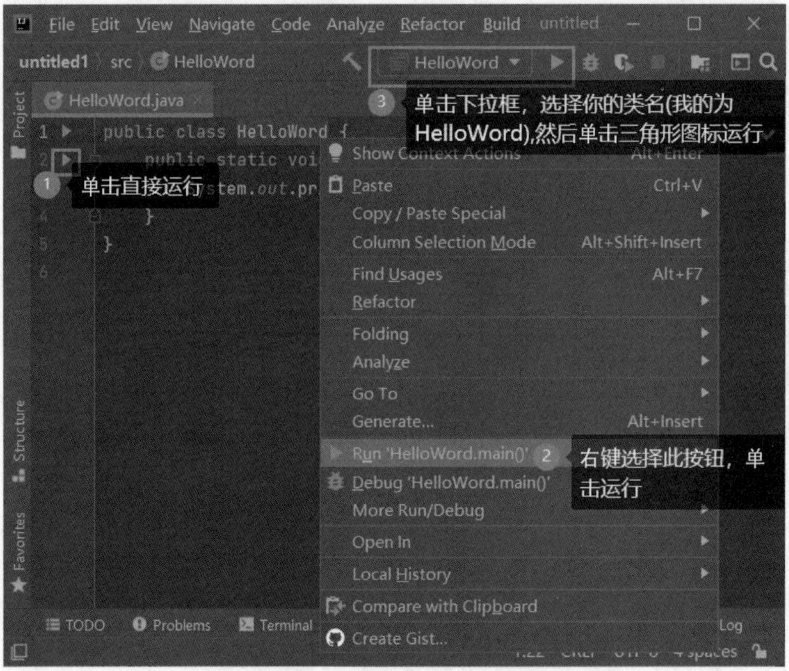

图 1.18　运行程序界面

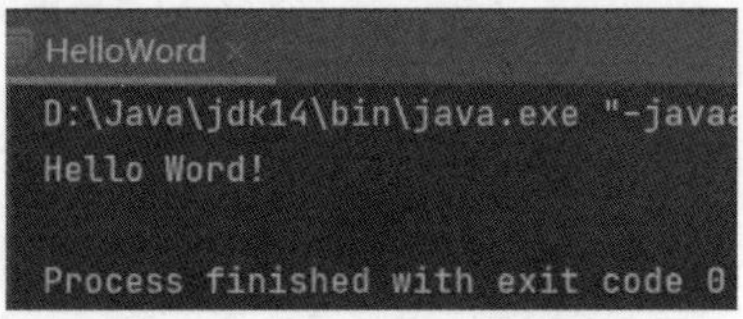

图 1.19　运行结果界面

1.1.2 Java 语法

一个 Java 程序可以认为是一系列对象的集合，而这些对象通过调用彼此的方法来协同工作。下面简要介绍类、对象、方法和实例变量的概念。

- 对象：对象是类的一个实例，有状态和行为。例如，一条狗是一个对象，它的状态有颜色、名字、品种；行为有摇尾巴、叫、吃等。
- 类：类是一个模板，它描述一类对象的行为和状态。
- 方法：方法就是行为，一个类可以有很多方法。逻辑运算、数据修改以及所有动作都是在方法中完成的。
- 实例变量：每个对象都有独特的实例变量，对象的状态由这些实例变量的值决定。

编写 Java 程序时，应注意以下几点。

- 大小写敏感：Java 是大小写敏感的，这就意味着标识符 Hello 与 hello 是不同的。
- 类名：对于所有的类来说，类名的首字母应该大写。如果类名由若干单词组成，那么每个单词的首字母都应该大写，如 MyFirstJavaClass。
- 方法名：所有的方法名都应该以小写字母开头。如果方法名含有若干单词，则后面的每个单词首字母都大写，如 getOneStudentScore()。
- 源文件名：源文件名必须和类名相同。当保存文件的时候，应该使用类名作为文件名保存（切记 Java 是大小写敏感的），文件名的后缀为 .java（如果文件名和类名不相同则会导致编译错误）。
- 主方法入口：所有的 Java 应用程序都由 public static void main(String[] args)方法开始执行。

1. 标识符

标识符（identifier）是给程序中的实体（变量、常量、方法、数组等）所起的名字。

推荐标识符的命名规范如下。

- 标识符必须以字母或下画线开头，由字母、数字或下画线组成。
- 用户不能采用 Java 语言已有的关键字作为同名的用户标识符，Java 中关键字如下表所示。

abstract	assert	boolean	break	byte
case	catch	char	class	const
continue	default	do	double	else
enum	extends	final	finally	float
for	goto	if	implements	import
instanceof	int	interface	long	native
new	package	private	protected	public
return	strictfp	short	static	super
switch	synchronized	this	throw	throws
transient	try	void	volatile	while

- 标识符长度没限制。
- 标识符区分大小写。
- 用户在定义自己的标识符时除了要合法外,一般不要太长,最好不要超过 8 个字符。
- 在定义变量标识符时,最好做到"见名知意"。

2. 常量

常量是指在整个运行过程中其值始终保持不变的量。Java 中的常量分为整型常量、浮点型常量、布尔常量和字符常量。

常量的定义格式为:

```
final <数据类型名><常量名称> = <常量值>[,<常量名称> = <常量值>][…];
```

例如:

```
final int a = 10, b = 20;
final char f1 = 'f', d = 'F';
```

在 Java 语言中,无类型后缀的实型常量默认为双精度类型,也可以加后缀 D 或 d。指定单精度型的常量,必须在常量后面加上后缀 F 或 f。实型常量可表示为指数型。

3. 变量

变量是由标识符命名的数据项,它是 Java 程序中的存储单元,在该存储单元中存储的数据值在程序的执行过程中可以发生改变。每个变量都必须声明数据类型,变量的数据类型决定了它所能表示值的类型以及可以对其进行什么样的操作。变量既可以表示基本数据类型,又可以表示对象类型(如字符串)的数据。当变量表示的是基本数据类型时,变量中存储的是数据的值;当变量是对象(引用)类型时,变量中存储的是对象的地址,该地址指向对象在内存中的位置。

Java 中的变量在使用前必须先声明,其声明格式为:

```
<数据类型名><变量名称>[,<变量名称>][,<变量名称>][…];
<数据类型名><变量名称> = <初始值>[,<变量名称> = <初始值>][…];
```

例如:

```
int a, b, c;
float f1 = 2.16f;
double a1, a2 = 0.0;
```

其中,多个变量间用逗号隔开,a2=0.0 是对双精度型变量 a2 赋初值 0.0,末尾的分号是不能少的,只有这样才构成一个完整的 Java 语句。

任何变量都有其作用范围,即作用域。声明一个变量的同时,也就指明了它的有效作用范围。有关变量的作用域还将在后续章节里讲解。

4. 数据类型

Java 语言有两种类型的数据：基本类型和引用类型，如图 1.20 所示。

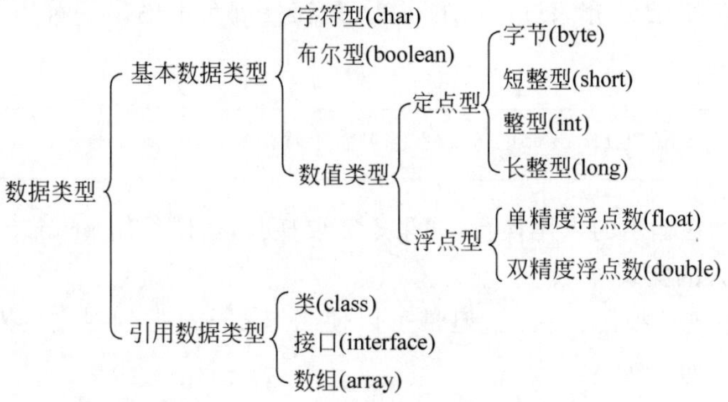

图 1.20 Java 数据类型

基本类型包括 8 种：字符型(char)、布尔型(boolean)、字节型(byte)、短整型(short)、整型(integer)、长整型(long)、单精度浮点型(float)和双精度浮点型(double)。

引用数据类型包括 3 种：类(class)、接口(interface)、数组(array)。

每一种数据类型都有其特定的取值范围，Java 基本数据类型的取值范围，如表 1.1 所示。

表 1.1 Java 基本数据类型及取值范围

数据类型	关键字	所占存储空间	取值范围	默认数值
布尔型	boolean	1	true，false	false
字符型	char	2	'\u0000'～'\uffff' 0～65535	'\u0'
字节型	byte	1	－128～127	0
短整型	short	2	－32768～32767	0
整型	int	4	－2147483648～2147483647	0
长整型	long	8	－9.22E18～9.22E18	0
单精度浮点型	float	4	1.4013E－45～3.4028E＋38	0.0F
双精度浮点型	double	8	2.22551E－208～1.7977E＋308	0.0D

Java 中字符型数据均采用 Unicode 编码，占用 2 字节的内存。同 ASCII 码字符集比，Unicode 编码能够表示更多字符，可表示 65536 个字符。

5. 输入/输出概述

数据的输入/输出在程序设计和开发中占有重要的地位，一个程序如果没有输出语句，就缺少和用户交流过程中最后的也是最重要的交互步骤，同时也缺少对程序正确性的验证；一个程序如果没有输入语句，则数据来源呆板，使得程序设计缺少灵活性。所以一般情况下，一个程序都至少有一个输出语句和必要的输入语句。

Java 使用 System.out 来表示标准输出设备，使用 System.in 来表示标准输入设备。默认情况下，输出设备是显示器，输入设备是键盘。

6. 控制台输出的实现

只需要使用 println 方法就可以完成控制台的输出，可以在控制台上显示基本值或字符串等。在前面章节中，已经介绍过输出的方法，如在控制台上输出字符串“Hello Java!”，具体代码如下所示。

```
System.out.println("Hello Java!"); //在控制台上输出字符串 Hello Java!
```

println 方法会在输出的末尾换行，如果不需要换行，可以使用 print 方法输出。

7. 控制台输入的实现

Java 并不直接支持控制台输入，但是可以使用 Scanner 类创建它的对象，以读取来自 System.in 的输入，如下所示。

```
Scanner in = new Scanner(System.in);
```

语法 new Scanner(System.in)表明创建了一个 Scanner 类型的对象，语法 Scanner in 声明 in 是一个 Scanner 类型的变量。整行的 Scanner in = new Scanner(System.in)表明创建了一个 Scanner 对象，并且将它的引用赋值给变量 in。对象可以调用自身的方法。调用对象的方法就是让这个对象完成某个任务。可以调用表 1.2 中的方法以读取各种不同类型的输入。

表 1.2 Scanner 对象的方法

方　法	描　述
nextByte()	读取一个 byte 类型的整数
nextShort()	读取一个 short 类型的整数
nextInt()	读取一个 int 类型的整数
nextLong()	读取一个 long 类型的整数
nextFloat()	读取一个 float 类型的数
nextDouble()	读取一个 double 类型的数
next()	读取一个字符串，该字符在一个空白符之前结束
nextLine()	读取一行文本(即以按下 Enter 键为结束标志)

例如，从键盘读取一个整数，并赋值给变量 a，可以使用如下代码实现。

```
Scanner in = new Scanner(System.in);
int a = in.nextInt();
```

8. 运算符与表达式

1）赋值运算符与扩展赋值表达式

赋值运算符“=”把右边的数据赋值给左边的变量，左边只能是变量，右边可以是变量，也可以是表达式。

(1) 赋值运算符。

赋值运算的一般格式为：

变量 = 数据或表达式;

例如：

```
int a;
float b;
char ch;
a = 123;
b = 3.5F;
ch = 'A';
```

整型数值可以赋值给浮点型变量，反过来是不允许的。赋值遵循以下规则：可以将 byte类型变量赋值给浮点型变量，反过来是不允许的，即

byte →short → int → long → float → double。

(2) 扩展赋值运算符。

在赋值运算符"＝"前加上其他运算符，即构成扩展赋值运算符，它将运算的结果直接存到左边的已命名变量中去。Java 支持的扩展赋值运算符，如表 1.3 所示。

表 1.3 扩展赋值运算符

运算符	用　法	等价用法
＋＝	op1＋＝op2	op1＝op1＋op2
－＝	op1－＝op2	op1＝op1－op2
＊＝	op1＊＝op2	op1＝op1＊op2
/＝	op1/＝op2	op1＝op1/op2
%＝	op1%＝op2	op1＝op1%op2
&＝	op1&＝op2	op1＝op1&op2
|＝	op1|＝op2	op1＝op1|op2
^＝	op1^＝op2	op1＝op1^op2
>>＝	op1 >>＝op2	op1＝op1 >> op2
<<＝	op1 <<＝op2	op1＝op1 << op2
>>>＝	op1 >>>＝op2	op1＝op1 >>> op2

2) 算术运算符与算术表达式

(1) 算术运算符。

算术运算符用于数值类型数据(整数或浮点数)的运算，算术运算符根据需要的操作数个数的不同，可以分为单目操作符(三个)和双目操作符(五个)两种，如表 1.4 所示。

表 1.4 算术操作符

操作符	用　法	描　述
＋＋	＋＋op 或 op＋＋	单目操作符，op 加 1(自增)，等价于：op ＝ op ＋ 1
－－	－－op 或 op－－	单目操作符，op 减 1(自减)，等价于：op ＝ op － 1
－	－op	单目操作符，对 op 取负数
＋	op1＋op2	双目操作符，两个操作数相加
－	op1－op2	双目操作符，两个操作数相减
*	op1 * op2	双目操作符，两个操作数相乘
/	op1/op2	双目操作符，两个操作数相除
%	op1%op2	双目操作符，操作数 op1 除以 op2 的余数(取模)

下面以＋＋操作符为例，说明单目操作符＋＋和－－的前缀式后缀式在使用上的区别。

例如：

```
int a, b, x = 2, y = 2;
a = (++x) * 2;   //先对 x 加 1,再做乘法; 前缀方式相当于"先增加,再使用"
b = (y++) * 2;   //先做乘法,再对 y 加 1; 后缀方式相当于"先使用,再增加"
```

执行之后的结果是 a＝6，b＝4，x＝3，y＝3。显然，单目操作符的前缀式和后缀式会影响到单目操作符与整个表达式运算的先后顺序，进而影响到整个表达式的最终结果。

(2) 算术表达式。

用算术运算符和括号将数据对象连接起来的式子，称为算术表达式，如表达式 a * d/c－2.5＋'a'就是一个合法的算术表达式。表达式的运算按照运算符的结合性和优先级来进行。

运算符具有结合方向，即结合性。例如，计算机在运算表达式 7＋9＋1 时，是先计算 7＋9 还是先计算 9＋1 呢？这就是一个左结合性还是右结合性的问题。一般运算的结合性是自左向右的左结合，但也有右结合性的运算，如赋值运算符＝。

如果只有结合性显然不够，还要考虑运算符的优先级。比如，数学混合运算规则为：先算括号里面的，然后乘除，最后算加减。常用运算符的优先级从高到低依次如下。

① ()。

② 负号。

③ *、/、%。

④ ＋、－。

其中：*、/、%优先级相同，＋、－优先级相同。表达式求值时，先按运算符优先级别高低依次执行，遇到相同优先级的运算符时，则按"左结合"处理。例如，表达式 a＋b * c/2，其运算符执行顺序为：① *；②/；③＋。

例如：

(a) $\frac{a-b}{a+b}+\frac{1}{2}$

可转换为：(a - b)/(a + b) + (float)1/2

```
(b) sin37 + cosx
可转换为: pow(sin(37 * 3.14/180),2) + cos(x)
```

3）关系运算符与关系表达式

（1）关系运算符。

关系运算用来比较两个数的大小，关系操作符是双目操作符。其中“>”“>=”“<”“<=”只能用于数值类型的数据比较，而“==”和“!=”可用于所有基础数据类型和引用数据类型的比较。常用的关系运算符，如表 1.5 所示。

表 1.5　关系运算符

操 作 符	用 法	描 述
==	op1==op2	等于
!=	op1!=op2	不等于
>	op1 > op2	大于
>=	op1 >=op2	大于或等于
<	op1 < op2	小于
<=	op1 <=op2	小于或等于

（2）关系表达式。

用关系运算符将两个表达式连接起来的式子叫关系表达式。关系表达式的值是 true 或 false。试分析假设 a=6，b=3，则表达式 a > b 的值是多少？

分析：这里有一个>符号，表示大于的意思，a > b 即 6 大于 3 是成立的，所以表达式 a > b 的值为 true。

表达式'c'!='C'的值是多少？

分析：该表达式是两个字符的比较，事实上就是字符 ASCII 值的比较，由于字符 c 的值是 99，而字符 C 的值是 67，所以它们是不相等的，故表达式的值为 true。

4）逻辑运算符与逻辑表达式

逻辑运算符用于进行逻辑运算。逻辑运算符常与关系运算符一起使用，作为流程控制语句的判断条件。Java 中的逻辑运算符，如表 1.6 所示。

表 1.6　逻辑运算符

<table>
<tr><th>运算符</th><th>用 法</th><th>描 述</th></tr>
<tr><td>&&</td><td>op1&&op2</td><td>逻辑与，若 op1 和 op2 都为 true，返回 true，否则返回 false</td></tr>
<tr><td>||</td><td>op1||op2</td><td>逻辑或，若 op1 和 op2 都为 false，返回 false，否则返回 true</td></tr>
<tr><td>!</td><td>!op</td><td>逻辑非，若 op 为 false，返回 true，否则返回 false</td></tr>
<tr><td>&</td><td>op1&op2</td><td>布尔逻辑与，若 op1 和 op2 都为 true，返回 true，否则返回 false</td></tr>
<tr><td>|</td><td>op1|op2</td><td>布尔逻辑或，若 op1 和 op2 都为 false，返回 false，否则返回 true</td></tr>
<tr><td>^</td><td>op1^op2</td><td>布尔逻辑异或，若 op1 和 op2 布尔值不同，返回 true，否则返回 false</td></tr>
</table>

“&&”与“||”是短路(Short-Circuit)逻辑运算符，它们的运算顺序是从左向右进行的，如果左边已经满足了可执行的条件，则后面所有条件都会跳过去而不会再执行，所以称它们

为短路逻辑运算符。

“&”与“|”被称为非简洁运算符，它们需要把所有条件全部执行一遍。

很显然，为了提高程序执行效率，应优先使用逻辑与“&&”和逻辑或“||”运算符，而且对于逻辑与“&&”，应尽可能预见性地把条件值为 false 的语句写在逻辑表达式的前边；对于逻辑非“||”，应尽可能地把条件值为 true 的语句写在逻辑表达式的前边。但是，如果每个条件都必须运行时，则只能选择使用布尔逻辑与“&”、布尔逻辑或“|”了。

5）逗号运算符与逗号表达式

逗号运算符主要用于连接表达式，如 a=a+1，b=3 * 4。

用逗号运算符连接起来的表达式称为逗号表达式。

它的一般形式为：

表达式 1，表达式 2，…，表达式 n;

逗号表达式的运算过程是：先算表达式 1，再算表达式 2，依次算到表达式 n。整个逗号表达式的值是最后一个表达式的值。逗号表达式的结合性从左向右，它的优先级是最低的。例如：

```
int x,y,z;
x = 3,y = 4,z = 5; //逗号分隔,但是每个部分从左到右都会赋值,可以书写在同一行中
```

6）条件运算符与条件表达式

条件运算符是三目运算符，即它需要 3 个数据或表达式构成条件表达式。它的一般形式为：

表达式 1 ? 表达式 2 : 表达式 3

如果表达式 1 成立，则表达式 2 的值是整个表达式的值，否则表达式 3 的值是整个表达式的值。其运算规则，如图 1.21 所示。

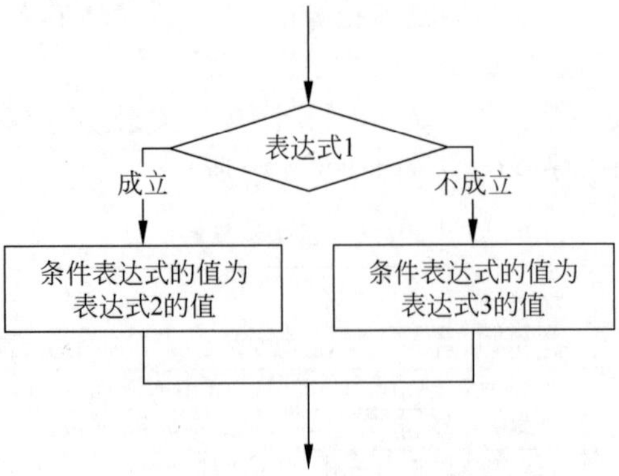

图 1.21　条件运算符的运算规则

7）位运算符与位表达式

在计算机内部，数据是以二进制编码方式存储的，Java 编程语言允许编程人员直接对二进制编码进行位运算，Java 提供的所有位操作符中，除～操作符以外，其余均为二元操作

符。位操作符的操作数只能为整型和字符型数据,Java 中的位运算符,如表 1.7 所示。

表 1.7 位运算符

操作符	用 法	描 述
~	~op	对操作数 op 按位取反
&	op1&op2	op1 和 op2 按位与运算
|	op1|op2	op1 和 op2 按位或运算
^	op1^op2	op1 和 op2 按位异或运算
>>	op1 >> op2	op1 的二进制编码右移 op2 位;前面的位填符号位
<<	op1 << op2	op1 的二进制编码左移 op2 位;后面的位填 0

位操作符>>与>>>的比较:用>>操作符时,如果符号位为 1,则右移后符号位保持为 1;与此类似,如果符号位为 0,则右移后符号位保持为 0。用>>>操作符时,右移后,左边总是填 0。

8) 其他类型运算符与表达式

Java 语言中还提供了如下一些操作符,如表 1.8 所示。

表 1.8 其他操作符

操作符	功能描述
.	访问类成员变量、实例成员变量
[ ]	用于声明、创建数组,访问数组中的特定元素
(数据类型)	强制类型转换,将一个数据类型转化为另一个数据类型
new	创建一个对象(类的实例)
instanceOf	判断对象是否为某个类的实例,返回布尔型值

9) 操作符优先级

操作符的优先级决定了在同一个表达式中多个操作符被执行的先后顺序,同一级里的操作符具有相同的优先级,同级的操作符则以从左到右的顺序进行;操作符的结合性决定了相同优先级的操作符的执行顺序。表 1.9 列出了 Java 操作符从最高到最低的优先级,其中,第一行显示的是特殊的操作符(后缀操作符):圆括号、方括号、点。圆括号被用于改变运算的优先级,方括号用于表示数组的下标,点用于将对象名和成员名连接起来。

表 1.9 操作符的优先级

优先顺序	运 算 符	结合性
1	. [] ()	左/右
2	!,~,++,--,new	右
3	*,/,%	左
4	+,-	左
5	<<,>>	左
6	<,<=,>,>=	左
7	==,!=	左

续表

<table>
<tr><th>优先顺序</th><th>运　算　符</th><th>结合性</th></tr>
<tr><td>8</td><td>&</td><td>左</td></tr>
<tr><td>9</td><td>^</td><td>左</td></tr>
<tr><td>10</td><td>|</td><td>左</td></tr>
<tr><td>11</td><td>&&</td><td>左</td></tr>
<tr><td>12</td><td>||</td><td>左</td></tr>
<tr><td>13</td><td>?:</td><td>左</td></tr>
<tr><td>14</td><td>=,+=,-=,*=,/=,%=,<<=,>>=,&=,^=,|=</td><td>右</td></tr>
</table>

9. 数据类型转换

常数或变量从一种数据类型转换到另外一种数据类型即为类型转换。Java 中的数据类型转换有三种：隐式转换（自动类型转换）、显式转换（强制类型转换）和使用类的方法转换。Java 在编译时会检测数据类型的兼容性。赋值和参数传递时，都要求数据类型的匹配。

1）隐式转换（自动类型转换）

隐式转换（自动类型转换）允许在赋值和计算时由编译系统按一定的优先次序自动完成，通常，低精度类型到高精度的默认类型转换由系统自动转换。

例如：

```
int i = 20; long j = i;
```

隐式转换从低级到高级的转换顺序如下。

byte→short、int、long、float、double。

short→int、long、float、double。

char→int、long、float、double。

int→long、float、double。

long→float、double。

float→double。

显然，byte 和 short 不能隐式地转换为 char。算术运算返回值与操作数类型之间的关系，如表 1.10 所示。

表 1.10　算术运算返回值与操作数类型之间的关系

结果的数据类型	操作数数据类型
double	至少有一个操作数是 double 数据类型
float	至少有一个操作数是 float 数据类型，并且没有操作数是 double 数据类型
int	操作数中没有 long、float 和 double 数据类型
long	操作数中没有 float 和 double 数据类型，但至少有一个 long 数据类型

2）显式转换(强制类型转换)

显式转换是将高精度数据类型转换为低精度数据类型，它是通过赋值语句来实现的。其一般格式如下：

```
(数据类型) 变量名或表达式
```

显式转换从高级到低级的转换顺序如下。

byte→char。

short→byte、char。

int→byte、short、char。

long→byte、short、char、int。

float→byte、short、char、int、long。

double→byte、short、char、int、long、float。

当把高精度数据类型转换为低精度数据类型时，数据的表达范围降低，所以，这种由高到低的转换一方面可能会导致丢失部分信息，除非高精度数据类型所表达的数据值在低精度数据类型表达的数据范围之内；另一方面有可能转换不能正确进行。例如，不能将一个很大的整数 500000 转换为 char 型，因为它超过了 char 类型表达的数据范围(65535)，结果会出现错误。

图 1.22 是 Java 中数据类型之间的合法转换关系，实线箭头表示在转换时不会丢失信息，虚线箭头表示在转换时可能丢失部分信息。

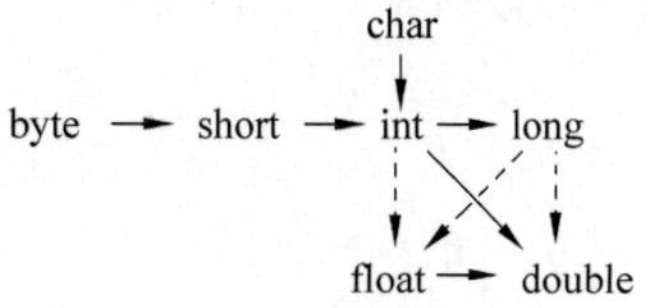

图 1.22　数据类型之间的合法转换

例如：

```
float f = 2.345f;
int i = (int)f;           //i 的值为 2
long j = 9;
int k = (int)j;           //k 的值为 9
double abc = 123.45;
int ABC = (int)abc;       //ABC 的值为 123
```

3）类方法转换

(1) String 转 Integer 类型。

使用 Integer 类的方法 parseInt 将 String 转换为对应的整数。

```
String str = "123";              //123 为字符串型
int a = Integer.parseInt(str);   //a 值为数值型的 123
```

(2) String 类型转基本类型。

使用基本类型的包装类(如 byte 的包装类为 Byte，int 的包装类为 Integer 等)的 parseXXXXX(String 类型参数)方法，XXXXX 为相应包装类名。将字符串 String 转换成整数 int,有以种两种方法。

String str = "123";

- int i = Integer.parseInt(str);
- int i = Integer.valueOf(str).intValue();

类似的,把字符串转换成 double、float、long 的方法大同小异。

(3) 基本类型转 String 类型。

使用 String 类的重载方法 valueOf(基本类型参数)将整数 int 转换成字符串 String,有以下三种方法。

- String s = String.valueOf(i);
- String s = Integer.toString(i);
- String s = "" + i;

类似的,把 double、float、long 转换成字符串的方法也大同小异。

10. 数据类型转换表达式、语句和块

表达式是由操作数(常量、变量、方法调用)和操作符按照一定的语法格式组成的符号序列,即操作符可以用来构建表达式,用表达式来计算值。而表达式又是语句的核心成分,语句又可以按照一定的形式分为多个语句块。

1) 表达式

表达式(expression)是由常量、变量、操作符和方法调用构成的结构,表达式是按照 Java 语言的语法构成的,它可以计算出一个具体的值。

在使用表达式时要注意以下几点。

(1) 表达式返回值的数据类型取决于表达式中使用的操作符及操作数的原始数据类型。

(2) 在组成表达式时各个部分的数据类型一定要互相匹配,否则可能导致异常发生。

(3) 表达式在计算过程中可能导致数据类型的转换。

(4) 几个简单的表达式可以构成更为复杂的表达式。

在构成复杂表达式时一定要注意不同的操作符之间不同的优先级,通常会使用圆括号来明确指定哪些操作符被优先计算。

2) 语句

语句(statement)相当于自然语言中的一个完整的句子,它组成了一个完整的执行单元。以下表达式类型以一个分号(;)结尾时可以组成一个语句:赋值表达式、++或--、方法调用、对象创建表达式。这些语句类型被称为表达式语句(expression statement)。

例如:

```
userAge = 12.5;                          //赋值语句
theYear++;                               //累加语句
System.out.println("Hello World!");      //方法调用语句
FindUser  myFind = new FindUser();       //对象创建语句
```

当然，除了以上这些表达式语句，还有另外的两种语句：声明语句(declaration statement)和控制流语句(control flow statement)。声明语句通常用于定义(声明)一个或一些变量。

例如：

```
int year = 2008; //声明语句
```

3）块

块(block)是位于成对花括号({ })之间的零个或者多个语句的语句组，可以在允许使用单一语句的任何位置使用块。

例如：

```
class BlockDemo {
    public static void main(String[ ] args) {
        boolean condition = true;
        if (condition) { //第一个块的开始
            System.out.println("The ondition is true.");
        } //第一个块结束
        else { //第二个块的开始
            System.out.println("The condition is false.");
        } //第二个块结束
    }
}
```

1.1.3 选择结构

程序结构分为三类，顺序结构、选择结构和循环结构。顺序结构是指程序流程自上而下，没有任何分支顺序执行的程序结构，它是最简单的一种结构。前两章所举例子全部属于顺序结构。选择结构，又称分支结构，程序执行的时候，需根据判断条件决定程序流程该走哪一条支路。

1. 单分支结构

if语句用于进行条件判断，根据判断的结果，选择执行相应的语句或语句块，主要分为单分支结构、双分支结构和多分支结构。

1）语法结构

单分支结构语法形式为：

```
if(表达式) {
    语句块;
}
```

双分支结构语法形式为：

```
if(表达式) {
```

```
    语句块 1;
} else {
    语句块 2;
}
```

单分支与双分支的比较，如图 1.23 和图 1.24 所示。

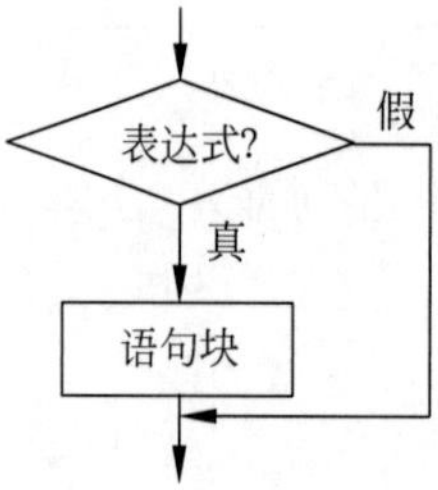

图 1.23　if 语句的单分支结构

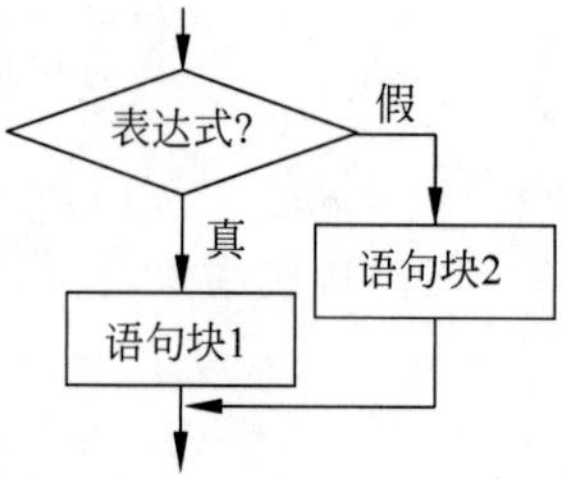

图 1.24　if 语句的双分支结构

2）流程图

if…else 执行流程如图 1.24 所示，程序先求解菱形框中的表达式，如果结果为真，则执行语句块 1 中的程序；如结果为假，则执行语句块 2 中的程序。

在程序流程图中，常用的流程图符号有如表 1.11 所示的五种。

表 1.11　常用流程图符号

符号名称	符　　号	含　　义
起止框	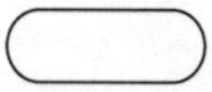	表示开始和结束
输入/输出框	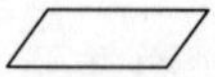	表示输入和输出语句
处理框	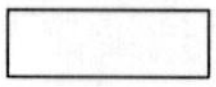	表示各种处理
判断框	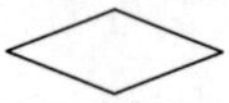	表示判断条件
流程线	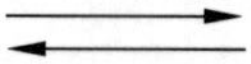	表示流程走向

有多个 if 和 else 的程序中，if 和 else 的配对原则是：else 子句与其之前的、最近的、未配对的 if 配对。编程实践中，为了防止这种复杂的嵌套语句出现歧义，在写完 if 或 else 子句时，都统一给包含的语句块加上大括号。if 语句嵌套的选择结构的执行顺序如图 1.25 所示。

2. 多分支选择结构

在实际应用中，经常要对多个条件进行判别，并做出相应处理，这样的程序语句称为多分支语句。

多分支语句的执行流程如图 1.26 所示，当满足某个条件（菱形框中的表达式计算结果为真）时，执行对应的语句块，当所有条件都不满足时，执行语句块 n+1。在所有分支中，有且只有一个分支的语句块会被执行。

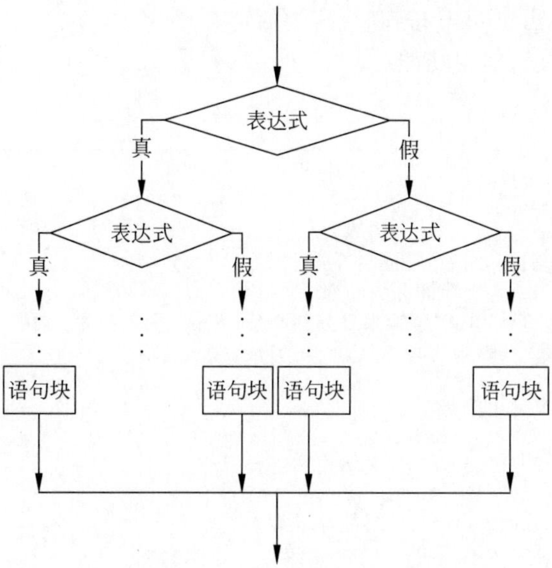

图 1.25 if语句嵌套的选择结构的执行顺序

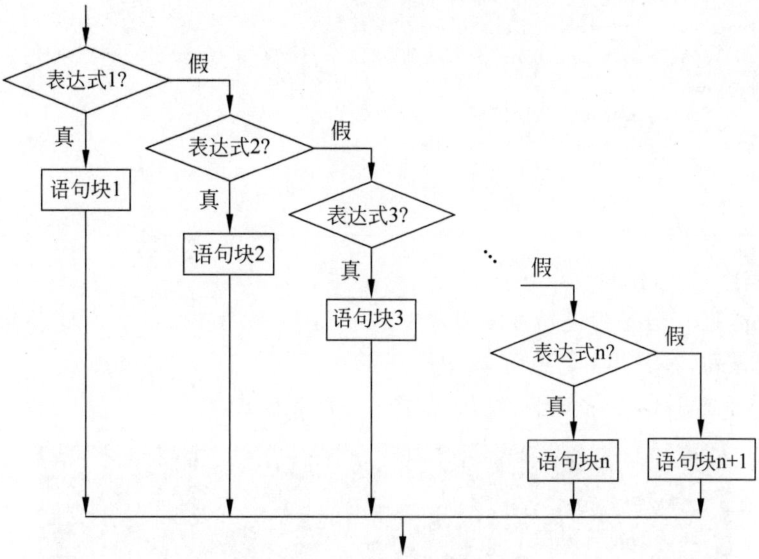

图 1.26 多分支选择结构

案例 1.1 演示。

1）创建 Java 包

新建一个项目，点开该项目后，在 src 文件夹下新建一个 package（文件夹）名为 chapter01.exam1。

2）创建类

选中 exam1，然后右击，在弹出的快捷菜单中选择 New，再选择 Class 选项，在 Name 项内填入类名 Demo1，单击 Finish 按钮，完成类的定义。

3）编写 main()方法，实现功能

本项目的代码如下。

```
package cn.cqvie.chapter01.exam1;
import java.util.Scanner;
public class Demo1 {
    public static void main(String[ ]args) {
        int score; // 定义存储分数的变量
        System.out.println("请输入百分制成绩: ");        // 提示用户输入成绩
        Scanner in = new Scanner(System.in);
        score = in.nextInt();
        // 根据成绩输出等级
        if (score < 0 || score > 100) {
            System.out.println("成绩输入错误!");
        } else if (score >= 90 &&score <= 100) {
            System.out.println("成绩等级为 A.");
        } else if (score >= 80 &&score < 90) {
            System.out.println("成绩等级为 B.");
        } else if (score >= 70 &&score < 80) {
            System.out.println("成绩等级为 C.");
        } else if (score >= 60 &&score < 70) {
            System.out.println("成绩等级为 D.");
        } else {
            System.out.println("成绩等级为 E.");
        }
    }
}
```

4）运行程序，查看结果

在 Package Explorer 管理器视图中选中 Demo1 .java 文件，单击工具栏上的 Run 按钮右侧的小三角按钮，在弹出的下拉菜单中选择 Run As → Java Application 命令，即可执行 Application 类型的 Java 程序，运行结果，如图 1.27 和图 1.28 所示。

图 1.27　输入的成绩合法时的运行结果

图 1.28　输入的成绩不合法时的运行结果

3. switch 语句

前面我们了解到，if 语句的多分支结构实际上是一种 if 语句的多层次嵌套，但这种程序的可读性较差，所以，我们更愿意选择 Java 语言提供的另一个专门的多分支语句：可根据 switch 中表达式的值，来匹配执行多个操作中的某一个操作。

语句形式为：

```
switch (表达式) {
    case  常量表达式 1:   语句块 1    break;
    …                     ⋮
    case  常量表达式 n:   语句块 n    break;
    [default: 语句块 n + 1 ]
}
```

switch 多分支选择结构的执行顺序，如图 1.29 所示。

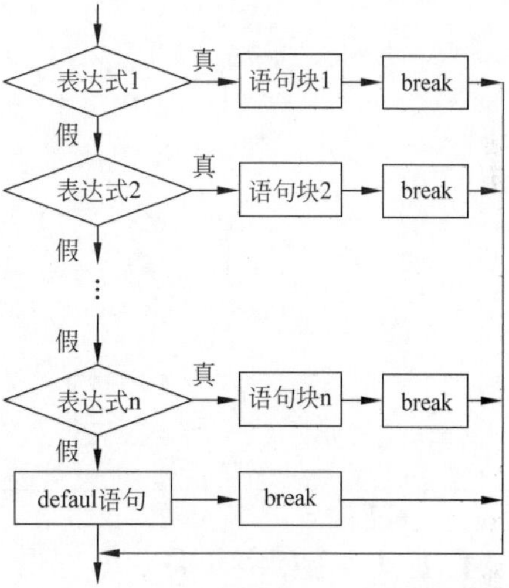

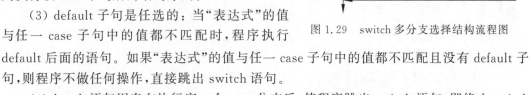

图 1.29 switch 多分支选择结构流程图

switch 语句的说明如下。

(1) “表达式”是一个整数表达式、String 表达式或者枚举常量。整数表达式可以是 int 类型或 Integer 包装类型。由于 byte、short、char 都可以隐式转换为 int 类型，所以，这些类型也可以用作表达式。JDK 1.7 中 switch 语句表达式支持 String 类型。

(2) 多分支语句把表达式返回的值与每个 case 子句中的值(一个常量)相比，如果匹配成功，则执行该 case 子句后的语句序列。

(3) default 子句是任选的：当“表达式”的值与任一 case 子句中的值都不匹配时，程序执行 default 后面的语句。如果“表达式”的值与任一 case 子句中的值都不匹配且没有 default 子句，则程序不做任何操作，直接跳出 switch 语句。

(4) break 语句用来在执行完一个 case 分支后，使程序跳出 switch 语句，即终止 switch 语句的执行；如果在某一 case 分支后省略了 break 语句，那么程序将继续执行下一 case 子句后面的语句，而不管相应的 case 子句中的值是否与 switch 表达式的值相等，直到碰到 break 为止。即多个 case 子句可以共用一个跟在 case 后的语句。

案例 1.2 演示：输入年、月，计算该月的天数。

实现代码如下。

```
package cn.cqvie.chapter01.exam2;
import java.util.Scanner;
public class Demo2 {
    public static void main(String[ ]args) {
```

```
        int y, m, days;                              // 存放年、月、天数的变量
        System.out.println("请输入年、月");          // 输入提示
        Scanner in = new Scanner(System.in);
        y = in.nextInt();
         m = in.nextInt();
         switch (m) {
             case 1:
             case 3:
             case 5:
             case 7:
             case 8:
             case 10:
             case 12:    days = 31; break;           // break 跳出整个 switch 语句
             case 4:
             case 6:
             case 9:
             case 11:    days = 30; break;           // break 跳出整个 switch 语句
             case 2:
                         if (y % 4 == 0 &&y % 100 != 0 || y % 400 == 0)
                             days = 29;
                         else
                             days = 28;  break;
             default:    days = 0;                   // 输入月份不对
         }
         System.out.println(y + "年" + m + "月有" + days + "天");
    }
}
```

1.1.4 循环结构

1. 循环结构程序设计

循环结构使程序可以反复地执行某一段程序代码，直到满足终止循环的条件为止。Java 语言提供了 3 种不同形式的循环语句：while 循环语句、do…while 循环语句和 for 循环语句。我们可以把它们分为两类：确定性循环和不确定性循环，前者指的是一个循环结构可以确定要执行多少次循环；后者指的是一个循环结构不能确定要执行多少次循环。循环结构一般包括以下几个部分。

(1) 初始化部分(initialization)：主要完成循环前的准备工作，如设置循环变量的初始值以及循环体中用到的相关变量的初始值。

(2) 条件部分(condition)：通过判断该条件部分返回的布尔值来判断是否要执行每一次循环。

(3) 循环部分(repetition)：这部分又叫作循环体，是被反复执行的一段代码。

(4) 迭代部分(iteration)：它通过改变循环计数器（如对计数器进行加 1 或减 1 操作等）的值，来改变循环控制条件。

循环结构执行流程，如图 1.30 所示。

在图 1.30(a)中，先计算菱形框中的表达式，如果结果为真，则执行循环体中的语句块，执行完后跳转回来继续循环，如果结果为假，则跳出循环，这种循环称为“当型循环”；在图 1.30(b)中，先执行循环体，再计算并判断菱形框中表达式值的真假，如果为真则跳转回来继续循环，如果为假则跳出循环，这种循环称为“直到型循环”。两种循环多数情况下是等价的，只有在菱形框中的表达式(循环条件)一开始就为假时有区别，当型循环的循环体一次也不执行，而直到型循环要执行一次。

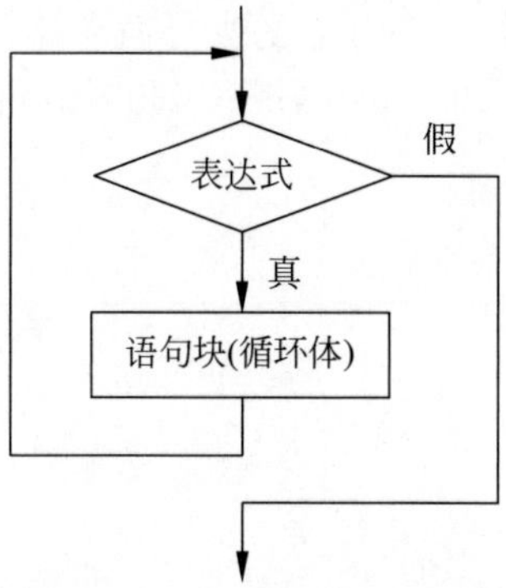

(a) 先判断后执行的while循环结构

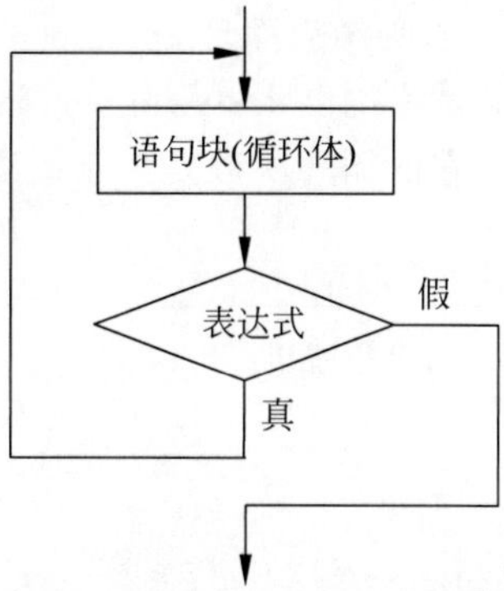

(b) 先执行后判断的do…while循环结构

图 1.30　循环结构执行流程

2. while 循环

while 属于不确定性循环，它的一般格式为：

```
[循环前的初始化]
while(<条件表达式>){ <循环体部分>; [迭代部分; ] }
```

while 循环的执行过程是：首先检查条件表达式(循环条件)的值，若为 false，则执行花括号之后的语句，即退出循环结构；若为 true，则执行花括号中的语句，当花括号中的语句执行结束后，又重新回到前面的 while，再次检查条件表达式的值，反复执行上述操作，直到逻条件表达式的值为 false，退出循环结构为止。显然，while 循环的循环体被执行的次数是大于或等于零的。

while(表达式)后面没有分号，如果循环体包含多条语句，则要用大括号括起来。

例如：

```
//计算 1 + 2 + 3 + ... + 99 + 100 的和
int i = 1,sum = 0;
while(i <= 100) {
    sum += i;
    i++;
}
System.out.println("1 + 2 + 3 + ... + 99 + 100 的和 = " + sum);
```

3. do…while 循环

do…while 循环与 while 非常相似，也属于不确定性循环，它的一般格式为：

```
[循环前的初始化]
do { <循环体部分>; [迭代部分; ]  }
while (<条件表达式>);
```

do…while 循环语句执行的特点是先执行循环体，后判断循环控制条件。执行 do…while 语句的过程为：先执行给定循环体语句块，然后再计算判断逻辑表达式(循环条件)，若表达式值为 false，则结束循环，执行 while 后的语句；否则重复执行循环体，直到逻辑表达式的值为 false 时才跳出 do…while 循环。与 while 语句相比，do…while 语句的循环体至少要被执行一次，它的循环次数是大于或等于 1 的。

例如：

```
//求 50 以内所有奇数的和
int i = 1,sum = 0;
do {
    sum += i;
    i += 2;
}while(i <= 50);
System.out.println("50 以内所有奇数的和 = " + sum);
```

4. for 循环

for 循环属于确定性循环语句，它最适合用于实现计数型循环结构，在使用上也非常灵活，for 循环的一般格式为：

```
for ([<初值表达式>];[<循环结束条件表达式>];[<迭代部分>]) {    <循环体>;   }
```

for 循环的执行流程如图 1.31 所示，执行 for 语句时，先计算执行初值表达式 1(只计算一次，省略时表示无初始内容)，接着检查循环结束条件逻辑表达式 2 的值，若为 false，则不执行循环体，退出循环；若为 true，则执行给定的循环体语句块后，再计算执行迭代部分的表达式 3，然后，再检查逻辑表达式的值，决定是否继续执行循环体。

例如：

```
//输出所有三位数中的水仙花数。水仙花数是指：每项数字立方之和等于它本身
int i,b,s,g;
for(i = 100;i <= 999;i++) {
    b = i/100;      //取百位数
    s = i/10 % 10; //取十位数
    g = i % 10;     //取个位数
    if(b * b * b + s * s * s + g * g * g == i)
        System.out.println(i + "是水仙花数");
}
```

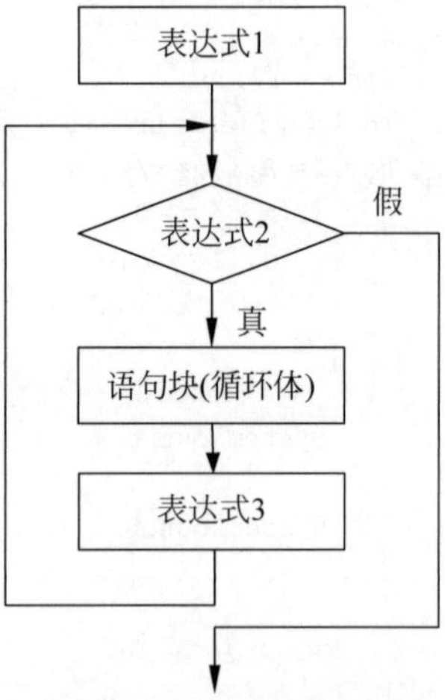

图 1.31 for 循环语句的执行流程

5. break 和 continue 语句

Java 语言提供了两种具有跳转功能的语句：break 和 continue 语句，通过与语句标号的配合使用，很好地增强了对程序流程控制的灵活性。

1）break 语句

break 语句和下一节的 continue 语句可以看成结构化的 goto 语句。break 语句的功能是终止执行包含 beak 语句的一个语句块，break 语句可以单独使用，但主要应用于前面介绍的 switch 语句和各种循环语句中。break 语句的格式为：

```
break [<标号>];
```

（1）不带标号的 break 语句。执行不带标号的 break 语句，将强制结束 break 所在语句块的执行，使流程跳转到执行该语句块之后的语句处。

（2）带标号的 break 语句。不带标号的 break 语句只能跳转到包含它的最小程序块之后，如果需要跳转到更外层的程序块之后，使用带标号的 break 语句，可以将执行流程转移到标号指定层次的程序块之后去执行。break 语句指明的标号应事先定义在转移目标程序块的开始处。

含有 break 语句的循环结构程序流程如图 1.32 所示。

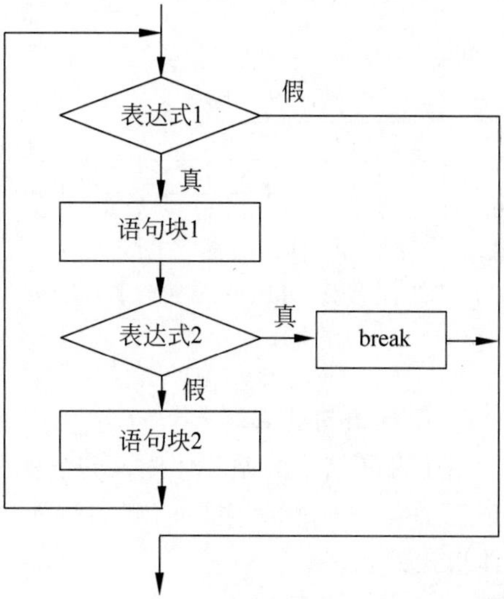

图 1.32 含 break 语句的循环结构程序流程

例如：

```
//判断 x 是否为素数
int x = 17, i;
boolean flag = true;
for(i = 2; i <= x/2; i++)
    if(x % i == 0) {          //被整除
        flag = false;         //不是素数
        break;
    }
if(flag == true)
    System.out.println(x + "是素数");
else
    System.out.println(x + "不是素数");
```

2）continue 语句

continue 语句只能用于循环体中，它的功能是立即结束这次循环体的执行，直接进入下一次循环的执行。

continue 语句的格式为：

```
continue [<标号>];
```

不带标号的 continue 语句使流程直接跳到所在层循环条件的判断上，决定是进入下次循环还是退出本层循环；带标号的 continue 语句使流程从内层直接跳到标号所在层循环条件的判断上，决定是进入下次循环还是退出标号层循环。

含有 continue 语句的循环结构程序流程如图 1.33 所示。

例如：

```
//输出 100 以内所有不能被 3 整除的数
for(int i = 1;i <= 100;i++) {
    if(i % 3 == 0)
        continue;
    System.out.println(i);
}
```

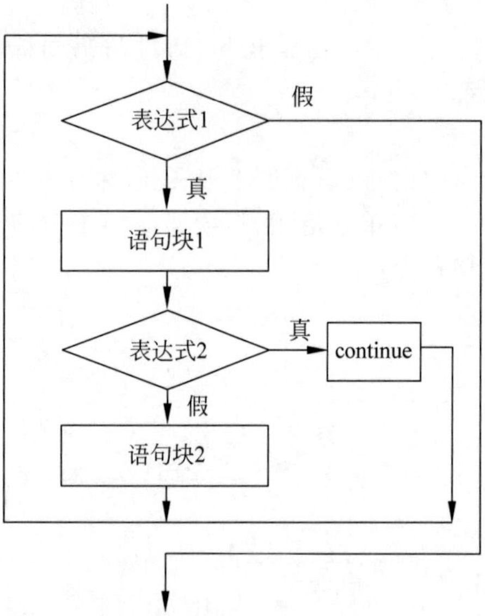

图 1.33 含有 continue 语句的循环结构程序流程

6. **循环语句的嵌套**

一个循环结构的循环体内又包含另一个完整的循环结构，称为循环的嵌套。嵌套层次达到三层或以上，称为多层循环。前面提到的 while、do…while 和 for 循环可以互相嵌套，具体形式如下。

while( ) {
…
  while( ) {
    …
  }
  …
}
	do {
	  …
	  do {
	    …
	  } while( );
	  …
	} while( );
		for(; ;) {
		  …
		  for (; ;) {
		    …
		  }
		  …
		}

while( ) {
  …
  do {
    …
  }
  while( );
  …
}
	for(; ;) {
	  …
	  while( ) {
	    …
	  }
	  …
	}
		do {
		  …
		  for (; ;) {
		    …
		  }
		  …
		} while( );

1.1.5 数组编程

在实际问题中，经常需要处理大量数据，如分别统计 1～12 月份的电费，记录 100 种商品的库存量，存放 200 名学生的期末成绩，存放 30 名学生高等数学、英语、Java 程序设计、物理、数据库应用课程的成绩等。这时需要定义大量的变量，因此用单个变量的定义方法极为不方便，有时甚至不可能，此时若采用数组，就可以方便地定义大量的变量，而且使用起来也方便快捷。

在程序设计中，为了处理方便，会把具有相同类型的若干变量按有序的形式组织起来，这些按序排列的同类数据元素的集合称为数组。一个数组可以分解为多个数组元素，这些数组元素可以是基本数据类型或是引用数据类型。数组是重要的数据结构，有了数组的应用，许多涉及大量数据处理的问题就容易解决了，因此要深入体会数组的妙用。

1. 一维数组

1）一维数组声明

Java 中两种合法的数组声明方法为：

```
<变量类型>[] <变量名>;
```

或

```
<变量类型> <变量名> [];
```

它们都是定义或声明了一个数组，与定义或声明一个普通变量类似，所不同的是多加了一对[ ]，[ ]表示所声明的变量是一个数组，类似的，我们也可以声明其他类型的数组。

例如：

```
int [ ] aIntArray;            //int 数组
double [ ] aDoubleArray;      //double 数组
float [ ] aFloatArray1;       //float 数组
```

在声明一个变量为某一数据类型的数组变量时，并没有为它分配用以存放数组元素的内存空间，也没有为数组分配元素，甚至连数组的大小都可以不必在[ ]中指定出来。通常为数组分配空间，用 new 操作符。例如，为上面的 aDoubleArray 分配一个长度为 5 的数组的代码为：

```
aDoubleArray = new double[5];
```

数组元素的下标是从 0 开始的，而不是从 1 开始，数组 score 的元素为：

```
double [0] … core[4]
```

注意：

- 数组名命名规则和变量名相同，遵循标识符命名规则。
- 数组名后是用方括号括起的常量表达式，不能为变量（或变量表达式），方括号不能用圆括号。

2）一维数组元素

一维数组元素的表示形式为：

数组名[下标]

例如:

```
int testarray [] = { 0,1,2,3,4,5,6,7,8,9} ;
```

访问数组的第一个元素应使用 testarray[0],访问数组的最后一个元素应使用 testarray[9]。若计算第三个元素和第五个元素的和,应使用:

```
int sum = testarray[2] + testarray[4];
```

3) 一维数组的初始化

(1) 定义数组的同时给数组赋初值。

例如:

```
int testarray [] = { 0,1,2,3,4,5,6,7,8,9} ;
```

该数组的长度为 10。第一个数组元素为 0,第十个数组元素为 9。显然,数组长度由大括号之间的数组元素的个数决定,而且数组一旦创建,就不能再改变其长度了。

(2) 使用循环初始化数组每个元素。

```
int [ ] testarray = new int[10];                //声明数组变量,同时分配空间
for( int i = 0; i < testarray.length; i++){     //testarray.length 取得数组长度
    testarray[i] = i + 1;                       //为对应的数组元素赋值
    System.out.println(testarray[i]);
}
```

在以上代码中,testarray 数组有 10 个元素,为每个数组元素赋值之后将其打印。

以上我们看到的基本上都是用基本数据类型作为定义数组的数据类型,也可以把类名称(包括用户自定义类)作为数组定义时的数据类型,这就意味着在数组中存放的是一些具有相同类名的一系列对象。

2. 二维数组

数组中的数组元素可以是基本数据类型的值,也可以是对象类型的值。由于数组本身也是对象,所以数组中的每个元素也可以是一个其他的数组,这样就可以构成二维数组。

1) 二维数组声明格式

一般格式为:

类型说明符数组名[常量表达式 1][常量表达式 2];

注意:其中常量表达式 1 表示第一维(行)下标的长度,常量表达式 2 表示第二维(列)下标的长度。

2）二维数组元素

二维数组元素可表示为如下形式：

```
数组名[下标][下标]
```

二维数组元素的下标和数组定义时的下标在形式中有些相似，但这两者具有完全不同的含义。数组定义时方括号中给出的是某一维的长度；而数组元素中的下标是该元素在数组中的位置，元素下标永远不会达到数组定义时长度的值(因为元素的下标从 0 开始)。

3）二维数组的初始化

二维数组初始化也是在类型说明时给各下标变量赋以初值。如果已经知道二维数组中需要存储的具体数据，就可以在生成二维数组的同时行进赋值：

```
int [ ][ ] m = {{2,3,5,7,2}, {5,5,6,8,0}, {4,6,8,3,8}};
```

以上是用标准的 3×5 的矩阵来存储数据，该矩阵共三行五列，其实在 Java 中也可以定义不规则的二维数组，也称锯齿数据，在此不再赘述。

1.2 Java 面向对象编程

面向对象是以对象(实体)为中心的编程方法，主要特点如下。

(1) 研究客观存在的事物特征，运用人类的自然思维方式(如抽象、分类)来构造软件系统；

(2) 将数据和功能有机结合起来，把数据和相关操作合成为一个整体，隐藏处理细节，并对外显露一些对话接口，来实现对象之间的联系；

(3) 采用继承的方式，让对象具有可扩展性。

1.2.1 类和对象

1. 类的定义

Java 中定义类的语法格式为：

```
[修饰符] class 类名{
    [成员变量声明][成员方法声明]
}
```

修饰符可以为公有(public)、私有(private)、保护(protected)，也可以没有。在一个 Java 文件中，只能有一个类修饰为 public。

抽取同类实体的共同性，自定义出一种包括数据和相关操作的模型，称之为类。例如，我们可以抽象出公司员工的共同特征和公共行为，构建一个员工类。

员工的特征：姓名、性别、年龄。

员工的行为：工作、休息、介绍自己。

案例 1.3 演示：员工类的定义。

```
package cn.cqvie.chapter01.exam3;
public class Employee{        //员工类
    //类成员定义
    public String name;       //员工姓名(数据成员)
    public String sex;        //员工性别(数据成员)
    public int age;           //员工年龄(数据成员)
    public void work()        //工作(方法成员)
    { System.out.println(name + "在工作."); }
    public void rest()        //休息(方法成员)
    { System.out.println(name + "在休息."); }
    public void introduce() //介绍自己(方法成员){
        System.out.println("我叫" + name + "," + sex + "," + age + "岁");
    }
}
```

2. 对象

根据类这个模型，可以创建多个实体，也称为对象（object），类是客观事物的抽象和概括，对象是客观事物的具体实现。下面的程序创建了两个员工，并执行相关动作。

案例 1.4 演示：创建员工对象。

```
import cn.cqvie.chapter01.exam3.Employee;
class Test{
    public static void main(String args[ ]){
        Employee emp1,emp2;    //定义对象指针(定义时为空指针)
        emp1 = new Employee ();//用 new 关键字创建 Employee 对象,并将指针指向对象
        emp2 = new Employee ();//用 new 关键字创建 Employee 对象,并将指针指向对象
        emp1.name = "马腾云"; //给员工 1 的属性赋值
        emp1.sex = "男";
        emp1.age = 30;
        emp2.name = "范小冰"; //给员工 2 的属性赋值
        emp2.sex = "女";
        emp2.age = 28;
        emp1.work();           //调用对象 emp1 的 work 方法
        emp1.rest ();          //调用对象 emp1 的 rest 方法
        emp1.introduce ();     //调用对象 emp1 的 introduce 方法
        emp2.introduce ();     //调用对象 emp2 的 introduce 方法
    }
}
```

1）构造方法

构造方法也叫构造函数、构造器（constructor），用来创建类的实例化对象，可以完成创建对象时的初始化工作。构造方法具有如下特点。

- 与类的名称相同。
- 函数定义时不含返回值类型，不能在方法中用 return 语句返回值。

- 访问权限一般为 public。

在 Java 中,每个类都至少要有一个构造方法,如果编程者没有在类里定义构造方法,系统会自动为这个类产生一个默认的构造方法,其格式为:

```
public  类名(参数) { }
```

一旦编程者为该类定义了构造方法,系统就不再提供默认的构造方法了。

当一个对象创建后,Java 虚拟机(JVM)就会给这个对象分配一个引用自身的指针,这个指针的名字就是 this。this 只能在类的非静态方法中使用,静态方法和静态的代码块中绝对不能出现 this。在构造方法中常常使用 this 关键字。

this 指代的是当前对象,主要使用场合如下:

- this. 成员变量,当局部变量和成员变量重名的时候可以使用 this 指定调用成员变量。
- this. 方法(),表示当前对象调用方法。
- this([参数]),表示调用本类的另一个构造方法。

2) 静态成员

静态成员用 static 关键字进行修饰,表示"静态"或者"全局"的意思,可以用来修饰成员变量和成员方法,也可以形成静态 static 代码块。

被 static 修饰的成员独立于任何对象,在内存中只存在一份,能被该类的所有对象共享。静态数据成员在程序运行期间一直存在,不会因为对象的消亡而被释放。静态方法中只能访问静态成员,不能访问非静态成员,也不能使用 this、super 等关键字。

下面的代码用静态成员实现单例模式,确保该类只能产生唯一的对象。

```
public class Singleton {
    private Singleton() {}          //构造方法设置为私有,禁止用 new 产生对象
    private static Singleton single = null;
    //静态工厂方法(必须调用该方法获得对象)
    //调用格式: Singleton. getInstance();
    public static Singleton getInstance() {
        if (single == null) {   //确保对象只生成一次 single = new Singleton(); }
        return single;
    }
}
```

3) 用包来管理类

在一个比较大的程序中,类的名字可能会冲突,包就像文件夹一样,将同名的类装到不同的包中,可以避免冲突。

(1) 声明包。

声明包的格式为:

```
package 包名;
```

Java SE 中自带的包命名通常以 java 开头,一些扩展包命名以 javax 开头。

自己定义的包,通常用公司域名的倒写加上项目名作为包名。比如,公司域名为 abc.com,开

发的项目为 project1，则包名为 com. abc. project1。

(2) 引用包。

对包的引用需要 import 关键字，格式为：

```
import 包名.类名;
```

如果要引用包中的所有类，格式为：

```
import 包名.*;
```

默认情况下，java. lang 包中的类自动引入，无须用 import 语句显式引入。

例如，A 类属于项目 project1，B 类属于项目 projrct2，B 类要引用 A 类，程序如下。

```
//A.java
package com.abc.project1;   //该类所属的包
public class A{ }

//B.java
package com.abc.project2;   //该类所属的包
import com.abc.project1;    //引用的包
public class B{
    public static void main(String args[ ]) { A obj = new A(); //使用 A 类 }
}
```

1.2.2 封装性

封装是把类设计成一个黑匣子，将里面包含的某些数据和操作隐藏起来，对外公开特定的操作接口函数进行访问，这样可以避免外部对内部的干扰。

对类成员的访问权限包括：公有(public)、私有(private)、保护(protected)、默认。

1) 公有

用 public 修饰的类成员(包括变量和方法)称为公有的，公有成员允许应用程序中所有的方法访问，不仅允许类内部的方法访问，也允许同一个包或不同包中的类方法访问。这里的访问指存取公有数据，调用公有方法。

2) 私有

用 private 修饰的类成员称为私有的，类的私有成员只能被这个类的方法直接访问，而不能被类以外的方法访问。一般把不需要外界知道的数据或操作定义为私有成员，这样既有利于数据的安全性，也符合隐藏内部信息处理细节的原则。

在定义类的时候，通常将数据成员定义为私有的，然后通过公有的 getter 和 setter 访问数据成员。这样可以限制数据只能被本类的方法成员访问，加强了安全性，还可以设置数据成员为只读或只写，并且在读/写的同时可以设置一些验证规则。

3) 保护

用 protected 修饰的类成员称为被保护成员。类的被保护成员允许其所属的类、由此类派生的子类，以及同一个包中的其他类访问。

如果一个类有派生子类，为了使子类能够直接访问父类的成员，可以把这些成员(大部分是数据)说明为被保护的。

4) 默认

默认是指类的成员没有用任何关键字进行修饰，这种成员除了允许所属的类访问外，还允许同一个包中的其他类访问。若两个类不在同一个包中，即使是这个类的子类，也不允许访问这个类的默认成员。

上面所说的某个类可"访问"，是指在某个类的方法中，可以读写本类或其他类的数据(变量)成员，或可以调用本类或其他类的方法(函数)成员，只有在类的方法中(函数体中)，才能完成"访问"这个动作。

类成员的可访问性总结，如表 1.12 所示。

表 1.12　类成员的可访问性

类	同一个类	同一个包中的类	其他包中的子类	其他包中的类
公有	√	√	√	√
保护	√	√	√	×
默认	√	√	×	×
私有	√	×	×	×

1.2.3　继承性

继承就是以原有类为基础来创建一个新类，新类能传承原有类的数据和行为，并能扩充新的成员，从而达到代码复用的目的。在继承关系中原有的类称为父类(或基类)，新的类称为子类(或派生类)。

在 Java 中只允许单重继承，一个父类可以有多个子类，但一个子类只能有一个父类，但支持多层继承，即子类还可以有子类。这样的继承关系就形成了继承树，如图 1.34 所示。

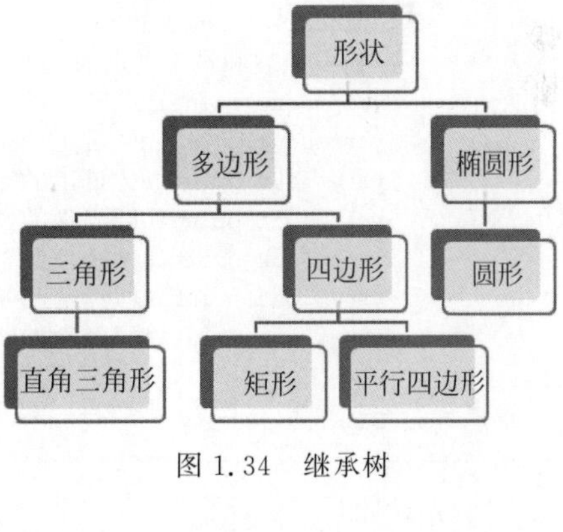

图 1.34　继承树

定义继承关系的格式为：

```
[访问权限] class 类名 extends 父类名 { /* …(类体) */ }
```

如果没有 extends 子句，则该类默认继承自 Object 类。用 final 修饰的类不能被继承。

子类继承父类之后，具有如下特点。

1) 继承得到父类的属性和方法

通过继承得到父类的属性和方法，即父类将数据和方法成员传递给了子类。

案例 1.5 演示：类的继承和传递性。

```
class Employee{
    private String name;                          //姓名
    private String sex;                           //性别
    private int age;                              //年龄
    private float salary;                         //基本工资
    public Employee(String name,String sex,int age,float salary) {//构造方法
        this.name = name;  this.sex = sex;  this.age = age;  this.salary =  salary;
    }
    public Employee()  {
        this("无名氏","男",18,2000);
    }
    //get、set 方法省略
}
class Manager extends Employee {
    private float bonus;                          // 经理的奖金
    //get、set 方法省略
}
public class Test {
    public static void main(String[] args) {
        Employee employee = new Employee(); //创建 Employee 对象并为其赋值
        employee.setName("李小洪");
        employee.setSalary(2000);
        employee.setAge(20);
        Manager manager = new Manager();     //创建 Manager 对象并为其赋值
        manager.setName("雷小军");
        manager.setSalary(3000);
        manager.setAge(30);
        manager.setBonus(2000);
        //输出经理和员工的属性值
        System.out.println("员工的姓名:" + employee.getName());
        System.out.println("员工的工资:" + employee.getSalary());
        System.out.println("员工的年龄:" + employee.getAge());
        System.out.println("经理的姓名:" + manager.getName());
        System.out.println("经理的工资:" + manager.getSalary());
        System.out.println("经理的年龄:" + manager.getAge());
        System.out.println("经理的奖金:" + manager.getBonus());
    }
}
```

2）继承时的访问权限

Java 子类重写继承的方法时，不可以降低方法的访问权限，子类继承父类的访问修饰符要比父类的更大，也就是更加开放。假如父类是 protected 修饰的，其子类只能是 protected 或者 public，绝对不能是默认的（也称 friendly 访问权限）或者 private。假如父类是 private，则表示该方法无法被继承了。

继承时子类方法和父类方法权限的对应关系，如表 1.13 所示。

表 1.13 继承时子类方法和父类方法权限的对应关系

序号	父类方法权限	子类方法对应的权限
1	public	public
2	protected	protected 或 public
3	默认	默认或 protected 或 public
4	private	无此方法

3）构造子类时，要先调用父类的构造方法

案例 1.6 演示：继承关系中构造方法的调用顺序。

```
class A {
    public A() { System.out.println("A类的无参构造函数被调用"); }
}
class B extends A {
    public B()  /* 默认会先调用A类的无参构造方法 */ {
        System.out.println("B类的构造函数被调用");
    }
}
public class Test {
    public static void main(String[ ] args) { B obj = new B(); }
}
```

输出结果如图 1.35 所示。

```
A类的无参构造函数被调用
B类的构造函数被调用
```

图 1.35 继承关系中构造方法的调用顺序

当父类只包含带参数的构造方法时，需要在子类构造方法中显式用 super 关键字调用，如父类仅有带参数 x 的构造方法：

```
public class A {
    public A(int x) { System.out.println("A类的有参构造函数被调用,参数值为" + x); }
}
```

则子类构造方法应该用 super 关键字进行显式调用：

```
class B extends A {
    public B(){
    super(100);  //通过 super 调用父类构造函数(必须写在第一句)
    System.out.println("B类的构造函数被调用");
    }
}
```

1.2.4 多态性

多态指同类事物有多种状态。多态有两种表现形式：覆盖和重载。覆盖是指子类重新定义父类的方法,而重载是指同一个类中存在多个同名方法,而这些方法的参数不同。

1) 方法的重载(overload)

重载是指同一个类中存在多个名字相同的方法,这些方法或参数个数不同,或参数类型不同,或两者都不同。方法重载不考虑返回值。

重载解决了方法命名困难的问题,同样的操作采用同样的名称,也增强了程序的可读性。

例如,System.out.print 可以打印不同类型的数据,就是依赖重载来实现的。

```
public void print(boolean b)
public void print(char c)
public void print(int i)
public void print(long l)
public void print(float f)
public void print(double d)
```

构造方法也可以重载,如 Employee 类包含两个构造方法,一个无参数,另一个有参数。

2) 方法的覆盖(override)

在继承的过程中,父类的某些方法可能不符合子类的需要,Java 允许子类对父类的同名方法进行重新定义。如果子类方法与父类方法同名,则子类覆盖父类中的同名方法。在进行覆盖时,应注意以下三点。

(1) 子类不能覆盖父类中声明为 final 或 static 的方法。

(2) 子类必须覆盖父类中声明为 abstract 的方法,或者子类也声明为 abstract。

(3) 子类覆盖父类中同名方法时,子类方法声明必须与父类被覆盖方法的声明一样。

案例 1.7 演示:子类覆盖父类的方法。

```
class A {
    public void m1() { System.out.println("调用 A 类的 m1 方法."); }
    public void m2() { System.out.println("调用 A 类的 m2 方法."); }
}
class B extends A{
    public void m1() { System.out.println("调用 B 类的 m1 方法."); }
    public void m2(int x) {System.out.println("调用 B 类的 m2 方法(带参数)."); }
}
public class Test {
    public static void main(String[] args) {
        A obj1 = new A();
        B obj2 = new B();
        obj1.m1();
        obj1.m2();
        obj2.m1();
        obj2.m2();
        obj2.m2(100);
    }
}
```

输出结果如图 1.36 所示。

```
调用A类的m1方法。
调用A类的m2方法。
调用B类的m1方法。
调用A类的m2方法。
调用B类的m2方法（带参数）。
```

图 1.36 方法的继承和覆盖

只有当子类的方法和父类方法的名称和参数都一致时,才会覆盖父类的方法(如例子中的 m1),否则会继承父类的方法(如例子中的 m2)。

3) 通过父类的引用访问子类的对象

通过父类的引用访问子类对象的方法时,会自动识别对象的类别,找到合适的方法进行调用。在项目实践中,经常把同一个父类继承下来的多个子类对象的引用放入集合进行管理,然后用遍历的方式来依次调用每个对象的方法。

案例 1.8 演示:通过父类的引用访问子类的对象。

```
class Shape {
    public void show() { System.out.println("显示一个形状(实际是无法实现的)."); }
}
class Rectangle extends Shape  { //矩形类
    public void show() { System.out.println("显示一个矩形."); }
}
class Circle extends Shape {//圆形类
    public void show(){ System.out.println("显示一个圆形."); }
}
public class Test {
    public static void main(String[ ] args) {
        Shape s;  //父类的引用
        s = new Shape();
        System.out.println("我是" + s.getClass().getName() + "类的对象.");  //自报类名
        s.show();  s = new Rectangle();
        System.out.println("我是" + s.getClass().getName() + "类的对象.");  //自报类名
        s.show();  s = new Circle();
        System.out.println("我是" + s.getClass().getName() + "类的对象.");  //自报类名
        s.show();
    }
}
```

输出结果如图 1.37 所示。

```
我是cn.cqvie.chapter02.exam9.Shape类的对象。
显示一个形状（实际是无法实现的）。
我是cn.cqvie.chapter02.exam9.Rectangle类的对象。
显示一个矩形。
我是cn.cqvie.chapter02.exam9.Circle类的对象。
显示一个圆形。
```

图 1.37 通过父类的指针访问子类的对象

Java 的对象具有"自知之明",可以自己报出属于哪个类别,这种机制也称为 RTTI(Run-Time Type Identification,运行时类型识别),是面向对象的高级编程语言普遍具备的。正是因为这种类型识别机制的存在,在程序运行时,才能根据指针所指对象的类别(而不是指针本身的类别),准确地调用该类别的方法,从而表现出不同状态。

案例 1.9 演示：通过父类的引用数组(集合)来管理多个子类的对象。

```
class Shape {                              //形状类
    public void show(){
        System.out.println("显示一个形状(实际是无法实现的).");
    }
}
class Rectangle extends Shape   {          //矩形类
    public void show(){ System.out.println("显示一个矩形."); }
}
class Circle extends Shape {               //圆形类
    public void show() { System.out.println("显示一个圆形."); }
}

public class Test {
    public static void main(String[ ] args) {
        Shape[ ] s = new Shape[3];         //包含 3 个对象指针的数组(集合)
        s[0] = new Shape();                //第 0 个指针指向 shape 对象
        s[1] = new Rectangle();            //第 1 个指针指向 rectangle 对象
        s[2] = new Circle();               //第 2 个指针指向 circle 对象
        for(int i = 0;i < s.length;i++)    //遍历数组
            s[i].show();                   //依次调用每个指针所指对象的 show 方法
    }
}
```

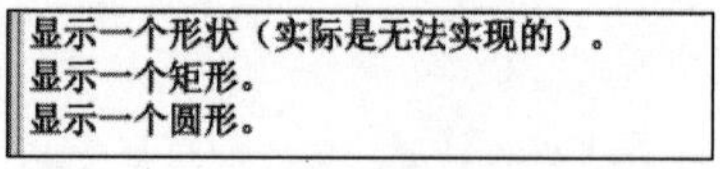

显示一个形状（实际是无法实现的）。
显示一个矩形。
显示一个圆形。

图 1.38 通过指针集合来管理一组子类的对象

输出结果如图 1.38 所示。

用集合将一组源自同一父类的对象组织起来，可以很方便地用循环进行遍历。即使以后要增加新的子类(如新增多边形类)，整个程序的架构也不会发生变化。

1.2.5 抽象类

在现实生活中，经常有这样的情形：

- 老师说：希望大家期末考试考出好成绩。怎么考？留给你自己实现。
- 中国奥运代表团出征大会，国家体育局领导发言：希望各位赛出水平，赛出风格，争金夺银。怎么比赛？留给运动员自己去比赛。

在 Java 中可以创建专门的类来作为父类，这种类被称为“抽象类”(abstract class)。抽象类描述继承体系的上层结构，定义抽象类的目的就是为了让别人继承，并按抽象类中定义的方案来给出具体的设计。

1) 抽象类的定义

使用关键字 abstract 修饰的类称为抽象类。定义抽象类的语法格式为：

```
abstract class 类名{
    声明成员变量;
    返回值的数据类型 方法名(参数表){ … }
    abstract 返回值的数据类型 方法名(参数表);
}
```

2）抽象类的使用规则

抽象类的使用规则如下。

（1）抽象类可以包含0个或多个抽象方法。

（2）抽象方法表明该抽象类的子类必须提供此方法的具体实现，否则该子类必须也是抽象类。

（3）使用关键字abstract来声明抽象方法，其格式为：

```
abstract class Animal{              //抽象类
    …
    public abstract void eat();     //抽象方法
    …
}
```

关于抽象方法的几点说明如下。

（1）抽象方法只有方法的声明，没有方法体。

（2）抽象方法用来描述系统具有什么功能。

（3）具有一个或多个抽象方法的类必须声明为抽象类。

对于抽象类和抽象方法，要注意如下几点。

（1）抽象类中可以没有抽象方法，也可以有抽象方法。

（2）有抽象方法的类一定是抽象类。

（3）抽象类也可以有具体的属性和方法。

（4）构造方法不能声明为抽象方法。

（5）当一个具体类继承一个抽象类时，必须实现抽象类中声明的所有抽象方法，否则其也必须声明为抽象类。

（6）不能通过new关键字实例化抽象类的对象。

例如以下程序语句是错误的。

```
Animal animal = new Animal("旺旺");  //错误,因为 Animal 是抽象类
```

但是可以声明抽象类的引用指向子类的对象，以实现多态性。比如：

```
Animal animal = new Dog("旺旺");         //正确
animal.eat();
```

其中Dog是实现了抽象类中抽象方法的子类，是普通类。

案例1.9演示：定义抽象类Animal，定义其子类Dog和Cat，并测试程序运行结果。

（1）先定义抽象类Animal。

```
abstract class Animal{              //抽象类
    String name;                    //属性
```

```
    public Animal(String n){  /*构造方法*/ name = n; }
    public abstract void eat();     //抽象方法
    public String getName(){  /*具体方法*/ return name; }
}
```

在 Animal 类中包含成员变量 name，一个参数的构造方法 public Animal(String n)，抽象方法 eat()和普通实例方法 getName()。

（2）再定义第一个子类 Dog。其继承自 Animal，并实现 Animal 类中的抽象方法，代码如下。

```
public class Dog extends Animal {
    public Dog(String n) {  super(n);  }
    @Override
    public void eat(){  //实现抽象类的抽象方法
        System.out.println(name + "啃骨头");
    }
}
```

（3）定义第二个子类 Cat。继承自 Animal，并实现 Animal 类中的抽象方法，代码如下。

```
public class Cat extends Animal {
    public Cat(String n) {  super(n);  }
    @Override
    public void eat() {
        System.out.println(name + "吃鱼");
    }
}
```

（4）编写测试类 AnimalDemo 类。

测试程序运行效果，测试类代码如下。

```
public class AnimalDemo {
    public static void main(String[] args) {
        // 测试
        //Anaiml animal = new Animal();        //错误，抽象类不能生成对象
        Animal dog = new Dog("旺旺"); Animal cat = new Cat("喵喵");  dog.eat(); cat.eat();
    }
}
```

（5）测试运行。显示结果如图 1.39 所示。

```
旺旺啃骨头
喵喵吃鱼
```

图 1.39　案例 1.9 的运行结果

1.2.6 接口

用关键字 interface,可以从类的实现中抽象出一个类的接口。也就是说,用 interface 可以指定一个类必须做什么,而不是规定它如何去做。接口在语句构成上与类相似,但是接口中没有实例变量,在 JDK 1.8 以前它们定义的方法全部都是抽象方法,即方法不含方法体,从 JDK 1.8 开始,可以在接口中定义静态方法和 default 方法。一旦接口被定义,该接口就可以被一个类或多个类继承。而且,一个类可以实现多个接口。

要实现一个接口,接口的实现类必须实现该接口中所有的抽象方法,但每个类都可以自由地决定它们自己实现的细节。

通过 interface 关键字定义的接口,Java 允许充分利用多态性的"一个接口,多个方法"。

接口是为支持运行时动态方法调用而设计的。通常,为使一个方法可以在两个类中都能被调用,两个类都必须出现在编译时间里,以便 Java 编译器通过检查以确保方法是兼容的。这个需求导致了一个静态的不可扩展的类环境。在一个系统中不可避免会出现这类情况,为了保证该方法可以为越来越多的子类调用,类的层次就会越堆越高。接口的设计避免了这个问题。接口把一个方法或多个方法的定义从类层次中分开。因为接口比抽象类更具有普遍性,可以针对不同体系的类来实现该接口,不会造成类的层次变高。这是接口的真正优势所在。

1) 接口的定义

接口定义的语法格式为:

```
[public] interface 接口名称 [extends 父接口名列表]{
    [public][static][final] 数据类型 成员变量名 = 常量; …
    [public][abstract] 返回值的数据类型 方法名(参数表); …
    // static 修饰符定义静态方法
    static void staticMethod() {
        System.out.println("接口中的静态方法");
    }

    // default 修饰符定义默认方法
    default void defaultMethod() {
        System.out.println("接口中的默认方法");
    }
}
```

下面是一个接口定义的例子。它声明了一个简单的接口,里面包含了常量和抽象方法。

```
interface A{
    public static final String address = "重庆";  //全局常量
    public static final String author = "张三";   // 全局常量
    public abstract String show();               //公共的抽象方法
    public abstract void printInfo();            //公共的抽象方法
}
```

需要特别指出的是：在 JDK 1.8 以前，在 Java 的接口中只能定义全局常量和公共的抽象方法；从 JDK 1.8 开始，可以在接口中定义静态方法和 default 方法。

对接口来讲，因为接口在定义的时候就默认地定义了接口中的变量就是全局常量，接口中方法就是公共的抽象方法，所以在开发中往往可以简化定义，如以下代码所示。

```
interface A{
    String address = "重庆";    //全局常量
    String author = "张三";     //全局常量
    String show();              //公共的抽象方法
    void printInfo();           //公共的抽象方法
}
```

以上两种定义接口的方式是完全一样的，没有区别。

2）接口的实现

在声明一个类的同时用关键字 implements 来实现一个接口。接口实现的语法格式为：

```
class 类名称 implements 接口 A{ … }
```

从上面的代码中可以看出，一个类可以继承多个接口，这样类就摆脱了 Java 中的类只能单重继承的局限性的束缚。

注意：

- 非抽象类中不能存在抽象方法。
- 一个类在实现某接口的抽象方法时，必须使用完全相同的方法头。
- 接口中抽象方法的访问控制修饰符都已指定为 public，所以类在实现方法时，必须显式地使用 public 修饰符。

3）接口的继承

与类相似，接口也有继承性。定义一个接口时可通过 extends 关键字声明该新接口是某个已存在的父接口的派生接口，它将继承父接口的所有常量与抽象方法。与类的继承不同的是，一个接口可以有一个以上的父接口，它们之间用逗号分隔，形成父接口列表。

```
interface 子接口 extends 父接口 A,父接口 B,…{ … }
```

4）利用接口实现类的“多重继承”

所谓多重继承，是指一个子类可以有一个以上的直接父类，该子类可以继承它所有直接父类的成员。Java 虽不支持多重继承，但可利用接口来实现比多重继承更强的功能。

一个类实现多个接口时，在 implements 子句中用逗号分隔，其格式为：

```
class 类名称 implements 接口 A,接口 B,…{ … }
```

从上面的代码中，可以看出一个类可以继承多个接口，这样类就摆脱了 Java 中的类只能单重继承的局限性的束缚。

5）抽象类和接口的不同点

抽象类和接口都可以通过多态生成实例化对象，但二者是有区别的，如表 1.14 所示。

表 1.14 抽象类和接口的不同

序号	不同点	抽象类	接口
1	定义	含有抽象方法的类，关键字为 class	抽象方法和全局变量的集合，关键字为 interface
2	组成	构造方法、普通方法、抽象方法、常量、变量	全局常量，公共的抽象方法、静态方法或 default 方法
3	使用	子类继承抽象类，关键字 extends	子类继承接口，关键字 implements
4	关系	抽象类可以实现多个接口	接口不能继承抽象类，但是可以继承多个接口
5	常见的设计模式	模板设计模式	工厂设计、代理设计
6	局限	单继承局限	没有单继承局限
7	实际	作为一个模板	作为一个标准或一种能力
8	选择	当既可以选择抽象类，又可以选择接口时，则优先选择接口，因为接口没有单继承的局限，更具有普遍性和通用性	

案例 1.10 演示：定义一个报警接口 IAlarm，在接口中定义一个抽象方法——报警方法 alarm()，分别定义 IAlarm 接口的两个子类，一个子类是防盗自行车类 SecurityBicycle，另一个子类是防盗门类 SecurityDoor。在两个子类中分别实现接口中的 alarm()方法，并测试程序。

(1) 先定义报警接口 IAlarm。

```
//定义报警接口 IAlarm
public interface IAlarm {
    //定义报警方法 alarm();
    public void alarm();
}
```

在 IAlarm 接口中定义了无参数的抽象方法 alarm()，该方法的返回值是 void。

(2) 定义第一个子类。

定义第一个子类——防盗自行车类 SecurityBicycle，继承接口 IAlarm，并实现接口中的抽象方法 alarm()，代码如下。

```
//定义防盗自行车类
public class SecurityBicycle implements IAlarm{
    private String name;            //自行车名称
    //构造方法
    public SecurityBicycle(String name){ this.name = name; }
```

```
    //定义 getter()方法
public String getName() { return name; }
    //定义 setter()方法
    public void setName(String name) { this.name = name; }
    //重写接口中的方法
    @Override
    public void alarm() {
        System.out.println("我是" + this.name + ",我具备了报警方法.");
    }
}
```

在 SecurityBicycle 中定义了一个私有的成员变量 name，并定义了一个参数的构造方法；定义了成员变量对应的 getter 和 setter 方法；最后重写了接口中的 alarm()方法。

(3) 定义第二个子类。

定义第二个子类 SecurityDoor，继承接口 IAlarm，并实现接口中的抽象方法 alarm()，代码如下。

```
//定义防盗门类 SecurityDoor
public class SecurityDoor implements IAlarm {
    private String name;            //防盗门名称
    //定义构造方法
    public SecurityDoor(String name){ this.name = name; }
    //定义 getter()方法
public String getName() { return name; }
    //定义 setter()方法
    public void setName(String name) { this.name = name; }
    //重写接口中的 alarm()方法
    @Override
    public void alarm() {
        System.out.println("我是" + this.name + ",我具备了报警方法.");
    }
}
```

在 SecurityDoor 中定义了一个私有的成员变量 name，并定义了一个参数的构造方法；定义了成员变量对应的 getter 和 setter 方法；最后重写了接口中的 alarm()方法。

(4) 编写测试类。

编写测试类 IAlarmDemo 类，测试程序运行效果。测试类代码如下。

```
//测试类
public class IAlarmDemo {
    //测试 IAlarm 接口及其子类
    public static void main(String[] args) {
        IAlarm bicycle = new SecurityBicycle("飞鸽牌防盗自行车");
        IAlarm door = new SecurityDoor("卫士牌防盗门");
```

```
            bicycle.alarm();  door.alarm();
        }
    }
```

(5) 测试运行。

测试运行,显示结果如图 1.40 所示。

```
我是飞鸽牌防盗自行车，我具备了报警方法。
我是卫士牌防盗门，我具备了报警方法。
```

图 1.40 案例 1.10 的运行结果

1.2.7 包

在 Java 中,包(package)是一种松散的类的集合,它可以将各种类文件组织在一起,就像磁盘的目录(文件夹)一样。无论是 Java 中提供的标准类,还是我们自己编写的类文件都应包含在一个包内。包的管理机制提供了类的多层次命名空间,避免了命名冲突问题,解决了类文件的组织问题,更方便了我们使用。

1) Java 中常用的标准类包

Oracle 公司在 JDK 中提供了各种实用类,通常称之为标准的 API(Application Programming Interface),这些类按功能分别被放入了不同的包中,供大家开发程序使用。随着 JDK 版本的不断升级,标准类包的功能也越来越强大,使用也更为方便。Java 提供的标准类都放在标准的包中。

下边简要介绍其中最常用的几个包的功能。

(1) java.lang 包中存放了 Java 最基础的核心类,如 System、Math、String、Integer、Float 类等。在程序中,这些类不需要使用 import 语句导入,可以直接使用。例如,前边程序中使用的输出语句 System.out.println()、类常数 Math.PI、数学开方方法 Math.sqrt()、类型转换语句 Float.parseFloat()等都可直接使用。

(2) java.awt 包中存放了构建图形化用户界面(GUI)的类,如 Frame、Button、TextField 类等,使用它们可以构建用户所希望的图形操作界面。

(3) javax.swing 包中提供了更加丰富、精美、功能强大的 GUI 组件,是 java.awt 功能的扩展,对应提供了如 JFrame、JButton、JTextField 类等。在前边的例子中我们就使用过 JoptionPane 类的静态方法进行对话框的操作。它比 java.awt 相关的组件更灵活、更容易使用。

(4) java.applet 包中提供了支持编写、运行 applet(小程序)所需要的一些类。

(5) java.util 包中提供了一些实用工具类,如定义系统特性、使用与日期日历相关的方法以及分析字符串的类等。

(6) java.io 包中提供了数据流输入/输出操作的类,如建立磁盘文件、读写磁盘文件的类等。

(7) java.sql 包中提供了支持使用标准 SQL 方式访问数据库功能的类。

(8) java.net 包中提供与网络通信相关的类,用于编写网络实用程序。

2) 包(package)的创建及包中类的引用

如上所述,每一个 Java 类文件都属于一个包。如果在程序中没有指定包名,则系统默认为是无名包。无名包中的类可以相互引用,但不能被其他包中的 Java 程序所引用。对于简单的程序,是否使用包名也许没有影响,但对于一个复杂的应用程序,如果不使用包来管理类,将会对程序的开发造成很大的麻烦。

下面我们简要介绍包的创建及使用。

(1) 创建包。

将自己编写的类按功能放入相应的包中,以便在其他的应用程序中引用它,这是对面向对象程序设计者最基本的要求。我们可以使用 package 语句将编写的类放入一个指定的包中。package 语句的一般格式为:

```
package 包名;
```

注意:

- 此语句必须放在整个源程序第一条语句的位置(注解行和空行除外)。
- 包名应符合标识符的命名规则。

习惯上,包名使用小写字母书写,可以使用多级结构的包名,像 Java 提供的类包 java.util、java.sql 等那样命名。

事实上,创建包就是在当前文件夹下创建一个以包名命名的子文件夹并存放类的字节码文件。如果使用多级结构的包名,就相当于以包名中的“.”为文件夹分隔符,在当前的文件夹下创建多级结构的子文件夹并将类的字节码文件存放在最后的文件夹下。

例如,前边我们创建了平面几何图形类 Shape、Triangle 和 Circle。现在要将它们的类文件代码放入 shape 包中,只需在 Shape.java、Triangle.java 和 Circle.java 三个源程序文件中的开头(作为第一个语句)各自添加一条如下的语句就可以了。

```
package shape;
```

在完成对程序文件的修改之后,重新编译源程序文件,生成的字节码类文件就被放入创建的文件夹下了。

(2) 引用包中的类。

在前边的程序中,已经多次引用了系统提供的包中的类。比如,可以使用 java.util 包中的 Date 类,创建其对象处理日期等。

一般来说,可以用如下两种方式引用包中的类。

① 使用 import 语句导入类,在前边的程序中已经使用过,其应用的一般格式为:

```
import 包名.*;      //可以使用包中所有的类
```

或：

```
import 包名.类名; //只装入包中类名指定的类
```

在程序中 import 语句应放在 package 语句之后，如果没有 package 语句，则 import 语句应放在程序开头，一个程序中可以含有多个 import 语句，即在一个类中，可以根据需要引用多个包中的类。

② 在程序中直接引用包中所需要的类。其引用的一般格式是：

```
包名.类名
```

例如，可以使用如下语句在程序中直接创建一个日期对象。

```
java.util.Date jobDate = new java.util.Date( );
```

3）权限访问限定

在前边介绍的类、变量和方法的声明中都介绍了权限访问限定符，如表 1.13 所示，在此不再赘述。

1.2.8 常见集合类

集合是具有共同性质的一类元素构成的一个整体。Java 中设计了集合框架（Java Collections Framework，JCF），对与集合相关的一些数据结构和算法进行封装。

JCF 中最关键的接口有 3 个：List、Set 和 Map，其特点如下。

(1) List 接口继承自 Collection，里面的元素可以重复，元素有先后顺序。

(2) Set 接口继承自 Collection，里面的元素不能重复，元素无先后顺序。

(3) Map 接口是"键-值"对的集合，关键字不能重复，元素无先后顺序。

1. List 集合

1）List 接口提供的方法

List 接口提供了对线性列表进行操作的一系列方法，如添加、删除集合元素，获取、搜索集合元素等，常用方法如下。

- boolean add(Object element)：将指定的元素 element 添加到此列表的末尾。
- void add(int index, Object element)：将指定的元素 element 插入此列表中的位置 index。
- boolean addAll(Collection c)：将集合 c 中的所有元素添加到此列表末尾（添加顺序为集合 c 元素的遍历顺序）。
- boolean addAll(int index, Collection c)：将集合 c 中的所有元素插入此列表中的位置 index（插入顺序为集合 c 元素的遍历顺序）。
- Object remove(int index)：移除此列表中位置 index 上的元素。

- boolean remove(Object element)：从列表中移除指定元素 element。
- boolean removeAll(Collection c)：从列表中移除指定集合 c 中包含的所有元素。
- boolean retainAll(Collection c)：仅在列表中保留指定集合 c 中所包含的元素。
- void clear()：移除此列表中的所有元素。
- boolean isEmpty()：测试此列表是否为空。
- int size()：返回此列表中的元素数。
- Object get(int index)：返回此列表中位置 index 上的元素。
- Object set(int index, Object element)：用元素 element 替代此列表中位置 index 上的元素。
- boolean contains(Object elem)：如果此列表中包含指定的元素，则返回 true。
- int indexOf(Object element)：搜索元素 element 第一次出现的位置，如果列表中不包含此元素，则返回 −1。
- int lastIndexOf(Object element)：搜索元素 element 最后一次出现的位置，如果列表中不包含此元素，则返回 −1。
- List subList(int fromIndex, int toIndex)：返回列表中 fromIndex（包括）和 toIndex（不包括）之间的部分元素集合。
- Object[] toArray()：返回包含列表中的所有元素的数组。

2）ArrayList 和 LinkedList

List 接口有 ArrayList 和 LinkedList 两种实现，实际应用时可根据需要进行选择。如果 List 集合中数据的添加、删除不频繁，可选择 ArrayList；如果 List 集合中数据的添加、删除比较频繁，则可选择 LinkedList。

（1）ArrayList。

① ArrayList 适合元素添加、删除操作不频繁的情况，支持元素的随机访问。

② ArrayList 的构造方法如下。

- ArrayList()：构造一个初始容量为 10 的空列表。
- ArrayList(Collection c)：构造一个包含指定集合 c 的元素的列表。
- ArrayList(int initialCapacity)：构造一个具有指定初始容量的空列表。

（2）LinkedList。

① LinkedList 适合元素添加、删除操作比较频繁，但顺序的访问列表元素的情况。

② LinkedList 的构造方法如下。

- LinkedList()：构造一个空列表。
- LinkedList(Collection c)：构造一个包含指定集合 c 的元素的列表。

③ 除了 List 接口规定的方法外，LinkedList 的实现方法还有如下几种。

- void addFirst(Object element)：将给定元素插入此列表的开头。
- void addLast(Object element)：将给定元素追加到此列表的结尾。
- Object getFirst()：返回此列表的第一个元素。

- Object getLast()：返回此列表的最后一个元素。
- Object removeFirst()：移除并返回此列表的第一个元素。
- Object removeLast()：移除并返回此列表的最后一个元素。

3）泛型

在 JDK 1.5 之前，通过将类型定义为 Object 来实现参数类型“任意化”。在使用时，要将参数进行显式的强制类型转换，但对于强制类型转换错误的情况，编译器不会提示错误，而是在运行的时候才会出现异常，这会造成安全隐患。另外，将集合元素的类型定义为 Object，则意味着任意类型的对象都可以存入集合，这不便于对集合元素进行归类。

泛型是 JDK 1.5 及后续版本的特性，泛型的本质是数据类型参数化，即所操作的数据类型被指定为一个参数。数据类型参数化可以用在类、接口和方法的创建中，分别称为泛型类、泛型接口、泛型方法。

下面的举例说明泛型类的用法。

案例 1.11 演示：List 集合使用。

```
public static void main(String[] args) {

        List<String> firstNameList = new ArrayList<String>();
        List<String> secondNameList = new ArrayList<String>();
        secondNameList.add("aaa");
        secondNameList.add("bbb");
        firstNameList.add("abc");          //在尾部追加新元素
        firstNameList.add("abd");
        firstNameList.add("acc");
        firstNameList.add(1, "ddd");       //在指定下标位置插入新元素
        firstNameList.addAll(secondNameList);  //将 secondNameList 中所有的元素添加到
                                               //firstNameList 的尾部
        firstNameList.addAll(0, secondNameList);
//      firstNameList.clear();
        boolean result = firstNameList.contains("aaa");  //判断 firstNameList 中是否包含
                                                         //aaa 这个字符串常量
        boolean result2 = firstNameList.containsAll(secondNameList);
                        //判断 firstNameList 中是否包含 secondNameList 的所有元素
        System.out.println(result);
        System.out.println(result2);
        System.out.println(firstNameList.isEmpty());  //判断 list 集合中是否为空
        System.out.println(secondNameList.isEmpty());
        System.out.println(firstNameList.size());
        firstNameList.remove("acc");   //移除单个元素
        firstNameList.removeAll(secondNameList);  //在 firstNameList 中,移除
                                                  //secondNameList 中的所有元素
        System.out.println(firstNameList.size());
        //获取 firstNameList 集合的迭代器
        Iterator<String> it = firstNameList.iterator();
        System.out.println("---------- itrator 遍历 -----------");
```

```
        while(it.hasNext())
            System.out.println(it.next());

        System.out.println("----------下标遍历-----------");
        for(int i = 0;i < firstNameList .size();i++)
            System.out.println(list.get(i));

        System.out.println("-----------简易遍历----------");
        for(String x: firstNameList )
            System.out.println(x);
    }
```

程序运行结果如图 1.41 所示。

```
<terminated> Demo1 (9) [Java Application] D:\Program Files\Java\jre1.8.0_141\bin\javaw.exe
true
true
false
false
8
3
----------itrator遍历-----------
abc
ddd
abd
----------下标遍历-----------
abc
ddd
abd
-----------简易遍历----------
abc
ddd
abd
```

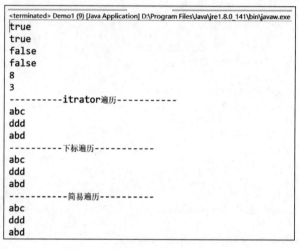

图 1.41　案例 1.11 的运行结果

2. Set 集合

Set 接口也继承自 Collection，表示多个元素的集合，与 List 不同的是，Set 中包含的元素是无序的，并且不能重复。Set 接口定义为：

```
public interface Set<E> extends Collection<E>
```

1) Set 接口提供的方法

Set 接口提供的常用方法如下。

- boolean add(E o)：如果 set 中不存在指定的元素 o，则添加此元素。
- boolean addAll(Collection<? extends E> c)：如果 Set 中不存在集合 c 中包含的元素，则将其添加到 Set 中。
- void clear()：清除 Set 中的所有元素。
- boolean contains(Object o)：如果 Set 包含元素 o，则返回 true。

- boolean containsAll(Collection<?> c)：如果 Set 包含集合 c 的所有元素，则返回 true。
- boolean isEmpty()：如果 Set 为空（不包含元素），则返回 true。
- Iterator < E > iterator()：返回 Set 的迭代器，用于遍历集合。
- boolean remove(Object o)：如果 Set 中存在元素 o，则将其移除。
- boolean removeAll(Collection<?> c)：移除 Set 中那些包含在集合 c 中的元素。
- boolean retainAll(Collection<?> c)：仅保留 Set 中那些包含在集合 c 中的元素。
- int size()：返回 Set 中的元素个数。
- Object[] toArray()：返回包含 Set 中所有元素的数组。

2）Set 的遍历

对比 Set 和 List 的方法可以发现，Set 中没有 get、set 方法，无法通过顺序号对元素进行访问，所以遍历 List 的方法不能用于 Set。为了解决这个问题，JCF 中引入了 Iterator（迭代器）接口，来遍历无序集合，凡是实现了 Iterator 接口的类的对象，都可以获取到迭代器，并通过迭代器遍历集合元素。也可以使用 foreach 遍历方法遍历 Set 集合。

Iterator < E >接口提供的方法如下。

(1) boolean hasNext()：判断是否还有元素可以获取，是则返回 true。

(2) E next()：返回获取到的下一个元素。

(3) void remove()：从集合中移除迭代器获取到的最后一个元素。

案例 1.12 演示：遍历 Set。

```
public static void main(String[ ] args) {
//Set 接口的具体实现是 HashSet 类
    Set < String > books = new HashSet < String >();
    books.add("C 程序设计");
    books.add("Java 编程基础");
    books.add("Java 编程基础");
    books.add("软件工程");
    Iterator < String > it = books.iterator();
    while(it.hasNext()) {   //判断是否存在下一个元素

        String book = it.next();   //取出一个元素
        System.out.println(book);
    }
}
```

运行结果如图 1.42 所示。

```
<terminated> Test (5) [Java Application] D:\Program Files\Java\jdk1.8.0_141\bin\javaw
C程序设计
软件工程
Java编程基础
```

图 1.42 案例 1.12 运行结果

Set 中的元素是无序的，所以输出的结果和添加时的顺序可能不一样。另外，Set 中的元素不能重复，相同的项目只能添加一次。

foreach 遍历方法如下所示。

```
for (< E > str : sets) {
      System.out.println(str);
}
```

下面是一段 foreach 遍历 Set 的程序。

```
Set < String > set = new HashSet < String >();
set.add("Tom");
set.add("Jack");
set.add("Rose");
for(String x:set)
    System.out.println(x);
```

3. Map 集合

Map 是键-值对的集合，相当于是一个只有“关键字(key)”和“值(value)”两列的一个表，关键字是无序的，并且不能重复。Map 接口定义为：

```
public interface Map < K,V >
```

1) Map 接口提供的方法

Map 接口提供的方法如下。

- V put(K key, V value)：添加一个键-值对到集合中，如果关键字存在，则修改对应值。
- V get(Object key)：获取关键字对应的值。
- int size()：返回该 Map 中的键-值对的数量。
- V remove(Object key)：如果存在关键字 key，则将该键-值对从 Map 中移除。
- void clear()：移除集合中所有的键-值对。
- boolean containsKey(Object key)：如果集合中包含指定的关键字，则返回 true。
- boolean containsValue(Object value)：如果集合中包含指定的值，则返回 true。
- Set < Map.Entry < K,V >> entrySet()：返回 Map 包含的所有实体(存入 Set 中)。
- boolean isEmpty()：判断 Map 中是否包含键-值对，如不包含则返回 true。
- Set < K > keySet()：返回 Map 中所有关键字(存入 Set 中)。
- Collection < V > values()：返回 Map 中所有值(存入 Collection 中)。
- void putAll(Map <? extends K, ? extends V > t)：从参数指定 Map 中将所有键-值对复制到当前 Map。

2）Map 集合遍历

Map 遍历的常用方法为 keySet()方法、entrySet()方法和 foreach 遍历方法。

案例 1.13 演示：遍历 Map 集合。

```
public static void main(String[] args) {

    Map<String,String> books = new HashMap<String, String>();
    books.put("A001", "C 程序设计");
    books.put("A002", "Java 编程基础");
    books.put("A003", "软件工程");
    //使用 keySet()方法进行遍历
    Set<String> bookNo = books.keySet();      //只包含 key 的 Set
    Iterator<String> it = bookNo.iterator();
    while(it.hasNext()){
        String No = it.next();
        String Name = books.get(No);
        System.out.println(No + "," + Name);
    }
    //使用 entrySet()方法进行遍历
    Set<Entry<String, String>> kvs = books.entrySet(); //包含键-值的 Set
    Iterator<Entry<String, String>> it2 = kvs.iterator();
    while(it2.hasNext()){
        Entry<String, String> kv =  it2.next();
        System.out.println(kv.getKey() + "," + kv.getValue());
    }
}
```

Map 的遍历方法是将 Map 转换为 Set，再获取 Iterator 进行遍历。可以获取只包含 key 的 Set，遍历时根据 key 得到 value，也可以获取包含 Entry(键-值对)的 Set，直接进行遍历。

下面程序代码演示 Map 集合的 foreach 遍历方法。

(1) 通过获取所有的 key 来遍历。

```
//Set<Integer> set = map.keySet(); //得到所有 key 的集合
for (Integer in : map.keySet()) {
    String str = map.get(in);        //得到每个 key 对应的 value 的值
}
```

(2) 通过 Map.entrySet 遍历 key 和 value，推荐此种遍历方法，尤其是容量大时。

```
for (Map.Entry<Integer, String> entry : map.entrySet()) {
        System.out.println("key= " + entry.getKey() + " and value= " + entry.getValue());
}
```

(3) 通过 Map.values()遍历所有的 value，但不能遍历 key。

```
for (String v : map.values()) {
    System.out.println("value= " + v);
}
```

1.3 小结

本章主要介绍了 Java 编程，包括 Java 基础编程和 Java 面向对象编程，Java 基础编程主要包括环境配置、Java 语法、选择结构、循环结构以及数组等内容。Java 面向对象编程主要包括类和对象、封装性、继承性、多态性、抽象性、接口、包以及常用集合类等内容。

1.4 习题

一、单选题

1. 在 JDK 目录中，Java 运行环境的根目录是(　　)。

A. lib　　B. demo　　C. bin　　D. jre

2. 下列关于 Java 语言特点的叙述中，错误的是(　　)。

A. Java 是面向过程的编程语言　　B. Java 支持分布式计算

C. Java 是跨平台的编程语言　　D. Java 支持多线程

3. main()方法是 Java Application 程序执行的入口点。关于 main()方法的方法头，以下(　　)项是合法的。

A. public static void main()　　B. public static void main(String args[])

C. public static int main(String [] arg)　　D. public void main(String arg[])

4. 编译 Java Application 源程序文件将产生相应的字节码文件，这些字节码文件的扩展名为(　　)。

A. .java　　B. .class　　C. .html　　D. .exe

5. Java 程序语句的结束符是(　　)。

A. .　　B. ;　　C. :　　D. =

6. 在 Java 程序中，注释的作用是(　　)。

A. 在程序执行时显示其内容　　B. 在程序编译时提示

C. 在程序执行时解释　　D. 给程序加说明，提高程序的可读性

7. 下列说法中不正确的是(　　)。

A. Java 应用程序必须有且只有一个 main()方法

B. System.out.println()与 System.out.print()是相同的标准输出方法

C. Java 源程序文件的扩展名为.java

D. Java 小应用程序 Applet 没有 main()方法

8. JDK 的 bin 目录下提供的 Java 编译器是(　　)。

A. javac　　B. javadoc　　C. java　　D. appletviewer

9. 一个 Java 源文件中可以有(　　)公共类。

A. 一个　　B. 两个　　C. 多个　　D. 零个

10. 设有说明：char w; int x; float y; double z;,则表达式 w * x+z-y 值的数据类型为(　　)。

A. float　　B. char　　C. int　　D. double

11. 判断 char 型变量 ch 是否为大写字母的正确表达式是(　　)。

A. 'A'<=ch<='Z'　　B. (ch>='A')&(ch<='Z')

C. (ch>='A')&&(ch<='Z')　　D. ('A'<= ch)AND('Z'>= ch)

12. 下列类声明正确的是(　　)。

A. public void Hi{…}　　B. public class Move(){…}

C. public class void number{…}　　D. public class Car{…}

13. 下面的方法声明中正确的是(　　)。

A. public class methodName(){}　　B. public void int methodName(){}

C. public void methodName(){}　　D. public void methodName{}

14. 下面对构造方法的描述不正确是(　　)。

A. 系统提供默认的构造方法　　B. 构造方法可以有参数,也可以有返回值

C. 构造方法可以重载　　D. 构造方法可以设置参数

15. 设 A 为已定义的类名,下列声明 A 类的对象 a 的语句中正确的是(　　)。

A. float A a;　　B. public A a=A();

C. A a=new int();　　D. A a=new A();

16. 关键字(　　)表示一个类定义的开始。

A. declare　　B. new

C. class　　D. 以上答案都不对

17. 下列选项中,(　　)是 Java 语言所有类的父类。

A. String　　B. Vector　　C. Object　　D. Data

18. 在 Java 中,一个类可同时定义许多同名的方法,这些方法的形式参数个数、类型或顺序不相同,这种面向对象程序的特性称为(　　)。

A. 隐藏　　B. 覆盖　　C. 重载　　D. 封装

19. 关于被私有访问控制符 private 修饰的成员变量,以下说法正确的是(　　)。

A. 可以被三种类所访问：该类自身、与它在同一个包中的其他类、在其他包中的该类的子类

B. 可以被两种类访问：该类本身、该类的所有子类

C. 只能被该类自身所访问

D. 只能被同一个包中的类访问

20. 假设 Foo 类定义如下，设 f 是 Foo 类的一个实例，下列语句调用（　　）是错误的。

```
public class Foo{
    int i;
    static String s;
    void aMethod() {   }
    static void bMethod()  {   }
}
```

A. Foo.aMethod()；　　B. f.aMethod()；

C. System.out.println(f.i)；　　D. Foo.bMethod()

21. 抽象类定义格式是（　　）。

A. abstract class　　B. final class　　C. public class　　D. private class

22. 下面说法中正确的是（　　）。

A. 抽象类中一定有抽象方法　　B. 抽象类中一定没有抽象方法

C. 有抽象方法的类一定是抽象类　　D. 有抽象方法的类不一定是抽象类

23. 定义接口的关键字是（　　）。

A. abstract　　B. implements　　C. extends　　D. interface

24. 一个类实现接口，要使用关键字（　　）。

A. abstract　　B. implements　　C. extends　　D. interface

25. 包的定义格式是（　　）。

A. package 包名.类名　　B. final 包名

C. implement 包名　　D. package 包名.*

26. List 中的元素是（　　）。

A. 有序且不能重复的　　B. 有序且可以重复的

C. 无序且不能重复的　　D. 无序且可以重复的

27. 表示泛型所使用的符号是（　　）。

A. []　　B. {}　　C. <>　　D. ()

28. 在声明方法时，要求列表的元素类型为 T 类或其子类，下列声明正确的是（　　）。

A. List<T>　　B. List<?>

C. List<? super T>　　D. List<? extends T>

29. 下列（　　）方法是 LinkedList 类有而 ArrayList 类没有的。

A. add(Object o)　　B. add(int index,Object o)

C. remove(Object o)　　D. removeLast()

30. 判断 Set 中是否存在某个元素的方法是（　　）。

A. have　　B. exists　　C. contains　　D. containsAll

二、填空题

1. Java 细分为三个版本，三个版本的英文简称为________、________、________。

2. Java 编译器将用 Java 语言编写的源程序编译成________。

3. Java 源程序的运行，至少要经过________和________两个阶段。

4. Java 源程序文档和字节码文件的扩展名分别为________ 和________。

5. Java 程序可以分为 Application 应用程序和________。

6. Java 使用________来表示标准输出设备，而使用________来表示标准输入设备。

7. Scanner 类中 ________ 方法可以实现读取一个 float 类型的数，Scanner 类中________方法可以实现读取一个 int 类型的数。

8. ________ 是 Java 语言中定义类时必须使用的关键字。

9. ________ 是抽象的，而________是具体的。

10. 定义在类中方法之外的变量称为________。

11. 下面是一个类的定义，请将其补充完整。

```
class ________ {
      private String name;
      private int age;
      public Student(________ s, int  i){
         name = s;
         sage = i;
      }
}
```

12. 在 Java 程序中，使用关键字________来引用当前对象。

13. 面向对象的 3 个特性是________、________、________。

14. Java 用________关键字指明继承关系。

15. 用关键字________修饰的方法就称为类方法。

16. 两个方法具有相同的名字、参数表和返回类型，只是方法体不同，称为________。

17. 在 Java 语言中，抽象用关键字________表示。

18. 抽象方法所在的类一定是________。

19. 抽象方法只有方法头，没有________。

20. 在 Java 中，只有单重继承，而要实现类的多重继承，需要该类用________来实现。

21. 在 Java 中，接口中的抽象方法的权限都是________。

22. 在 Java 语言中，定义包用关键字________表示。

23. 在 Java 中，要想引入包，则需用关键字________。

24. Java 集合框架中最主要的三个接口是________、________、________。

三、编程题

1. 在 IDEA 中创建一个名称为 HelloIDEA.java 的应用程序，在屏幕上显示一句话“努力学习 IDEA”，并编译运行该程序。

2. 已知经验公式：

儿子的身高=（父亲的身高+母亲的身高）* 1.08/2；

女儿的身高=(父亲的身高+母亲的身高*0.923)/2;

假设已知父亲的身高=1.70,母亲的身高=1.60,求儿子的身高和女儿的身高。

3. 求解一元二次方程。

键盘输入a、b、c,求一元二次方程ax^2+bx+c=0的实根。

4. 编写一个程序ComputeArea,当程序运行时,从键盘上输入长方形的长和宽,在控制台输出长方形的周长和面积。

5. 鸡兔同笼,小明数了数,共有头H个、脚F只,问鸡兔各几只?(设H、F分别为16,40; 6,16; 30,90)

6. 编写一个圆类(Circle),该类成员如下:

(1) 变量。

```
radius(半径,私有,浮点型)
```

(2) 构造方法。

```
Circle( )                //将半径设为0
Circle(double  r )       //将半径初始化为r
```

(3) 其他方法。

```
double getArea( )          //获取圆的面积
double getPerimeter( )     //获取圆的周长
void  show( )              //输出圆的半径、周长、面积
```

并在TestCircle类的主方法中测试。

7. 编写一个圆柱体类(Cylinder),继承上面的Circle类,增加如下成员:

(1) 变量。

```
height(高度,私有,浮点型) //圆柱体的高
```

(2) 构造方法。

```
Cylinder (float r, float h) //将半径初始化为r,高度初始化为h
```

(3) 其他方法。

```
double getVolume( )        //获取圆柱体的体积
void showVolume( )         //输出圆柱体的体积
```

在TestCylinder类的主方法中测试。

8. 按要求编写程序:

(1) 定义一个接口Calculate,其中声明一个抽象方法calcu()用于计算图形面积。

(2) 定义一个三角形(Triangle)类,描述三角形的底边及高,并实现Caculate接口。

(3) 定义一个圆形(Circle2)类,描述圆半径,并实现Caculate接口。

(4) 定义一个圆锥(Taper)类,描述圆锥的底和高(底是一个圆对象),计算圆锥的体积

(公式：底面积 * 高/3)。

(5) 定义一个应用程序测试类 TestCalculate，对以上创建的类中各成员进行调用测试。

9. 已知有一个 Worker 类(包含姓名、年龄、工资三个属性)，完成下面的操作：

(1) 创建一个 List，在 List 中增加三个工人，基本信息如下：张三　18　3000，李四　25　3500，王五　22　3200。

(2) 在李四之前插入一个工人，信息为：赵六　24　3300。

(3) 删除王五的信息。

(4) 利用 for 循环、foreach 循环、迭代循环分别遍历集合中的数据。

第 2 章

前端开发

前端开发是创建 Web 或 App 等前端界面呈现给用户的过程，可以通过 HTML、CSS、JavaScript 以及衍生出来的各种技术框架来实现互联网产品的用户界面交互。HTML 负责页面框架搭建与内容显示，CSS 负责对页面内容进行美化，JavaScript 负责页面动态交互，通过三者有机结合，实现网站前端开发。

2.1 HTML

2.1.1 相关概念简介

网站是指基于因特网，使用 HTML 等技术制作的用于展示特定内容的网页集合。而网页则是网站中的一个页面，通常是 HTML 格式的文件，该文件需要浏览器负责解析并生成带有格式的内容，最终呈现给用户。

常用的浏览器主要有 IE、Edge、火狐(Firefox)、谷歌(Chrome)、Safari 和 Opera 等，各个浏览器的市场份额详见 https://tongji.baidu.com/research/site?source=index。负责读取并解析页面的组件被称为浏览器内核，主流浏览器的内核情况，如表 2.1 所示。

表 2.1 主流浏览器的内核情况

浏览器名称	内　　核	浏览器名称	内　　核
IE	Trident	Chrome	Blink
Edge	Blink	Safari	Webkit
Firefox	Gecko	Opera	Blink

同一个网页在不同的浏览器中，可能展示的效果有部分差异，开发者为适配不同浏览器，需要付出更多时间，为了统一规范，W3C(万维网联盟)和其他标准化组织制定了一系列标准，构成 Web 标准，主要包括结构(structure)、表现(presentation)和行为(behavior)三个方面，结构用于对网页元素进行整理和分类，表现用于设置网页元素的版式、颜色、大小等外观样式，行为用于网页模型的定义及交互的编写。

2.1.2　HTML 语法

HTML 是 Hyper Text Markup Language(超文本标记语言)的缩写,用 HTML 编写的文档称为超文本文档。HTML 本身为纯文本格式,但可通过一些特定的标签表示图片、声音、超链接等非文本内容。

1. HTML 基本结构

HTML 页面的后缀名一般为.html 或.htm,基本结构如下。

```
<!DOCTYPE html>
<html>
    <head>
        <meta charset = "utf - 8">
        <title>HTML 基本结构</title>
    </head>
    <body>
        Hello World !
    </body>
</html>
```

HTML 页面中的标签包含两种关系,即包含关系与并列关系。html 标签与 head 标签之间的关系就是典型的包含关系,head 标签与 body 标签就是典型的并列关系。

1) <!DOCTYPE html>

<!DOCTYPE>代表文档类型声明,指定浏览器使用哪一版本来显示网页,<!DOCTYPE html>则表示当前网页使用 HTML 5 显示,<!DOCTYPE>声明位于网页最前面。

2) html 标签

html 标签是页面中最顶层的标签,可以称之为根标签。

3) head 标签

head 标签代表页面的头部,一般会包含 title 标签。

4) meta 标签

meta 标签代表网页的元信息,位于文档的头部,不包含任何内容,meta 标签没有结束标签。上述代码通过 charset 属性指定页面编码为 utf-8,utf-8 编码几乎包含了所有国家用到的字符,因此一般情况下页面字符编码均指定为 utf-8。

5) title 标签

title 标签代表页面的标题。

6) body 标签

body 标签代表页面的内容,几乎所有的内容均放到此标签中。

2. 注释

注释一般用于为代码添加解释性语言,同时不会显示在页面上,HTML 中的注释以"<!——"开头,以"——>"结束,中间部分放注释内容,具体格式为:

```
<!-- 注释语句 -->
```

3. 特殊字符

在 HTML 页面中，经常需要显示一些特殊字符，如空格、大于号、小于号等，这些字符不方便直接使用，HTML 中提供了特殊的表示方法，具体如表 2.2 所示。

表 2.2　特殊字符表示方法

特殊字符	描　述	表示方法	特殊字符	描　述	表示方法
	空格		^{2}	平方	²
<	小于号	<	^{3}	立方	³
>	大于号	>	®	注册商标	®
&	并且	&	×	乘号	×
¥	人民币	¥	÷	除号	÷
©	版权	©			

2.1.3　HTML 标签

HTML 标签可分为语义标签和非语义标签，语义标签表示标签是有含义的，非语义标签表示标签是没有含义的。常见的语义标签有 h1、h2、h3、h4、h5、h6、p、strong、del、ins 等，常见的非语义标签有 div、span。

1. 标题

标题可通过 <h1>～<h6> 标签实现，其中<h1>定义最大的标题，<h6>定义最小的标题，标题可使文档结构更清晰，并且有加粗和间距等格式，具体测试代码如下所示。

```
<!DOCTYPE html>
<html>
    <head>
        <meta charset = "utf - 8">
        <title>标题示例</title>
    </head>
    <body>
        <h1>这是标题 1</h1>
        <h2>这是标题 2</h2>
        <h3>这是标题 3</h3>
        <h4>这是标题 4</h4>
        <h5>这是标题 5</h5>
        <h6>这是标题 6</h6>
    </body>
</html>
```

运行结果如图 2.1 所示。

2. 段落

段落可通过 <p></p>标签实现，段落标签可将文档分割为若干段落，段落标签属于块级元素，它会独占一行空间，具体测试代码如下所示。

```
<!DOCTYPE html>
<html>
    <head>
        <meta charset = "utf - 8">
        <title>段落示例</title>
    </head>
    <body>
        <p>这是一个段落.</p>
        <p>这是一个段落.</p>
        <p>这是一个段落.</p>
    </body>
</html>
```

运行结果如图 2.2 所示。

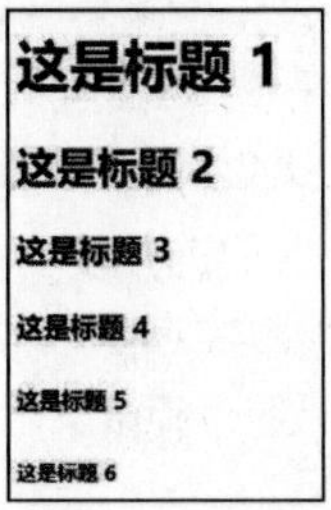

图 2.1 标题标签运行效果

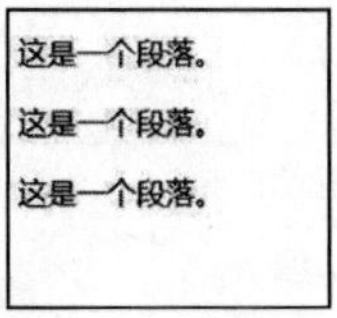

图 2.2 段落标签运行效果

3. 文本格式化标签

文本格式化标签一般包括<strong></strong>、<b></b>、<em></em>、<i></i>、<del></del>、<s></s>、<ins></ins>、<u></u>，其中，<strong></strong>、<b></b>可实现加粗效果，<em></em>、<i></i>可实现斜体效果，<del></del>、<s></s>可实现删除线效果，<ins></ins>、<u></u>可实现下画线效果，具体测试代码如下所示。

```
<!DOCTYPE html>
<html>
    <head>
        <meta charset = "utf - 8">
        <title>文本格式化示例</title>
    </head>
```

```
    <body>
        <b>加粗文本</b><br><br>
        <i>斜体文本</i><br><br>
        <del>删除线</del><br><br>
        <ins>下画线</ins>
    </body>
</html>
```

运行结果如图 2.3 所示。

4. 链接

链接可通过<a></a>标签实现，链接标签可实现与另外一个网页关联，单击链接即可跳转到指定页面，具体测试代码如下所示。

```
<!DOCTYPE html>
<html>
    <head>
        <meta charset = "utf - 8">
        <title>链接示例</title>
    </head>
    <body>
        <a href = "https://www.baidu.com/" target = "_blank">跳转到百度首页</a>
    </body>
</html>
```

运行结果如图 2.4 所示。

图 2.3 文本格式化标签运行效果

图 2.4 链接标签运行效果

1）href 属性

链接标签可通过 href 属性指定链接的目标，目标可以是网址、视频、图片等。

2）target 属性

链接默认情况下会在当前页面打开目标资源，可通过指定 target＝"_blank"实现在新窗口中打开目标资源。

未被访问过的链接为带有下画线的蓝色字体，访问过的链接为带有下画线的紫色字体，正在被单击的链接为带有下画线的红色字体。

5. 表格

表格可通过<table></table>、<tr></tr>、<th></th>、<td></td>标签实现，具体

测试代码如下所示。

```
<! DOCTYPE html >
< html >
    < head >
        < meta charset = "utf - 8">
        < title>表格示例</title >
    </head >
    < body >
        < table border = "1">
            < thead >
                < tr >< th>表头 1 </th>< th>表头 2 </th></tr >
            </thead >
            < tbody >
                < tr >< td>第一行第一列</td>< td>第一行第二列</td ></tr >
                < tr >< td>第二行第一列</td>< td>第二行第二列</td ></tr >
            </tbody >
            < tfoot >
                < tr >< td>表尾 1 </td>< td>表尾 2 </td></tr >
            </tfoot >
        </table >
    </body >
</html >
```

运行结果如图 2.5 所示。

表头1	表头2
第一行第一列	第一行第二列
第二行第一列	第二行第二列
表尾1	表尾2

图 2.5 表格标签运行效果

1) table 标签

表格标签可通过 table 标签来定义,指定 border 属性可为表格添加边框,数字越大边框越宽。

2) thead 标签

thead 标签代表表格中的表头,可实现表格中表头的定义,表头中可使用 tr 和 th 标签定义表头。

3) tr 标签

tr 标签代表表格中的一行,可实现表格中每一行的定义。

4) th 标签

th 标签代表表格中的表头,可实现表格中表头的定义。

5) tbody 标签

tbody 标签代表表格中的主体内容,可实现表格中主体内容的定义,tbody 中可包含 tr 和 td 标签定义表格内容。

6) td 标签

td 标签代表表格中的一个单元格,可实现表格中单元格的定义,单元格中可包含文本、图片、列表、段落、表单、水平线、表格等内容。

7) tfoot 标签

tfoot 标签代表表格中的页脚内容,可实现表格中页脚内容的定义,tfoot 中可包含 tr 和

td 标签定义页脚内容。

6. 表单

表单可通过< form ></form >标签实现，包括文本框、下拉框、单选框、复选框等内容，具体测试代码如下所示。

```
<! DOCTYPE html >
< html >
    < head >
        < meta charset = "utf - 8">
        < title>表单示例</title >
    </head >
    < body >
        < form >
            姓名: < input type = "text" name = "name">< br >
            密码: < input type = "password" name = "password">< br >
            性别:
            < input type = "radio" name = "sex" value = "0">男
            < input type = "radio" name = "sex" value = "1">女< br >
            兴趣:
            < input type = "checkbox" name = "interest" value = "football">足球
            < input type = "checkbox" name = "interest" value = "basketball">篮球< br >
            住址:
            < select name = "addr">
                < option value = "0">重庆</option >
                < option value = "1">黑龙江</option >
            </select >< br >
            备注:
            < textarea rows = "10" cols = "30">备注</textarea >< br >
            < input type = "submit">
        </form >
    </body >
</html >
```

运行结果如图 2.6 所示。

1）input 标签

input 标签可通过 type 属性实现不同的样式，如文本框、密码框、单选框、复选框、提交按钮等，具体如表 2.3 所示。

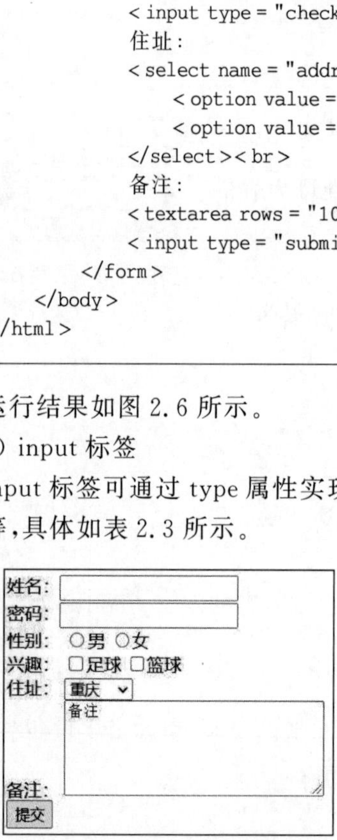

图 2.6　表单标签运行效果

表 2.3　input 标签中的 type 属性介绍

type 属性	说　　明
type="text"	文本框
type="password"	密码框
type="radio"	单选框
type="checkbox"	复选框
type="submit"	提交按钮

2）select 标签

select 标签表示下拉框，name 属性表示下拉框名称，其包含的 option 标签表示下拉框的某一项，option 标签的 value 属性表示每一项的值，option 标签的文字是展示给用户的内容。

3）textarea 标签

textarea 标签表示文本域，可包含多行文本，可通过 rows 指定行数，cols 指定列数。

7. 非语义标签

非语义标签一般包括 div 和 span。div 标签属于块级元素，块级元素在浏览器显示时，通常会以新行来开始，常见的块级元素有标题标签、段落标签、列表标签等。span 标签属于内联元素，内联元素在显示时通常不会以新行开始，创建的内联元素包括图像便签、链接标签、文本格式化标签等。

2.1.4 HTML 5 新特性

HTML 5 是最新的 HTML 标准，专门为承载丰富的 Web 内容而设计，并且无须额外插件，它增加了新的语义、图形以及多媒体元素。HTML 5 是跨平台的，可在不同类型的硬件上运行。

1. 新增的语义标签

如< header ></header >、< footer ></footer >、< article ></article >、< section ></section >等。

2. 新增的表单标签

如< dialog ></dialog >、< progress ></progress >、< time ></time >等。

3. 新增的图像标签

如< canvas ></canvas >、< svg ></svg >等。

4. 新增的多媒体标签

如< video ></video >和< audio ></audio >等。

2.2 CSS

2.2.1 CSS 简介

CSS(Cascading Style Sheets)指层叠样式表，CSS 的主要作用是美化界面，使 HTML 可专注于结构呈现，实现结构与样式相分离。

1. CSS 引入方式

按照 CSS 样式书写的位置，可将 CSS 样式表分为三类，即行内样式表、内部样式表和外部样式表。

1）行内样式表

行内样式表是在元素标签内部的 style 属性中设定 CSS 样式，具体代码如下。

```
<!DOCTYPE html>
<html>
    <head>
        <meta charset="utf-8">
        <title>行内样式表示例</title>
    </head>
    <body>
        <div style="color: red; font-size: 12px;">行内样式表</div>
    </body>
</html>
```

行内样式表将 HTML 代码和 CSS 代码混合在一起，破坏了结构与样式的分离性，因此推荐只有少量样式时才使用此方法。

2）内部样式表

内部样式表将 CSS 代码抽取出来，放到 HTML 页面中的 style 标签内，具体代码如下。

```
<!DOCTYPE html>
<html>
    <head>
        <meta charset="utf-8">
        <title>内部样式表示例</title>
        <style>
            div {
                color: red;
                font-size: 12px;
            }
        </style>
    </head>
    <body>
        <div>内部样式表</div>
    </body>
</html>
```

style 标签一般放到 head 标签中，相比较行内样式表，此种写法使得代码结构更加清晰，书写更加规范，但并没有完全将结构和样式代码分离。

3）外部样式表

外部样式表将样式单独写到 CSS 文件中，使用 link 标签将其引入 HTML 文件中，实现对页面样式的控制。引入外部样式表分为以下两步。

第一步：新建.CSS 文件，将所有样式放入此文件中。

第二步：在 HTML 文件中，使用 link 标签引入样式，具体代码如下。

```
<link rel="stylesheet" href="CSS 文件路径">
```

其中，rel 属性定义当前页面与被链接页面之间的关系，引入外部样式文件时需指定为"stylesheet"，表示被链接的页面是一个样式表文件，href 属性定义所链接外部样式文件的 URL，可以是相对路径，也可以是绝对路径。

2. CSS 的三个特性

CSS 有三个特性，分别为层叠性、继承性和优先级。

1）层叠性

CSS 层叠性表示样式的叠加，是浏览器处理冲突的一种能力，当多种不同的样式应用到相同的元素时，会采取就近原则，离元素最近的样式起作用，其他的样式会被覆盖掉，具体代码如下所示。

```
<!DOCTYPE html>
<html>
    <head>
        <meta charset = "utf - 8" />
        <title>层叠性示例</title>
        <style>
            div {
                background - color: red;
            }
        </style>
    </head>
    <body>
        <div style = "background - color: yellow;">层叠性示例</div>
    </body>
</html>
```

运行结果如图 2.7 所示。

图 2.7　层叠性运行效果

彩图显示

上述代码中 div 标签同时拥有两个样式，一个是通过 style 标签指定的红色背景，一个是通过 style 属性指定的黄色背景，根据就近原则，最终显示为黄色背景。

2）继承性

CSS 继承性表示是指当子标签没有设置样式时，会继承父标签的样式，可继承的属性包括字体类属性（字体大小等）、文本类属性（行高等）、背景类属性（背景色等），不能继承的属性有父标签的宽度和高度等。具体代码如下所示。

```
<!DOCTYPE html>
<html>
    <head>
        <meta charset = "utf - 8" />
        <title>继承性示例</title>
```

```
        <style>
            div {
                font-size: 30px;
                color: red;
            }
        </style>
    </head>
    <body>
        <div><p>继承性示例</p></div>
    </body>
</html>
```

运行结果如图 2.8 所示。

上述代码中 p 标签中的文字并没有设置字体大小和颜色，但其父元素 div 设置了字体大小和颜色，而字体类属性是可以继承的，因此 p 标签中的文字也显示了相同的大小和颜色。

图 2.8　继承性运行效果

3）优先级

CSS 优先级表示多个样式作用到同一个元素时的优先级别，常见的优先级别如下所示。

!important > 行内样式 > id 选择器 > 类选择器 > 标签选择器 > 通配符 > 继承

以上选择器在后续内容中会做详细介绍，优先级高的样式会忽视层叠性中的就近原则。比如，在 style 属性中定义了!important 样式，即使行内样式离得近，最终生效的还是!important 标注的样式。

3. CSS 注释

CSS 中的注释以“/＊”开始，以“＊/”结束，具体示例代码如下。

```
<style>
    /* 这是 div 的样式 */
    div {
        font-size: 30px;
        color: red;
    }
</style>
```

2.2.2　CSS 选择器

1. 标签选择器

标签选择器是指用 HTML 标签名称作为选择器，按标签名称分类，为网页中某一类标签指定统一的 CSS 样式。内部样式表案例中为文字添加字体大小和颜色就使用了标签选择器，其语法格式为：

```
标签名 {
    属性 1: 属性值 1;
    属性 2: 属性值 2;
    属性 3: 属性值 3;
    …
}
```

标签选择器能快速为页面中同类型的标签统一设置样式,但若想为同类型的标签设置不同样式,标签选择器就无能为力了。

2. 类选择器

若想为同类型的标签设置不同样式,可以使用类选择器,其可单独选某一个或者某几个标签添加样式,其语法格式为:

```
类名 {
    属性 1: 属性值 1;
    属性 2: 属性值 2;
    属性 3: 属性值 3;
    …
}
```

可使用如下代码实现修改某个 div 包含文字的颜色为红色。

```
<!DOCTYPE html>
<html>
    <head>
        <meta charset = "utf - 8" />
        <title>类选择器示例</title>
        <style>
            .red { color: red; }
        </style>
    </head>
    <body>
        <div class = "red">类选择器示例</div>
    </body>
</html>
```

3. id 选择器

id 选择器可以为设有 id 属性的 HTML 元素指定特定的样式,其语法格式为:

```
#id 名 {
    属性 1: 属性值 1;
    属性 2: 属性值 2;
    属性 3: 属性值 3;
    …
}
```

可使用如下代码实现修改特定 div 包含文字的颜色为红色。

```
<!DOCTYPE html>
<html>
    <head>
        <meta charset = "utf - 8" />
        <title>id选择器示例</title>
        <style>
            #red { color: red; }
        </style>
    </head>
    <body>
        <div id = "red">类选择器示例 </div>
    </body>
</html>
```

id 选择器只会对应网页中的一个元素，而同一个类选择器可以对应网页中的多个指定相同类名的元素，这是 id 选择器和类选择器最本质的区别。

2.2.3 CSS 属性

1. 字体属性

CSS 字体属性一般包括字体颜色、字体风格、字体大小、字体粗细和文字样式(如斜体、加粗等)。具体测试代码如下所示。

```
<!DOCTYPE html>
<html>
    <head>
        <meta charset = "utf - 8">
        <title>字体属性示例</title>
        <style>
            p {
                color: red;
                font - family: Serif;
                font - size: 20px;
                font - weight: bold;
                font - style: normal;
            }
        </style>
    </head>
    <body>
        <p>这是第一个普通的段落.</p>
    </body>
</html>
```

运行结果如图 2.9 所示。

图 2.9 字体属性运行效果

1）字体颜色

字体颜色可使用 color 属性实现，属性值可以是预定义颜色（red、yellow 等）、以 # 开头的 6 位十六进制（#FF0000）或 RGB 代码（RGB(255, 0, 0)）。

2）字体风格

字体风格可使用 font-family 属性实现，可同时指定多个字体，字体之间必须使用英文逗号隔开。

3）字体大小

字体大小可使用 font-size 属性实现，属性值可通过像素指定。

4）字体粗细

字体粗细可使用 font-weight 属性实现，可以指定 normal（正常字体）或 bold（加粗字体），也可以指定 100～900 的数字，400 相当于 normal，700 相当于 bold。

5）字体样式

字体样式可使用 font-style 属性实现，可以指定 normal（正常字体）或 italic（斜体）。

使用复合写法可节省代码空间，使代码更加简洁，具体格式如下。

```
font: font-style font-weight font-size font-family;
```

使用 font 属性复合写法时，必须按上面语法格式中的顺序书写，不能更换顺序，各个属性间以空格隔开，不需要设置的属性可以省略，但必须保留 font-size 和 font-family 属性，否则 font 属性将不起作用。可将上述代码修改为复合写法，具体如下。

```
<!DOCTYPE html>
<html>
    <head>
        <meta charset="utf-8">
        <title>字体属性示例</title>
        <style>
            p {
                color: red;
                font: normal bold 20px Serif
            }
        </style>
    </head>
    <body>
        <div><p>这是第一个普通的段落.</p></div>
    </body>
</html>
```

2. 文本属性

CSS 文本属性一般包括文本对齐、文本装饰、文本缩进、行间距等。具体测试代码如下所示。

```
<!DOCTYPE html>
<html>
    <head>
        <meta charset="utf-8">
        <title>文本属性示例</title>
        <style>
            p {
                text-align: center;
                text-decoration: underline;
                text-indent: 20px;
                line-height: 30px;
            }
        </style>
    </head>
    <body>
        <div><p>这是第一个普通的段落.</p></div>
    </body>
</html>
```

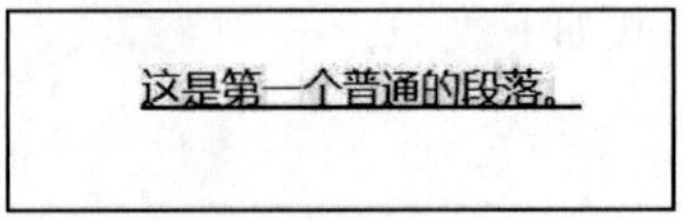

图 2.10　文本属性运行效果

运行结果如图 2.10 所示。

1）文本对齐

文本对齐可使用 text-align 属性实现，text-align 属性用于设置元素内文本内容的水平对齐方式，属性值可以设置为 left（左对齐）、center（居中）、right（右对齐）。

2）文本装饰

文本装饰可使用 text-decoration 属性实现，text-decoration 属性规定添加到文本的修饰，属性值可以设置为 none（无装饰）、underline（下画线）、overline（上画线）、line-through（删除线）等。

3）文本缩进

文本缩进可使用 text-indent 属性实现，text-indent 属性用来指定文本的缩进。

4）行高

行高可使用 line-height 属性实现，可以用来指定文字行与行之间的距离。

3. 背景属性

CSS 背景属性一般包括背景颜色、背景图片、背景平铺、背景图片位置、背景图像固定等。具体测试代码如下所示。

```
<!DOCTYPE html>
<html>
    <head>
        <meta charset="utf-8">
        <title>背景属性示例</title>
        <style>
```

```
            div {
                width: 500px;
                height: 300px;
                background-image: url(dog.jpg);
                background-repeat: no-repeat;
                background-position: 5px 5px;
                background-attachment: fixed;
            }
        </style>
    </head>
    <body>
        <div>这是一个 div.</div>
    </body>
</html>
```

运行结果如图 2.11 所示。

图 2.11 背景属性运行效果

1）背景颜色

背景颜色可通过 background-color 属性实现，属性值与字体颜色取值相同。background-color 属性通常不与 background-image 属性一同使用，即这两个属性只使用其中的一个即可。

2）背景图片

背景图片可通过 background-image 属性实现，属性值可以是 none，也可以是由 url 指定的图片地址。

3）背景平铺

背景平铺可通过 background-repeat 属性实现，属性值可以是 repeat（背景图片可在横轴和纵轴平铺）、no-repeat（背景图片不平铺）、repeat-x（背景图片仅在横轴平铺）、repeat-y（背景图片仅在纵轴平铺）。

4）背景图片位置

背景图片位置可通过 background-position 属性实现，属性值可以是精确单位或方位名词，如果指定的是方位名词，那么第一个数值为 x 轴位置，第二个值为 y 轴位置，如果仅指定一个值，则这个值肯定是 x 轴位置，y 轴位置为默认垂直居中。

5）背景图像固定

背景图像固定可通过 background-attachment 属性实现，background-attachment 属性设置背景图像是否固定或者随着页面的其余部分滚动，属性值可以是 fixed 或 scroll，fixed 表示背景图像固定，scroll 表示背景图像随内容滚动。

可使用复合写法节省代码空间，使代码更加简洁，具体格式如下。

```
background: background-color background-image background-repeat
background-attachment background-position;
```

可将上述代码修改为复合写法，具体如下。

```
<!DOCTYPE html>
<html>
    <head>
        <meta charset = "utf - 8">
        <title>背景属性示例</title>
        <style>
            div {
                width: 500px;
                height: 300px;
                background: transparent url(dog.jpg) no - repeat fixed 5px 5px;
            }
        </style>
    </head>
    <body>
        <div>
            这是一个 div.
        </div>
    </body>
</html>
```

4. 表格属性

CSS 表格属性一般包括表格边框、折叠边框等。具体测试代码如下所示。

```
<!DOCTYPE html>
<html>
    <head>
        <meta charset = "utf - 8">
        <title>表格属性示例</title>
        <style type = "text/css">
            table {
                border - collapse:collapse;
                width: 100 % ;
                height: 100 % ;
                text - align: center;
            }
            table, th, td {
                border: 1px solid black;
            }
        </style>
    </head>
    <body>
        <table>
            <thead>
                <tr><th>表头 1 </th><th>表头 2 </th></tr>
            </thead>
```

```
            <tbody>
                <tr><td>第一行第一列</td><td>第一行第二列</td></tr>
                <tr><td>第二行第一列</td><td>第二行第二列</td></tr>
            </tbody>
        </table>
    </body>
</html>
```

运行结果如图 2.12 所示。

表头1	表头2
第一行第一列	第一行第二列
第二行第一列	第二行第二列

图 2.12 表格属性运行效果

1）表格边框

表格边框可通过 border 属性实现，border-width 可指定表框宽度，border-style 指定边框样式，border-color 指定边框颜色，可以分别指定三个样式，也可以按照宽度、样式和颜色顺序简写。

2）折叠边框

折叠边框可通过 border-collapse 属性实现，border-collapse 属性设置表格的边框是否被折叠成一个单一的边框，属性值可以是 separate（边框会被分开，默认值）、collapse（边框会合并为一个单一的边框）和 inherit（从父元素继承 border-collapse 属性值）。

2.2.4 CSS 盒子模型

CSS 控制页面是通过盒子模型实现的，所有页面标签都可以看成一个盒子，分布在页面的固定位置。盒子的大小需要通过属性调整，盒子和盒子之间的影响也通过浮动和定位等技术实现。CSS 盒子模型，如图 2.13 所示。

从图 2.13 中可以看出，CSS 盒子模型包括 6 个部分，分别为元素内容（element）、宽度（width）、高度（height）、内边距（padding）、边框（border）和外边距（margin）。

1. 元素内容

元素内容（element）是指页面的实际内容。

2. 宽度与高度

宽度（width）和高度（height）主要用于控制 CSS 盒子模型中元素的大小，盒子的实际宽度＝元素宽度＋内边距（左侧和右侧内边距之和）＋边框（左侧和右侧边框宽度之和）＋外边距（左侧和右侧外边距之和），盒子的实际高度＝元素高度＋内边距（上侧和下侧内边距之和）＋边框（上侧和下侧边框长度之和）＋外边距（上侧和下侧外边距之和）。

3. 内边距

内边距（padding）定义元素边框与元素内容之间的空白区域。该属性可以设置 1～4 个属性值。

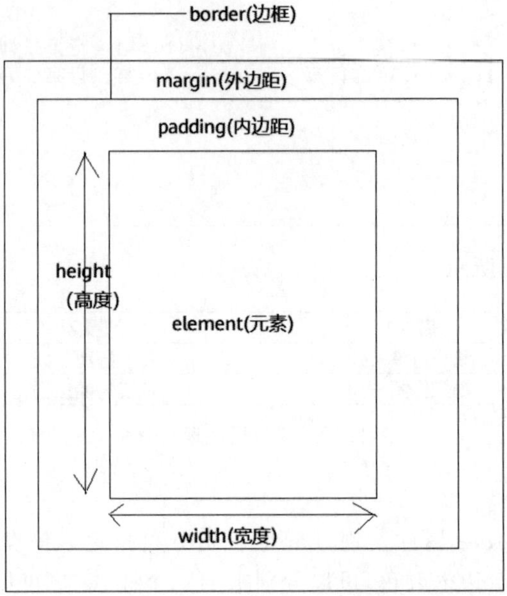

图 2.13 CSS 盒子模型

当指定 1 个属性值时，表示上、下、左、右的内边距均为该值。

当指定 2 个属性值时，分别对应上、下和左、右的内边距。

当指定 3 个属性值时，分别表示上、左右、下的内边距。

当指定 4 个属性值时，分别表示上、下、左、右的内边距。

也可以通过 padding-top、padding-right、padding-bottom 和 padding-left 分别设置上、右、下、左内边距。

4. 边框

边框(border)是围绕元素内容和内边距的一条或多条线。该属性允许用户规定元素边框的样式、宽度和颜色。边框样式是通过 border-style 属性实现的，该属性可以设置为 none、hidden、dotted 等，也可以通过 top-right-bottom-left 的顺序为上、右、下、左边框指定样式，还可以通过 border-top-style、border-right-style、border-bottom-style 和 border-left-style 分别设置上、右、下、左边框样式。

5. 外边距

外边距(margin)是指围绕在元素边框外的空白区域，设置外边距的最简单的方法就是使用 margin 属性，margin 属性接受任何长度单位，可以是像素、英寸、毫米或 em，margin 可以设置为 auto，margin 的默认值是 0，所以如果没有为 margin 声明一个值，就不会出现外边距。CSS 定义了一些规则，允许为外边距指定少于 4 个值，如果缺少左外边距的值，则使用右外边距的值，如果缺少下外边距的值，则使用上外边距的值，如果缺少右外边距的值，则使用上外边距的值。也可以通过 margin-top、margin-right、margin-bottom 和 margin-left 分别设置上、右、下、左外边距。

下面通过一个示例演示 CSS 盒子模型各个属性的用法，该示例实现一个背景为灰色的简单 CSS 盒子模型，具体代码如下。

```
<!DOCTYPE html>
<html>
    <head>
        <meta charset = "utf-8">
        <title>盒子模型示例</title>
        <style type = "text/css">
            .box {
                background-color: #808080; /* 指定背景颜色 */
                margin: 20px; /* 指定外边距 */
                padding: 20px; /* 指定内边距 */
                height: 60px; /* 指定高度 */
                width: 100px; /* 指定宽度 */
            }
        </style>
    </head>
    <body>
        <div class = "box"> 我是一个 CSS 盒子模型 </div>
    </body>
</html>
```

运行结果如图 2.14 所示。

图 2.14　盒子模型运行效果 1

2.2.5　CSS 浮动

在标准流中，一个块级元素在页面中独占一行，各个块级元素自上而下排列。但使用了浮动后，块级元素的排列方式就会有所变化。float 浮动属性可以指定 left、right、none 和 inherit。

left：元素向左浮动。

right：元素向右浮动。

none：默认值，元素不浮动，并会显示其在文本中出现的位置。

inherit：规定应该从父元素继承 float 属性的值。

下面通过一个示例来演示 float 浮动的效果。首先定义两个 CSS 盒子模型，具体代码如下。

```
<!DOCTYPE html>
<html>
    <head>
```

```
        <meta charset = "utf - 8">
        <title>盒子模型示例</title>
        <style type = "text/css">
            .box {
                background - color: #808080; /* 指定背景颜色 */
                margin: 20px; /* 指定外边距 */
                padding: 20px; /* 指定内边距 */
                height: 60px; /* 指定高度 */
                width: 100px; /* 指定宽度 */
            }
        </style>
    </head>
    <body>
        <div class = "box"> 我是一个 CSS 盒子模型 </div>
        <div class = "box"> 我是一个 CSS 盒子模型 </div>
    </body>
</html>
```

运行结果如图 2.15 所示。

图 2.15　盒子模型运行效果 2

下面在样式中加入向左浮动效果,具体代码如下。

```
<!DOCTYPE html>
<html>
    <head>
        <meta charset = "utf - 8">
        <title>浮动示例</title>
        <style type = "text/css">
            .box {
                background - color: #808080; /* 指定背景颜色 */
                margin: 20px; /* 指定外边距 */
                padding: 20px; /* 指定内边距 */
                height: 60px; /* 指定高度 */
                width: 100px; /* 指定宽度 */
                float: left; /* 向左浮动 */
```

```
            }
        </style>
    </head>
    <body>
        <div class = "box"> 我是一个 CSS 盒子模型 </div>
        <div class = "box"> 我是一个 CSS 盒子模型 </div>
    </body>
</html>
```

运行结果如图 2.16 所示。

图 2.16　浮动运行效果

通过上述两个示例,可以看出两个盒子由垂直排列变成了水平排列。

如果要清除浮动效果,需要使用 clear 属性,它的取值可以为 left、right、both、none 和 inherit。

left：在左侧不允许浮动元素。

right：在右侧不允许浮动元素。

both：在左、右两侧均不允许浮动元素。

none：默认值,允许浮动元素出现在两侧。

inherit：规定应该从父元素继承 clear 属性的值。

2.2.6　CSS 定位

position 属性规定元素的定位类型,position 包含以下 5 个属性。

absolute：生成绝对定位的元素,相对于 static 定位以外的第一个父元素进行定位。

fixed：生成绝对定位的元素,相对于浏览器窗口进行定位。

relative：生成相对定位的元素,相对于其正常位置进行定位。

static：默认值,没有定位,元素出现在正常的流中。

inherit：规定应该从父元素继承 position 属性的值。

下面通过示例讲解这几种属性的区别,该示例实现一个含有嵌套关系的盒子。具体代码如下。

```
<!DOCTYPE html>
<html>
    <head>
```

```
            <meta charset = "utf - 8">
            <title> CSS 嵌套盒子</title>
            <style type = "text/css">
                .father {
                    background - color: #D3D3D3; /* 指定背景颜色 */
                    height: 80px; /* 指定高度 */
                    width: 100px; /* 指定宽度 */
                }
                .son {
                    background - color: #696969; /* 指定背景颜色 */
                    height: 40px; /* 指定高度 */
                    width: 50px; /* 指定宽度 */
                }
            </style>
        </head>
        <body>
            <div class = "father">
                <div class = "son"> 子盒子 </div>
                父盒子
            </div>
        </body>
    </html>
```

运行结果如图 2.17 所示。

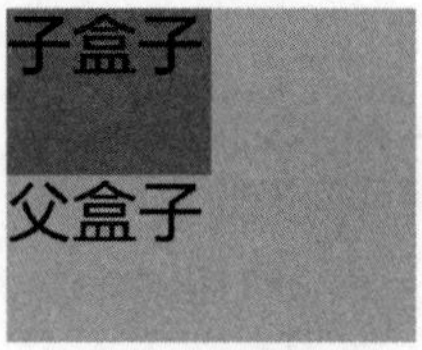

图 2.17 嵌套盒子运行效果

如果想要让子盒子向右下各偏移 20 像素，可使用相对定位实现，具体代码如下。

```
<!DOCTYPE html>
<html>
    <head>
        <meta charset = "utf - 8">
        <title> CSS 定位盒子</title>
        <style type = "text/css">
            .father {
                background - color: #D3D3D3; /* 指定背景颜色 */
                height: 80px; /* 指定高度 */
                width: 100px; /* 指定宽度 */
            }
            .son {
```

```
                background-color: #696969; /* 指定背景颜色 */
                height: 40px; /* 指定高度 */
                width: 50px; /* 指定宽度 */
                position: relative; /* 相对定位 */
                left: 20px; /* 向右偏移 20 */
                top: 20px; /* 向下偏移 20 */
            }
        </style>
    </head>
    <body>
        <div class="father">
            <div class="son">子盒子</div>
            父盒子
        </div>
    </body>
</html>
```

运行结果如图 2.18 所示。

图 2.18　相对定位运行效果

相对定位是相对于原来的位置,通过偏移指定的距离到达新位置,而父标签中的其他标签不受影响。我们再来看看使用绝对定位的效果,使用绝对定位的具体代码如下。

```
<!DOCTYPE html>
<html>
    <head>
        <meta charset="utf-8">
        <title>CSS 嵌套盒子</title>
        <style type="text/css">
            .father {
                background-color: #D3D3D3; /* 指定背景颜色 */
                height: 80px; /* 指定高度 */
                width: 100px; /* 指定宽度 */
            }
            .son {
                background-color: #696969; /* 指定背景颜色 */
                height: 40px; /* 指定高度 */
                width: 50px; /* 指定宽度 */
                position: absolute; /* 绝对定位 */
                left: 20px; /* 向右偏移 20 */
```

```
                top: 20px; /* 向下偏移 20 */
            }
        </style>
    </head>
    <body>
        <div class = "father">
            <div class = "son"> 子盒子 </div>
            父盒子
        </div>
    </body>
</html>
```

图 2.19 绝对盒子运行效果

运行结果如图 2.19 所示。

绝对定位以父标签为基准进行偏移,如果没有父标签,会以浏览器窗口为基准进行偏移,其他标签按照原有布局进行排列。

display 属性规定元素应该生成的显示框的类型,display 的值可以是 none、block、inline。none 表示此元素不会被显示;block 表示此元素将显示为块级元素,此元素前后会带有换行符;inline 为默认值,此元素会被显示为内联元素,元素前后没有换行符。

将块级标签< div >变成行内标签的代码如下。

```
<div style = "display: inline"> 将块级标签变成行内标签 </div>
```

将行内标签 < div > 变成块级标签的代码如下。

```
<span style = "display: block"> 将行内标签变成块级标签 </span>
```

将块级标签和行内标签隐藏的代码如下。

```
<div style = "display: none"> 将块级标签隐藏 </div>
<span style = "display: none"> 将行内标签隐藏 </span>
```

2.3 JavaScript

2.3.1 JavaScript 基础

1. JavaScript 简介

JavaScript 是互联网上最流行的脚本语言,JavaScript 是由网景公司发明的,起初命名为 LiveScript,后由 Sun 公司更名为 JavaScript。JavaScript 包含 ECMAScript、DOM 和

BOM 三个部分。

1）ECMAScript

ECMAScript 是一个标准，确保 JavaScript 代码在不同的浏览器上运行效果一致。

2）DOM

DOM(Document Object Model)是指浏览器加载网页时创建的文档对象模型，通过这个对象模型，JavaScript 可动态改变 HTML 中的元素、属性、样式、事件等。

3）BOM

BOM(Browser Object Model)是指浏览器对象模型，通常包括 window 对象、navigator 对象、location 对象、screen 对象和 history 对象等。

JavaScript 是一种解释性语言，不需要编译这一步骤，可以直接执行，语法结构类似于 Java，JavaScript 是一门动态语言，使用 JavaScript 定义的变量内容是不确定的。

2. JavaScript 用法

JavaScript 脚本可放在 HTML 页面的 script 标签中，也可以通过 script 标签导入外部 JavaScript 脚本，而页面内部的脚本所在的 script 标签可以放在 head 或 body 标签中。

1）head 标签中的脚本

head 标签中的脚本定义方法如下所示。

```
<!DOCTYPE html>
<html>
    <head>
        <meta charset = "utf - 8">
        <title>head 标签中的脚本</title>
        <script type = "text/javascript">
            console.log("Hello World !");
        </script>
    </head>
    <body>
    </body>
</html>
```

上述脚本代码实现的功能是在浏览器控制台打印字符串“Hello World !”，运行结果如图 2.20 所示。

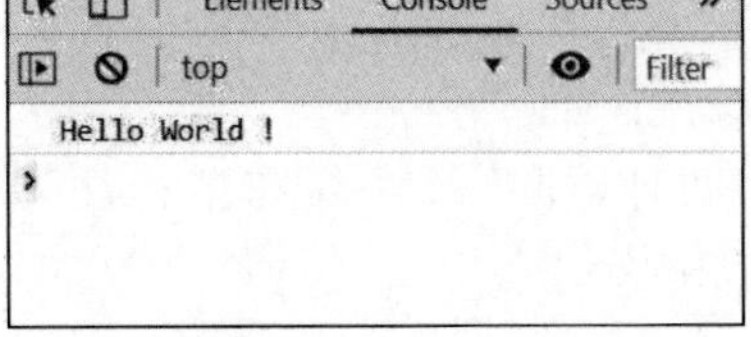

图 2.20　head 标签中的脚本运行效果

2）body 标签中的脚本

body 标签中的脚本一般放置在 body 标签的底部，具体代码如下所示。

```
<!DOCTYPE html>
<html>
    <head>
        <meta charset="utf-8">
        <title>body标签中的脚本</title>
    </head>
    <body>
        页面内容
        <script type="text/javascript">
            console.log("Hello World!");
        </script>
    </body>
</html>
```

3）引入的外部脚本

可在 head 或 body 标签中使用 script 标签的 src 属性指定外部引入的 js 文件，具体代码如下所示。

```
<!DOCTYPE html>
<html>
    <head>
        <meta charset="utf-8">
        <title>引入的外部脚本</title>
    </head>
    <body>
        页面内容
        <script src="test.js"></script>
    </body>
</html>
```

外部的 js 文件代码如下所示。

```
console.log("Hello World!");
```

3. JavaScript 注释

JavaScript 中的注释不会被解析器解析执行，但会在源码中显示，一般注释是对程序中的内容进行解释，增强代码可读性。

JavaScript 中的注释分为两种，即单行注释和多行注释，单行注释格式为“//注释内容”，多行注释格式为“/ * 注释内容 * /”。

4. JavaScript 变量

变量的作用是给某一个值或对象标注名称。JavaScript 中使用 var 关键字声明一个变量，如“var a;”，可通过“=”号为声明的变量赋值，如“a = 10;”，可将声明和赋值操作合并，如“var a = 10;”。

5. JavaScript 数据类型

JavaScript 中共有 5 种基本数据类型，分别为字符串型（String）、数值型（Number）、布尔型（Boolean）、null 型（Null）、undefined 型（Undefined），这五种基本类型又统称为 Object 类型。

1）String

String 字符串需要使用双引号或单引号括起来，如“123”。将其他数值转换为字符串有三种方式，toString()、String()、使用“＋”号拼接。

2）Number

Number 类型用来表示整数和浮点数，Number 表示的数字大小是有限的（±1.7976931348623157e+308），一旦超过了这个范围，则会返回±Infinity。NaN（Not a Number）是一个特殊的数值，JavaScript 中当对数值进行计算没有结果返回时，则返回 NaN。

可通过 Number()、parseInt()和 parseFloat()三个函数将非数值转换为数值，其中 Number()可以用来转换任意类型的数据，parseInt()可以将字符串转换为整数，而 parseFloat()可以将字符串转换为浮点数。

3）Boolean

布尔型只能够取真（true）和假（false）两种数值，其他的数据类型也可以通过 Boolean()函数转换为布尔类型，具体转换规则如表 2.4 所示。

表 2.4　布尔类型转换规则表

数据类型	转换为 true	转换为 false
String	任何非空字符串	空字符串
Number	任何非 0 数字	0 和 NaN
Object	任何对象	null
Undefined	—	undefined

4）Null

Null 类型只有一个值，即 null，undefined 值实际上是由 null 值衍生出来的，所以如果比较 undefined 和 null 是否相等，会返回 true。

5）Undefined

Undefined 类型只有一个值，即 undefined，在使用 var 声明变量但未对其进行初始化时，这个变量的值就是 undefined。

6. JavaScript 运算符

JavaScript 运算符一般包括算数运算符、逻辑操作符、赋值运算符、关系运算符和条件运算符等，具体可参考第 1 章 Java 编程有关运算符的章节，在此不再赘述。

2.3.2　分支

分支用于进行条件判断，根据判断的结果，选择执行相应的语句或语句块，主要分为单分支结构、双分支结构和多分支结构，本节将以单分支为例，其他分支结构可参考第 1 章

Java 编程，在此不再赘述。

单分支结构语法格式为：

```
if(表达式){语句;}
```

单分支的执行过程是先判断表达式是否为真，如果为真则执行语句，如果为假，则跳过语句。下面以一个实际任务介绍单分支执行过程，任务内容是判断一个数字是不是偶数，具体代码如下。

```
<!DOCTYPE html>
<html>
    <head>
        <meta charset = "utf-8">
        <title>单分支</title>
        <script type = "text/javascript">
            var a = 2;
            if (a % 2 == 0) {
                console.log(a + "是偶数");
            }
        </script>
    </head>
    <body>
    </body>
</html>
```

运行结果如图 2.21 所示。

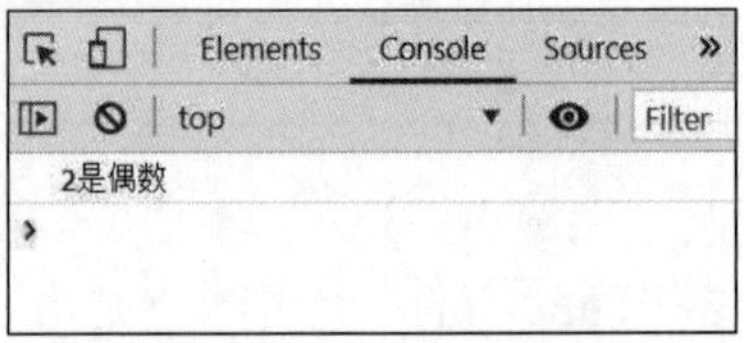

图 2.21　单分支运行效果

2.3.3　循环

循环结构使程序可以反复地执行某一段程序代码，直到满足终止循环的条件为止，JavaScript 语言提供了 3 种不同形式的循环语句：while 循环语句、do…while 循环语句和 for 循环语句，本节将以 while 为例，其他循环结构可参考第 1 章 Java 编程，在此不再赘述。

while 属于不确定性循环，它的一般格式为：

```
[循环前的初始化]
while(<条件表达式>)
{
    <循环体部分>;
```

```
    [迭代部分; ]
}
```

while 循环的执行过程是：首先检查条件表达式(循环条件)的值，若为 false，则执行花括号之后的语句，即退出循环结构；若为 true，则执行花括号中的语句，当花括号中的语句执行结束后，又重新回到前面的 while，再次检查条件表达式的值，反复执行上述操作，直到逻条件达式的值为 false，退出循环结构为止。显然，while 循环的循环体被执行的次数是大于或等于零的。

下面以一个实际任务介绍 while 循环执行过程，任务内容是循环打印 10 个 *，具体代码如下。

```
<!DOCTYPE html>
<html>
    <head>
        <meta charset = "utf - 8">
        <title>while 循环</title>
        <script type = "text/javascript">
            var i = 1, n = 10;
            while (i <= n) {
                console.log(" * ");
                i++;
            }
        </script>
    </head>
    <body></body>
</html>
```

运行结果如图 2.22 所示。

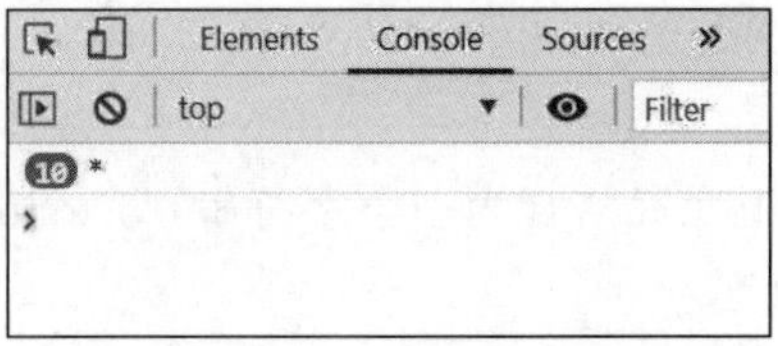

图 2.22　while 循环运行效果

2.3.4　数组

JavaScript 数组用于在单一变量中存储多个值。

1. 创建数组

1) 使用数组文本创建

使用数组文本创建数组的语法为：

```
var array = [item1, item2, ...];
```

数组中每一项也可单独占一行，具体写法如下所示。

```
var array = [
    item1,
    item2,
    ...
];
```

2）使用 new 关键字创建

使用 new 关键字创建数组的语法为：

```
var array = new Array(item1, item2, ...);
```

出于简洁、可读性和执行速度的考虑，推荐使用第一种方法。

2. 访问数组元素

可以通过索引号来引用某个数组元素，比如访问数组的第一个元素，可使用 array[0]，访问数组的最后一个元素，可使用 array [array. length-1]，其中 array. length 表示数组长度。

3. 数组常用方法

1）toString()方法

toString()方法把数组转换为以逗号分隔的字符串，参考示例如下。

```
var balls = ["basketball", "football"];
console.log(balls.toString());
```

上述代码会在浏览器控制台输出“basketball,football”。

2）join()方法

join()方法也可将所有数组元素结合为一个字符串，与 toString()方法不同的是，join()方法可指定分隔符，参考示例如下。

```
var balls = ["basketball", "football"];
console.log(balls.join(" % "));
```

上述代码会在浏览器控制台输出“basketball%football”。

3）pop()方法

pop()方法从数组中删除最后一个元素，该方法会返回删除的元素，参考示例如下。

```
var balls = ["basketball", "football"];
console.log(balls.pop());
```

上述代码会在浏览器控制台输出“football”，同时 balls 变为 ["basketball"]。

4) push()方法

可使用 push 方法向数组中添加元素，如 array. push(item)，参考示例如下。

```
var balls = ["basketball", "football"];
balls.push("volleyball");
```

上述代码执行结束后，balls 变为 ["basketball", "football",”volleyball”]。

5) splice()方法

splice()方法可用于向数组添加新项或删除已有项，该函数可指定多个参数，第一个参数定义了应添加或删除元素的位置，第二个参数定义应删除多少元素，其余参数定义要添加的新元素，该方法返回一个包含已删除项的数组，参考示例如下。

```
var balls = ["basketball", "football"];
balls.splice(1, 1, "volleyball");
balls.splice(0, 1);
```

第二行代码执行完毕后 balls 变为["basketball", "volleyball", "football"]，第三行代码执行完毕后 balls 变为[" volleyball", "football"]。

6) concat()方法

concat()方法通过合并现有数组来创建一个新数组，该方法不会更改现有数组，它总是返回一个新数组，同时可以连接任意多个数组，参考示例如下。

```
var balls1 = ["basketball", "football"];
var balls2 = ["volleyball"];
var balls3 = balls1.concat(balls2 );
```

上述代码执行完毕后，balls1 和 balls2 无变化，balls3 变为 ["basketball", "football", "volleyball"]。

7) slice()方法

slice()方法用数组的某个片段切出新数组，可接收一个参数，也可接收两个参数，当接收一个参数时表示从指定参数位置开始，直到最后一个元素组成新数组，当接收两个参数时表示从指定的第一个参数位置开始，直到第二个参数位置(不包含第二个参数位置的值)组成新数组，参考示例如下。

```
var balls1 = ["basketball", "football", "volleyball"]
var balls2 = balls1.slice(1);
var balls3 = balls1.slice(1, 2);
```

程序代码执行后，balls2 为["football", “volleyball”]，balls3 为["football"]。

8）sort()方法

sort()方法以字母或数字顺序对数组进行排序，参考示例如下。

```
var balls1 = ["basketball", "volleyball","football"];
balls1.sort();
var nums = [3, 2, 6, 5];
nums.sort(function(a, b){return a - b});
```

代码执行结束后，balls1 变为["basketball", "football", "volleyball"]，nums 变为[2,3,5,6]。

9）reverse()方法

reverse()方法反转数组中的元素，参考示例如下。

```
var balls = ["basketball", "football", "volleyball"];
balls .reverse();
```

上述代码执行完毕后，balls 变为 ["volleyball", "football", "basketball"]。

2.3.5 对象

1. 对象定义

对象可以是单个值也可以是多个值，参考示例如下。

```
var person = {
  firstName: "Bill",
  lastName : "Gates",
  fullName : function() {
    return this.firstName + " " + this.lastName;
  }
};
```

属性的格式为“属性名:属性值”，属性值可以是单个值，也可以是函数。其中 this 关键字指向该函数的拥有者，this. firstName 表示 this 对象的 firstName 属性值。

2. 对象访问

在对象定义中定义了对象 person，如果想访问该对象中的 firstName 属性，可通过 person. firstName，也可以通过 person["firstName"]访问。如果要访问对象中的 fullName 函数，可以使用 person. fullName()调用该函数，返回函数值，也可以使用 person. fullName 返回函数本身。

2.3.6 函数

1. 函数定义

通过对函数模块的定义可实现特定的功能，用户可把自己的算法编成相对独立的函数模块，然后通过调用的方法来使用函数。

函数定义格式为：

```
function 函数名(参数 1, 参数 2, 参数 3, ...) {
    要执行的代码
    return 返回值;
}
```

函数的命名必须符合标识符的规范，return 表示函数返回值，若不关心函数返回值，可直接使用 return 关键字，表示终止函数执行，也可不写 return 语句，函数可以没有参数，但圆括号不能省略。

2. 函数调用

函数定义后，可通过函数名(函数参数列表)方式调用函数，定义参数时有几个参数就需要传递几个实际值，具体示例代码如下所示。

```
function max(a, b) {
    if(a > b) {
        return a;
    } else {
        return b;
    }
}
```

上述代码定义了 max 函数，接收两个参数，用于返回两个参数的最大值，可通过 max(1,2) 方式调用该函数，调用后会返回 2。

2.3.7 BOM 对象模型

1. window 对象

window 对象是 BOM 的核心，它表示一个浏览器的实例，window 同时也是全局对象，所有在全局作用域中声明的变量、对象、函数都会变成 window 对象的属性和方法。

1) 窗口大小

浏览器中提供了四个属性用来确定窗口的大小，网页窗口的大小可通过 innerWidth (宽度)、innerHeight(高度)访问。浏览器本身的尺寸可通过 outerWidth(宽度)和 outerHeight(高度)访问。

2) 打开窗口

使用 window.open()方法可以打开一个新的浏览器窗口。

3) 超时调用

使用 setTimeout()函数可实现超过一定时间以后执行指定函数，使用 clearTimeout()函数可实现取消超时调用。

4) 定时调用

使用 setInterval()函数可实现每隔一段时间执行指定代码，使用 clearInterval()函数可实现取消定时调用。

5）系统对话框

浏览器通过 alert()、confirm()和 prompt()方法可以调用系统对话框向用户显示消息。alert()方法接收一个字符串并显示给用户。confirm()方法和 alert()方法类似，只不过 confirm()方法弹出的对话框有一个“确认”和“取消”按钮，用户可以通过按钮来确认是否执行操作。prompt()方法会弹出一个带输入框的提示框，并可以将用户输入的内容返回。第一个参数为显示的提示文字，第二个参数为文本框中的默认值。

2. location 对象

location 对象提供了与当前窗口中加载的网页有关的信息，还提供了一些导航功能。

1）href 属性

href 属性可以获取或修改当前页面的完整的 URL 地址，使浏览器跳转到指定页面。

2）reload()方法

reload()方法用于强制刷新当前页面。

3. navigator 对象

navigator 对象包含了浏览器的版本、浏览器所支持的插件、浏览器所使用的语言等各种与浏览器相关的信息。

1）appCodeName 属性

appCodeName 属性表示浏览器代号。

2）appName 属性

appName 属性表示浏览器名称。

3）appVersion 属性

appVersion 属性表示浏览器版本。

4）platform 属性

platform 属性表示硬件平台。

5）userAgent 属性

userAgent 属性表示用户代理。

4. screen 对象

screen 对象包含与用户屏幕有关的信息。

1）availWidth 属性

availWidth 属性表示可用的屏幕宽度。

2）availHeight 属性

availHeight 属性表示可用的屏幕高度。

5. history 对象

history 对象保存着从窗口被打开的时刻开始用户上网的历史记录。

1）go()函数

使用 go()函数可以在用户的历史记录中任意跳转。

2）back()函数

back()函数实现向后跳转。

3) forward()函数

forward()函数实现向前跳转。

2.3.8 DOM 对象模型

DOM(Document Object Model)是指文档对象模型,JavaScript 中通过 DOM 来对 HTML 文档进行操作,其中文档表示整个 HTML 网页,对象表示将网页中的每部分都转换为了一个对象,而模型表示对象之间的关系。

节点 Node 是构成网页的最基本的组成部分,网页中的每一个部分都可以称为是一个节点,如标签、属性、文本、注释、网页等都是一个节点,但每个节点具体类型是不同的,如文档称为文档节点,标签称为元素节点,标签的属性称为属性节点,文本称为文本节点。

1. 文档节点

文档节点(document)代表整个 HTML 文档,网页中的所有节点都是其子节点,document 是 window 对象的属性,因此可直接在 JavaScript 中使用,通过该对象可以访问整个文档中的节点,也可以通过该对象创建各种节点。

document 中常用的对象如表 2.5 所示。

表 2.5 document 中常用的对象

属性	描述
document.anchors	返回拥有 name 属性的所有 a 元素
document.baseURI	返回文档的绝对基准 URI
document.body	返回 body 元素
document.cookie	返回文档的 cookie
document.doctype	返回文档的 doctype
document.documentElement	返回 HTML 元素
document.documentURI	返回文档的 URI
document.domain	返回文档服务器的域名
document.forms	返回所有 form 元素
document.head	返回 head 元素
document.images	返回所有 img 元素
document.inputEncoding	返回文档的编码
document.scripts	返回所有 script 元素
document.title	返回 title 元素
document.URL	返回文档的完整 URL

在后面的内容中会介绍操作元素、属性和文本的常用方法。

2. 元素节点

HTML 中的各种标签都是元素节点,也是最常用的节点,可通过 document 的方法获取、创建、删除元素节点。

1）获取元素节点

（1）通过 id 获取元素。

可通过 document. getElementById()方法传入元素 id 的方式获取元素节点，代码如下。

```
document.getElementById("id");
```

（2）通过标签名获取元素。

可通过 document. getElementsByTagName()方法传入标签名的方式获取一组元素节点，代码如下。

```
document.getElementsByTagName("p");
```

（3）通过类名获取元素。

可通过 document. getElementsByClassName()方法传入类名的方式获取一组元素节点，代码如下。

```
document.getElementsByClassName(".red");
```

（4）通过 CSS 选择器获取元素。

可通过 document. querySelector()和 document. querySelectorAll()两个方法传入选择器字符串(id、类名、类型、属性、属性值等)的方式获取元素节点，二者的不同之处在于 querySelector()只会返回找到的第一个元素，而 querySelectorAll()会返回所有符合条件的元素，代码如下。

```
document.querySelector("p.red");
document.querySelectorAll("p.red");
```

元素节点中常用的对象如表 2.6 所示。

表 2.6　元素节点中常用的对象

属　　性	描　　述
childNodes	表示当前节点的所有子节点
firstChild	表示当前节点的第一个子节点
lastChild	表示当前节点的最后一个子节点
parentNode	表示当前节点的父节点
previousSibling	表示当前节点的前一个兄弟节点
nextSibling	表示当前节点的后一个兄弟节点
innerHTML	通过该属性可获取和设置标签内部的 HTML 代码

2）创建元素节点

可通过 document.createElement()方法创建元素节点，代码如下。

```
document.createElement("p");
```

3）删除元素节点

可通过 document.removeChild()方法删除元素节点，代码如下。

```
document.removeChild(node);
```

4）替换元素节点

可通过 document.replaceChild()方法替换元素节点，代码如下。

```
document.replaceChild(oldNode, newNode);
```

5）插入元素节点

可通过 document.appendChild()方法插入元素节点，代码如下。

```
document.appendChild(node);
```

3. 属性节点

可通过元素对象.属性名的方式设置和获取元素节点的属性，element.value 可实现获取或设置元素对象的 value 属性，element.id 可实现获取或设置元素对象的 id 属性，element.className 可实现获取或设置元素对象的 className 属性。

4. 文本节点

文本节点可以通过 nodeValue 属性获取和设置文本节点的内容，代码如下。

```
document.getElementsByTagName(div)[0].childNodes[0].nodeValue;
```

2.3.9 JavaScript 常用框架简介

JavaScript 框架是指以 JavaScrip 语言为基础搭建的编程框架，可极大提高日常开发效率，常用的 JavaScript 框架有 jQuery、Vue、ReactJS、Angular 等，由于篇幅限制，这里重点介绍 jQuery 和 Vue。

1. jQuery

jQuery 的官方网址为 https://jquery.com/，这里通过官网对 jQuery 的项目简介来介绍 jQuery。jQuery 是一个快速、小型、功能丰富的 JavaScript 库，它使 HTML 文档遍历和操作、事件处理、动画和 Ajax 等功能变得更简单，它提供了可在多种浏览器上运行的易于使用的 API,jQuery 具有功能丰富和可扩展的特点,改变了数百万人编写 JavaScript 的方式。

与 jQuery 相关的项目还有 jQuery UI（https://jqueryui. com/）、jQuery Mobile（https://jquerymobile. com/）、Sizzle（https://github. com/jquery/sizzle/wiki）和 QUnit（https://qunitjs. com/）。

jQuery 提供了三类功能,分别为 DOM 操作、事件处理和 Ajax。

1）DOM 操作

jQuery 提供了有关 DOM 操作的 API,提高了开发效率,示例代码如下。

```
$ ( "button.continue" ).html( "<div>下一步</div>" )
```

上述代码中 html()方法返回或设置被选元素的内容,类似于 JavaScript 的 innerHTML 属性。

2）事件处理

jQuery 提供了丰富的时间处理功能,示例代码如下。

```
var hiddenBox = $ ( "#banner-message" );
$ ( "#button-container button" ).on( "click", function( event ) {
  hiddenBox.show();
});
```

上述代码实现了按钮的单击事件,当单击按钮时显示 id 为 banner-message 的标签。

3）Ajax

jQuery 提供了简化 Ajax 方案,示例代码如下。

```
$.ajax({
  url: "/api/getWeather",
  data: {
    zipcode: 97201
  },
  success: function( result ) {
    $ ( "#weather-temp" ).html( "<strong>" + result + "</strong> degrees" );
  }
});
```

上述代码实现了携带 zipcode 参数请求/api/getWeather 接口,并将返回结果加粗显示在 id 为 weather-temp 的标签中。更多用法可参阅 https://api. jquery. com/。

2. Vue

Vue 的官方网址为 https://cn. vuejs. org/,这里通过官网对 Vue 的项目简介来介绍 Vue。Vue 是一套用于构建用户界面的渐进式框架,与其他大型框架不同的是,Vue 被设计为可以自底向上逐层应用,Vue 的核心库只关注视图层,不仅易于上手,还便于与第三方库或既有项目整合，另一方面，当与现代化的工具链以及各种支持类库结合使用时，Vue 也完全能够为复杂的单页应用提供驱动。

与 Vue 相关的项目还有如下几种。

(1) Vuex(https://vuex.vuejs.org/zh/)。

(2) Vue Router(https://router.vuejs.org/zh/)。

(3) Element UI(https://element.eleme.cn/#/zh-CN/component/installation)。

(4) Vue CLI(https://cli.vuejs.org/zh/)。

Vue 有两种引入方法，一种是通过 script 标签引入 vue.js，另外一种是使用 vue-cli。通过第一种方式使用 Vue 的示例代码如下所示。

```
<!DOCTYPE html>
<html>
    <head>
        <meta charset="utf-8">
        <title>Vue 基本结构</title>
    </head>
    <body>
        <script src="https://cdn.jsdelivr.net/npm/vue/dist/vue.js"></script>
        <div id="app">
            {{ message }}
        </div>
        <script>
            var app = new Vue({
              el: '#app',
              data: {
                message: 'Hello Vue!'
              }
            })
        </script>
    </body>
</html>
```

上述代码运行结果如图 2.23 所示。

更多用法可参阅 https://cn.vuejs.org/v2/guide/。

图 2.23　Vue 示例运行结果

2.4　小结

本章主要学习了 HTML、CSS 和 JavaScript，HTML 负责页面框架搭建与内容显示，CSS 负责对页面内容进行美化，JavaScript 负责页面动态交互，通过学习这三部分，可以自行开发简单的网页，同时在 JavaScript 这一节扩展了常用的 JavaScript 框架，如 jQuery、Vue 等，读者可在提供的官方网站自行学习。

2.5 习题

选择题

1. HTML 页面的后缀名一般是(　　)。

A. .html　B. .htm　C. .txt　D. .xml

2. HTML 常用的标题有(　　)。

A. h1　B. h3　C. h5　D. h7

3. CSS 样式表常见的引入方式主要有哪几种?(　　)

A. 行内样式表　B. 内部样式表　C. 外部样式表　D. 扩展样式表

4. 以下关于表格的说法正确的是(　　)。

A. table 代表表格标签　B. tr 代表行标签

C. thead 代表表头标签　D. td 代表行标签

5. 以下关于 JavaScript 中数组常用方法说法正确的有(　　)。

A. pop 方法可实现从数组中删除最后一个元素

B. push 方法可实现向数组中添加元素

C. sort 方法可实现以字母或数字顺序对数组进行排序

D. reverse 方法可实现反转数组中的元素

6. 哪些标签在页面上没有语义?(　　)

A. p　B. h　C. input　D. span

7. 下面哪段代码可以在页面上显示一个输入框,并且默认输入框上的文字是"admin"?(　　)

A. <input type="text"/>

B. <input type="text" name="admin"/>

C. <input type="text" value="admin"/>

D. <input type="text" id="admin"/>

8. 下面哪些标签不属于表单元素?(　　)

A. <input type="text"/>　B. <input type="button"/>

C. <textarea></textarea>　D. <div></div>

9. CSS 的三种样式中哪种样式的优先级最高?(　　)

A. 行内样式表　B. 内部样式表

C. 外部样式表　D. 三种样式优先级一样

10. 计算盒子模型的宽度不计算下面哪个属性?(　　)

A. border　B. padding　C. margin　D. width

第 3 章

Java Web 开发

3.1 环境配置

3.1.1 安装和配置 Tomcat

1. 下载网址

从 http://tomcat.apache.org 下载 Tomcat 压缩包，这里下的版本是 9.0.45，如图 3.1 所示。

2. 解压

将 Tomcat 压缩包解压缩到任意路径下，这里的解压缩路径为 D:\apache-tomcat-9.0.41，该目录下的文件结构，如图 3.2 所示。

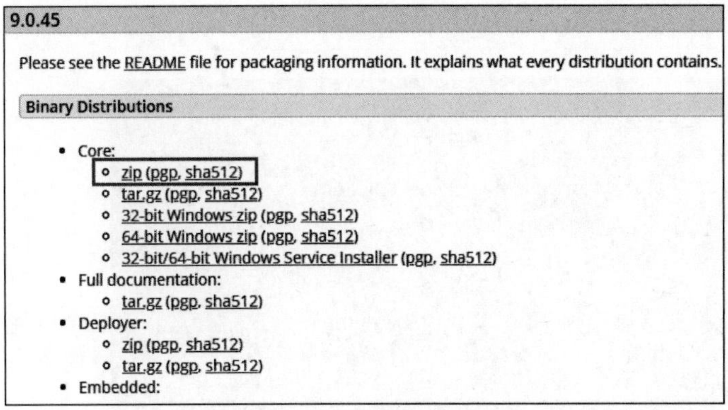

图 3.1 Tomcat 下载网址

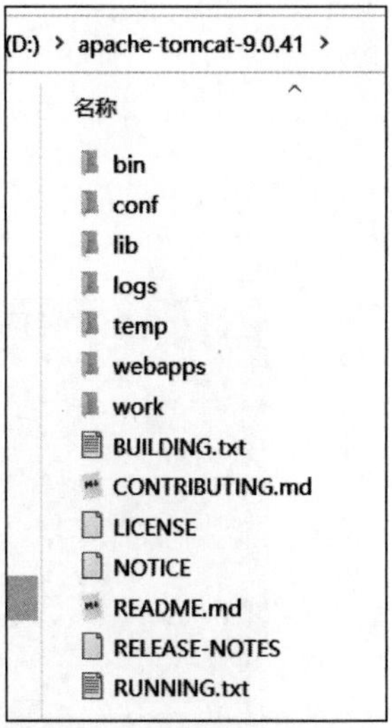

图 3.2 Tomcat 解压后的目录结构

（1）bin：保存启动和关闭 Tomcat 的命令脚本。

（2）conf：保存 Tomcat 的配置文件。

（3）lib：保存 Tomcat 服务器的核心类库(JAR 包)。

（4）logs：保存 Tomcat 每次运行后产生的日志。

（5）temp：保存 Web 应用运行过程中生成的临时文件。

（6）webapps：部署 Web 应用。将 Web 应用复制在该路径下，Tomcat 会将该应用自动部署在容器中。

（7）work：保存 Web 应用运行过程中编译生成的 class 文件。该文件夹可以删除，但每次启动 Tomcat 服务器时，系统将再次建立该路径。

3. 配置 JDK 环境变量

配置环境变量 JAVA_HOME，该变量指向 JDK 的安装路径，如图 3.3 所示，在第 1 章中已详细介绍过。

变量	值
ComSpec	C:\WINDOWS\system32\cmd.exe
DriverData	C:\Windows\System32\Drivers\DriverData
JAVA_HOME	D:\Program Files\Java\jdk1.8.0_141
MinGW	d:\MinGW

图 3.3　JAVA_HOME 环境变量配置

4. 启动 Tomcat

打开 cmd 窗口，进入(tomcat 路径)\bin\目录下，运行 startup.bat，如图 3.4 所示。

```
D:\apache-tomcat-9.0.41\bin>startup.bat
Using CATALINA_BASE:   "D:\apache-tomcat-9.0.41"
Using CATALINA_HOME:   "D:\apache-tomcat-9.0.41"
Using CATALINA_TMPDIR: "D:\apache-tomcat-9.0.41\temp"
Using JRE_HOME:        "D:\java\jdk8"
Using CLASSPATH:       "D:\apache-tomcat-9.0.41\bin\bo
Using CATALINA_OPTS:   ""
D:\apache-tomcat-9.0.41\bin>
```

图 3.4　启动 Tomcat

之后会弹出另一个窗口，提示 Tomcat 启动的日志信息，如图 3.5 所示。

```
选择Tomcat
18-Feb-2021 19:24:45.145 信息 [main] org.apache.catalina.startup.HostConfig.deployDirectory 把web 应用程序部署到目录
 [D:\apache-tomcat-9.0.41\webapps\examples]
18-Feb-2021 19:24:45.665 信息 [main] org.apache.catalina.startup.HostConfig.deployDirectory Web应用程序目录[D:\apach
e-tomcat-9.0.41\webapps\examples]的部署已在[520]毫秒内完成
18-Feb-2021 19:24:45.666 信息 [main] org.apache.catalina.startup.HostConfig.deployDirectory 把web 应用程序部署到目录
 [D:\apache-tomcat-9.0.41\webapps\host-manager]
18-Feb-2021 19:24:45.722 信息 [main] org.apache.catalina.startup.HostConfig.deployDirectory Web应用程序目录[D:\apach
e-tomcat-9.0.41\webapps\host-manager]的部署已在[56]毫秒内完成
18-Feb-2021 19:24:45.723 信息 [main] org.apache.catalina.startup.HostConfig.deployDirectory 把web 应用程序部署到目录
 [D:\apache-tomcat-9.0.41\webapps\manager]
18-Feb-2021 19:24:45.769 信息 [main] org.apache.catalina.startup.HostConfig.deployDirectory Web应用程序目录[D:\apach
e-tomcat-9.0.41\webapps\manager]的部署已在[46]毫秒内完成
18-Feb-2021 19:24:45.770 信息 [main] org.apache.catalina.startup.HostConfig.deployDirectory 把web 应用程序部署到目录
 [D:\apache-tomcat-9.0.41\webapps\ROOT]
18-Feb-2021 19:24:45.818 信息 [main] org.apache.catalina.startup.HostConfig.deployDirectory Web应用程序目录[D:\apach
e-tomcat-9.0.41\webapps\ROOT]的部署已在[48]毫秒内完成
18-Feb-2021 19:24:45.819 信息 [main] org.apache.catalina.startup.HostConfig.deployDirectory 把web 应用程序部署到目录
 [D:\apache-tomcat-9.0.41\webapps\test]
18-Feb-2021 19:24:45.865 信息 [main] org.apache.catalina.startup.HostConfig.deployDirectory Web应用程序目录[D:\apach
e-tomcat-9.0.41\webapps\test]的部署已在[46]毫秒内完成
18-Feb-2021 19:24:45.866 信息 [main] org.apache.catalina.startup.HostConfig.deployDirectory 把web 应用程序部署到目录
 [D:\apache-tomcat-9.0.41\webapps\www]
18-Feb-2021 19:24:45.909 信息 [main] org.apache.catalina.startup.HostConfig.deployDirectory Web应用程序目录[D:\apach
e-tomcat-9.0.41\webapps\www]的部署已在[44]毫秒内完成
18-Feb-2021 19:24:45.919 信息 [main] org.apache.coyote.AbstractProtocol.start 开始协议处理句柄["http-nio-8080"]
18-Feb-2021 19:24:45.946 信息 [main] org.apache.catalina.startup.Catalina.start [1347]毫秒后服务器启动
```

图 3.5　Tomcat 启动日志

5. 在浏览器中打开 Tomcat 服务首页

打开浏览器,输入 http://localhost:8080 或 http://127.0.0.1:8080,这里 8080 是 Tomcat 默认使用的端口,如图 3.6 所示。

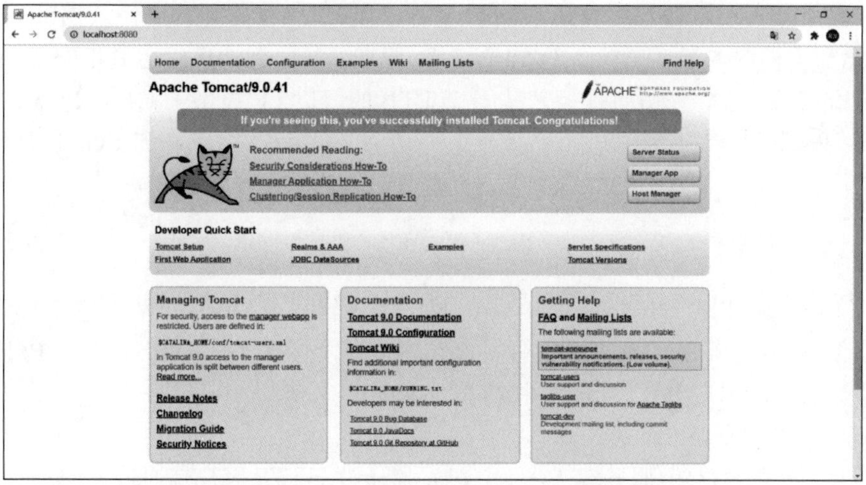

图 3.6 在浏览器中打开 Tomcat 服务首页

3.1.2 运行第一个 Web 程序

在 tomcat/webapps/ROOT 路径下新建 new.html,代码如下。

```
<! DOCTYPE html >
< html >
    < head >
        < meta charset = "utf - 8" />
        < meta name = "viewport" content = "width = device - width, initial - scale = 1">
        < title > New </title >
    </head >
    < body >
        < h1 > Hello World! </h1 >
    </body >
</html >
```

运行 startup.bat 后在浏览器中输入路径:http://localhost:8080/new.html,运行效果如图 3.7 所示。

图 3.7 第一个 Web 程序运行效果

3.2 Servlet

Web应用程序访问过程就是请求和响应的过程,用户在浏览器中输入网址并按Enter键后,浏览器会向服务器发送一个HTTP请求,服务器接收到请求后会做相应的处理,并对用户做出恰当的响应。该访问过程是基于HTTP的,HTTP提供了GET、POST、HEAD、DELETE、TRACE、PUT和OPTIONS共7种访问方式,其中GET和POST两种访问方式是最常用的。

3.2.1 HTTP简介

HTTP(HyperText Transfer Protocol,超文本传输协议)是因特网上应用最为广泛的一种网络传输协议,所有的WWW文件都必须遵守这个标准。HTTP基于TCP/IP通信协议来传递数据(HTML文件、图片文件、查询结果等)。

1. HTTP工作原理

HTTP工作于客户端/服务端架构上。浏览器作为HTTP客户端通过URL向HTTP服务端(即Web服务器)发送所有请求。Web服务器有Apache服务器、IIS(Internet Information Services)服务器等。Web服务器根据接收到的请求,向客户端发送响应信息。

HTTP默认端口号为80,但是也可以改为8080或者其他端口。

2. HTTP注意事项

1) HTTP是无连接

无连接的含义是限制每次连接只处理一个请求。服务器处理完客户的请求,并收到客户的应答后,即断开连接,采用这种方式可以节省传输时间。后来,Keep-Alive被用来解决效率低的问题,Keep-Alive功能使客户端到服务器端的连接持续有效,当出现对服务器的后继请求时,Keep-Alive功能避免了建立或者重新建立连接。市场上的大部分Web服务器,包括IIS和Apache Tomcat,都支持HTTP Keep-Alive。对于提供静态内容的网站来说,这个功能通常很有用。

2) HTTP是媒体独立的

这意味着,只要客户端和服务器知道如何处理数据内容,任何类型的数据都可以通过HTTP发送。客户端以及服务器指定使用适合的MIME-type内容类型。

3) HTTP是无状态

HTTP是无状态协议。无状态是指协议对于事务处理没有记忆能力。缺少状态意味着如果后续处理需要前面的信息,则它必须重传,这样一方面可能导致每次连接传送的数据量增大,但另一方面,在服务器不需要先前信息时它的应答较快。

3.2.2 Servlet简介

Servlet是Java Web应用程序的核心,它能够处理所有的请求和响应,Servlet中定义了很多方法,开发人员仅需要实现恰当的方法来响应用户请求即可,它并没有main方法,

Tomcat 服务器会自动调用 Servlet 的相应方法完成响应过程。

1. Servlet 工作流程

①用户使用浏览器提交一个请求,该请求遵循 HTTP; ②Tomcat 接收到请求后,对请求进行解析,并封装成 HttpServletRequest 类型的 request 对象,可通过此对象获得 HTTP 头数据; ③Tomcat 也会把输出流封装成 HttpServletResponse 类型的 response 对象,可通过此对象输出响应内容; ④Tomcat 会将这两个对象作为输入参数调用 Servlet 的相应方法,如 doGet(request, response)或 doPost(request, response)方法等,我们就可以在调用的方法中实现程序的业务逻辑。Servlet 的典型请求响应过程如图 3.8 所示。

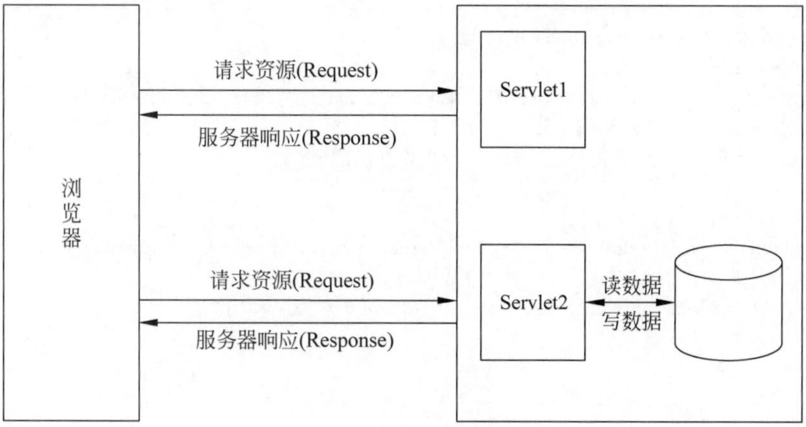

图 3.8 Servlet 请求响应过程

2. Servlet 接口与实现类

Servlet 接口位于包 javax.servlet 内,所有 servlet 都需要直接实现这一接口或者继承实现了该接口的类。该接口有两个实现类: GenericServlet 和 HttpServlet,这两个类均为抽象类。大多数情况下,开发人员只需要在这两个类的基础上进行扩展即可实现各自功能,其中最常用的是 HttpServlet。HttpServlet 类位于 javax.servlet.http 包内,HttpServlet 类中常用的方法如表 3.1 所示,其他方法可查阅 J2EE 文档进行学习。

表 3.1 HttpServlet 类的常用方法

方 法 名	方法描述
protected void doGet(HttpServletRequest req, HttpServletResponse resp) throws ServletException, IOException	当浏览器以 GET 方式访问时被触发
protected void doPost(HttpServletRequest req, HttpServletResponseresp) throws ServletException, IOException	当浏览器以 POST 方式访问时被触发
protected long getLastModified(HttpServletRequest req)	返回 HttpServletRequest 最后修改的时间

3.2.3 编写 Servlet

HttpServlet 类是 Servlet 接口的一个实现类，是由系统提供的。一般情况下，用户自定义编写的 Servlet 类只需要继承这个 HttpServlet 类，达到重用的目的，并覆盖其中的方法。一般只覆盖 doGet 方法和 doPost 方法，就能满足功能的实现。

1. 编写自定义 Servlet 类

开发人员只需要定义一个继承 HttpServlet 类的普通 Java 类，并覆盖 doGet 方法和 doPost 方法，一个能够处理请求和响应的 Servlet 类就定义好了，具体的代码如下。

```
public class UserServletextends HttpServlet {
    @Override
    protected void doGet(HttpServletRequest request, HttpServletResponse response) throws
ServletException, IOException {
    System.out.println("UserServlet: doGet 方法启动");
    }
    @Override
    protected void doPost ( HttpServletRequest req, HttpServletResponseresp ) throws
ServletException, IOException {
        System.out.println("UserServlet: doPost 方法启动");
    }
}
```

2. 配置<servlet>标签

在定义好 Servlet 类文件之后，还要告知 Web 容器该类文件的位置，该配置信息必须放在 web.xml 中，具体的配置代码如下所示。

```
<servlet>
    <servlet-name>UserServlet</servlet-name>
    <servlet-class>com.servlet.UserServlet</servlet-class>
    <init-param>
        <param-name>name</param-name>
        <param-value>tom</param-value>
    </init-param>
    <init-param>
        <param-name>encoding</param-name>
        <param-value>utf-8</param-value>
    </init-param>
    <load-on-startup>1</load-on-startup>
</servlet>
```

<servlet>与</servlet>分别表示开始标签和结束标签，中间内容则为 Servlet 的配置信息。

<servlet-name>与</servlet-name>标签是必须配置的，代表 Servlet 的名字，名字可以

任意指定,但必须保证在 web. xml 文件中的唯一性。

< servlet-class >与</servlet-class >标签也是必须配置的,代表 Servlet 类名。由于类名较长,容易书写错误,因此在写好类名后,可以在按住 Ctrl 键的同时,单击类名,若能够跳转到类中,证明书写正确,否则书写错误。

< init-param >与</init-param >标签是可选的,用于配置初始化参数。该标签包含两个子标签,< param-name >与</param-name >标签用于指定参数名称,< param-value >与</param-value >标签用于指定参数值。在 Servlet 类中可以通过 getServletConfig().getInitParameter(paramName)来获取初始化参数,< init-param >标签可以配置多个。

< load-on-startup >与</load-on-startup >标签用于标记是否在容器启动时就加载这个 servlet,当值为 0 或者大于 0 时,表示容器在应用启动时就加载这个 servlet,当是一个负数时或者没有指定时,则指示容器在该 servlet 被选择时才加载。正数的值越小,启动该 servlet 的优先级越高。

3. 配置< servlet-mapping >标签

Web 容器不仅需要知道类文件的位置,也需要知道此 Servlet 能够拦截或处理的路径。该配置信息必须放在 web. xml 中,具体的配置代码如下所示。

```
<servlet-mapping>
    <servlet-name>UserServlet</servlet-name>
    <url-pattern>/UserServlet</url-pattern>
    <url-pattern>/UserServlet.jsp</url-pattern>
    <url-pattern>/UserServlet.php</url-pattern>
</servlet-mapping>
```

< servlet-mapping >与</servlet-mapping >分别表示开始标签和结束标签,中间内容则为 servlet-mapping 的配置信息。

< servlet-name >与</servlet-name >标签是必须配置的,代表 Servlet 的名字,与前面< servlet >配置信息中的< servlet-name >一致。

< url-pattern >与</url-pattern >标签是必须配置的,代表此 servlet 能够处理的 URL 路径,一个< servlet-mapping >标签可以配置多个< url-pattern >标签。用户通过浏览器访问任何一个已经配置的< url-pattern >中的 URL,Tomcat 都会自动跳转到对应的 servlet 内执行 doXXX 方法,XXX 取决于用户的访问方式。若以 Get 方式访问,则执行 doGet 方法;若以 Post 方式访问,则执行 doPost 方法。< url-pattern >前面加上服务器域名和端口号即为该 servlet 的访问网址,本例中的 servlet 访问网址如下。

(1) http://localhost:8080/servlet/UserServlet。

(2) http://localhost:8080/servlet/UserServlet.jsp。

(3) http://localhost:8080/servlet/UserServlet.php。

访问这三个网址中的任意一个,都会跳转到 UserServlet 中,从而实现隐藏编程语言的目的,用户无法从 URL 判断程序代码是用 Java 还是 PHP 编写的。

一个完整的 Servlet 由 Servlet 类、< servlet >配置和< servlet-mapping >配置组成，三者缺一不可，在 Servlet 编写完成之后，就可以部署 Web 程序了。

4. 部署 Web 程序

部署完毕后启动 Tomcat 服务器，分别在浏览器输入配置好的三个 URL，运行结果如图 3.9 所示。

```
UserServlet：doGet方法启动
UserServlet：doGet方法启动
UserServlet：doGet方法启动
```

图 3.9　Servlet 运行结果

3.2.4　请求与响应

用户通过浏览器向 Tomcat 服务器发送请求，Tomcat 会根据配置信息分配给相应的 Servlet 的特定方法，一般方法的输入参数有两个，即 HttpServletRequest 和 HttpServletResponse。

1. 请求(HttpServietRequest)

浏览器发送的请求被封装成为一个 HttpServletRequest 类型的对象，HttpServletRequest 接口位于包 javax. servlet. http 内，通过该对象可以获取请求的地址、请求的参数、提交的数据、上传的文件、客户端的 IP 地址甚至是客户端操作系统等信息。HttpServletRequest 中的常用方法如表 3.2 所示，其他方法可查阅 Java EE 文档进行学习。

表 3.2　HttpServletRequest 的常用方法

方　法　名	方法描述
Object getAttribute(String name)	获取名为 name 的属性值，若不存在则返回 null
void setAttribute(String name, Object o)	向 request 中存储属性 name，值为对象 o
void removeAttribute(String name)	从 request 中移除属性 name
String getParameter(String name)	获取名为 name 的请求参数值，若不存在则返回 null
String[] getParameterValues(String name)	获取名为 name 的属性值数组，若不存在则返回 null
RequestDispatcher getRequestDispatcher (String path)	获取路径 path 对应的 RequestDispatcher 对象，用于向一个资源转发请求
void setCharacterEncoding (Stringenv) throws UnsupportedEncodingException	设置 request 的编码格式
Cookie[] getCookies()	获取客户端发送的 Cookie 数组

2. 响应(HttpServietResponse)

服务器对浏览器的响应被封装成为一个 HttpServletResponse 类型的对象，HttpServletResponse 接口位于包 javax. servlet. http 内，HttpServletResponse 中的常用方法如表 3.3 所示，其他方法可查阅 Java EE 文档进行学习。

表 3.3 HttpServletResponse 的常用方法

方 法 名	方 法 描 述
ServletOutputStream getOutputStream() throws IOException	获取 ServletOutputStream 对象，用于响应二进制数据
PrintWriter getWriter() throws IOException	获取 PrintWriter 对象，用于响应字符数据
void sendRedirect(String location) throws IOException	向客户端发送一个临时重定向响应消息
void setCharacterEncoding(String charset)	设置 response 的编码格式
void setContentType(String type)	设置 response 的内容类型
void addCookie(Cookie cookie)	向 response 中添加 Cookie 对象

下面代码展示了在 servlet 中使用 request 获取客户端的信息，并通过 response 响应客户端的请求。

```
@Override
protected void doGet ( HttpServletRequest request, HttpServletResponse response ) throws
ServletException, IOException {
    String requestUrl = request.getRequestURL().toString(); //请求的 URL 地址
    String requestUri = request.getRequestURI();            //请求的资源
    String queryString = request.getQueryString();          //请求的 URL 地址中的参数
    String remoteAddr = request.getRemoteAddr();            //来访者的 IP 地址
    String remoteHost = request.getRemoteHost();
    int remotePort = request.getRemotePort();
    String method = request.getMethod();                    //请求 URL 时用的方法
    String localAddr = request.getLocalAddr();              //Web 服务器的 IP 地址
    String localName = request.getLocalName();              //Web 服务器的主机名
    response.setHeader("content-type", "text/html;charset=utf-8");
    PrintWriter out = response.getWriter();
    out.write("获取到的客户机信息如下：");
    out.write("<hr/>");
    out.write("请求的 URL 地址：" + requestUrl);
    out.write("<br/>");
    out.write("请求的资源：" + requestUri);
    out.write("<br/>");
    out.write("请求的 URL 地址中附带的参数：" + queryString);
    out.write("<br/>");
    out.write("来访者的 IP 地址：" + remoteAddr);
    out.write("<br/>");
    out.write("来访者的主机名：" + remoteHost);
    out.write("<br/>");
    out.write("使用的端口号：" + remotePort);
    out.write("<br/>");
    out.write("请求使用的方法：" + method);
    out.write("<br/>");
    out.write("localAddr: " + localAddr);
    out.write("<br/>");
    out.write("localName: " + localName);
}
```

在浏览器中输入 http://127.0.0.1:8080/servlet/UserServlet.php?name=tom 并按 Enter 键后，运行的结果如图 3.10 所示。

获取到的客户机信息如下：

请求的URL地址：http://127.0.0.1:8080/servlet/UserServlet.php
请求的资源：/servlet/UserServlet.php
请求的URL地址中附带的参数：name=tom
来访者的IP地址：127.0.0.1
来访者的主机名：127.0.0.1
使用的端口号：56649
请求使用的方法：GET
localAddr：127.0.0.1
localName：127.0.0.1

图 3.10 客户机信息展示页面

3.2.5 Servlet 生命周期

当服务器启动时，会检查 web.xml 中配置的 Servlet 的< load-on-startup >标签的值。若没有配置或者为负数时，那么服务器会在第一次使用时才初始化一个 Servlet 对象，否则会在服务器启动时就初始化一个 Servlet 对象，然后服务器会用这个 Servlet 对象处理所有客户端的请求，无论请求多少次，最多只存在一个 Servlet 实例。当多个客户端并发请求 Servlet 时，服务器会启动多个线程，分别执行该 Servlet 的 service()方法。

Servlet 生命周期包括三个阶段，分别执行三个方法，即 init(ServletConfig conf)、service(ServletRequest request, ServletResponse response)和 destroy()。

1. init()方法

当没有配置< load-on-startup >标签的值或者值为负数时，则第一次使用此 Servlet 时才执行此方法，否则服务器启动时就会执行此方法。除了提供了带参数的 init(ServletConfig conf)方法外，HttpServlet 实现类还提供了一个更简单的、不带参数的 init()方法，该方法在 Servlet 生命周期中只会执行一次，因此可以将初始化资源的代码放在该函数中执行。

2. service()方法

HttpServlet 实现类提供了 service(HttpServletRequest request, HttpServletResponse response)方法。客户端每次请求 Servlet 时，都会运行 service 方法，service 方法会根据访问类型决定需要执行的方法，如 doGet 方法、doPost 方法、doPut 方法。

3. destroy()方法

当容器关闭时，会先卸载所有的 Servlet，卸载 Servlet 时就会执行 destroy()方法，该方法在 Servlet 生命周期中只会执行一次，因此可以将销毁资源的代码放在该函数中执行。

下面通过继承 HttpServlet 类并覆盖生命周期的方法来体会 Servlet 的生命周期，具体代码如下。

```
package com.servlet;
public class UserServlet extends HttpServlet {
```

```java
    @Override
    public void init() throws ServletException {
        System.out.println("init()方法开始执行");
    }

    @Override
    protected void service(HttpServletRequest request, HttpServletResponse response) throws
ServletException, IOException {
        System.out.println("service()方法开始执行");
        super.service(request, response);
    }

    @Override
    protected void doGet(HttpServletRequest request, HttpServletResponse response) throws
ServletException, IOException {
        System.out.println("doGet()方法开始执行");
    }

    @Override
    protected void doPost(HttpServletRequest req, HttpServletResponse resp) throws
ServletException, IOException {
        System.out.println("doPost()方法开始执行");
    }

    @Override
    public void destroy() {
        System.out.println("destroy()方法开始执行");
    }
}
```

启动 Tomcat 服务器并在浏览器中访问 http://127.0.0.1:8080/servlet/UserServlet.php 后，关闭 Tomcat 服务器，在控制台会打印如图 3.11 所示的信息。

```
INFO: Starting Servlet Engine: Apache Tomcat/7.0.52
init()方法开始执行
2016-9-17 20:22:36 org.apache.coyote.AbstractProtocol start
INFO: Starting ProtocolHandler ["http-bio-8080"]
2016-9-17 20:22:36 org.apache.coyote.AbstractProtocol start
INFO: Starting ProtocolHandler ["ajp-bio-8009"]
2016-9-17 20:22:36 org.apache.catalina.startup.Catalina start
INFO: Server startup in 908 ms
service()方法开始执行
doGet()方法开始执行
2016-9-17 20:25:16 org.apache.catalina.core.StandardServer await
INFO: A valid shutdown command was received via the shutdown port. Stopping
2016-9-17 20:25:16 org.apache.coyote.AbstractProtocol pause
INFO: Pausing ProtocolHandler ["http-bio-8080"]
2016-9-17 20:25:16 org.apache.coyote.AbstractProtocol pause
INFO: Pausing ProtocolHandler ["ajp-bio-8009"]
2016-9-17 20:25:16 org.apache.catalina.core.StandardService stopInternal
INFO: Stopping service Catalina
destroy()方法开始执行
2016-9-17 20:25:16 org.apache.coyote.AbstractProtocol stop
INFO: Stopping ProtocolHandler ["http-bio-8080"]
2016-9-17 20:25:16 org.apache.coyote.AbstractProtocol stop
```

图 3.11 Servlet 生命周期测试结果

3.2.6 Servlet 之间的跳转

Servlet 之间可以相互跳转，通过跳转可以将一项任务进行分解。比如用一个 Servlet，专门接收用户的请求和响应，获取用户提交的参数并为用户产生恰当的响应，然后跳转到另外一个 Servlet 专门处理业务逻辑。比如操作数据库，然后再跳转到一个 Servlet，专门为用户显示处理结果。MVC（Model-View-Control）框架就是基于 Servlet 之间的跳转而实现的，MVC 框架把程序分成了三个部分：业务逻辑模块（Model）、视图模块（View）和控制模块（Control），其中视图模块可以通过 JSP 技术实现，JSP 本质也是 Servlet，控制模块可以使用 Servlet 实现。

1. 转向

转向（Forward）是通过 RequestDispatcher 类实现的，RequestDispatcher 可通过 request 的 getRequestDispatcher()方法获得，getRequestDispatcher()方法接收要跳转的路径，该路径必须以"/"开始，"/"表示 Web 程序的根目录。比如要跳转的 Servlet 为 http://localhost:8080/servlet/UserServlet.php，则参数应该为"/UserServlet.php"。Forward 允许跳转的路径包括 JSP 页面、Servlet，甚至是 WEB-INF 目录下的文件。下面的代码实现从 Servlet 跳转到另一个 Servlet。

```
RequestDispatcher requestDispatcher = request.getRequestDispatcher("/UserServlet");
requestDispatcher.forward(req, resp);
```

转向属于服务器端跳转，跳转后，地址栏会显示跳转前的访问地址。因为跳转过程是在服务器内部完成的，客户端并不知道，因此转向对于客户端浏览器是透明的。

2. 重定向

重定向（Redirect）是通过 response 的 sendRedirect()方法实现的。sendRedirect()方法接收要跳转的路径，如果该路径以"/"开始，则"/"表示 Web 站点的根目录。比如要跳转的 Servlet 为 http://localhost:8080/servlet/UserServlet.php，则路径中的"/"表示 http://localhost:8080/。下面的代码实现从 Servlet 重定向到另一个 Servlet。

```
response.sendRedirect(request.getContextPath() + "/UserServlet");
```

重定向跳转属于客户端跳转，跳转后地址栏会显示跳转后的访问地址。因为代码执行到 Redirect 时，会先回到客户端浏览器，再利用新地址发送新的请求，因此跳转是在客户端进行的。

3.3 小结

本章介绍了 Java Web 开发的知识，主要包括环境配置和 Servlet，环境配置主要包括 Tomcat 安装与配置以及运行第一个 Web 程序。Servlet 主要包括 HTTP 简介、Servlet 简介、编写 Servlet、请求与响应、Servlet 生命周期以及 Servlet 之间的跳转等内容。

3.4 习题

一、单选题

1. 在 Tomcat 解压后的目录中，存放启动和关闭 Tomcat 的命令脚本的目录是(　　)。

A. bin　　B. lib　　C. conf　　D. log

2. HTTP 提供的两种最常用的访问方式是(　　)。

A. GET 和 PUT　　B. GET 和 POST

C. GET 和 DELETE　　D. POST 和 PUT

3. HttpServletRequest 类所属的包是(　　)。

A. java. math　　B. java. util

C. java. sql　　D. javax. servlet. http

4. HTTP 默认端口号为(　　)。

A. 21　　B. 23　　C. 80　　D. 3306

5. 设置 response 的编码格式的方法是(　　)。

A. getOutputStream()　　B. getWriter()

C. setCharacterEncoding　　D. addCookie()

二、填空题

1. http://localhost:8080 或 http://127.0.0.1:8080，这里 8080 是 Tomcat 默认使用的________。

2. Servlet 生命周期包括三个阶段，分别执行三个方法，即 init()、________和________。

3. MVC(Model-View-Control)框架把程序分成了三个部分：业务逻辑模块(Model)、视图模块________和控制模块________。

4. Servlet 的 doPost()方法中的参数有 request 和 response 两个，它们的类型分别是 HttpServletRequest 和________。

5. Servlet 之间的跳转方式一般有两种，分别是转向(Forward)和________。

三、编程题

1. 编程实现图 3.7 所示的第一个 Web 程序，发布并运行。

2. 编写一个 Servlet 自定义类，配置并运行该 Servlet。

3. 编写两个 Servlet 类 AServlet 和 BServlet，并实现在 AServlet 中服务器端跳转(转向)，打开 BServlet 的内容。

4. 编写两个 Servlet 类 AServlet 和 BServlet，并实现在 AServlet 中客户端跳转(重定向)，打开 BServlet 的内容。

第4章 Android编程

Android是Google(谷歌)公司开发的基于Linux的开源操作系统,主要应用于智能手机、平板计算机等移动设备。本章主要介绍Android的基础编程知识,涵盖了Android基础、UI开发、Android核心组件、数据存储、网络技术等内容。

4.1 Android基础入门

4.1.1 初识Android平台

1. Android的起源

Android是一种基于Linux的自由及开放源代码的操作系统,主要应用于移动设备,如智能手机和平板计算机,由Google及其他公司带领的开放手持设备联盟(Open Handset Alliance)开发,这一联盟支持Google发布的手机操作系统或者应用软件,共同开发名为Android的开放源代码的移动系统。

Android系统最初由安迪·鲁宾(Andy Rubin)制作,主要支持手机,2005年8月17日被Google收购。2007年11月5日,Google与84家硬件制造商、软件开发商及电信营运商组成开放手持设备联盟来共同研发和优化Android系统,生产搭载Android的智慧型手机,并逐渐拓展到平板计算机及其他领域。随后,Google以Apache免费开源许可证的授权方式,发布了Android的源代码。

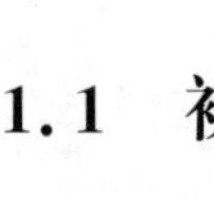

图4.1 Android图标

Android本义指"机器人",Google公司将Android的标识设计为一个绿色机器人,表示Android系统符合环保概念,如图4.1所示。

2008年9月发布了Android最早的版本Android 1.1版本,而现在最新的版本是Android 11.0。表4.1中介绍了Android版本名称、对应API版本号以及发布时间。

表 4.1 各版本对应 API 及发布时间表

系统版本名称	API 版本号	发布时间
Android 1.5：Cupcake：纸杯蛋糕	3	2009.4.30
Android 1.6：Donut：甜甜圈	4	2009.9.15
Android 2.0/2.0.1/2.1：Eclair：松饼	5/6/7	2009.10.26
Android 2.2/2.2.1：Froyo：冻酸奶	8	2010.5.20
Android 2.3：Gingerbread：姜饼	9	2010.12.7
Android 3.0：Honeycomb：蜂巢	11	2011.2.2
Android 3.1：Honeycomb：蜂巢	12	2011.5.11
Android 3.2：Honeycomb：蜂巢	13	2011.7.13
Android 4.0：Ice Cream Sandwich：冰激凌三明治	14	2011.10.19
Android 4.1：Jelly Bean：果冻豆	16	2012.6.28
Android 4.2：Jelly Bean：果冻豆	17	2012.10.30
Android 4.3：Jelly Bean：果冻豆	18	2013.7.25
Android 4.4：KitKat：奇巧巧克力	19	2013.9.04
Android 5.0/5.1：Lollipop：棒棒糖(Android L)	21/22	2014.6.26
Android 6.0：Marshmallow：棉花糖(Android M)	23	2015.9.30
Andorid 7.0：Nougat：牛轧糖(Android N)	24	2016.08.22
Android 8.0/8.1：Oreo：奥利奥(Android O)	26/27	2017.08.22
Android 9：Pie：派(Android P)	28	2018.08.07
Android 10(Q)	29	2019.5
Android 11(R)	30	2020.9

2. Android 体系结构

Android 系统的底层建立在 Linux 系统之上，该平台由操作系统、中间件、用户界面和应用软件四层组成。它采用“软件叠层(Software Stack)”方式进行构建，使层与层之间相互分离，各层分工明确。这样保证了层与层之间的低耦合，当下层的层内或层下发生改变时，上层应用程序无须做任何改变。

如图 4.2 所示，Android 有四层架构，自上向下依次为应用层、应用框架层、系统运行库层和 Linux 内核层。

下面分别针对这四层进行介绍。

1）应用层(Applications)

顶层中所有的 Android 应用程序都属于这一层。这些应用程序包括系统自带的联系人管理程序、浏览器、日历、地图或者从 Google Play 上下载的小游戏等。

2）应用框架层(Application Framework)

应用框架层以 Java 类的形式为应用程序提供许多高级的服务，即提供了构建应用程序时用到的各种 API。应用程序开发者被允许在应用中使用这些服务(API)，如视图(View System)、资源管理器(Resource Manager)、活动管理器(Activity Manager)、通知管理器(Notification Manager)等。

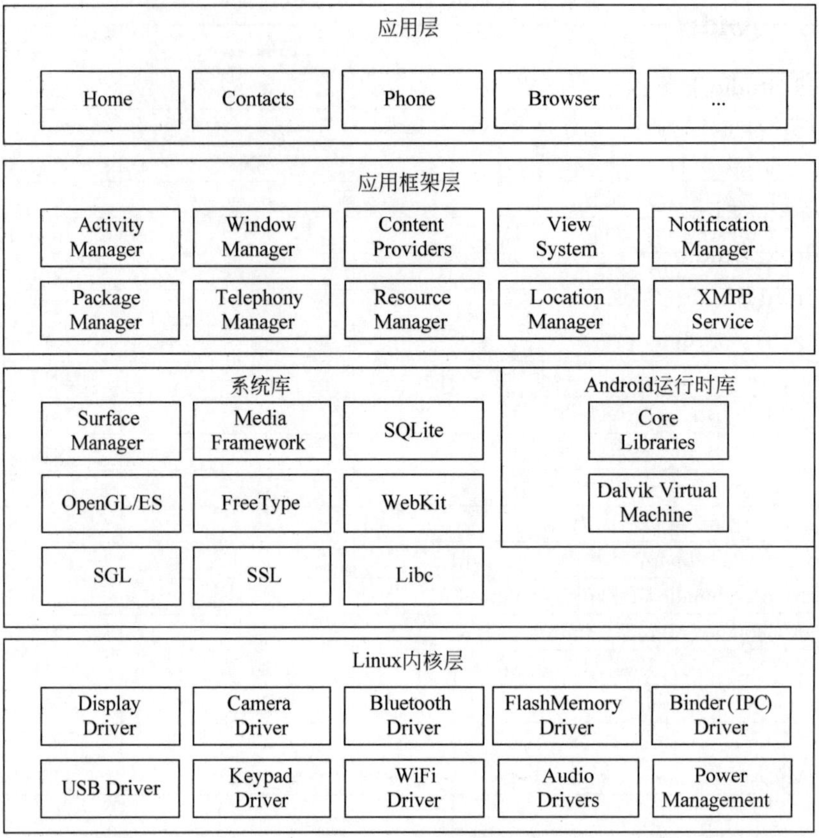

图 4.2　Android 体系结构

3）系统运行库层

该层包括系统库和 Android 运行时库两个部分。系统库这一部分主要是通过 C/C++库来为 Android 系统提供主要的特性支持，如 OpenGL/ES 库提供了 3D 绘图的支持，WebKit 库提供了浏览器内核的支持。Android 运行时库则由 Android 核心库集、Dalvik 虚拟机构成。Android 核心库集主要提供了一些核心库，能够允许开发者使用 Java 语言来编写 Android 应用程序。另外，该部分提供名为 Dalvik 虚拟机的关键组件，类似于 Java 虚拟机，但它是专门为移动设备（如 Android）设计的，它针对手机内存、CPU 性能等做了优化处理。

4）Linux 内核层（Linux Kernel）

Android 平台的基础是 Linux 内核。例如，Android Runtime（ART）依靠 Linux 内核来执行底层功能，如线程和低层内存管理。

使用 Linux 内核可让 Android 利用 Linux 的主要安全功能，并且允许设备制造商为著名的内核开发硬件驱动程序，如显示驱动、照相机驱动、蓝牙驱动、音频驱动等。

4.1.2 Android 开发环境的搭建

Android Studio 是 Google 提供的一个 Android 开发环境，基于 IntelliJ IDEA。

需要注意的是，Android Studio 对安装环境有一定的要求，如果使用 Android Studio 3.0 以上版本，建议搭配 JDK 1.8 版本，系统空闲内存至少为 2GB。接下来，本节将针对 Android Studio 的下载、安装与配置进行详细讲解。

1. Android Studio 的安装

在 Android Studio 安装之前，要确定 JDK 版本必须是 1.7 或以上，否则 Android Studio 安装之后会报错。双击 Android Studio 的安装文件，进入安装欢迎界面，如图 4.3 所示。

图 4.3 Android Studio 安装欢迎界面

在图 4.3 中，单击 Next 按钮进入下一步，此时进入 Android Studio Setup 界面，如图 4.4 所示。有两个组件供选择，其中第一项 Android Studio 为必选项；第二项 Android Virtual Device，即 Android 运行的虚拟机，如果不使用虚拟机，可以不用勾选。通常情况下会全部勾选。

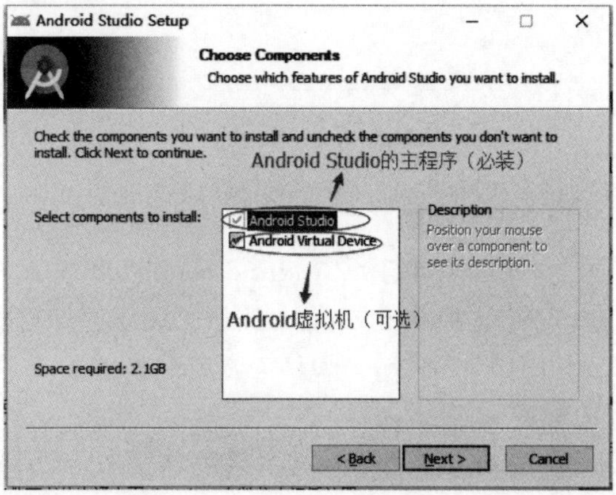

图 4.4 Android Studio 安装-Choose Components 界面

单击 Next 按钮,可进入路径设置界面,设置 Android Studio 的安装目录,如图 4.5 所示。

图 4.5　Android Studio 安装-Configuration Setting 界面

在图 4.5 中,可单击 Browse 按钮进行安装位置的修改,单击 Next 按钮进入下一步,可进入 Installing 界面,如图 4.6 所示。

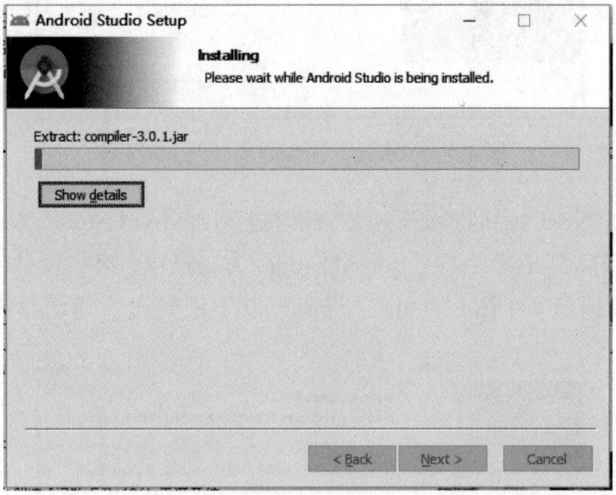

图 4.6　Android Studio 安装-Installing 界面

按进度进行安装,安装完成后即可打开 Android Studio,如图 4.7 所示。

至此,Android Studio 安装完成,单击 Finish 按钮关闭程序即可。

注意:可以修改 Android Studio 路径,但切记不能有中文字符,且尽量不要安装到系统盘。

2. Android Studio 的配置

安装完成之后可以运行 Android Studio,如果第一次运行,打开的过程需要耐心等待。接着会进入选择导入 Android Studio 配置文件的界面,如图 4.8 所示。

图 4.7　Android Studio 安装完成界面

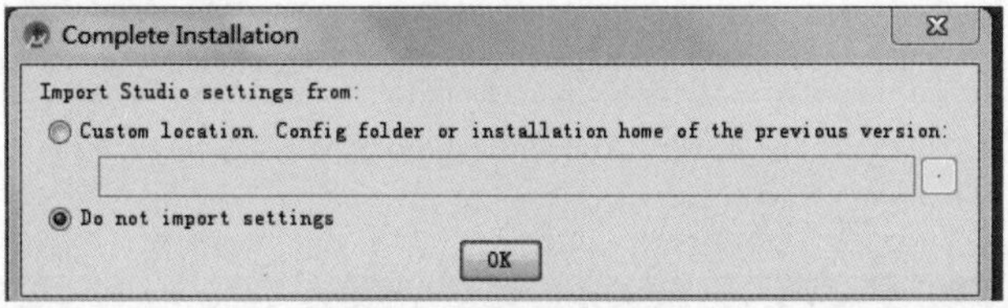

图 4.8　导入 Android Studio 配置文件界面

在图 4.8 中,有两个选项。第一次安装时,如果没有以往配置的数据,可以选择第二个选项;如果以前安装过 Android Studio,有过它的配置,如工程的保存路径等,那么可以选择第一个选项,导入配置。这里建议选择第二个,单击 OK 按钮。

接下来,会查找 SDK 是否安装,由于还没有 SDK,会出现如图 4.9 中界面的提示框,单击 Cancel 按钮,在后续使用时再下载 SDK。

图 4.9　Android SDK 安装提示框

接下来,会显示 Android Studio 的欢迎窗口,如图 4.10 所示,单击 Next 按钮进入 Android Studio 的配置界面。接下来,会提示选择界面主题风格。有 IntelliJ 的白色风格和新的 Darcula 黑色风格,如图 4.11 所示,可以根据个人喜好选择对应风格。这里选择 Darcula 黑色风格的界面。单击 Next 按钮进入如图 4.12 所示界面。

该界面是指定 SDK 的本地路径,安装完 SDK 后就不用下载 SDK 了,剩下的步骤按默认来就好了。最后,将进入 Welcome to Android Studio 界面,如图 4.13 所示。

图 4.13 中,窗口左边会显示曾经建立的项目,当然第一次进来是空的。右侧有 6 个选项:第一个是创建一个新的 Android 项目,第二个是创建一个新的 Flutter 项目,第三个是打开一个已有的项目,第四个是从版本控制中导入项目,第五个是导入非 AS 项目,第六个是导入官方样例。这 6 个选项下方还有两个菜单。

至此,AS 的配置已经完毕,接下来就可以对 Android Studio 进行使用了。

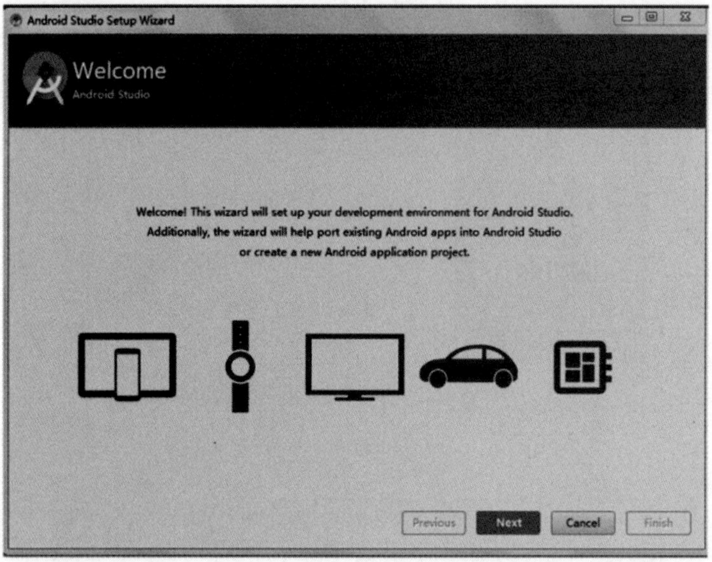

图 4.10　Android Studio 配置界面

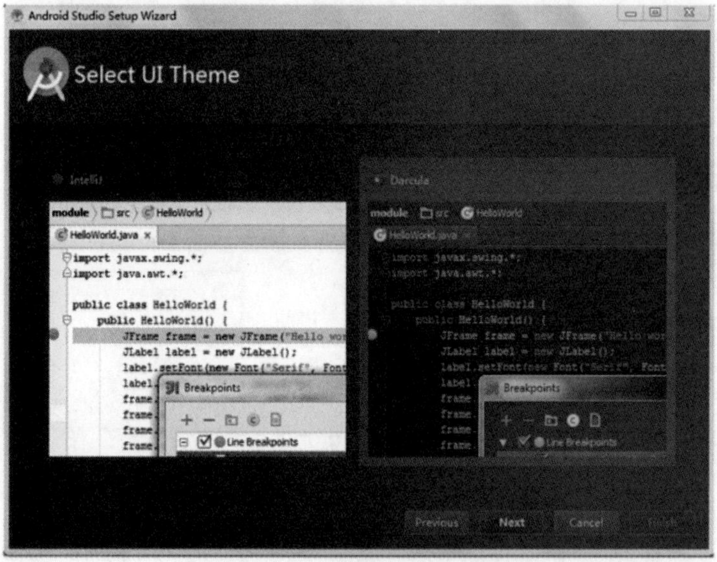

图 4.11　Android Studio 安装-Select UI Theme 界面

3. 模拟器的创建

在使用 Android Studio 进行程序开发时，一定会用到模拟器。所谓模拟器就是一个程序，它能在计算机上模拟 Android 环境，可以代替手机在计算机上安装并运行 Android 程序。“工欲善其事，必先利其器。”除了 Android SDK 自带的 Android Virtual Device（Android 运行的虚拟机，以下简称 AVD）之外，还有很多不错的第三方 Android 模拟器，如大名鼎鼎的 Genymotion、海马玩模拟器（Droid4X）、夜神模拟器，都是很好的选择。

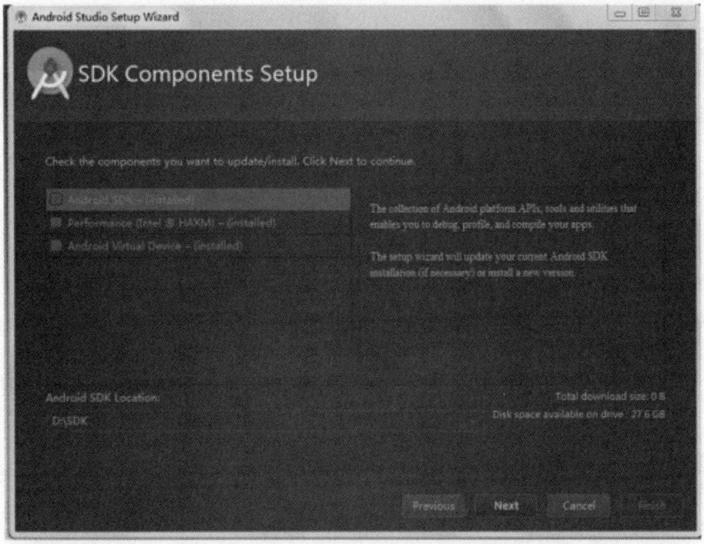

图 4.12　Android Studio 安装-SDK Components Setup 界面

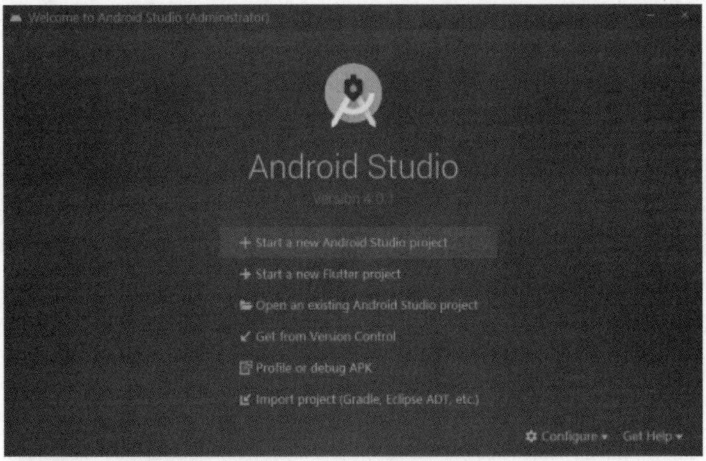

图 4.13　Welcome to Android Studio 界面

这里介绍 Android SDK 自带的 AVD 的使用。

可以将鼠标在如图 4.13 底部的 Configure 标签上停留，点选 AVD Manager 标签，进入创建虚拟机界面。单击 Create New Virtual Device 按钮，进入选择模拟机的 Select Hardware 窗口，如图 4.14 所示。

在图 4.14 中，可以新建一个机型，也可以选择导入一个机型或选择已有的虚拟机机型。图 4.14 中，左侧 Category 是设备类型，中间对应的是设备的名称、尺寸、分辨率等信息，右侧是设备的预览图。这里可以根据需求选择不同屏幕分辨率的模拟器，图中选择了 Pixel2，单击 Next 按钮进入 System Image 窗口，如图 4.15 所示。

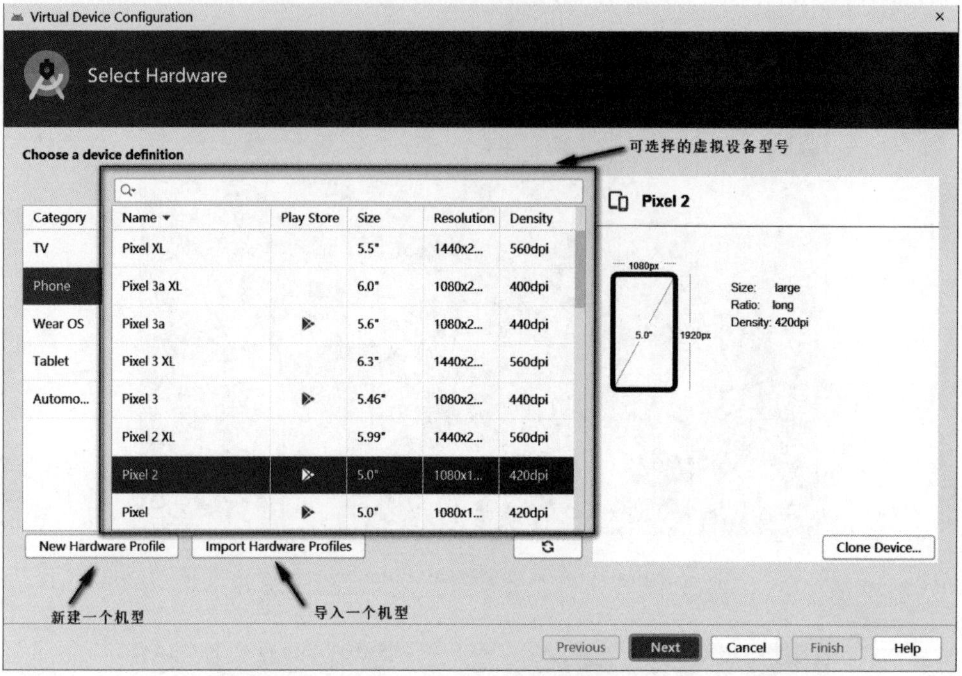

图 4.14　选择虚拟机机型

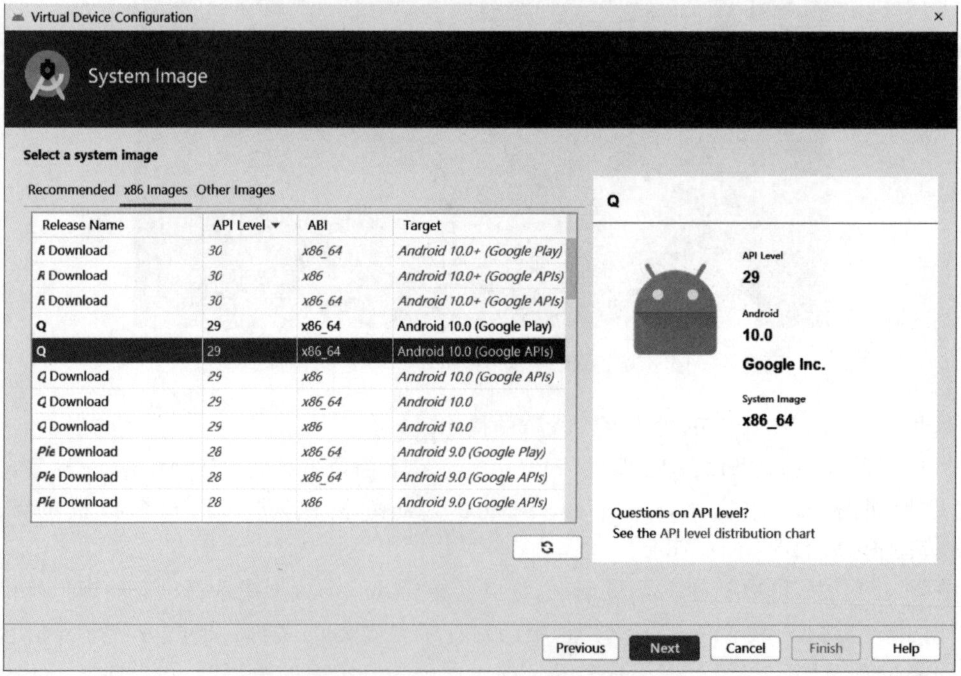

图 4.15　System Image 窗口

在图 4.15 中，第一个选项卡为推荐的 Android 系统镜像，第二个选项卡为 x86 镜像，右侧为选中的 Android 系统镜像对应的图标。用户可以选择合适的系统镜像进行下载，这里选择 x86 Images 中的 10.0 的 Android 系统版本（已经预先下载好了）。单击 Next 按钮进入 AVD 窗口，如图 4.16 所示。

在图 4.16 中单击 Finish 按钮，完成模拟器的创建。

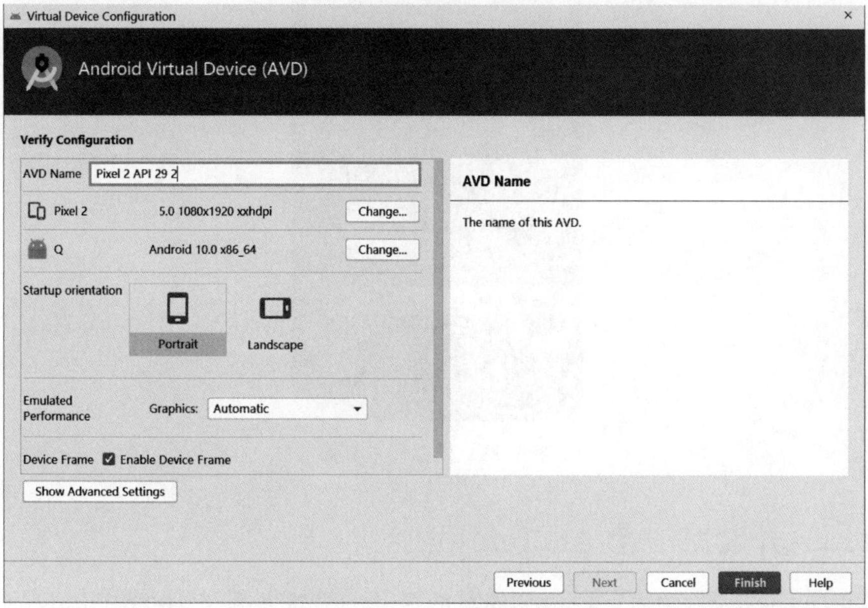

图 4.16　AVD 窗口

单击图 4.17 中的启动按钮（位于图中右侧），启动模拟器，启动成功后界面如图 4.18 所示。

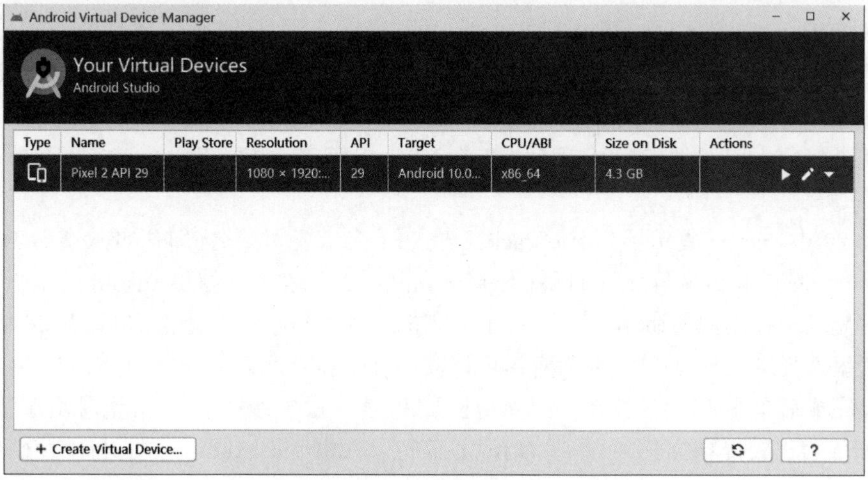

图 4.17　Your Virtual Devices 窗口

图 4.18 模拟器主界面

4.1.3 开发第一个 Android 程序

作为程序开发人员，学习一门语言编写的第一个程序大都是 HelloWorld，Android 开发也不例外，本节就讲解如何编写一个 HelloWorld 程序，以及了解 Android 项目的结构。

1. 创建 HelloWorld 工程

单击 Start a new Android Studio Project 标签，新建一个 Android 项目，然后显示 Create New Project 界面，弹出如图 4.19 所示的窗口。图中显示不同类型的 Activity，一般情况下选择 Empty Activity 类型，该类型的 Activity 界面上没有放任何控件，方便开发程序。其他类型的 Activity 都是在 Empty Activity 类型基础上添加了其他功能，用户可以根据实际需求使用不同类型的 Activity。单击 Next 按钮进入 Configure Your Project 窗口，如图 4.20 所示。

图 4.20 中，Name 表示项目名；Package name 表示公司域名（即包名），遵循 DNS 反转原则；Save location 指项目保存的路径；Minimum SDK 表示支持 Android 的最低版本，根据不同的需求选择不同的版本。可以单击 Help me choose 来查看当前 Android 版本分布情况。这里选择 Android 4.4，说明应用可以安装并运行在全球 98.1%的 Android 设备上。

设置完成后单击 Finish 按钮，开始创建项目，第一次安装工程初始化时由于需要联网下载 gradle 会比较慢，时间会久一些，请耐心等待。Android Studio 会打开刚才创建的新项目，至此一个简单的 Android Studio 项目就创建完成了。完整的项目界面如图 4.21 所示。

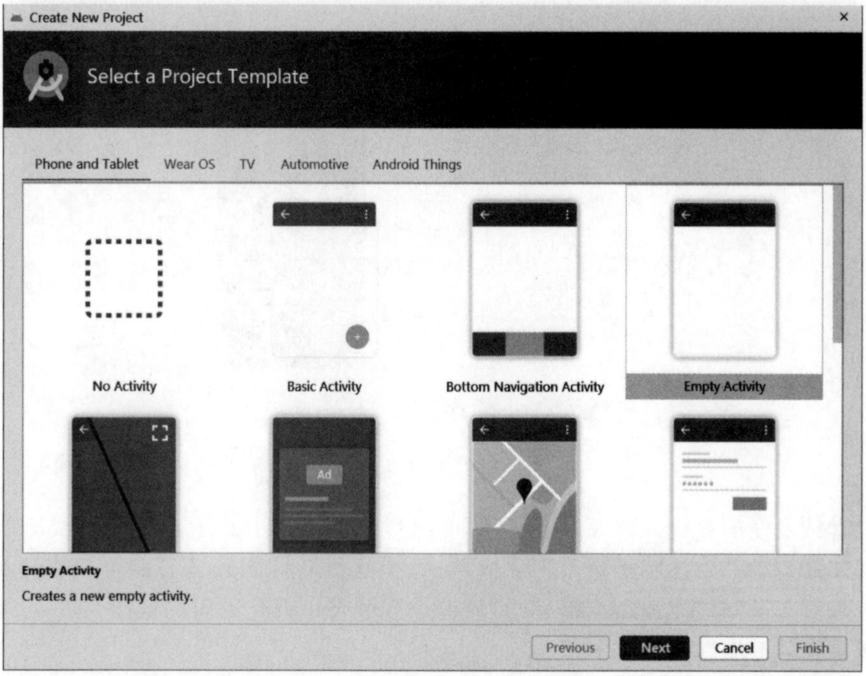

图 4.19 选择一个工程模板

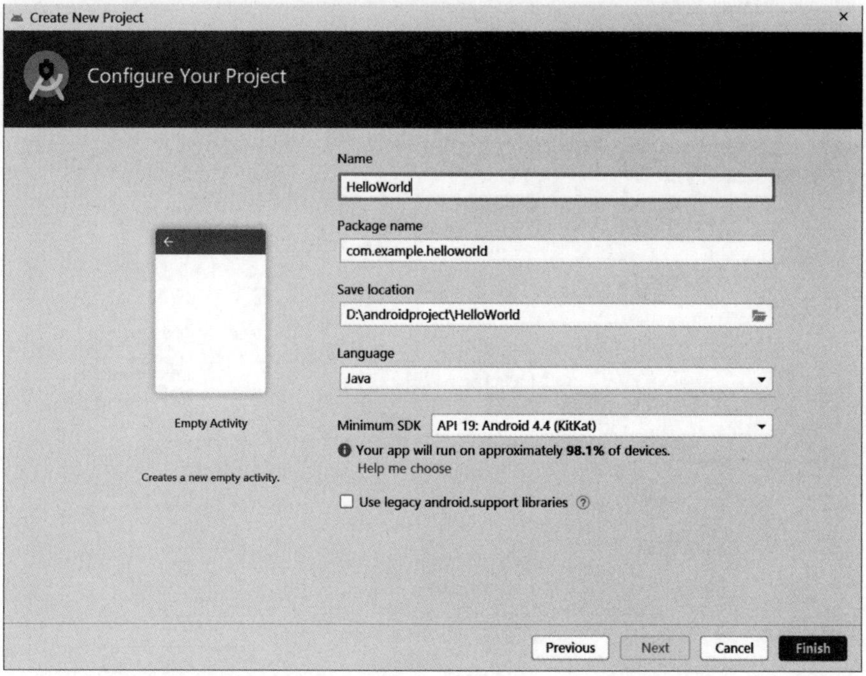

图 4.20 Configure Your Project 窗口

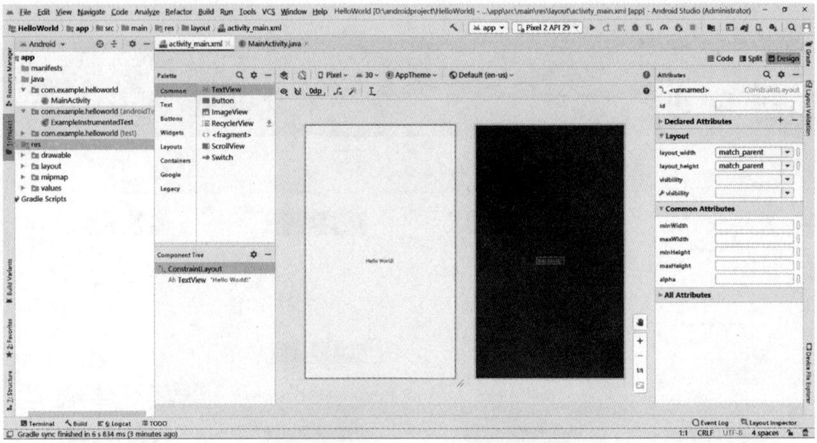

图 4.21　完整的 Android Studio 项目界面

可以看到上面的窗口大致有从左到右四个区域（默认选中的是 activity_main.xml 用户界面配置文件），第一个区域是项目列表区域（每个项目的代码和资源都可以在这列出），第二个区域是所有可用控件和布局树状图，第三个区域是可视化的布局区（看到一个手机），第四个区域是控件的属性设置。

至此，HelloWorld 程序的创建已经全部完成，接下来将认识程序中的项目结构及文件。

2. Android 项目结构及关键文件

1）常用项目结构类型

在 Android Studio 中，提供了如图 4.22 所示的几种项目结构类型。

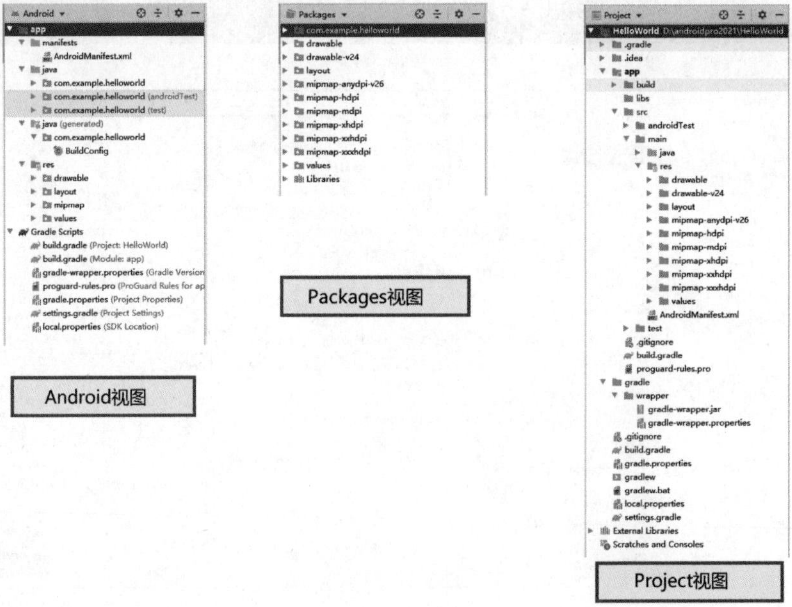

图 4.22　三种视图

从图 4.22 中可知，Project 视图下可以展现真实的目录和文件结构，该视图下可以查看其他的 Module，此视图所看到的内容文件最多最全。Packages 视图和 Project 视图最大的差别就是隐藏了项目中的配置文件、属性文件和系统自身的文件夹，仅仅显示了当前的 Module 列表和 Module 以下的文件夹和文件。Android 视图通过类型来组织项目的资产文件。例如，AndroidManifest 文件、XML 文件，可以在 manifests 文件夹下看到，所有的 Java 类都是在 java 文件夹里面，还有资源文件都在 res 文件夹下。

默认情况下，使用 Android Studio 项目创建 Android 项目后，将默认生成如图 4.22 中 Android 视图所示的目录结构。

2）熟悉 Project 下的各级目录

从图 4.22 可知，在 Android Studio 中，Project 目录是一个完整的 app 项目，由 Application 的 Module 和一些依赖的 Module 组成。接下来就来详细介绍常用的文件和文件夹。

（1）app：用于存放程序的代码和资源等内容，它可以包含许多子目录，具体如下。

- libs：用于存放第三方 jar 包，放在这个目录下的 jar 包都会被自动添加到构建路径里去。
- src→main→java：用于存放程序的代码文件。在该文件夹中可以创建多个包，每个包可以存放不同的文件或 Activity。
- src→main→res：用于存放程序的资源文件，如图片、布局文件、字符串等。其中，子目录 drawable 用于存放图片文件（*.png、*.jpg）及 XML 文件；子目录 layout 用于存放界面布局文件；子目录 mipmap 用于存放应用程序图标，系统会根据手机屏幕分辨率（hdpi/mdpi/xhdpi/xxhdpi/xxxhdpi）匹配相应大小的图标；子目录 values 用于存放定义的配置文件，如 dimens.xml（定义尺寸常量值）、strings.xml（定义字符串常量值）、styles.xml（定义应用程序的样式）等。
- src→main→AndroidManifest.xml：整个 Android 项目的配置文件，在程序中定义的所有四大组件都需要在这个文件里注册，另外还可以在这个文件中给应用程序添加权限声明。
- app→build.gradle：app 模块的 gradle 构建脚本，这个文件中会指定很多项目构建相关的配置，如 compileSdkVersion（编译的 SDK 版本）、buildToolsVersion（编译的 Tool 版本）、minSdkVersion 19（支持的最低版本）、targetSdkVersion（支持的目标版本）以及 dependencies（添加的依赖）。
- app→build：Module 编译时所生成文件的目录。该文件夹下包含了一些在编译时自动生成的文件，其中编译最终生成的 apk 就在 build/outputs/apk 目录下，里面包含了 app-debug.apk、app-debug-unaligned.apk、app-release-unaligned、apk 三种 apk，另外 app-release.apk 生成在 Module 的根目录下。

（2）gradle：这个目录下包含 gradle wrapper 的配置文件，使用 gradle wrapper 的方式时不需要提前将 gradle 下载好，而是会自动根据本地的缓存情况决定是否需要联网下载 gradle。

(3) local.properties:指定项目中所使用的 SDK 路径。可以通过 sdk.dir 的值指定 Android SDK 路径。

4.2 Android UI 开发

4.2.1 常见布局的使用

布局(Layout)定义了应用程序中用户界面的结构。例如在一个 Activity 中,布局中的所有元素都是使用视图(View)和视图组(ViewGroup)对象的层次结构构建的。视图对象通常被称为"小部件(widgets)",可以是许多子类之一,如 Button 或 Text View。而视图组对象通常被称为"布局",可以是提供不同布局结构的许多类型之一。

为了适应不同的界面风格,Android 系统提供 LinearLayout(线性布局)、RelativeLayout(相对布局)、FrameLayout(帧布局)、TableLayout(表格布局)、GridLayout(网格布局)和 ConstraintLayout(约束布局)共 6 种界面布局方式。

本节只介绍线性布局和相对布局这两种简单又常用的布局。

1. LinearLayout 线性布局

LinearLayout(线性布局)是一种重要的界面布局,也是经常使用到的一种界面布局。线性布局以控件排列方式分为横向线性布局(即水平排列,每列仅包含一个界面元素)和纵向线性布局(即垂直排列,每行仅包含一个界面元素)。

在 XML 布局文件中定义线性布局时使用< LinearLayout >标签,定义格式为:

```
<LinearLayout xmlns:android = "http://schemas.android.com/apk/res/android"
    属性 = "属性值"
   ...
>
</LinearLayout>
```

常见的线性布局的属性,如表 4.2 所示。

表 4.2 LinearLayout 常用属性

属性名称	描述
android:layout_width	设置该组件的宽度,其可选值有 wrap_content、match_parent 和 fill_parent,其中 wrap_content 表示该组件的宽度恰好能包裹它的内容,match_parent 和 fill_parent 均表示该组件的宽度与父容器的宽度相同
android:layout_height	用于设置该组件的高度,其可选值有 wrap_content、match_parent 和 fill_parent,其中 wrap_content 表示该组件的高度恰好能包裹它的内容,match_parent 和 fill_parent 均表示该组件的高度与父容器的高度相同
android:gravity	用于设置布局管理器内组件的显示位置,其可选值有 top、bottom、left、right、start、end、center_vertical、fill_vertical、center_horizontal、fill_horizontal、center、fill、clip_vertical 和 clip_horizontal。这些属性值也可以同时指定,各属性值之间用竖线隔开(竖线前后不能有空格),如 end|bottom 表示组件靠右下角对齐

续表

属性名称	描　述
android:background	用于为该组件设置背景,可以是背景图片,也可以是背景颜色。引用图片,可以先将图片复制到 drawable 目录下,然后使用代码 android:background="@drawable/bg"进行设置;如果指定背景颜色,可以使用颜色值,如 android:background="#FFFFFF"
android:orientation	用于设置布局中组件的排列方式,其值有 vertical(垂直)和 horizontal(水平)两种,默认值为 vertical
android:layout_weight	用于设置组件所占的权重,即用于设置组件占父容器剩余空间的比例。该属性的默认值为 0,表示需要显示多大的视图就占据多大的屏幕空间。当设置一个高于零的值时,则将父容器的剩余空间分割,分割的大小取决于每个组件的 layout_weight 属性值

了解了线性布局的基本属性后,来看一个示例效果,如图 4.23 所示。

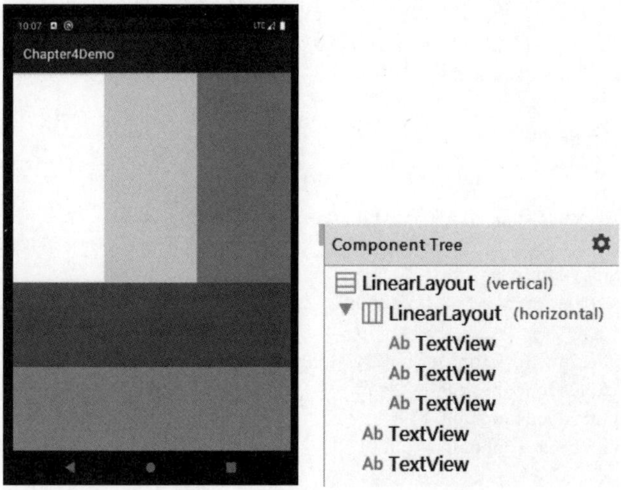

(a) 运行效果　　(b) 布局

图 4.23　运行效果及布局参考图

(1) 分析:从图 4.23(a)可知,界面大致被分割为两个部分。上部是一个水平线性布局,内部有 3 个 TextView 控件,比例相等;下部是 2 个 TextView 控件,比例相等。这里可以利用线性布局的嵌套和属性 android:weight 进行比例分割。

(2) 实现:实现方式有多种,这里提供其中一种作为参考,如图 4.23(b)所示。具体代码(linear.xml 文件)如下。

```
<LinearLayout xmlns:android = "http://schemas.android.com/apk/res/android"
    xmlns:tools = "http://schemas.android.com/tools"
    android:layout_width = "match_parent"
```

```
    android:layout_height = "match_parent"
    tools:context = ".MainActivity"
    android:orientation = "vertical" >
<LinearLayout
        android:orientation = "horizontal"
        android:layout_width = "match_parent"
        android:layout_height = "0sp"
        android:layout_weight = "3"     >
    <TextView
        android:layout_height = "match_parent"
        android:layout_width = "0sp"
        android:layout_weight = "1"
        android:background = "#ffffff"   />
    <TextView
       android:layout_height = "match_parent"
       android:layout_weight = "1"
       android:layout_width = "0sp"
       android:background = "#ffff00"     />
    <TextView
        android:layout_height = "match_parent"
        android:layout_weight = "1"
        android:layout_width = "0sp"
        android:background = "#00ff00"   />
</LinearLayout>
    <TextView
        android:layout_width = "match_parent"
        android:layout_height = "0sp"
        android:layout_weight = "1"
        android:background = "#ff0000"   />
    <TextView
        android:layout_width = "match_parent"
        android:layout_height = "0sp"
        android:layout_weight = "1"
        android:background = "#0000ff"   />
</LinearLayout>
```

2. RelativeLayout 相对布局

RelativeLayout(相对布局)中的视图组件是通过相互之间的相对位置来确定的,并不像线性布局中必须按行或按列单个显示。

相对布局的子控件可以根据它们所设置的参照控件进行布局。参照控件可以是父控件,也可以是其他子控件,但是被参照的控件必须要在参照它的控件之前定义。

Android SDK2.3 之前的工程默认的布局是线性布局(LinearLayout),3.0 以后默认的布局是相对布局(RelativeLayout),5.0 以后默认的布局是约束布局(ConstraintLayout)。

相对布局与线性布局相比较而言,相对布局的灵活性较强。但由于相对布局的属性较多,因此操作难度大,且属性之间产生冲突的可能性较大。

在 XML 布局文件中定义相对布局时使用< RelativeLayout >标签,定义格式为:

```
<RelativeLayout xmlns:android = "http://schemas.android.com/apk/res/android"
    属性 = "属性值"
    ...
>
</RelativeLayout>
```

下面先介绍在布局内控件位置的属性，如表 4.3 所示。

表 4.3 相对布局中控件位置的属性

控件属性	描述
android:layout_centerInParent	设置当前控件位于父容器的中央位置
android:layout_centerVertical	设置当前控件位于父容器的垂直居中位置
android:layout_centerHorizontal	设置当前控件位于父容器的水平居中位置
android:layout_above	设置当前控件位于某控件的上方
android:layout_below	设置当前控件位于某控件的下方
android:layout_toStartOf	设置当前控件位于某控件的左侧
android:layout_toEndOf	设置当前控件位于某控件的右侧
android:layout_alignTop	设置当前控件的上边界与某控件的上边界对齐
android:layout_alignBottom	设置当前控件的上边界与某控件的下边界对齐
android:layout_alignStart	设置当前控件的上边界与某控件的左边界对齐
android:layout_alignEnd	设置当前控件的上边界与某控件的右边界对齐
android:layout_alignParentTop	设置当前控件是否与父控件顶端对齐
android:layout_alignParentBottom	设置当前控件是否与父控件底端对齐
android:layout_alignParentStart	设置当前控件是否与父控件左对齐
android:layout_alignParentEnd	设置当前控件是否与父控件右对齐

再看下面相对于某控件间距的属性，如表 4.4 所示。

表 4.4 相对于某控件间距的属性

控件属性	描述
android:layout_marginTop	设置当前控件上边界与某控件的距离
android:layout_marginBottom	设置当前控件底边界与某控件的距离
android:layout_marginStart	设置当前控件左边界与某控件的距离
android:layout_marginEnd	设置当前控件右边界与某控件的距离

最后，在布局中设置布局内边距的属性，如表 4.5 所示。

表 4.5 设置布局内边距的属性

控件属性	描述
android:paddingTop	设置布局顶部内边距的距离
android:paddingBottom	设置布局底部内边距的距离
android:paddingStart	设置布局左边内边距的距离
android:paddingEnd	设置布局右边内边距的距离
android:padding	设置布局四周内边距的距离

注意：margin 与 padding 是有区别的。初学者可能会混淆这两个属性，这里区分一下：首先 margin 代表的是偏移，如 marginStart = 5dp 表示组件离容器左边缘偏移 5dp；而 padding 代表的则是填充，而填充的对象针对的是组件中的元素，如 TextView 中的文字，为 TextView 设置 paddingStart = 5dp，则是在组件里的元素的左边填充 5dp 的空间。margin 针对的是容器中的组件，而 padding 针对的是组件中的元素，要区分开来。

请利用表 4.3 中的属性实现“梅花”布局。为什么称为“梅花”布局？主要是因为它的形状似梅花，以梅心为中心，上下左右各围绕一个图片，运行效果如图 4.24(a)所示。

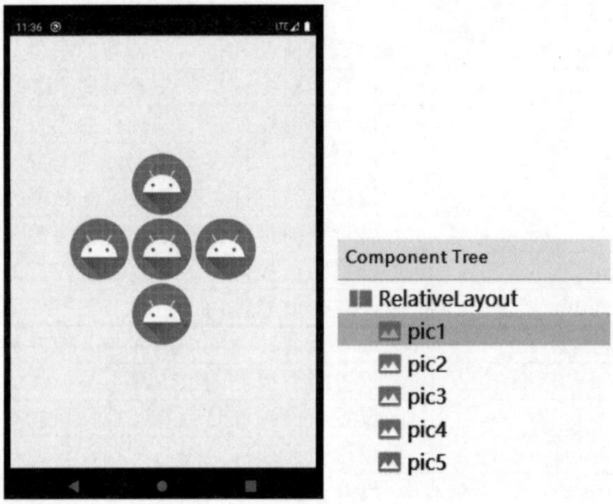

(a) (b)

图 4.24 运行效果及参考图

（1）分析：梅花布局，可以找出中心点，并以此为参照物，让其他组件在其四周。

（2）实现：具体代码(relative2.xml 文件)如下。

```
<?xml version = "1.0" encoding = "utf - 8"?>
< RelativeLayout xmlns:android = "http://schemas.android.com/apk/res/android"
    xmlns:app = "http://schemas.android.com/apk/res - auto"
    android:layout_width = "match_parent"
    android:layout_height = "match_parent">
    < ImageView
        android:id = "@ + id/qq"
        android:layout_width = "80dp"
        android:layout_height = "80dp"
        android:layout_centerInParent = "true"
        app:srcCompat = "@drawable/qq2" />
    < ImageView
        android:id = "@ + id/taobao"
        android:layout_width = "80dp"
        android:layout_height = "80dp"
        android:layout_centerHorizontal = "true"
        android:layout_above = "@ + id/qq"
```

```
        app:srcCompat = "@drawable/taobao2" />
    < ImageView
        android:id = "@ + id/weibo"
        android:layout_width = "80dp"
        android:layout_height = "80dp"
        android:layout_centerHorizontal = "true"
        android:layout_below = "@ + id/qq"
        app:srcCompat = "@drawable/weibo2" />
    < ImageView
        android:id = "@ + id/weixin"
        android:layout_width = "80dp"
        android:layout_height = "80dp"
        android:layout_centerVertical = "true"
        android:layout_toStartOf = "@ + id/qq"
        app:srcCompat = "@drawable/weixin2" />
    < ImageView
        android:id = "@ + id/zfb"
        android:layout_width = "80dp"
        android:layout_height = "80dp"
        android:layout_centerVertical = "true"
        android:layout_toEndOf = "@ + id/qq"
        app:srcCompat = "@drawable/zfb2" />
</RelativeLayout >
```

4.2.2 常用控件的使用

控件是界面组成的主要元素，如文本框、编辑框、按钮等，这些控件与用户进行直接交互，因此掌握这些控件的使用对日后开发工作至关重要。常用控件如图4.25所示。

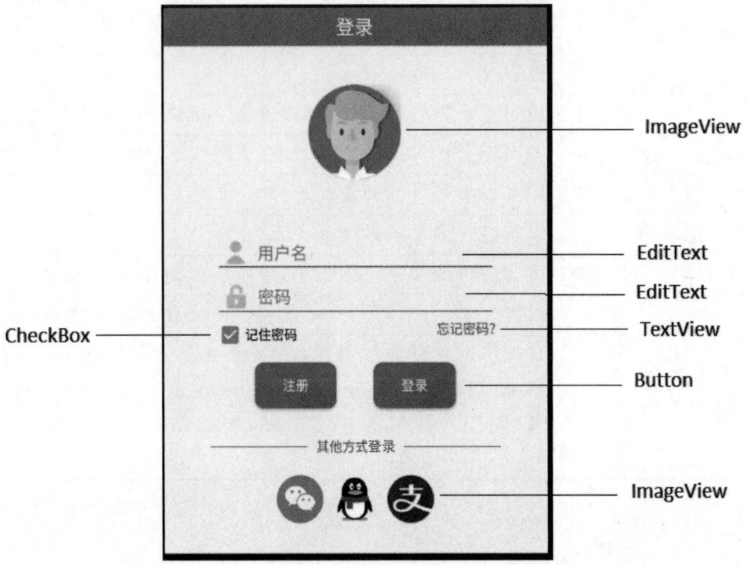

图4.25 常用控件

图 4.25 是一个常见的登录界面，布局是线性布局与相对布局的结合。其中控件有与文本相关的控件 TextView、EditText，与按钮相关的控件 Button、CheckBox，与图像相关的控件 ImageView。图 4.25 只是展现了部分的常用控件，其他常用控件还有单选框 RadioButton、列表下拉框 Spinner 等。接下来将逐一进行介绍。

1. TextView

TextView 控件用于显示文本信息，比较简单，不能够用来进行编辑，只能够用来显示信息。继承自 android. view. View，所在包为 android. widget。

文本框在布局文件里的一些常用的 XML 属性有内容、字体大小、颜色、样式等。TextView 基本格式为：

```
<TextView android:id = "@ + id/txtOne"
    android:layout_width = "fill_parent"
    android:layout_height = "wrap_content"
    android:textSize = "18dp"
    android:background = " # FFFFFF"
    android:textColor = " # FF0000"
    android:text = "设置文字外形为 italic"
    android:textStyle = "italic"
    android:gravity = "center" />
```

其常见属性的具体描述如表 4.6 所示。

表 4.6　TextView 控件的常用属性

属性名称	功能描述
android:id	设置 TextView 控件的唯一标识
android:layout_width	设置 TextView 控件的宽度
android:layout_height	设置 TextView 控件的高度
android:text	设置文本内容
android:gravity	设置文本内容的位置，如设置成 "end"则文本将居右显示
android:layout_gravity	相对于父控件来说，用于设置 TextView 控件的对齐方式
android:background	用来设置控件的背景
android:textColor	设置控件内文本的颜色
android:textSize	设置控件的文本字体大小，单位一般使用 sp
android:textStyle	设置文本样式，有三个可选值：normal 无效果、bold 加粗、italic 斜体
android:drawableTop	在文本的顶部显示图像，该图像资源可以放在 res/drawable 相应分辨率的目录下，通过 android:drawableTop＝"@drawable/图像文件名"调用。类似的还有 drawableButtom（下）、drawableStart（左）、drawableEnd（右）

2. EditText

EditText 是可编辑的文本框。EditText 和 TextView 的功能基本类似，它们之间的主要区别在于 EditText 提供了可编辑的文本框。

在 Android 3.0 以上，系统通过 android:inputType 属性自动将 EditText 分成多个用途，常用的如下。

用户名编辑框：android:inputType="textPersonName"。

数字密码编辑框：android:inputType="numberPassword"。

Email 编辑框：android:inputType="textEmailAddress"。

电话编辑框：android:inputType="phone"。

日期编辑框：android:inputType="date"。

时间编辑框：android:inputType="time"。

数字编辑框：android:inputType="numberDecimal"。

除了支持 TextView 控件的属性外，EditText 还支持一些其他的常用属性，具体如表 4.7 所示。

表 4.7 EditText 常用属性

属性名称	功能描述
android:inputType	设置输入的类型
android:ems	设置 TextView 的宽度为 N 个字符的宽度
android:maxLength	限制可输入的字符数
android:hint	控件中内容为空时显示的提示文本信息
android:textColorHint	设置提示文本信息的颜色，默认为灰色，与 hint 一起使用
android:scrollHorizontally	设置文本信息超过 EditText 宽度的情况下，是否出现横向滚动条
android:minLines	设置文本的最小行数

3. Button

Button 控件表示按钮，继承自 android.widget.TextView。一般采用在 XML 布局文件中使用<Button>标签添加 Button 组件，基本格式为：

```
<Button
        android:id = "@ + id/组件 ID"
        android:layout_width = "宽度"
        android:layout_height = "高度"
        android:text = "显示文本" />
```

Button 控件既可以显示文本，又可以显示图片，同时也允许用户通过单击来执行操作。通常用法如下。

步骤 1：通过 super.findViewById(id)得到在 layout 中声明的 Button 的引用。

步骤 2：使用 setOnClickListener(View.OnClickListener)添加监听。

步骤 3：在 View.OnClickListener 监听器中使用 v.equals(View)方法判断哪个按钮被按下，并分别进行处理。

其中监听的常用方式有以下两种。

(1) 一种是用实现 OnClickListenner 接口的方式设置单击事件。将当前 Activity 实现 View. OnClickListener 接口来设置单击事件，示例代码如下。

```
public class MainActivity extends AppCompatActivity implements View.OnClickListener{
    @Override
    protected void onCreate(Bundle savedInstanceState) {
        super.onCreate(savedInstanceState);
        setContentView(R.layout.spinner);
        Button  button1 = findViewById(R.id.button1);    //获取 Button 对象
        button1.setOnClickListener(this);                //设置监听
    }
    @Override
    public void onClick(View view) {
      // 实现单击事件的代码
    }
}
```

(2) 另一种方式是使用匿名内部类来设置单击事件，此种方式较常见，示例代码如下。

```
Button  button1 = findViewById(R.id.button1);
button1.setOnClickListener(new View.OnClickListener(){
     @Override
       public void onClick(View v) {
           // 实现单击事件的代码
       }
      });
```

4. RadioButton

RadioButton 指的是一个单选按钮，它有选中和不选中两种状态。它需要与 RadioGroup 配合使用；RadioGroup 组件也被称为单选组合框，它可以有多个 RadioButton；在同一个 RadioGroup 中，一次只能选中一个 RadioButton。

一般，采用在 XML 布局文件中使用< RadioGroup >和< RadioButton >标签来实现单选的功能，基本格式为：

```
<RadioGroup
    android:id = "@ + id/radioGroup"
    android:layout_width = "wrap_content"
    android:layout_height = "wrap_content"
    android:orientation = "horizontal">
    <RadioButton
        android:id = "@ + id/btnMan"
        android:layout_width = "wrap_content"
```

```
        android:layout_height = "wrap_content"
        android:text = "男"
        android:checked = "true"/>
    <RadioButton
        android:id = "@ + id/btnWoman"
        android:layout_width = "wrap_content"
        android:layout_height = "wrap_content"
        android:text = "女"/>
</RadioGroup>
```

属性说明：android:checked 属性表示初始时是否选中，true 表示选中；android:orientation 属性设置 RadioButton 的排列方式，这里设置为水平方向。

可以通过代码为 RadioGroup 注册监听 RadioGroup.OnCheckedChangeListener，可以获得被选中的 RadioButton 的 id，示例代码如下。

```
RadioButton maleButton = findViewById(R.id.btnMan);
RadioGroup rg = findViewById(R.id.radioGroup);
rg.setOnCheckedChangeListener(new RadioGroup.OnCheckedChangeListener() {
    @Override
    public void onCheckedChanged(RadioGroup group, int checkedId) {
        //判断单击的是哪一个单选按钮
        if(checkedId == R.id.btnMan){      //获取被选中的单选按钮的值
            Log.i("test", maleButton.getText().toString());
        }else {
            Log.i("test", "女");
        }
    }
});
```

运行效果如图 4.26 所示。

图 4.26 RadioGroup 单击事件效果

5. CheckBox

CheckBox 控件也被称为复选框，与 Radio Button 类似，也有选中和未选中两种状态。它们都可以使用 Button 支持的各种属性和方法，只是提供了可选中的功能。

一般，采用在 XML 布局文件中使用< CheckBox >标签来实现复选的功能，基本格式为：

```
<CheckBox
        android:id = "@ + id/组件 ID"
        android:layout_width = "wrap_content"
        android:layout_height = "wrap_content"
        android:text = "显示内容"
        android:checked = "true"/>
```

属性说明如下。

android:id：设置组件的 ID。

android:layout_width：设置组件的宽度为自适应。

android:layout_height：设置组件的高度为自适应。

android:text：设置复选框显示的文字。

android:checked：设置初始时是否选中，这里值为 true 表示选中。

checked 属性是 CheckBox 最重要的属性之一，它的改变将会触发 OnCheckedChange 事件，可以对应地使用 OnCheckedChangeListener 监听器来监听这个事件。

```
// 获得 CheckBox 实例
CheckBox chk1 = findViewById(R.id.checkBox1);
chk1.setOnCheckedChangeListener(new CompoundButton.OnCheckedChangeListener() {
    @Override
    public void onCheckedChanged(CompoundButton compoundButton, boolean isChecked) {
            if(isChecked){ //选中
            }else{     //未选中
}
        }
    });
```

获得选中的值同样有两种方式：一是为每个 CheckBox 添加事件：setOnCheckedChangeListener；二是放置一个按钮，在单击后，对每个 CheckBox 进行判断：isChecked()。运行效果如图 4.27 所示。

6. ImageView

ImageView 是一个图片控件，继承自 android.widget.ImageView，其功能是显示任意图像，如图标。ImageView 类可以加载各种来源的图片，也可以是 Drawable 对象。需要计算图像的尺寸，以便它可以在其他布局中使用，并提供缩放、裁剪、着色(渲染)等功能。

图 4.27 CheckBox 运行效果

快速学习：创建一个 ImageView 控件并在界面中显示出图片，具体代码如下所示。

代码片段 1：

```
< ImageView android:id = "@ + id/pic1"
      android:background = "@drawable/cat"
      android:layout_width = "wrap_content"
      android:layout_height = "wrap_content"
/>
```

代码片段 2：

```
< ImageView android:id = "@ + id/pic2"
      android:src = "@android:drawable/cat"
      android:layout_width = "100dp"
      android:layout_height = "100dp"
/>
```

在上述两个代码片段中，声明了两个< ImageView >标签，在第一个 ImageView 标签中利用 android:background 为 ImageView 指定一张背景图片，该图片资源放在 res/drawable 文件夹下，属性值为"@drawable/图片名称"。

第二个 ImageView 标签中所用的是另一种引用图片的属性 android:src，引用的是 android 自带的图片，属性值为"@android:drawable/图片名称"。这里如果引用的是 drawable 文件夹中的图片，它的用法与 background 是一样的，区别在于 background 是背景，会根据 ImageView 控件大小进行伸缩，而 src 是前景，以原图大小显示。可根据具体需求使用这两个属性。

注意：图片名称最好用小写字母并且保证唯一。

7. Spinner

Android 中提供的 Spinner 列表选择框相当于在网页中常见的下拉列表框，通常用于提供一系列可选择的列表项，供用户选择。在 Android 中，可以在 XML 布局文件中定义列表选择框时使用< Spinner >标签，定义格式为：

```
< Spinner
        android:id = "@ + id/ID 号"
        android:layout_width = "wrap_content"
        android:layout_height = "wrap_content"
        android:entries = "@array/数组名称"
        android:prompt = "@string/spinner_prompt"
        android:spinnerMode = "dialog"   />
```

其中，android:entries 为可选属性，用来设置下拉列表元素，如果在布局文件中不指定该属性，可以在 Java 代码中采用为其指定适配器的方式指定；android:prompt 也为可选属性，用来设置列表选择框的标题；android:spinnerMode 设置列表选择框的模式，默认为 dropdown，要想让 android:prompt 属性有效，android:spinnerMode 属性值必须设置为 dialog。这两种效果分别如图 4.28 和图 4.29 所示。

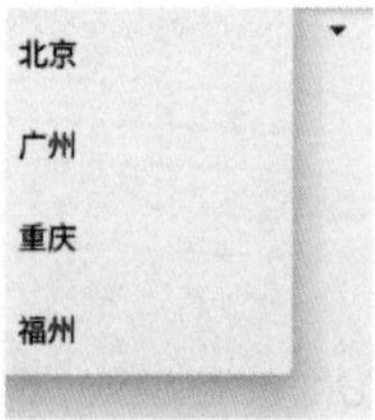

图 4.28 默认的 Spinner 样式(dropdown)

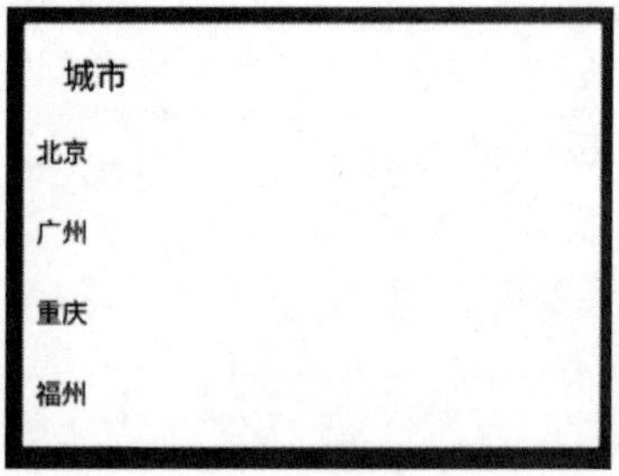

图 4.29 Spinner 的对话框样式(dialog)

不管选用的是哪种下拉框样式，Spinner 的重点问题都是下拉列表项的配置，这里介绍通过 XML 文件来配置下拉列表项的方法。

(1) 可以先在 res/values 下的 strings. xml 里添加一个名为"cities"的< string-array >标签元素，具体代码如下。

```
< string - array name = "cities">
    < item >北京</item >
    < item >广州</item >
    < item >重庆</item >
    < item >福州</item >
</string - array>
```

(2) 然后在布局文件中添加一个< Spinner >标签,并为其指定 android:entries 属性,具体代码如下。

```
< Spinner
        android:id = "@ + id/spinner1"
        android:layout_width = "wrap_content"
        android:layout_height = "wrap_content"
        android:entries = "@array/cities"
        />
```

注意：在屏幕上添加列表选择框后,可以使用列表选择框的 getSelectedItem()方法获取列表选择框的选中值。可以使用 setOnItemSelectedListener()来设置 Spinner 的单击触发的 callback 函数,有 onItemSelected 和 onNothingSelected 两个接口需要具体给出。

4.2.3 消息与对话框

1. 消息

Android 提供了用于提示信息的控件 Toast(吐司)。该控件显示信息的目的仅仅是提醒用户,如显示操作完成情况、收到短消息等。Toast 是一种很方便的消息提示框,会在屏幕中显示一个消息提示框,这类提示框会随着设定的时间自动消失,任何按钮,也不会获得焦点。

1) 直接调用 Toast 类的 makeText()方法创建

这是使用得最多的一种形式了,如单击一个按钮,然后弹出 Toast,效果如图 4.30 所示。用法格式为:

图 4.30 默认 Toast 效果

```
Toast.makeText(MainActivity.this, "提示的内容", Toast.LENGTH_LONG).show();
```

第一个参数是上下文对象,第二个参数是显示的内容,第三个参数是显示的时间,只有 LONG 和 SHORT 两种会生效,即使定义了其他的值,最后调用的还是这两个。

2) 通过构造方法来定制 Toast

makeText 方法仅能创建简单的消息提示,若希望实现功能更丰富的提示框,则需要使用构造器创建 Toast 对象,然后调用相关方法设置提示框内容、位置等信息。

代码实现如下。

```
LayoutInflater inflater = getLayoutInflater(); //创建一个布局加载器,用于填充 Toast
View view = inflater.inflate(R.layout.view_toast_custom, null);   //加载自定义的 view—
_toast_custom.xml 文件
//xml 文件中的控件设置
ImageView img_logo = view.findViewById(R.id.img_logo);
TextView tv_msg =  view.findViewById(R.id.tv_msg);
img_logo.setImageResource(R.mipmap.ic_launcher);
```

```
tv_msg.setText("自定义 Toast");
Toast toast = new Toast(ToastActivity.this);
toast.setGravity(Gravity.CENTER, 0, 0);          //setGravity 方法决定 Toast 显示位置
toast.setDuration(Toast.LENGTH_LONG);            //setDuration 方法决定 Toast 显示时间长短
toast.setView(view);
toast.show();
```

上述代码创建了一个空白的 Toast 对象，并设置了 Toast 的显示时间及位置属性，通过将自定义的一个线性布局添加到 Toast 中作为显示内容，实现了一个自定义带图片显示并且自定义位置的消息提示，其效果如图 4.31 所示。

图 4.31 自定义 Toast 效果

2. 对话框

在图形用户界面中，对话框是一种特殊的视窗，用来在用户界面中向用户显示信息，或者在需要的时候获得用户的响应。在 Android 应用开发中，程序与用户交互的方式会直接影响用户的使用体验，故这一直是产品经理们最为注重的部分，而对话框又是与用户交互必不可少的部分。用户经常会需要在界面上弹出一个对话框，让用户单击对话框的某个按钮、选项，或者是输入一些文本，从而知道用户做了什么操作，或是下达了什么指令。

Android 中提供了一个类——AlertDialog，可以创建很多样式的对话框，极大地方便了程序员的编码。

1）AlertDialog 的基本用法

通过 AlertDialog 可以创建基本的对话框，如退出对话框，也可以创建自定义的对话框。AlertDialog 创建对话框的基本使用流程如下。

步骤 1：调用创建 AlertDialog 的静态内部类 Builder 创建 AlertDialog.Builder 的对象。

步骤 2：调用 AlertDialog.Builder 的 setIcon()方法设置图标，setTitle()方法设置标题。

步骤 3：调用 AlertDialog.Builder 的 setMessage()方法设置对话框的内容为简单文本，setView()方法自定义对话框内容。

步骤 4：调用 AlertDialog.Builder 的 setPositiveButton()、NegativeButton()、NeutralButton()方法设置 AlertDialog 对话框的确定按钮、取消按钮、中立按钮。

步骤 5：调用 AlertDialog.Builder 的 create()方法创建 AlertDialog 对象。

步骤 6：调用 AlertDialog 对象的 show()方法将对话框显示出来。

步骤 7：调用 AlertDialog 对象的 dismiss()方法取消对话框。

2）AlterDialog 的创建

首先来看看应用中最常见的一种对话框，对话框中有一个确定按钮和一个取消按钮，用在于用户做出某个操作后，程序对其做最终确认，防止用户误操作。

比如常见的“退出”对话框，当用户单击确定按钮时，退出程序，如图 4.32 所示。

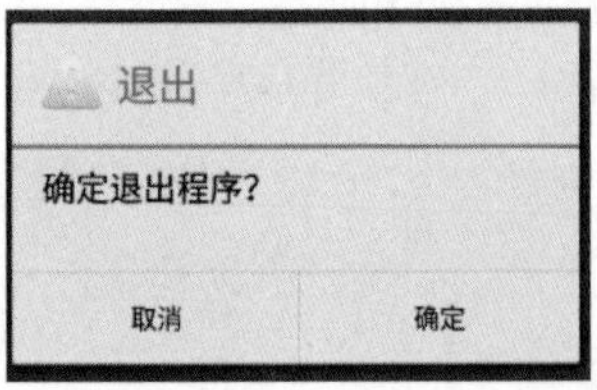

图 4.32 “退出”对话框

按照对话框的基本使用流程来实现退出程序的对话框，其具体代码如下。

```
AlertDialog dialog;                                    //声明对象
AlertDialog.Builder builder = new AlertDialog.Builder(this)
          .setIcon(android.R.drawable.ic_dialog_alert);  //设置对话框图标
        .setTitle("退出")//设置对话框标题
        .setMessage("确定退出程序?")//设置对话框内的内容
        .setPositiveButton("确定", new DialogInterface.OnClickListener() {//设置"确定"按钮
              @Override
               public void onClick(DialogInterface dialog, int which) {
                  finish();                            //关闭当前 Activity
              }
        })
        .setNegativeButton("取消", new DialogInterface.OnClickListener() {//设置"取消"按钮
              @Override
              public void onClick(DialogInterface dialog, int which) {
                  dialog.dismiss();
              }
        });
dialog = builder.create();
dialog.show();
```

注意：在 Android 项目中，为了提高用户体验，达到更理想的效果，一般不直接使用系统提供的对话框，而是根据项目需求自己定义对话框的样式。开发者可以自定义一个与系统对话框不同的布局，然后调用 setView()将布局加载到 AlertDialog 上。

4.3 Activity 的应用

4.3.1 Activity 的创建

Activity 是一个应用程序的组件，它在屏幕上提供了一个区域，允许用户在上面做一些交互性的操作，如打电话、照相、发送邮件，或者显示一个地图。Activity 可以理解成一个绘制用户界面的窗口，而这个窗口可以填满整个屏幕，也可能比屏幕小或者浮动在其他窗口的上方。

Activity 的创建可以采用自动创建 Activity 的方式，现在就来具体介绍一下。

首先在包名处右击，选择 New→Activity→Empty Activity 选项，填写 Activity 信息，完成创建，如图 4.33 所示。

单击 Empty Activity 选项时，会弹出如图 4.34 所示的界面。

在图 4.34 中，ActivityName 选项用于输入 Activity 名称，Layout Name 选项用于输入布局名称，一般两者命名存在一定的规则(如 MainActivity2 的布局名称就是顺序颠倒，并且为小写)；Launcher Activity 选项一般不勾选，该选项可用于设置当前的 Activity 是否为最先启动的界面；Package name 表示包名，需要遵循一定命名规则；Source Language 选项为 Java。单击 Finish 按钮，Activity 便完成了，此时会自动生成 MainActivity2.java 和 activity_main2.xml 文件。

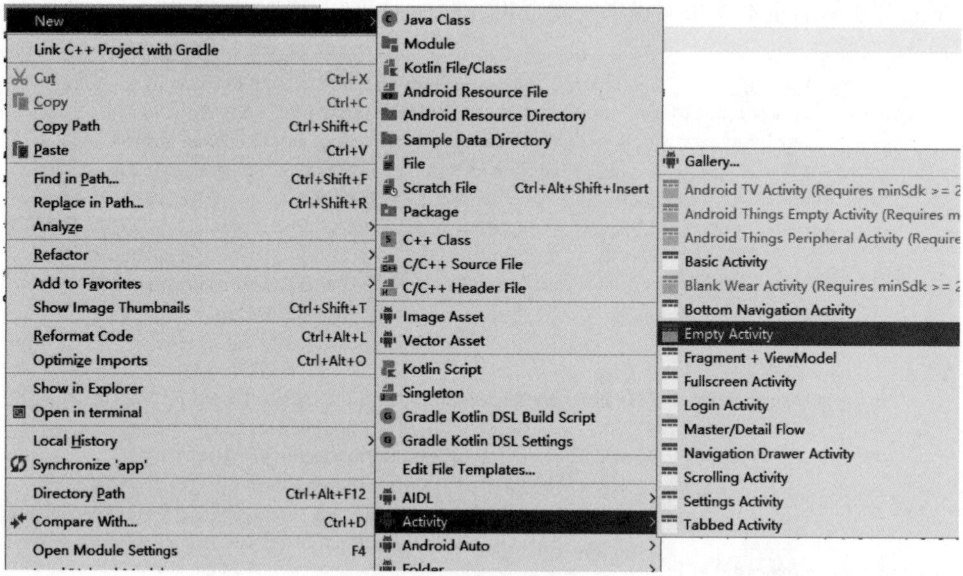

图 4.33 创建 Activity

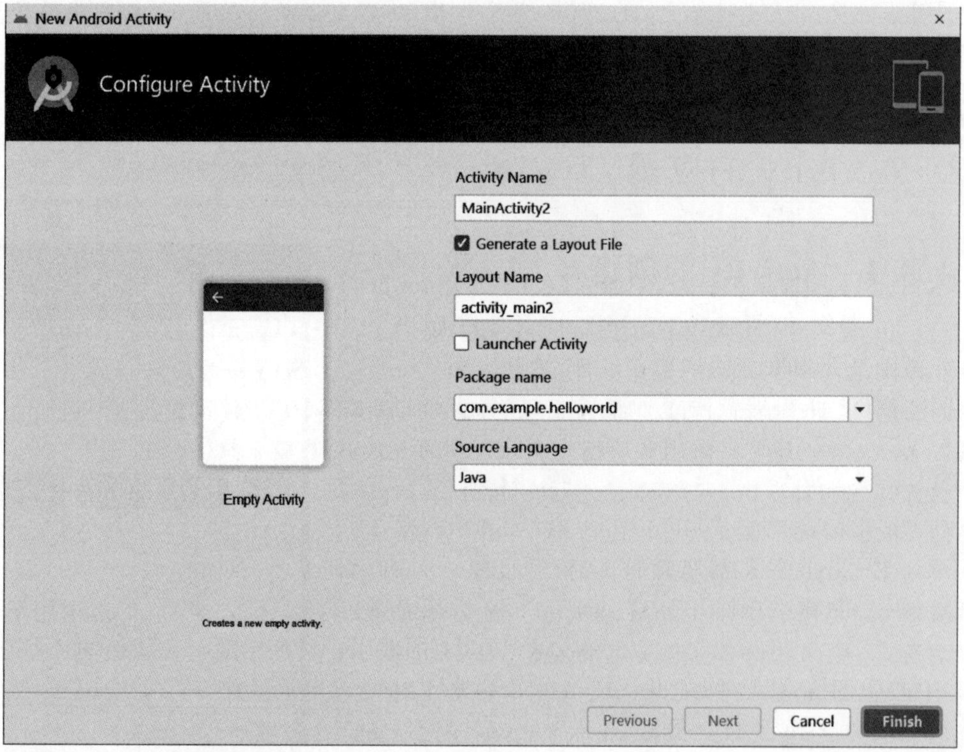

图 4.34 创建 MainActivity2 界面

同时 Activity 自动在 Manifest 文件中进行了注册配置，关键代码（AndroidMainifest.xml 文件）如下所示。

```
<?xml version = "1.0" encoding = "utf - 8"?>
< manifest xmlns:android = "http://schemas.android.com/apk/res/android"
    package = "com.example.activitydemo">
    < application
        android:allowBackup = "true"
        android:icon = "@mipmap/ic_launcher"
        android:label = "@string/app_name"
        android:roundIcon = "@mipmap/ic_launcher_round"
        android:supportsRtl = "true"
        android:theme = "@style/AppTheme">
        < activity android:name = ".MainActivity">
            < intent - filter >
                < action android:name = "android.intent.action.MAIN" />
                < category android:name = "android.intent.category.LAUNCHER" />
            </intent - filter >
        </activity >
        < activity android:name = ".MainActivity2"></activity >
    </application >
</manifest >
```

每一个 Activity 都必须在 AndroidManifest.xml 中使用< activity >标签进行配置。上述代码中，有两个 Activty，一个是刚创建的 MainActivity2，一个是 MainActivity，这里设置为应用程序入口。

注意：Activity 的创建还可以自定义 Activity 类名，继承 Activity 或者 AppCompatActivity，然后重写 onCreate()方法。这种方式就一定要在 AndroidManifest.xml 里对 Activity 进行注册配置，否则会报错，注册配置语法如下。

```
< activity   android:name = "类名"
        android:label = "Activity 显示的标题" >
   </activity >
```

4.3.2 Activity 之间的数据传递

在 Android 系统中，每个应用程序通常都由多个界面组成，每个界面就是一个 Activity，在这些界面进行跳转时，实际上就是 Activity 之间的跳转。Activity 之间的跳转需要用到 Intent 组件，通过 Intent 可以开启新的 Activity，实现界面跳转功能，并且可以传递数据。

Activity 中的数据传递有 startActivity(Intent intent)和 startActivityForResult(Intent intent, int requestCode)两种。

1. 启动新的 Activity 并传递参数

两个 Activity 之间的通信可以通过 Bundle 类来实现。Bundle 类与 Map 接口类似，通过键值对（key-value）来保存数据。

案例：实现商品填写界面 MainAcitivity，单击“提交”按钮，将商品名称、价格的信息传递到显示界面 ShowActivity。

实现：在 MainAcitivity 中跳转到 ShowActivity 时，在 MainAcitivity 中首先要使用 Bundle 对象保存商品名称（pname）和价格（price），接着通过 putExtras()方法将这些数据封装到 Intent 对象中，并传递到 ShowActivity 中。具体示例代码如下。

```
Intent intent = new Intent();                                    //新建一个 Intent 对象
intent.setClass(MainActivity.this, ShowActivity.class)); //设置跳转到的 Activity
Bundle bundle = new Bundle();   //新建一个 Bundle 类,该类用作携带数据
bundle.putString("pname", "内存");                               //bundle 类中加入数据
bundle.putDouble("price",345);
intent.putExtras(bundle);                                        //附带上额外的数据
startActivity(intent);
```

在 ShowActivity 中获取 MainActivity 传递过来的数据。具体代码如下。

```
Bundle bundle = this.getIntent().getExtras();   //获取 Bundle 对象
String name = bundle.getString("pname");        //获取商品名称 pname
int age = bundle.getDouble("price");            //获取 price 价格
```

2. 得到 Activity 返回的数据

在 Android 应用开发时，有时需要在一个 Activity 中调另一个 Aetivity，当用户在第二个 Activity 中选择完成后，程序自动返回到第一个 Activity 中，第一个 Activity 必须能够获取并显示用户在第二个 Activity 中选择的结果，或者在第一个 Activity 中将一些数据传递到第二个 Activity，由于某些原因，又要返回调用另一个 Activity 并返回结果到第一个 Activity 中，还要显示传递的数据，如程序中经常出现的“返回上一步”功能。

前面内容已经介绍了填写商品信息界面及显示商品信息的实现方法，下面将在前面的基础上进行修改，为其添加返回上一步功能。具体实现步骤如下。

(1) 修改原来的 MainActivity 里的 startActivity(intent)方法。

如果要在 Activity 中得到新打开 Activity 关闭后返回的数据，首先需要使用系统提供的 startActivityForResult(Intent intent, int requestCode)方法打开新的 Activity。

这里 requestCode 为请求码，可以根据业务需求自己编号，用来标识请求来源。

(2) 然后在新打开的 Activity 关闭前，使用 setResult(int resultCode, Intent data)方法向前面的 Activity 返回数据。该方法中有两个参数，第一个参数 resultCode 表示返回码，用于标识返回的数据来自哪一个 Activity。第二个参数 Intent 表示用于携带数据并回传到上一个界面。

注意：*setResult 方法只负责返回数据，没有跳转功能。*

(3) 最后，为了得到返回的数据，需要在前面的 Activity 中重写 onActivityResult(int

requestCode, int resultCode, Intent data)方法。

具体实现代码详见 ActivityDemo。MainActivity 的主要代码如下。

```
private Button commitBtn ;
private EditText ed_name,ed_price;
@Override
protected void onCreate(Bundle savedInstanceState) {
    super.onCreate(savedInstanceState);
     setContentView(R.layout.activity_main);
     ...
    commitBtn.setOnClickListener(new View.OnClickListener() {
        @Override
        public void onClick(View view) {
            Intent intent = new Intent(MainActivity.this, ShowActivity.class);
            Bundle bundle = new Bundle();
            bundle.putString("name",ed_name.getText().toString());
            bundle.putDouble("price",Double.parseDouble(ed_price.getText().toString()));
        intent.putExtras(bundle);
            startActivityForResult (intent,  1);       //带值跳转,并返回
        }
        });
}
@Override
protected void onActivityResult(int requestCode, int resultCode, @Nullable Intent data) {
    if(requestCode == 1 &&resultCode == 1){  //请求码及结果码符合时可以实现一些操作
     }
}
```

ShowActivity 的主要代码如下。

```
private Button backBtn;
private TextView name,price;
@Override
protected void onCreate(Bundle savedInstanceState) {
    super.onCreate(savedInstanceState);
    setContentView(R.layout.activity_show);
      ...
    final Intent intent = getIntent();
    String pname = intent.getExtras().get("name").toString();   //取出数据
    name.setText("商品名称: " + pname);
    price.setText("价格: " + intent.getExtras().get("price").toString());
    backBtn.setOnClickListener(new View.OnClickListener() {
        @Override
        public void onClick(View view) {
            setResult(1,intent);                             //携带数据进行回传
            finish();                                        //关闭当前 Activity
        }
    });
}
```

运行程序,将显示一个填写商品信息的界面,如图 4.35 所示,输入商品名、价格后,单击“提交”按钮,将显示如图 4.36 所示的界面,显示填写的商品名称、价格以及“返回上一步”按钮,单击“返回上一步”按钮,即可返回如图 4.35 所示界面。

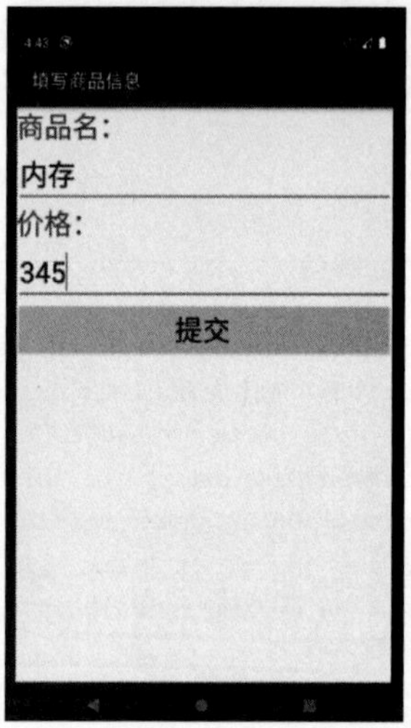

图 4.35 填写用户注册信息

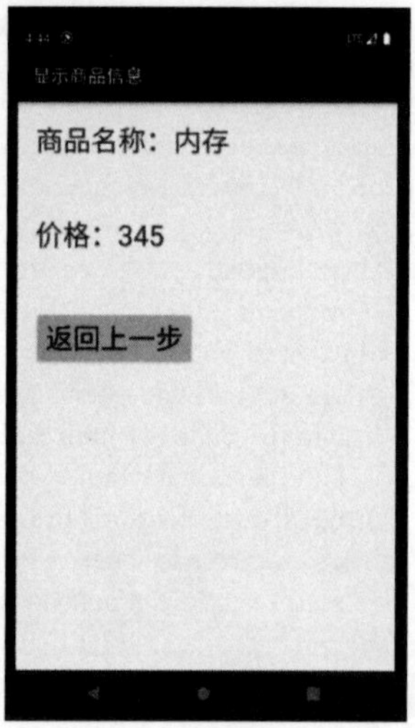

图 4.36 返回上一步

4.4 数据存储技术

数据存储是 Android 中非常重要的一部分。大部分应用程序都离不开数据的存储,有时需要内存存储,有时需要本地存储,还有时需要两个进程间传输数据等。接下来介绍的数据存储就包括了大部分应用中可能遇到的存储情况。

4.4.1 SharedPreferences

1. 什么是 SharedPreferences

SharedPreferences 是一种轻量级的数据保存方式,适合保存简单的数据。比如存储程序中的用户的基本信息,标记用户是否第一次打开软件,自定义的一些参数信息等。

SharedPreferences 通过 key-value 键值对的机制存储数据,可以存储一些基本的数据类型,如 Boolean、String、Float、Long 和 Integer 类型。

SharedPreferences 以 xml 文件方式来保存,文件保存在 /data/data/应用程序主包/shared_prefs 目录下。

2. 如何获得 SharedPreferences

SharedPreferences 本身是一个接口,无法直接创建 SharedPreferences 实例,只能通过 Context 提供的 getSharedPreferences(String name , int mode)方法来获取 SharedPreferences 实

例,其语法格式为:

```
SharedPreferences spf = getSharedPreferences(String name, int mode)
```

第一个参数 name 表示存储数据的文件名,即 xml 文件名字,后缀会自动加上. xml。第二个参数 mode 表示对数据操作(xml)的模式,值有以下几种:①0 或者 Context. MODE_PRIVATE 是默认操作,表示只有创建文件的程序对该目标可读可写;②Context. MODE_APPEND 表示追加数据;③Context. MODE_WORLD_READABLE 表示全局读,除了创建文件的程序对该目标可读可写之外,其他程序可以对该文件进行读操作,但不能写;④Context. MODE_WORLD_WRITEABLE 表示全局写,除了创建文件的程序对该目标可读可写之外,其他程序可以对该文件进行写操作。

注意:对于 xml 简单数据存储,Context. MODE_PRIVATE 和 Context. MODE_APPEND 效果是一样的,而后面的 io 文件存储效果则不同。

3. 实现 SharedPreferences 存储数据

使用 SharedPreferences 类存储数据时,首先要调用 getSharedPreferences 方法获取实例对象。由于该对象本身只能获取数据,不能对数据进行存储及修改,故需要利用 edit()方法获取可编辑的 Editor 对象,然后通过 Editor 对象存储 key-value 键值对数据,最后要调用 commit()方法进行数据提交。

示例代码如下。

```
public static final String PREFS_NAME = "MyPrefsFile";
//根据 Context 获取 SharedPreferences 对象
SharedPreferences sp = getSharedPreferences(PREFS_NAME, Context.MODE_PRIVATE);
Editor editor = sp.edit();                              //获取 Editor 对象
editor.putString("input_content", "测试内容");    //保存数据,即添加
editor.commit();                                        //提交数据
```

上述代码中的 Editor 用于修改 SharedPreferences 对象的内容,所有更改都是在编辑器所做的批处理,而不是复制回原来的 SharedPreferences 或持久化存储,直到调用 commit()时,才将持久化存储。

代码执行过后,即在/data/data/包/shared_prefs 目录下生成了一个 MyPrefsFile. xml 文件,一个应用可以创建多个这样的 xml 文件,可以导出并查看数据信息。

4. 实现 SharedPreferences 读取数据

SharedPreferences 保存的数据主要是类似于配置信息格式的数据,保存的数据主要是简单类型的 key-value 对。读取 SharedPreferences 的数据很简单,可以直接通过 Preferences 对象的一系列 getXxx()方法来根据 key 获取对应的值(数据)。

```
// 根据 Context 获取 SharedPreferences 文件
SharedPreferences sp = getSharedPreferences(PREFS_NAME, Context.MODE_PRIVATE);
String inputContent = sp.getString("input_content", "");
```

需要注意的是，getXxx()方法的第二个参数为默认值，如果 sp 中不存在该 key，将返回默认值。例如 getString("input_content","")，若 input_content 不存在，则 key 就返回空字符串。

5. 实现 SharedPreferences 删除数据

如果需要删除 SharedPreferences 中的数据，只需要调用 Editor 对象 remove(String key)或者使用 clear()方法来清除数据即可，示例代码如下。

```
editor.remove("user");  //删除一条数据
editor.clear();         //删除所有数据
```

4.4.2 文件存储

Android 的文件存储与 Java 中的文件存储类似，都是通过 I/O 流的形式把数据直接存储到文档中。Android 文件存储的内部存储是将数据以文件的形式存储到应用中，而外部存储是将数据以文件的形式存储到移动设备的外部存储器中，如 SD 卡。本节重点讲解内部存储。

Android 系统允许应用程序创建仅能够自身访问的私有文件，文件保存在设备的内部存储器上，默认在系统下的/data/data/< package name >/files 目录中。

Android 系统提供了能够简化读写流式文件过程的函数 openFileOutput 和 openFileInput，这两个方法可以打开本应用程序数据文件夹里的 IO 流，示例代码如下。

```
//打开应用程序的数据文件夹下的 name 文件对应的输入流
FileInputStream fis = openFileInput(String name);
//打开应用程序的数据文件夹下的 name 文件对应的输出流
FileOutputStream openFileOutput(String name , int mode);
```

在上述代码中，openFileInput()方法用于打开应用程序对应的输入流，读取指定文件中的数据；openFileOutput()方法用于打开应用程序中对应的输出流，将数据存储到指定文件中。这里参数“name”表示文件名；“mode”表示指定打开文件的模式，该模式支持四种值：①MODE_PRIVATE：私有，每次打开文件都会覆盖原来的内容；②MODE_APPEND：私有，在原有内容基础上追加数据；③MODE_WORLD_READABLE：可以被其他应用程序读取；④MODE_WORLD_WRITEABLE：可以被其他应用程序写入。

需要注意的是，Android 系统有一套自己的安全模型，默认情况下任何应用创建的文件都是私有的，其他程序无法访问，除非在文件创建时指定了操作模式为 MODE WORLD. READABLE 或者 MODE WORLD_WRITEABLE。如果希望文件能够被其他程序进行读写操作，则需要同时指定该文件的 MODE_ WORLD READABLE 和 MODE WORLD_ WRITEABLE 权限。

1. 将数据存入文件中

存储数据时，使用 FileOutputStream 对象将数据存储到文件中，当文件不存在时该文件将被创建。示例代码如下。

```
FileOutputStream outStream = null;
    try {
        outStream = this.openFileOutput("a.txt",Context.MODE_PRIVATE); //打开文件 a.txt
        outStream.write(text.getText().toString().getBytes());        //将数据写入文件
    } catch (FileNotFoundException e) {
            return;
    } catch (IOException e){
            return ;
    }finally{
            if(outStream!= null){
                try{
                    outStream.close();                                 //关闭文件流
                }catch (IOException e){
                }
            }
        }
```

上述代码中使用私有模式,创建出来的文件只能被本应用访问,还会覆盖原文件,并定义文件名为 a.txt。通过 write()方法将编辑框里的数据写入 a.txt 文件。

运行程序后,会在包下的 files 文件夹下发现 a.txt 文件,如图 4.37 所示。

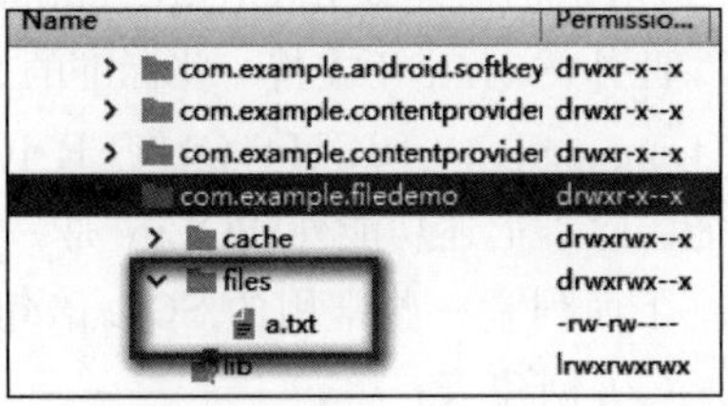

图 4.37 文件管理器中新创建的文件

2. 从文件中读取数据

取出数据时,使用 FileInputStream 对象获取数据,当文件不存在时抛出 FileNotFoundException 异常。示例代码如下。

```
try{
            FileInputStream fis = openFileInput("a.txt");
             byte[] buffer = new byte[1024];
            fis.read(buffer);
        }catch(FileNotFoundException e) {
            Toast.makeText(MainActivity.this,"文件不存在",Toast.LENGTH_LONG).show();
        }catch (IOException e){
            return;
        }finally{
            if(fis!= null){
                try{
                    fis.close();     //关闭文件流
                }catch (IOException e){
                }
            }
        }
```

在上述代码中，通过 openFileInput()方法获得文件输入流对象，然后创建 byte 数组作为缓冲区，再通过 read()方法将文件内容读取到 buffer 缓冲区中。

4.4.3 SQLite 数据库

前面介绍了如何使用 SharedPeferences 以及文件存储数据，这两种方式适合存储简单数据，当需要存储大量数据时它们显然就不适用了。为此 Android 系统提供了 SQLite 数据库，它可以存储应用程序中的大量数据，并对数据进行管理和维护。本节将针对 SQLite 数据库进行详细讲解。

1. SQLite 介绍

SQLite 数据库是一种轻量级的流行的关系数据库管理系统。它支持 SQL 语言，并且只利用很少的内存就有很好的性能。此外它还是开源的，任何人都可以使用它。数据库存储在 data/<项目文件夹>/databases/下。

SQLite 支持 NULL(零)、INTEGER(整数)、REAL(浮点数字)、TEXT(字符串文本)和 BLOB(二进制对象)5 种数据类型。SQLite 允许忽略数据类型(SQLite 称这为“弱类型”)，但是仍然建议在 Create Table 语句中指定数据类型。

此外，SQLite 不支持一些标准的 SQL 功能，特别是外键约束(FOREIGN KEY constrains)、嵌套(transcaction)、RIGHT OUTER JOIN 和 FULL OUTER JOIN，还有一些 ALTER TABLE 功能。除了上述功能外，SQLite 是一个完整的 SQL 系统，拥有完整的触发器等。

下面列举一些常用的 SQL 语句，来帮助初学者学习数据库语句。

(1) 创建表：

```
create table 表名(元素名 类型, …);
```

(2) 删除表：

```
drop table 表名;
```

(3) 查询语句：

```
select * from 表名 where 条件子句
group by 分组字句 having 条件
order by 字段 desc|asc;(降序或升序)
```

(4) 限制输出：

```
select 字段 from table1 limit x offset y;
```

或者：

```
select 字段 from table1 limit y , x; (备注:跳过 y 行,取 x 行数据)
```

(5) 插入语句：

```
insert into 表名(字段列表) values(值列表);
```

(6) 更新语句：

```
update 表名 set 字段名 = 值 where 条件子句;
```

(7) 删除语句：

```
delete from 表名 where 条件子句;
```

示例如下。

(1) 查询 person 表下所有用户信息：

```
select * from person
```

(2) 对 person 表下所有信息按 id 降序排列：

```
select * from person order by id desc
```

(3) 分页 SQL 与 mysql 类似，下面 SQL 语句获取 5 条记录，跳过前面 3 条记录：

```
select * from Account limit 5 offset 3
```

或者：

```
select * from Account limit 3,5
```

(4) 插入一条数据：

```
insert into person(name, age) values('张三',3)
```

(5) 更新 id 为 10 的用户姓名为李四：

```
update person set name = '李四' where id = 10
```

(6) 删除 id 为 10 的用户信息：

```
delete from person where id = 10
```

2. 数据库创建

Android 提供了 SQLiteOpenHelper 来创建一个数据库，当所创建的类继承自 SQLiteOpenHelper 时，就需要重写其中的 onCreate()方法和 onUpgrade()方法，来轻松地创建数据库。SQLiteOpenHelper 类根据开发应用程序的需要，封装了创建和更新数据库使用的逻辑。示例代码 DBOpenHelper.java 文件如下。

```
public class DBOpenHelper extends SQLiteOpenHelper {
    //构造函数
    public DBOpenHelper (Context context) {
        super(context, "mydb.db", null, 1);
    }
    // 该函数是在第一次创建的时候执行,实际上是第一次得到 SQLiteDatabase 对象的时候才会
    //调用这个方法
    @Override
    public void onCreate(SQLiteDatabase db) {
     db.execSQL("create table product(pid INTEGER PRIMARY KEY AUTOINCREMENT, productName
VARCHAR(20), price double)");
      db.execSQL("insert into product(productName,price) values('蓝牙鼠标',55.0)");
    }
    @Override
public void onUpgrade(SQLiteDatabase db, int oldVersion, int newVersion){
    // 可以拿到当前数据库的版本信息与之前数据库的版本信息,用来更新数据库
    db.execSQL("alter table person add age INTEGER");

    }
```

上述代码中，首先创建了个 DBOpenHelper 类继承自 SQLiteOpeHelper 并重写该类的构造方法 DBOpenHelper()，在该方法中通过 super()方法调用父类 SQLiteOpenHelper 的构造方法，并传入 4 个参数，分别表示上下文对象、数据库名称、游标工厂（通常是 null）、数据库版本。然后重写了 onCreate()和 onUpgrade()方法，其中 onCreate()方法是在数据库第一次创建时调用，该方法通常用于初始化表结构，这里创建了一个 product 商品表（它有三个字段，主键 pid、productName 和 price 字段），这里还插入了一条数据，主要是为了后面测试查询。onUpgrade()方法在数据库版本号增加时调用，如果版本号不增加，则该方法不调用。

3. 打开数据库

SQLiteOpenHelper 是一个辅助类，用来管理数据库的创建和版本，它提供 getReadableDatabase()方法、getWritableDatabase ()方法来获得 SQLiteDatabase 对象，通过该对象可以对数据库进行操作。示例代码如下。

```
SQLiteDatabase db = null;
    if (db == null) {
            DBOpenHelper dbHelper = new DBOpenHelper (context);
            // 只有调用了 DBOpenHelper 的 getWritableDatabase()方法或者 getReadableDatabase()
            //方法之后,才会创建或打开一个连接
            db = dbHelper.getWritableDatabase();
     }
```

4. 关闭数据库

关闭数据库的 SQL 语句为：

```
db.close();
```

说明：第一次调用 getWritableDatabase() 或 getReadableDatabase() 方法后，SQLiteOpenHelper 会缓存当前的 SQLiteDatabase 实例，SQLiteDatabase 实例正常情况下会维持数据库的打开状态，因此在不需要 SQLiteDatabase 实例时，请及时调用 close()方法释放资源。一旦 SQLiteDatabase 实例被缓存，则多次调用 getWritableDatabase() 或 getReadableDatabase()方法得到的都是同一实例。

5. 数据操作

Android 提供了一个名为 SQLiteDatabase 的类，该类封装了一些操作数据库的 API，使用该类可以完成对数据进行添加、查询、更新和删除操作。其相关方法如表 4.8 所示。

表 4.8 SQLiteDatabase 相关方法

方法名称	方法说明
execSQL(String sql)	执行 SQL 语句
execSQL(String sql, Object[] bindArgs)	执行带占位符的 SQL 语句
insert(String table, String nullColumnHack, ContentValues values)	向表中添加一条记录。nullColumnHack：空列的默认值，一般设置为 null
update(String table, ContentValues values, String whereClause, String[] whereArgs)	更新表中指定的某条记录
delete(String table, String whereClause, String[] whereArgs)	删除表中指定的某条记录
query(String table, String[] columns, String selection, String[] selectionArgs, String groupBy, String having, String orderBy)	查询表中记录
rawQuery(String sql, String[] selectionArgs)	查询带占位符的记录

接下来针对 SQLite 数据库的增删改查操作进行详细讲解。这里将增删改查实现方法写在一个 DBService 类里，里面有之前的打开和关闭数据库的方法。

1) 插入数据

下面以 mydb.db 数据库中的 product 表为例，介绍如何使用 SQLiteDatabase 对象的 insert()方法向表中插入一条数据，示例代码如下。

```
public void insert(Product product){
        try{
            ContentValues cv = new ContentValues();
            cv.put("productName",product.getProductName());
            cv.put("price",product.getPrice());
            db.insert("product",null,cv);
            Log.i("db", "insert: 插入数据成功!");
        } catch (Exception e) {
            e.printStackTrace();
            Log.i("db", "insert: 插入数据失败!");
        }
    }
```

在上述代码中，db 对象是之前通过 getWritableDatabase()方法得到的 SQLiteDatabase 对象，然后构造一个 ContentValues 对象，调用 ContentValues 对象的 put()方法，将每个属性的值写入 ContentValues 对象中，最后使用 SQLiteDatabase 对象的 insert()函数，将 ContentValues 对象中的数据写入指定的数据库表中。insert()函数的返回值是新数据插入的位置，即 ID 值。

2）删除数据

下面介绍如何使用 SQLiteDatabase 对象的 delete()方法删除 product 表中的数据，示例代码如下。

```
public int  deletProduct(int pid){
        int i = db.delete("product","pid = ?",new String[]{String.valueOf(pid)});
        if(i > 0){
            Log.i("db", "delete: 删除数据成功!");
        }else {
            Log.i("db", "delete: 删除数据失败!");
        }
        return i;
    }
```

删除数据比较简单，只需要调用当前数据库对象的 delete()函数，并指明表名称和删除条件即可。这里按 pid 商品编号来删除数据，如果 pid 传值为 1，则表示删除 pid 为 1 的数据。

说明：第一个参数：删除数据的表名称；第二个参数：删除条件；第三个参数：删除条件值数据。

3）修改数据

下面介绍如何使用 SQLiteDatabase 对象的 update()方法修改 product 表中的数据，示例代码如下。

```
public void  updatePrice(Product product){
    ContentValues cv = new ContentValues();
    cv.put("price",product.getPrice());
    int i = db.update("product",cv,"pid = ?", new String[]{String.valueOf(product.getPid())});
    if(i > 0){
        Log.i("db", "update: 更新数据成功!");
    }else{
        Log.i("db", "update: 更新数据失败!");
    }
}
```

在上述代码中，通过调用 SQLiteDatabase 对象 db 的 update()方法来修改数据库中的数据。

说明：update()方法有四个参数。第一个参数：更新数据的表名称；第二个参数：ContentValues 对象；第三个参数：可选的 where 语句，可使用占位符(?)；第四个参数：当第三个参数含有占位符时，该参数用于指定各占位符参数的值，如果不包括占位符，该参数值可以为 NULL。

4）查询数据

SQLiteDatabase 类提供了 query()方法用于查询表中的数据，基本语法为：

```
query(String table, String[] columns, String selection, String[] selectionArgs, String
groupBy, String having, String orderBy)
```

对其说明如下。

tabName：表名，不可为空。

columns：列名(字符串数组类型)，若为空，则返回所有列。

selection：where 子句，即指定查询条件，可以使用占位符(?)。

selectionArgs：替换 where 子句中的“?”参数值；如果不包括占位符，该参数值可设为 NULL。

groupBy：指定分组方式。

having：指定 having 条件。

orderBy：指定排序方式，为空表示采用默认排序方式。

在 Android 系统中，数据库查询结果的返回值并不是数据集合的完整复制，而是返回数据集的指针，这个指针就是 Cursor 类。Cursor 类支持在查询的数据集合中以多种方式移动，并能够获取数据集合的属性名称和序号。Cursor 类的方法和说明如表 4.9 所示。

表 4.9 Cursor 类提供的常用方法

函　数	说　明
moveToFirst	将指针移动到第一条数据上
moveToNext	将指针移动到下一条数据上
moveToPrevious	将指针移动到上一条数据上
getCount	获取集合的数据数量
getColumnIndexOrThrow	返回指定属性名称的序号，如果属性不存在则产生异常
getColumnName	返回指定序号的属性名称
getColumnNames	返回属性名称的字符串数组
getColumnIndex	根据属性名称返回序号
moveToPosition	将指针移动到指定的数据上
getPosition	返回当前指针的位置

下面介绍如何使用 SQLiteDatabase 对象的 query()方法来查询所有数据，示例代码如下：

```
public List<Product> findAll() {
    List<Product> list = new ArrayList<>();
    Cursor cursor = db.query("product",null,null,null,null,null,null);
    while (cursor.moveToNext()){
        Product product = new Product();
        product.setPid(cursor.getInt(cursor.getColumnIndex("pid")));
        product.setProductName(cursor.getString(cursor.getColumnIndex("productName")));
```

```
            product.setPrice(cursor.getDouble(cursor.getColumnIndex("price")));
            list.add(product);
        }
        return list;
    }
```

在上述代码中，query()方法查询 product 表中的数据，该方法接收了 7 个参数。第一个参数为表名，其他均为 NULL，表示查询 product 表中所有数据。从 Cursor 中提取数据使用 getInt()、getString()、getDouble()分别获得 pid、productName、price 三个字段的值，函数的输入值为属性的序号，为了获取属性的序号，可以使用 getColumnIndex()函数获取指定属性的序号。

5）查询记录数

在 SQLiteDatabase 类里还提供了 rawQuery()方法用于执行 select 语句，下面介绍如何使用 SQLiteDatabase 对象的 rawQuery()方法来查询记录数，示例代码如下。

```
public long getCount(){
    SQLiteDatabase db = dbOpenHelper.getReadableDatabase();
    Cursor cursor =  db.rawQuery("SELECT COUNT ( * ) FROM product",null);
    cursor.moveToFirst();
    long result = cursor.getLong(0);
    cursor.close();
    return result;
}
```

在上述代码中，使用了 rawQuery()方法对 product 表的记录进行统计。rawQuery()方法的第一个参数为 select 语句；第二个参数为 select 语句中占位符参数的值，如果 select 语句没有使用占位符，该参数可以设置为 null。

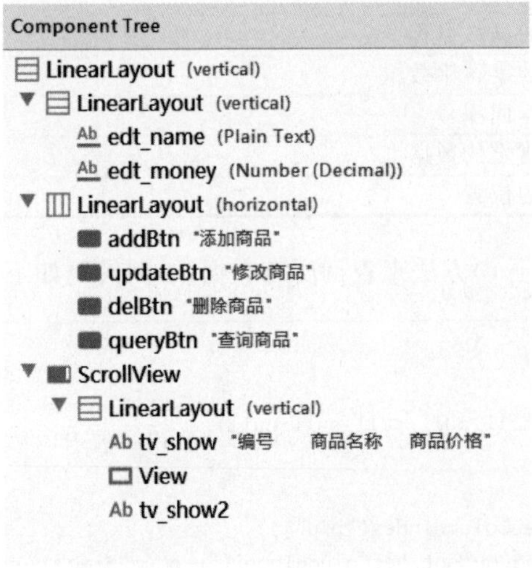

图 4.38 布局树状图

6. 案例实现

上面讲解了 SQLite 数据库的创建以及基本操作，接下来通过一个案例对 SQLite 数据库在开发中的应用进行详细讲解，具体步骤如下。

1）创建程序

创建一个名为 SqliteDemo 的应用程序，指定包名为 com.example.sqlitedemo 设计交互界面，添加 4 个按钮，分别是 addBtn，delBtn，updateBtn，queryBtn；2 个 TextView，其中一个 tv_show 用来显示列表标题，一个 tv_show2 用来显示列表数据；2 个 EditText，分别是 edt_name，edt_money，这里不贴布局代码，可参考布局，如图 4.38 所示。

2）建立数据库的辅助类 DBOpenHelper

自定义一个类 DBOpenHelper 继承 SQLiteOpenHelper 类，在该类的构造方法的 super 中设置好要创建的数据库名、版本号，然后重写 onCreate( )方法创建表结构和插入初始化数据，重写 onUpgrade( )方法定义版本号发生改变后执行的操作。具体代码（DBOpenHelper. java 文件）如下。

```
package com.example.sqlitedemo.db;
    …//省略导入包
public class DBOpenHelper extends SQLiteOpenHelper {
        public DBOpenHelper(Context context){
         super(context,"mydb.db",null,1);
         }
        //数据库第一次创建时被调用
      @Override
       public void onCreate(SQLiteDatabase db) {
            db.execSQL ( " create table product ( pid INTEGER PRIMARY KEY AUTOINCREMENT,
productName VARCHAR(20), price double)");
       db.execSQL("insert into product(productName,price) values('蓝牙鼠标',55.0)");
       }
       //软件版本号发生改变时调用
       @Override
       public void onUpgrade(SQLiteDatabase db, int oldVersion, int newVersion) {
       }
   }
```

3）创建实体类

创建一个实体类 Product，对应数据表 product，具体代码（Product. java 文件）如下。

```
package com.example.sqlitedemo.db;
public class Product {
    private int pid;
    private String productName;
    private double price;
    public Product() {
    }
    public Product(String productName, double price) {
        this.productName = productName;
        this.price = price;
    }
    …//此处省略 setter,getter 方法
}
```

4）编写界面交互代码

接下来需要在 MainActivity 里面编写代码，用来实现 product 信息的查询、增加、修改和删除，具体代码（MainActivity. java 文件）如下所示，这里仅显示查询代码。

```
    DBService dbService;
    @Override
    protected void onCreate(Bundle savedInstanceState) {
        super.onCreate(savedInstanceState);
        setContentView(R.layout.activity_main);
        dbService = new DBService(MainActivity.this);
        initView();        //省略组件代码
    }
    @Override
    public void onClick(View v) {
        switch (v.getId()){
            case R.id.queryBtn:
              //查询数据
              List<Product> lists = dbService.findAll();  //调用 findAll()方法
                if(lists.size()>0){
                    tv_show.setText("");
                    for(Product product:lists) {
                          tv_show.append(" " + product.getPid() + "\t\t\t\t\t" +
product.getProductName() + "\t\t\t\t\t" + product.getPrice() + "\n");
                    }
                }else{
                    tv_show.setText("暂无数据");
                }
                break;
...//此处省略代码
        }
    }

}
```

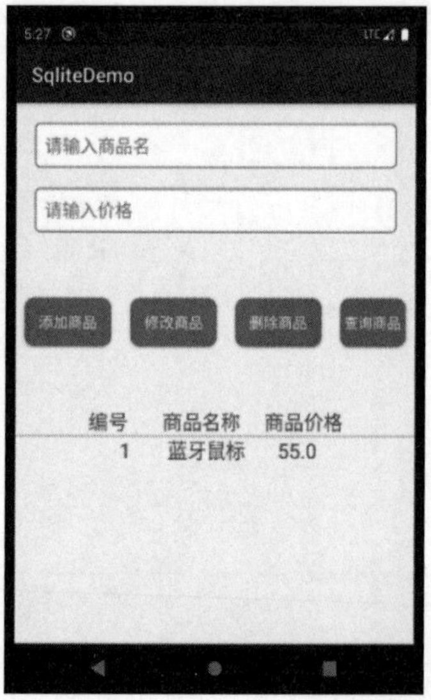

图 4.39　查询运行结果

在上述代码中，单击“查询商品”按钮，会将数据库的 Product 信息展示到界面中，运行结果如图 4.39 所示。

7. 使用 SQLite 图形化工具查看 db 文件

在 Android 系统中，数据库创建完成后是无法直接对数据进行查看的，想要查看数据需要借助 SQLite 图形化工具，这类软件有很多，可以使用 SQLiteSpy 或 SQLite Expert Professional。

当调用上面的 DBOpenHelper 的对象的 getWritableDatabase()时，就会在文件管理器下的 data→data→项目包名全路径→databases 目录下创建之前的 db 数据库文件，如图 4.40 所示。

接下来可以将 mydb.db 文件导出，在图中选中文件，右击，选择 Save As 菜单，如图 4.41 所示。可以把 db 文件导出到计算机指定目录，打开 SQLiteSpy，选择 File→Open databases 选项，选择需要查看的数据库文件，运行结果如图 4.42 所示。

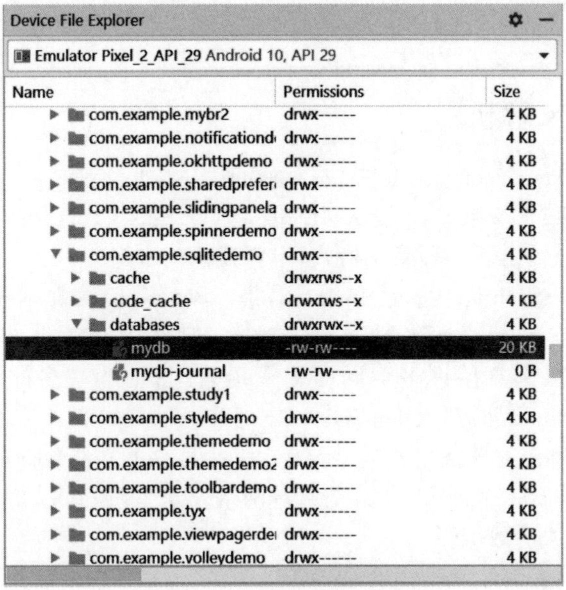

图 4.40 已经创建的数据库

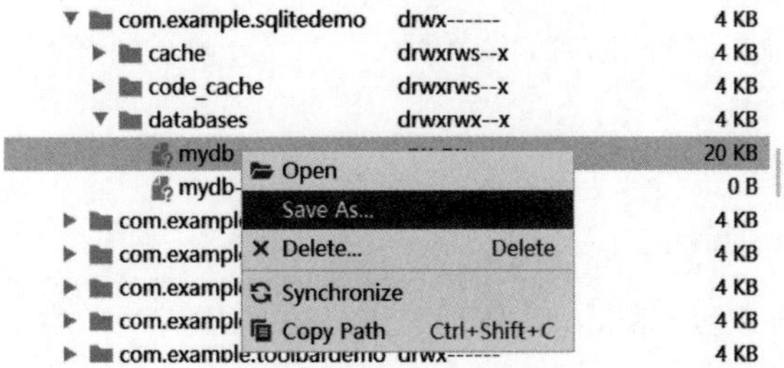

图 4.41 文件 Save As

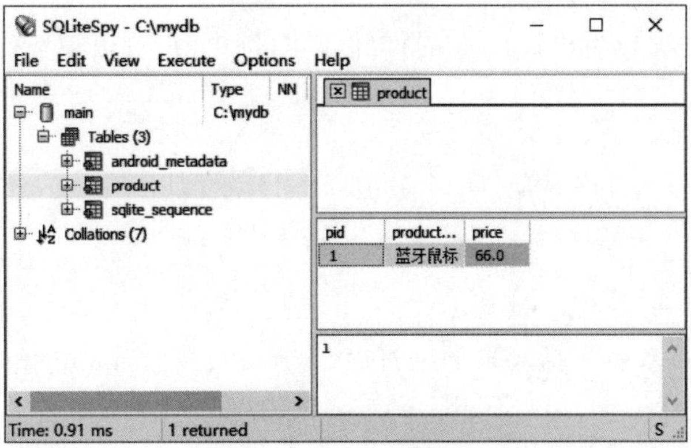

图 4.42 打开数据库

4.5 网络技术

4.5.1 JSON解析

21世纪初，Douglas Crockford想寻找一种简便的数据交换格式，能够在服务器之间交换数据。当时通用的数据交换语言是XML，但是Douglas Crockford觉得XML的生成和解析都太麻烦，所以他提出了一种简化格式，也就是JSON。

JSON全称是JavaScript Object Notation，是一种轻量级的文本数据交换格式，它源于JavaScript，使用JavaScript语法来描述数据对象，但是JSON仍然独立于语言和平台。JSON解析器和JSON库支持许多不同的编程语言，目前非常多的动态编程语言(Java，PHP，JSP，.NET，Python等)都支持JSON。

JSON是一种有特定的语法格式的字符串，其目的在于方便数据的交换。即一些数据，通过JSON这种格式，从一个地方(尤其是通过网络发送)传递到另外一个地方，然后使得接收者也很容易理解相关的数据。

1. JSON数据结构

JSON分为对象和数组两种数据结构，下面分别来进行介绍。

1) 对象结构

对象结构以"{"开始，以"}"结束，由中间使用","分隔的键值对(key：value)构成，键值对之间以"："分隔。

语法格式为：

```
{ key1:value1,key2:value2,...}
```

示例：一个city对象包含城市名、面积和人口信息，JSON的表示形式如下。

```
{"城市":"北京","面积":16800,"人口":1600}
```

这里，键(key)都是字符串，值(value)可以是字符串，也可以是数值，还可以是对象、数组等数据类型。

2) 数组结构

数组是值(value)的有序集合。一个数组以"["开始，以"]"结束。值之间使用","分隔。其语法为：

```
[value1,value2,...]
```

值(value)可以是双引号括起来的字符串(String)、数值(number)、true、false、null、对象(object)或者数组(array)。对象(object)或者数组(array)可以嵌套。

示例："北京市的面积为16800平方千米，常住人口1600万。上海市的面积为6400平方千米，常住人口1800万。"，可以写成如下JSON格式。

```
[{"城市":"北京","面积":16800,"人口":1600},{"城市":"上海","面积":6400,"人口":1800} ]
```

如果事先知道数据的结构，上面的写法还可以进一步简化如下。

```
[["北京",16800,1600], ["上海",6400,1800]]
```

2. JSON 解析

若要使用 JSON 中的数据，就需要将 JSON 数据解析出来。Android SDK 中为开发者提供了 JSON 解析类，这些 API 都存在于 org. json 包下，由于 JSON 数据只有 JSON 对象和 JSON 数组两种结构，因此 org. json 包提供了 JSONObject 和 JSONArray 两个类对 JSON 数据进行解析。

JSONObject：JSON 对象，可以完成 JSON 字符串与 Java 对象的相互转换。

JSONArray：JSON 数组，可以完成 JSON 字符串与 Java 集合或对象的相互转换。

这里直接将 JSON 格式的数据定义到字符串中进行解析，不另外写 Servlet 或者请求网站了。

1）使用 JSONObject 类解析对象结构的 JSON 数据

JSON 的书写格式为：

```
{ id:1,name:"张三",age:18 }
```

对应的字符串 jsonStr1 格式为：

```
String jsonStr1 = "{ \"id\":1,\"name\":\"张三\",\"age\":18},\n" + "}";
```

解析示例代码如下。

```
try {
        JSONObject jsonObject = new JSONObject(jsonStr1);
        int id = jsonObject.optInt("id");
        String name = jsonObject.optString("name");
        int age = jsonObject.optInt("age");
        Log.i("show", id + "   " + name + "   " + age);
} catch (JSONException e) {
       e.printStackTrace();
   }
```

上述代码中，首先创建了 JSONObject 类的对象 jsonObject，JSONObject()构造方法中传递的参数是对象结构的 JSON 数据，接着分别通过 jsonObject 的 optString()方法、optInt()方法获取 JSON 数据中的 String 类型、int 类型的数据。

2）使用 JSONArray 类解析数组结构的 JSON 数据

JSON 的书写格式为：

```
[ { id:1,name:"小张",age:18 },
 { id:2,name:"小明",age:20 },
```

```
{ id:3,name:"小李",age:19 }
];
```

对应的字符串 jsonStr2 格式为：

```
String jsonStr1 = "[\n" + "{ \"id\":1,\"name\":\"小张\",\"age\":18},\n" +
                                   "{ \"id\":2,\"name\":\"小明\",\"age\":20},\n" +
                                   "{\"id\":3,\"name\":\"小李\",\"age\":19}\n" + "]";
```

解析示例代码如下。

```
try{
JSONArray jsonArray = new JSONArray(jsonStr2);
    for(int i = 0;i < jsonArray.length();i++){
        JSONObject jsonObject = (JSONObject) jsonArray.get(i);
        int id = jsonObject.getInt("id");
        String name = jsonObject.getString("name");
        int age = jsonObject.getInt("age");
        Log.i("show",id + "  " + name + "  " + age + "\n");
    }
}catch (Exception e){
    e.printStackTrace();
}
```

上述代码中，首先创建了 JSONAray 类的对象 jsonArray，JSONArray()构造方法中传递的参数是数组结构的 JSON 数据，接着通过 for 循环来遍历 jsonAray 中的数据。在 for 循环中，首先需要通过 get()方法获取数组中的每个对象，接着通过该对象的 optString()方法、optInt()方法获取 JSON 数据中对应的数据。

4.5.2 Handler 消息机制

当开发的应用程序第一次启动时，Android 会开启一个 UI 线程(主线程)，负责处理与 UI 相关的事件。例如，当单击 UI 界面上的 Button 时，Android 会分发事件到 Button 上，来响应要执行的操作。如果此时执行的是耗时操作，如访问网络读取数据并将获取到的结果显示到 UI 界面上，此时就会出现假死现象。如果 5s 还没有完成，会收到 Android 系统的一个错误提示“强制关闭”。这时，初学者会想到把这些操作放到子线程中完成，但在 Android 中，更新 UI 界面只能在主线程中完成，其他线程是无法直接对主线程进行操作的。

为了解决以上问题，Android 中提供了一种异步回调机制 Handler，由 Handler 来负责与子线程进行通信。一般情况下，在主线程中绑定 Handler 对象，并在事件触发上面创建子线程用于完成某些耗时操作，子线程中的工作完成之后，会向 Handler 发送一个已完成的信号(Message 对象)，Handler 接收到信号后，就会对主线程 UI 进行更新操作。

Android 中的 Handler 消息处理主要由 4 个部分组成：Message、Handler、MessageQueue 和 Looper。下面就对这 4 个部分逐一进行简要的介绍。

1. Message

Message是在线程之间传递的消息，它可以在内部携带少量的信息，用于在不同线程之间交换数据。一般在Message对象中常用的属性字段有what、arg1、arg2和obj。what变量用来保存信息标识，以便用不同方式处理Message；arg1和arg2用来携带简单的int消息；obj是Object类型的任意对象。通常对Message对象不是直接实例化，只要调用handler中的obtainMessage()方法来直接获得Message对象。

2. Handler

Handler顾名思义也就是处理者的意思，它主要用于发送和处理消息。发送消息一般是使用Handler的sendMessage()方法，而发出的消息经过一系列辗转处理后，最终会传递到Handler的handlerMessage()方法中。

3. MessageQueue

MessageQueue是消息队列的意思，它主要用于存放通过Handler发送的消息。这部分消息会一直存在消息队列中，等待被处理。每个线程中只会有一个MessageQueue对象。

4. Looper

Looper是每个线程中的MessageQueue的管家，调用Looper的loop()方法后，会进入一个无限循环，每当发现MessageQueue中存在一条消息，就会将它取出，并传递到Handler的handleMessage()方法中。每个线程中也只会有一个Looper对象。

了解了Message、Handler、MessageQueue以及Looper的基本概念后，接着把异步消息处理的整个流程再梳理一遍。首先需要在主线程当中创建一个Handler对象，并重写handlerMessage()方法。然后当子线程中需要进行UI操作时，就创建一个Message对象，并通过Handler将这条消息发送出去。之后这条消息会被添加到MessageQueue的队列中等待被处理，而Looper则会一直尝试从MessageQueue中取出待处理消息，最后分发回Handler的handlerMessage()方法中。由于Handler是在主线程中创建的，所以此时handlerMessage()方法中的代码也会在主线程中运行。整个Handler消息处理机制的流程示意图，如图4.43所示。

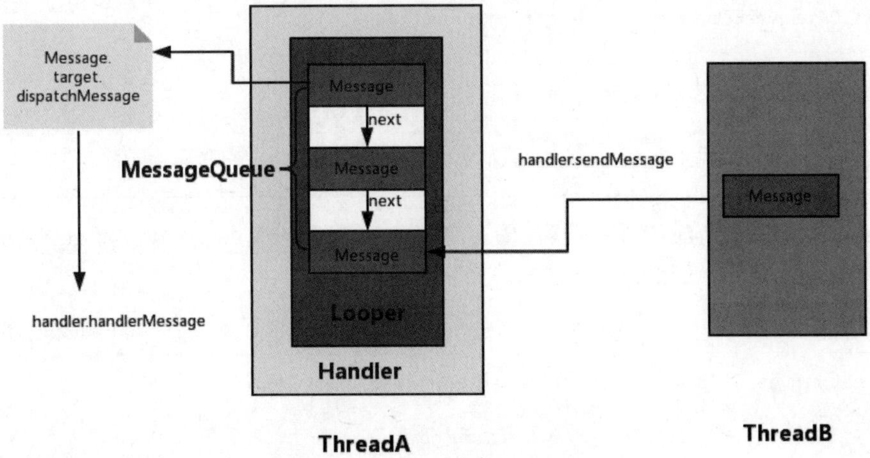

图4.43 Handler消息处理流程

4.5.3 网络请求框架

在 Android 开发中网络请求是最常用的操作之一，Android SDK 中对 HTTP（超文本传输协议）也提供了很好的支持，通过标准 Java 接口 HttpURLConnection 类，它可以实现简单的 URL 请求及响应功能。但此种方式需要考虑线程池、缓存等一系列问题。为了解决上述问题，网络请求框架应运而生，使用网络请求框架可以在实现网络请求需求的同时不需要考虑异步请求、线程池、缓存、JSON 解析等问题，同时还降低了开发难度，缩短了开发周期，方便了使用。

目前流行的网络请求框架主要有 Android-Async-Http、Volley、OkHttp3 等。网络请求框架本质上是一个将网络请求的相关方法（HttpClient 或 HttpURLConnection）封装好的类库，并实现另开线程进行请求和处理数据，从而实现整个网络请求模块的功能。本节具体介绍其中的一种网络框架——OKHttp 框架。

OkHttp 不仅在接口封装上做得简单易用，就连在底层实现上也是自成一派，比起原生的 HttpURLConnection，可以说是有过之而无不及，现在已经成了广大 Android 开发者的首选网络通信库。那么本节就来学习 OkHttp 的用法。

1. OkHttp 简单用法

在使用 OkHttp 之前，需要在项目中添加 OkHttp 库的依赖。编辑 app→build. gradle 文件，在 dependencies 闭包中添加如下内容。

```
dependencies {
 ...
implementation 'com.squareup.okhttp3:okhttp:3.10.0'
}
```

也可以参看之前介绍的如何添加第三方库。

下面来介绍 Okhttp 的具体用法。

1）实例化一个 Okhttp 请求端

```
OkHttpClient okHttpClient = new OkHttpClient();
```

2）创建 Request 对象，发送一条 HTTP 请求

```
Request request = new Request.Builder()
```

在 build()方法之前还有很多其他的方法来丰富这个 Request 对象，如 get()方法用来设置请求方式，url()方法用来设置目标的网络地址等。

部分代码如下。

```
Request request = new Request.Builder()
                  .get()
                  .url("http://www.baidu.com")
                  .build();
```

3）最后通过 okhttpclient 对象来发起请求

代码如下。

```
client.newCall(request).enqueue(new Callback() {
            @Override
            public void onFailure(Call call, IOException e) {
            }
            @Override
            public void onResponse(Call call, Response response) throws IOException {
            }
});
```

2. OkHttp 案例实践

本案例中需要使用到服务器端的 JSON 数据，直接连接一个已有的网络地址 http://guolin.tech/api/china，从而获取 JSON 数据。在网页中输入网址，会发现返回如图 4.44 所示的数组结构的 JSON 数据，这里是关于城市的信息。

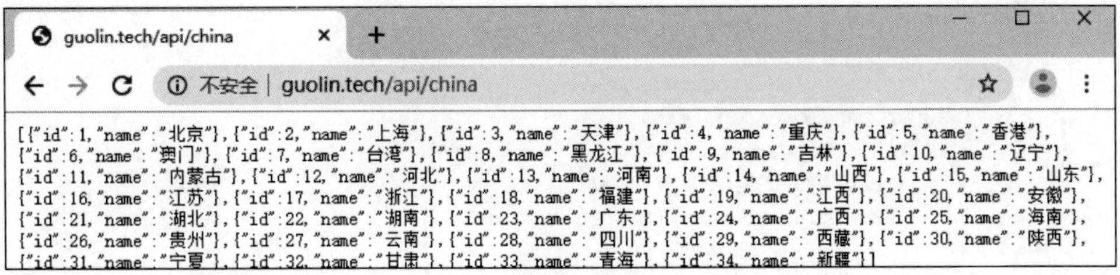

图 4.44　网址返回的 JSON 数据

下面具体实践一下 OkHttp 的用法。示例将图 4.44 的返回结果显示在 AndroidUI 界面上。

(1) 新建一个工程 OkHttpDemo，修改 activity_main 中的代码，布局相当简单，只需一个显示文本控件 tv_show。

(2) 创建一个 getData()方法，实现数据的获取，具体示例代码如下。

```
private final int FAILURE_CODE = 1001;    //失败
private final int SUCCESS_CODE = 1000;    //成功
private void getData(){
  String url = "http://guolin.tech/api/china";
  final Message message = Message.obtain();
        // 获取 OkHttp 对象
         OkHttpClient okHttpClient  =  new OkHttpClient();
         //创建请求方式
         Request request  =  new Request.Builder().url(url).build();
         //执行请求
         Call call  =  okHttpClient.newCall(request);
         //执行异步请求
         call.enqueue(new Callback() {
```

```
            @Override
            public void onFailure(Call call, IOException e) {
                e.printStackTrace();
                message.what = FAILURE_CODE;
                message.obj = e.getMessage();      //失败的信息
                handler.sendMessage(message);
            }
            @Override
            public void onResponse(Call call, Response response) throws IOException {
                String data = response.body().string();
                Log.i("test","okhttp - response" + data);
                //到这就可以打印一下试试有没有数据
                message.what = SUCCESS_CODE;
                message.obj = data;
                handler.sendMessage(message);
            }
        });
// 在主线程中创建实例
Handler handler = new Handler(){
        @Override
        public void handleMessage(Message msg) {
            super.handleMessage(msg);
            switch (msg.what){
                case SUCCESS_CODE://成功
                    String data = (String) msg.obj;
                    tv_show2.setText(data);
                    break;
                case FAILURE_CODE://失败
                    String error = (String) msg.obj;
                    Log.i("test",error);
                    break;
            }
        }
    };
}
```

上述代码中，首先先开启一个线程，接着实例化一个请求对象 request，通过 OkHttpClient 对象发送这个请求，并通过 enqueue()方法回调返回的结果。最后通过调用 Handler 中的方法来处理消息更新视图。这种方式对于不是很频繁的调用是可取的。如果更新得较快，则消息处理会一直排队，这样显示会相对滞后。这个时候就可以考虑使用另外一种方式，将需要执行的代码放到 Runnable 的 run 方法中，然后调用 runOnUiThread()这个方法将 Runnable 的对象传入即可，具体代码如下。

```
runOnUiThread(new Runnable() {
                @Override
                public void run() {
```

```
                    try{
                        tv_show.setText("请求的数据：\n" + data);
                    }catch (Exception e){
                        e.printStackTrace();
                    }
                }
            });
```

(3) 网络访问需要网络权限。修改 AndroidManifest.xml 中的代码，如下所示。

```
<uses-permission android:name="android.permission.INTERNET"/>
<uses-permission android:name="android.permission.ACCESS_NETWORK_STATE"/>
```

另外，为保证用户数据和设备的安全，要求默认使用加密连接(https)，这意味着 Android P 将禁止 App 使用所有未加密的连接(http)，因此运行 Android P 系统的安卓设备无论是接收或者发送流量，未来都不能明码传输，需要使用下一代传输层安全(Transport Layer Security)协议，而 Android Nougat 和 Oreo 则不受影响。

解决方案：在 AndroidManifest.xml 的 application 标签内配置 android:uses-CleartextTraffic="true"，并添加配置 <uses-library android:name="org.apache.http.legacy" />。

(4) 程序运行结果如图 4.45 所示。

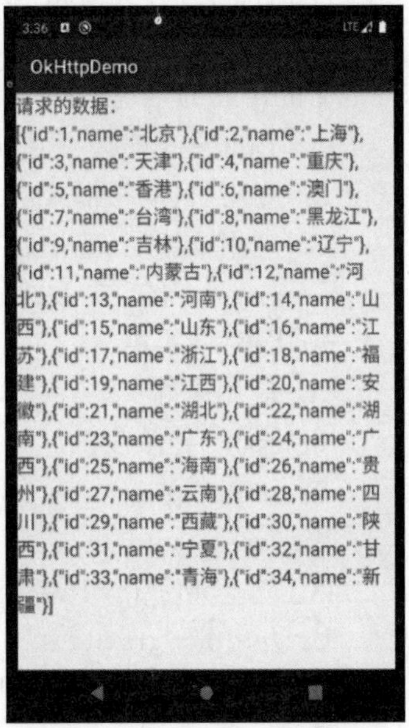

图 4.45　程序运行结果

4.6 小结

本章主要讲解了 Android 的基础知识。4.1 节对 Android 的起源、体系结构进行了介绍，通过 Android Studio 的环境搭建以及模拟器的创建，让初学者对 Android Studio 有一个全面的认识，最后通过开发一个 HelloWorld 程序来让初学者了解项目构成。4.2 节主要介绍可视化布局编辑器的使用，读者学习后可以快速创建布局文件，并使用常见的基本控件结合事件进行 Android UI 界面的开发。4.3 节主要讲解 Activity，包括 Activity 的创建、数据传递等。4.4 节主要讲解 Android 中的数据存储，包括 SharedPreferences、文件存储、SQLite 数据库等知识，本节内容较重要，许多 Android 程序都会涉及数据存储，因此要重点掌握。4.5 节对 Android 网络应用中需要用到的技术进行了介绍，如 JSON 的解析、Handler 机制，并重点介绍了 OkHttp 这个流行的网络请求框架的应用。通过本章的学习，读者能初步对 Android UI 进行设计，并能实现基础的数据访问以及网络请求访问。

4.7 习题

一、选择题

1. Google 于( )正式发布 Android 平台。

A. 2007 年 11 月 5 日　　B. 2008 年 11 月 5 日

C. 2007 年 1 月 10 日　　D. 2009 年 4 月 30 日

2. 下面不属于 Android 体系结构中的应用程序层是( )。

A. 电话簿　　B. 日历　　C. SQLite　　D. SMS 程序

3. Android 的系统架构分为四层,从高层到低层依次是( )。

A. Linux 内核层、系统运行库层、应用层、应用框架层

B. 应用层、应用框架层、系统运行库层、Linux 内核层

C. 应用框架层、应用层、系统运行库层、Linux 内核层

D. Linux 内核层、系统运行库层、应用框架层、应用层

4. 创建程序时,填写的 Application Name 表示( )。

A. 应用名称　　B. 项目名称　　C. 项目的包名　　D. 类的名字

5. 布局文件会保存在( )目录。

A. mipmap　　B. values　　C. layout　　D. drawable

6. LinearLayout 的( )用于设置布局管理器内组件的显示位置为垂直居中对齐。

A. android:gravity="center_horizontal"

B. android:gravity="center_vertical"

C. android:layout_gravity="center_horizontal"

D. android:layout_gravity=" center_vertical "

7. 在使用 RelativeLayout 的情况下,要想让内部的一个 TextView,在当前 Layout 的右下方,最好的方式是( )。

A. 采用属性 android:gravity= "right|bottom" 给 TextView 设置

B. 采用属性 android:layout_bottom= "true" android:layout_top= "true" 给 TextView 设置

C. 采用属性 android:layout_alignParentEnd="true" android:layout_alignParentBottom="true"

D. 采用属性 android:layout_marginTop= "100dp" android:layout_marginRight="40dp"

8. 文本输入框指定输入的内容类型的属性是( )。

A. android:textType　　B. android:password

C. android:inputType　　D. android. secret

9. 在 Activity 中要找到 id 是 bookName 的 TextView 组件,下面语句写法正确的是( )。

A. TextView tv=this. findViewById(r. id. bookName);

B. TextView tv=this.findViewById(android.R.id.bookName);

C. TextView tv=this.findViewById(R.id.bookName);

D. TextView tv=this.findViewById(R.string.bookName);

10. 下列可做 EditText 编辑框的提示信息的是(　　)。

A. android:inputType　　B. android:text

C. android:hint　　D. android:digits

11. 在 Android 中使用 RadioButton 时,要想实现互斥的选择需要用的组件是(　　)。

A. RadioGroup　　B. RadioButtons

C. CheckBox　　D. ButtonGroup

12. 如果要在 Activity 中得到新打开 Activity 关闭后返回的数据,需要使用系统提供的(　　)方法打开新的 Activity。

A. startActivity()　　B. startActivityForResult()

C. startactivity()　　D. startActivityforResult()

13. 在 Android 工程中新建一个 Activity 需要在下面(　　)文件中声明。

A. main.xml　　B. string.xml

C. AndroidMainifest.xml　　D. layout.xml

14. (　　)对象用于保存要携带的数据包。

A. Bundle　　B. Map　　C. Intent　　D. Activity

15. 下面代码用于将数据存放在 Bundle 对象中,并将其添加到 Intent 对象中,空白处应该填入(　　)。

```
Bundle bundle = new Bundle();
bundle.putString("name", "aa");
bundle.putInt("num", 3);
```

____

A. intent.getExtras(bundle)　　B. intent.getExtra(bundle);

C. intent.putExtra(bundle)　　D. intent.putExtras(bundle);

16. 使用 Toast 提示时,关于提示时长,下面说法正确的是(　　)

A. 显示时长只有两种设置

B. 可以自定义显示时长

C. 传入 30 时,提示会显示 30 秒

D. 当自定义显示时长时,比如传入 30,程序会抛出异常

17. 关于 AlertDialog 的说法不正确的是(　　)。

A. 要想使用对话框首先要使用 new 关键字创建 AlertDialog 的实例

B. 对话框的显示需要调用 show 方法

C. setPositiveButton 方法是用来加确定按钮的

D. setNegativeButton 方法是用来加取消按钮的

18. 下面对于 SharedPreferences 的说法,正确的是(　　)。
    A. SharedPreferences pref = new SharedPreferences();
    B. Editor editor = new Editor();
    C. SharedPreferences 对象用于读取和存储常用数据类型
    D. Editor 对象存储数据最后都要调用 commit()方法
19. SharedPreferences 存放的数据类型不支持(　　)。
    A. boolean　　B. int　　C. String　　D. double
20. SharedPreferences 保存文件的路径是(　　)。
    A. /data/data/shared_prefs/
    B. /data/data/package name/shared_prefs/
    C. /mnt/sdcard/指定文件夹
    D. 任意路径
21. Android 的文件操作模式中表示只能被本应用使用,写入文件会覆盖的是(　　)。
    A. MODE_APPEND　　B. MODE_WORLD_READABLE
    C. MODE_WORLD_WRITEABLE　　D. MODE_PRIVATE
22. 仔细查看下面的这段代码:

```
public class DBOpenHelper extends SQLiteOpenHelper {
    private static final int VERSION = 1;
    private static final String DBNAME = "account.db";
    public DBOpenHelper(Context context){
        super(context, DBNAME, null, VERSION);
    }
    @Override
    public void onCreate(SQLiteDatabase db){        //创建数据库
        db.execSQL("create table tb_outaccount (_id integer primary key," +
"money decimal,time varchar(10),type varchar(10))");
    }
    @Override
    public void onUpgrade(SQLiteDatabase db, int oldVersion, int newVersion){
    }
}
```

程序运行后,创建的数据库名称为(　　)。
    A. 1　　B. account　　C. account.db　　D. DBNAME
23. 在使用 SQLiteOpenHelper 这个类时,它的(　　)方法是用来实现版本升级的。
    A. onCreate()　　B. onUpgrading()
    C. onUpdate()　　D. onUpgrade()
24. 在 Android 中使用 SQLiteOpenHelper 这个辅助类时,打开数据库的方法是(　　)。
    A. getDatabase()　　B. openDatabase()
    C. getReadableDatabase()　　D. getAbleDatabase()

25. 下面代码用于向 tb_inaccount 表中添加一条记录，请问空白处应该填入（　　）代码。

```
ContentValues values = new ContentValues();
values.put("money", 5000);
values.put("time", "2018 - 06 - 10");
values.put("type", "工资");
values.put("handler", "xxx");
values.put("mark", "5 月份工资");
________________________
```

A. db. update("tb_inaccount",null , values);

B. db. insert("tb_inaccount", values);

C. db. insert("tb_inaccount",null , values);

D. db. update("tb_inaccount",values);

26. Cursor 类提供的（　　）方法用于将指针移动到下一条记录上。

A. moveToPosition()　　B. moveToPrevious()

C. moveToFirst()　　D. moveToNext()

27. 下面关于 JSON 的说法，错误的是（　　）。

A. JSON 是一种数据交互格式

B. JSON 的数据格式有两种为 { }和[ ]

C. JSON 数据用{ }表示 Java 中的对象，[ ]表示 Java 中的 List 对象

D. {"1":"123", "2":"234","3":"345"} 不是 JSON 数据

28. 访问网络时，需要允许（　　）权限。

A. android. permission. INSTALL_LOCATION_PROVIDER

B. android. permission. VIBRATE

C. android. permission. AUTHENTICATE_ACCOUNTS

D. android. permission. INTERNET

29. 下面关于 Android 中消息机制的说法，正确的是（　　）。

A. Handler 只能用来发送消息的

B. Handler 是用来发送消息和处理消息的

C. MessageQueue 是用来收集消息并主动发送消息的

D. Looper 是主消息的循环器，Looper 是由 handler 创建的

30. 下面关于 Handler 的说法，不正确的是（　　）。

A. 它是实现不同线程间通信的一种机制

B. 它避免了在新线程中刷新 UI 的操作

C. 它采用队列的方式来存储 Message

D. 它是实现不同进程间通信的一种机制

二、填空题

1. 下面的代码用于为按钮组件添加单击事件监听器，并且在重写的 onClick()方法中获取编辑框的输入值，请将其补充完整。

```
EditText txt =  findViewById(R.id.editText1);        // 获取编辑框
Button btn = (Button) findViewById(R.id.button1);  // 获取按钮
btn.__________________(new OnClickListener() {
    @Override
    public void onClick(View v) {
        String str = ____________________           //获取编辑框组件的值
        Log.i("MainActivity",str);                   //向 LogCat 中输出获取到的值
    }
});
```

2. 表示下拉框的组件是________________。

3. 通过< Button android:background＝"________________" />设置按钮背景透明。

4. SQLiteDatabase 类提供了____________方法用于向表中插入数据；____________方法用于更新表中的数据；____________方法用于查询表中的数据；____________方法用于从表中删除数据。

5. Android 中提供的一个数据库辅助类是________________。

第5章 HarmonyOS 编程

5.1 HarmonyOS 概述

本节首先介绍 HarmonyOS 的相关概念，之后介绍开发基础知识及平台搭建、快速入门开发，最后介绍 Ability 的相关知识。

5.1.1 相关概念简介

1. 系统定义

HarmonyOS 是一款面向未来、面向全场景（移动办公、运动健康、社交通信、媒体娱乐等）的分布式操作系统。在传统的单设备系统能力的基础上，HarmonyOS 提出了基于同一套系统能力、适配多种终端形态的分布式理念，将逐步覆盖 1+8+N 全场景终端设备，这里“1”代表智能手机，“8”代表 PC、平板、手表、智慧屏、AI 音箱、耳机、AR/VR 眼镜、车机，“N”代表 IoT 生态产品。

对消费者而言，HarmonyOS 能够将生活场景中的各类终端设备进行整合，可以实现不同终端设备之间的快速连接、能力互助、资源共享，匹配合适的设备，提供流畅的全场景体验。

对应用开发者而言，HarmonyOS 采用了多种分布式技术，使得应用程序的开发实现与不同终端设备的形态差异无关。这能够让开发者聚焦上层业务逻辑，更加便捷、高效地开发应用。

对设备开发者而言，HarmonyOS 采用了组件化的设计方案，可以根据设备的资源能力和业务特征进行灵活裁剪，满足不同形态的终端设备对于操作系统的要求。

HarmonyOS 提供了支持多种开发语言的 API，供开发者进行应用开发。支持的开发语言包括 Java、XML（Extensible Markup Language）、C/C++、JS（JavaScript）、CSS（Cascading Style Sheets）和 HML（HarmonyOS Markup Language）。

2. 技术特性

HarmonyOS 的特性主要有三个，分别是①硬件互助，资源共享；②一次开发，多端部署；③统一 OS，弹性部署。

1) 硬件互助,资源共享

多种设备之间能够实现硬件互助、资源共享,依赖的关键技术包括分布式软总线、分布式设备虚拟化、分布式数据管理、分布式任务调度等。

(1) 分布式软总线是多种终端设备的统一基座,为设备之间的互联互通提供了统一的分布式通信能力,能够快速发现并连接设备,高效地分发任务和传输数据。比如智能家居场景,设备之间即连即用,无须烦琐的配置。

(2) 分布式设备虚拟化平台可以实现不同设备的资源融合、设备管理、数据处理,多种设备共同形成一个超级虚拟终端。针对不同类型的任务,为用户匹配并选择能力合适的执行硬件,让业务连续地在不同设备间流转,充分发挥不同设备的资源优势。比如视频通话场景,将手机与智慧屏连接,可以实现一边做家务、一边通过智慧屏和音箱来视频通话。

(3) 分布式数据管理基于分布式软总线的能力,实现应用程序数据和用户数据的分布式管理。用户数据不再与单一物理设备绑定,业务逻辑与数据存储分离,应用跨设备运行时数据无缝衔接,为打造一致、流畅的用户体验创造了基础条件。比如协同办公场景,将手机上的文档投屏到智慧屏,在智慧屏上对文档执行翻页、缩放、涂鸦等操作,文档的最新状态可以在手机上同步显示。

(4) 分布式任务调度基于分布式软总线、分布式数据管理、分布式 Profile 等技术特性,构建统一的分布式服务管理(发现、同步、注册、调用)机制,支持对跨设备的应用进行远程启动、远程调用、远程连接以及迁移等操作,能够根据不同设备的能力、位置、业务运行状态、资源使用情况,以及用户的习惯和意图,选择合适的设备运行分布式任务。比如外卖场景,在手机上点外卖后,可以将订单信息迁移到智能手表上,随时查看外卖的配送状态。

2) 一次开发,多端部署

HarmonyOS 提供了用户程序框架、Ability 框架以及 UI 框架,支持应用开发过程中多终端的业务逻辑和界面逻辑进行复用,能够实现应用的一次开发、多端部署,提升了跨设备应用的开发效率。

3) 统一 OS,弹性部署

HarmonyOS 通过组件化和小型化等设计方法,支持多种终端设备按需弹性部署,能够适配不同类别的硬件资源和功能需求。支撑通过编译链关系去自动生成组件化的依赖关系,形成组件树依赖图,支撑产品系统的便捷开发,降低硬件设备的开发门槛。

(1) 支持各组件的选择(组件可有可无):根据硬件的形态和需求,可以选择所需的组件。

(2) 支持组件内功能集的配置(组件可大可小):根据硬件的资源情况和功能需求,可以选择配置组件中的功能集,如选择配置图形框架组件中的部分控件。

(3) 支持组件间依赖的关联(平台可大可小):根据编译链关系,可以自动生成组件化的依赖关系。例如,选择图形框架组件,将会自动选择依赖的图形引擎组件等。

3. 技术架构

HarmonyOS 整体遵从分层设计,从下向上依次为内核层、系统服务层、框架层和应用层。系统功能按照“系统 →子系统→功能/模块”逐级展开,在多设备部署场景下,支持根据实际需求裁剪某些非必要的子系统或功能/模块。HarmonyOS 技术架构如图 5.1 所示。

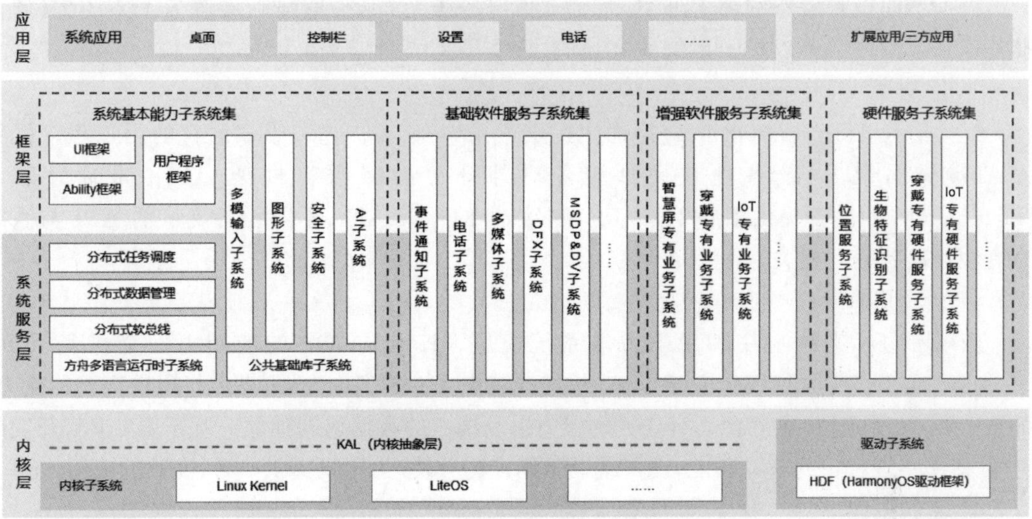

图 5.1 HarmonyOS 技术架构

1）内核层

内核子系统：HarmonyOS 采用多内核设计，支持针对不同资源受限设备选用适合的 OS 内核。内核抽象层（Kernel Abstract Layer，KAL）通过屏蔽多内核差异，对上层提供基础的内核能力，包括进程/线程管理、内存管理、文件系统、网络管理和外设管理等。

驱动子系统：HarmonyOS 驱动框架（HDF）是 HarmonyOS 硬件生态开放的基础，提供统一外设访问能力和驱动开发、管理框架。

2）系统服务层

系统服务层是 HarmonyOS 的核心能力集合，通过框架层对应用程序提供服务。该层包含以下几个部分。

系统基本能力子系统集：其为分布式应用在 HarmonyOS 多设备上的运行、调度、迁移等操作提供了基础能力，由分布式软总线、分布式数据管理、分布式任务调度、方舟多语言运行时、公共基础库、多模输入、图形、安全、AI 等子系统组成。其中，方舟运行时子系统提供了 C/C++/JS 多语言运行时和基础的系统类库，也为使用方舟编译器静态化的 Java 程序（即应用程序或框架层中使用 Java 语言开发的部分）提供运行时。

基础软件服务子系统集：其为 HarmonyOS 提供公共的、通用的软件服务，由事件通知、电话、多媒体、DFX、MSDP&DV 等子系统组成。

增强软件服务子系统集：其为 HarmonyOS 提供针对不同设备的、差异化的能力增强型软件服务，由智慧屏专有业务、穿戴专有业务、IoT 专有业务等子系统组成。

硬件服务子系统集：其为 HarmonyOS 提供硬件服务，由位置服务、生物特征识别、穿戴专有硬件服务、IoT 专有硬件服务等子系统组成。

根据不同设备形态的部署环境，基础软件服务子系统集、增强软件服务子系统集、硬件服务子系统集内部可以按子系统粒度裁剪，每个子系统内部又可以按功能粒度裁剪。

3）框架层

框架层为 HarmonyOS 的应用程序提供了 Java/C/C++/JS 等多语言的用户程序框架和 Ability 框架，以及各种软硬件服务对外开放的多语言框架 API；同时为采用 HarmonyOS 的设备提供了 C/C++/JS 等多语言的框架 API，不同设备支持的 API 与系统的组件化裁剪程度相关。

4）应用层

应用层包括系统应用和第三方非系统应用。HarmonyOS 的应用由一个或多个 FA（Feature Ability）或 PA（Particle Ability）组成。其中，FA 有 UI 界面，提供与用户交互的能力；而 PA 无 UI 界面，提供后台运行任务的能力以及统一的数据访问抽象。基于 FA/PA 开发的应用，能够实现特定的业务功能，支持跨设备调度与分发，为用户提供一致、高效的应用体验。

4. 系统安全

在搭载 HarmonyOS 的分布式终端上，可以保证“正确的人，通过正确的设备，正确地使用数据”。

（1）通过“分布式多端协同身份认证”来保证“正确的人”。在分布式终端场景下，“正确的人”指通过身份认证的数据访问者和业务操作者。“正确的人”是确保用户数据不被非法访问、用户隐私不泄露的前提条件。HarmonyOS 通过以下三个方面来实现协同身份认证：零信任模型、多因素融合认证、协同互助认证。

（2）通过“在分布式终端上构筑可信运行环境”来保证“正确的设备”。在分布式终端场景下，只有保证用户使用的设备是安全可靠的，才能保证用户数据在虚拟终端上得到有效保护，避免用户隐私泄露。

（3）通过“分布式数据在跨终端流动的过程中，对数据进行分类分级管理”来保证“正确地使用数据”。HarmonyOS 围绕数据的生成、存储、使用、传输以及销毁过程进行全生命周期的保护，从而保证个人数据与隐私以及系统的机密数据（如密钥）不泄露。

5.1.2 开发基础知识及平台搭建

1. 运行环境要求

为保证 DevEco Studio 正常运行，建议用户的计算机配置满足如下要求。

（1）操作系统：Windows 10 64 位。

（2）内存：8GB 及以上。

（3）硬盘：100GB 及以上。

（4）分辨率：1280 像素×800 像素及以上。

DevEco Studio 支持 Windows 系统和 macOS 系统，在开发 HarmonyOS 应用前，用户需要准备 HarmonyOS 应用的开发环境。环境准备流程，如图 5.2 所示。

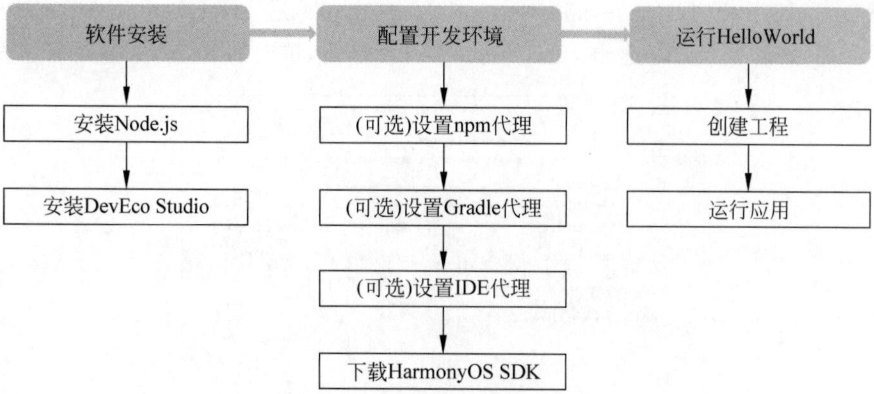

图 5.2　环境准备流程

如图 5.2 所示，搭建 HarmonyOS 应用开发的环境包括软件安装、配置开发环境和运行 HelloWorld 三个环节，详细的指导请参考“平台搭建”中的内容。

2. 平台搭建

HarmonyOS 智能设备一站式集成开发环境，支持 HarmonyOS 组件按需定制、一键编译和烧录、可视化调试、分布式能力集成等，帮助开发者提升开发效率。

1）下载并安装开发工具

(1) 下载 DevEco Studio。

DevEco Studio 的编译构建依赖 JDK，DevEco Studio 预置了 Open JDK，版本为 1.8，安装过程中会自动安装 JDK。

步骤 1：单击链接下载 DevEco Studio 安装包。

下载 DevEco Studio 需要使用华为账号登录 HarmonyOS 应用开发者门户。在 IDE 中找到工具下载链接，这里选择 Windows(64-bit)进行下载，如图 5.3 所示。

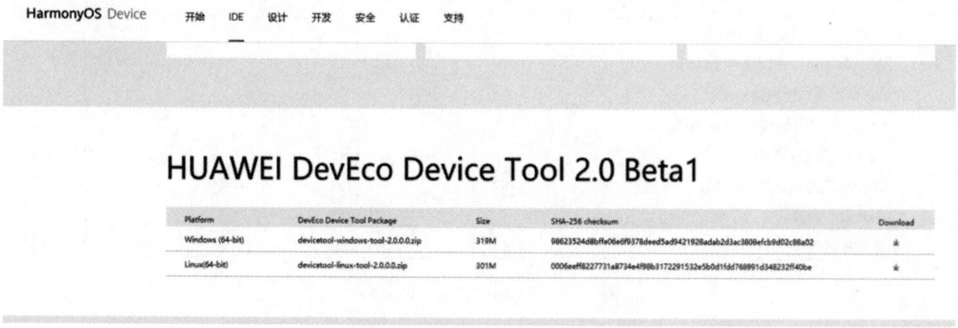

图 5.3　DevEco Device Tool

同时，使用 DevEco Studio 远程模拟器需要用户的华为账号进行实名认证，建议用户在注册华为账号后，立即提交实名认证审核，审核周期为 1～3 个工作日。

步骤 2：双击下载的 deveco-windows-tool-2.0.0.0.exe，进入 DevEco Studio 安装向导，如图 5.4 所示，安装选项界面勾选 DevEco Studio launcher 后，单击 Next 按钮，直至安装完成。

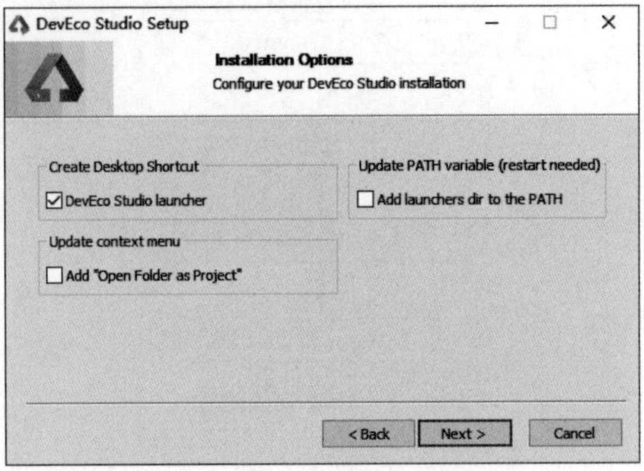

图 5.4　DevEco Studio 安装

（2）下载和安装 Node.js。

Node.js 软件仅在用户使用到 JS 语言开发 HarmonyOS 应用时才需要安装。使用其他语言开发，不用安装 Node.js，请跳过。

登录 Node.js 官方网站，下载 Node.js 软件包。请选择 Windows 对应版本的软件包安装，版本下载选择如图 5.5 所示。

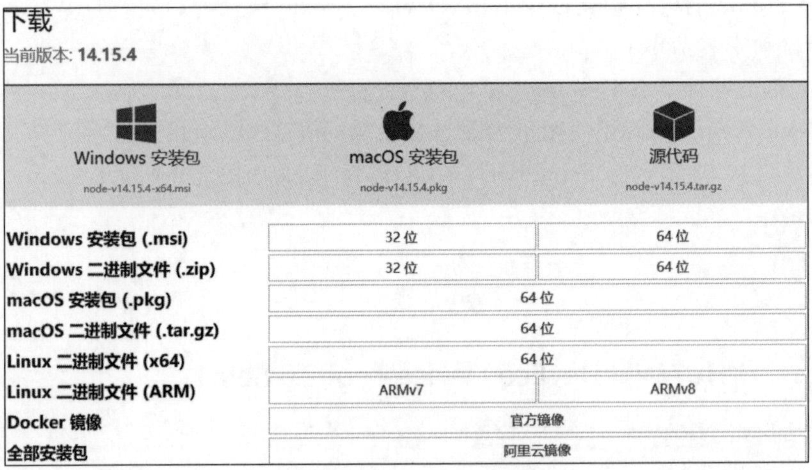

图 5.5　Node.js 版本下载

2）配置开发环境

DevEco Studio 开发环境需要依赖于网络环境，需要连接上网络才能确保工具的正常使用。

DevEco Studio 提供 SDK Manager 统一管理 SDK 及工具链，下载各种编程语言的 SDK 包时，SDK Manager 会自动下载该 SDK 包依赖的工具链。

SDK Manager 提供多种编程语言的 SDK 包和工具链，具体说明如表 5.1 所示。

表 5.1 SDK Manager

类别	包　名	说　明	默认是否下载
SDK	Native	C/C++语言 SDK 包	否
	JS	JS 语言 SDK 包	否
	Java	Java 语言 SDK 包	是
SDK Tool	Toolchains	SDK 工具链，HarmonyOS 应用开发必备工具集，包括编译、打包、签名、数据库管理等工具的集合	是
	Previewer	HarmonyOS 应用预览器，在开发过程中可以动态预览 Phone、TV、Wearable、LiteWearable 等设备的应用效果，支持 JS 和 Java 应用预览	否

启动 DevEco Studio，工具会自动检查本地路径下是否存在 HarmonyOS SDK，如果不存在，会弹出如图 5.6 所示的向导，提示下载 HarmonyOS SDK。

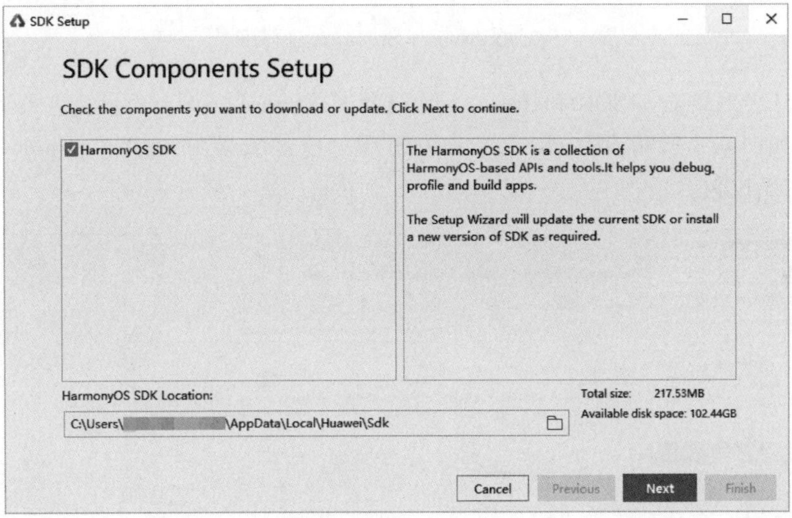

图 5.6 SDK 安装

默认情况下，SDK 会下载到 user 目录下，用户也可以指定对应的存储路径（不支持中文字符），然后单击 Next 按钮。

默认会下载最新版本的 Java SDK 和 Toolchains。在弹出的 License Agreement 窗口中，单击 Accept 开始下载 SDK。

说明：如果本地已有 SDK 包，请选择本地已有 SDK 包的存储路径，DevEco Studio 会适当更新 SDK 及工具链。

等待 HarmonyOS SDK 及工具下载完成，单击 Finish 按钮，界面会进入 DevEco Studio 欢迎页面，如图 5.7 所示。

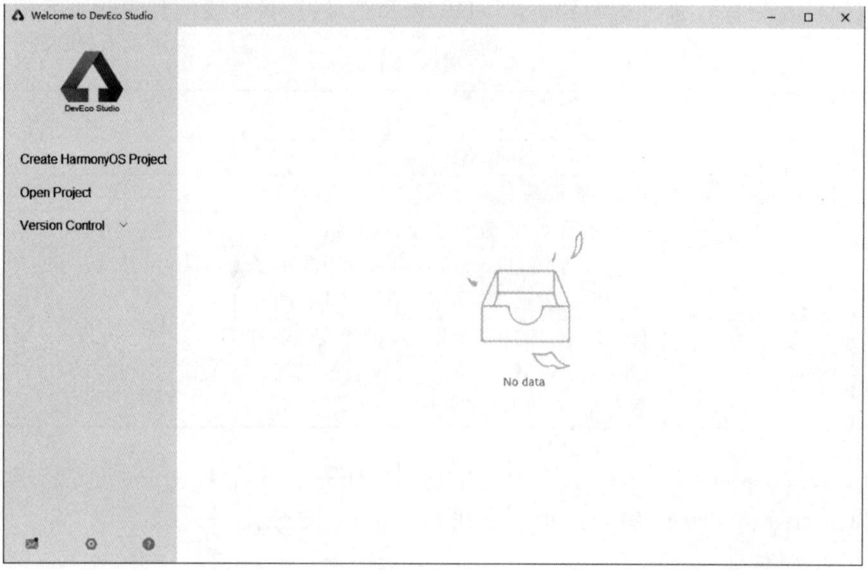

图 5.7　DevEco Studio 欢迎页面

SDK 默认会下载 Java SDK 和 Toolchains，选择 Configure → Settings，会进入 HarmonyOS SDK 页面。如图 5.8 所示，图中勾选部分说明环境已经安装好 API Version4 下的 JS 和 Java 语言的 SDK 包。

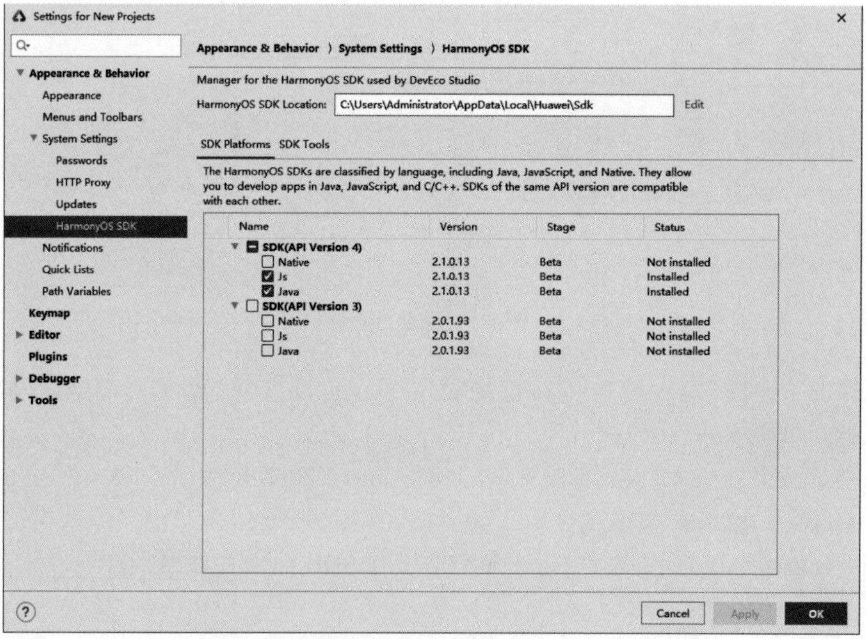

图 5.8　SDK 管理页面

如果工程还会用到JS、C/C++语言和预览器，请在SDK Platform中，勾选对应的SDK包，如Nativie。也可以在SDK Tools中勾选Previewer，然后单击Apply，SDK Manager会自动将SDK包和预览器工具链，下载到SDK Location(存储路径)中，如图5.9所示。

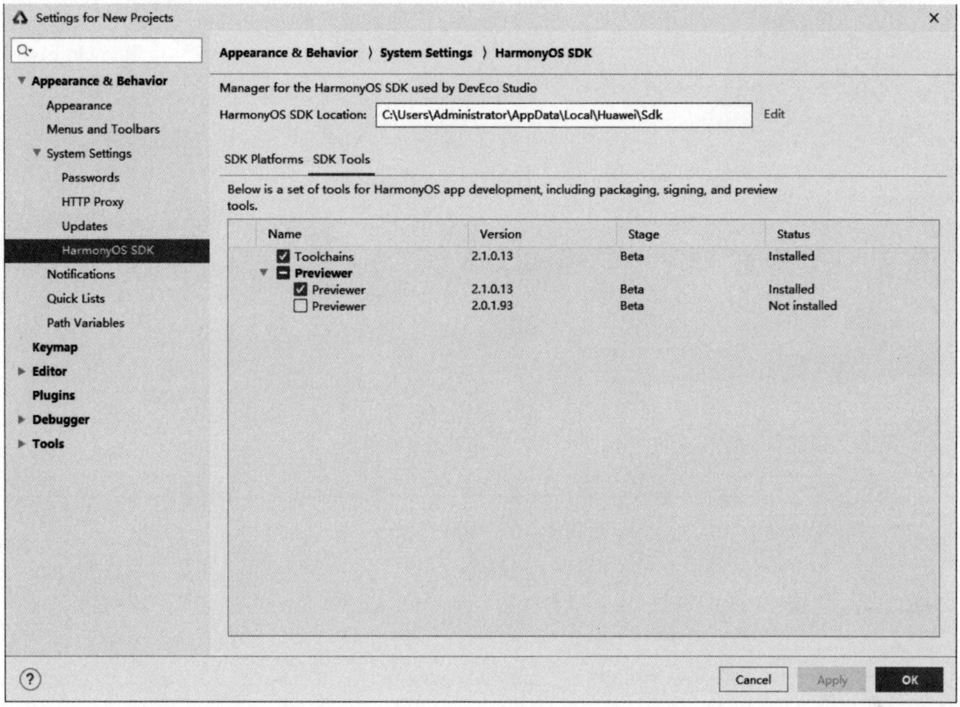

图5.9 SDK Tool

开发环境配置完成后，可以通过运行HelloWorld工程来验证环境设置是否正确。

5.1.3 快速入门开发

接下来以手机(Phone)为例，分别介绍如何创建和运行JS语言、Java语言的HelloWorld工程，并介绍它们的工程结构。

1. 创建和运行一个HelloWorld(JS语言)

现在可以创建手机的应用，打开DevEco Studio，在欢迎页单击Create HarmonyOS Project，创建一个手机的空项目，如图5.10所示。选择设备类型和模板，以Phone为例，选择Empty Feature Ability(JS)，单击Next按钮，如图5.11所示。

输入项目名、包名，设置保存工程位置，这里选择的SDK版本为API Version3，如图5.12所示，单击Finish按钮，完成工程创建。

生成工程如图5.13所示，JS版本可以预览效果，选择菜单View→Tool Windows→Previewer，可进入具体页面编辑代码，效果如图5.13的右侧所示。

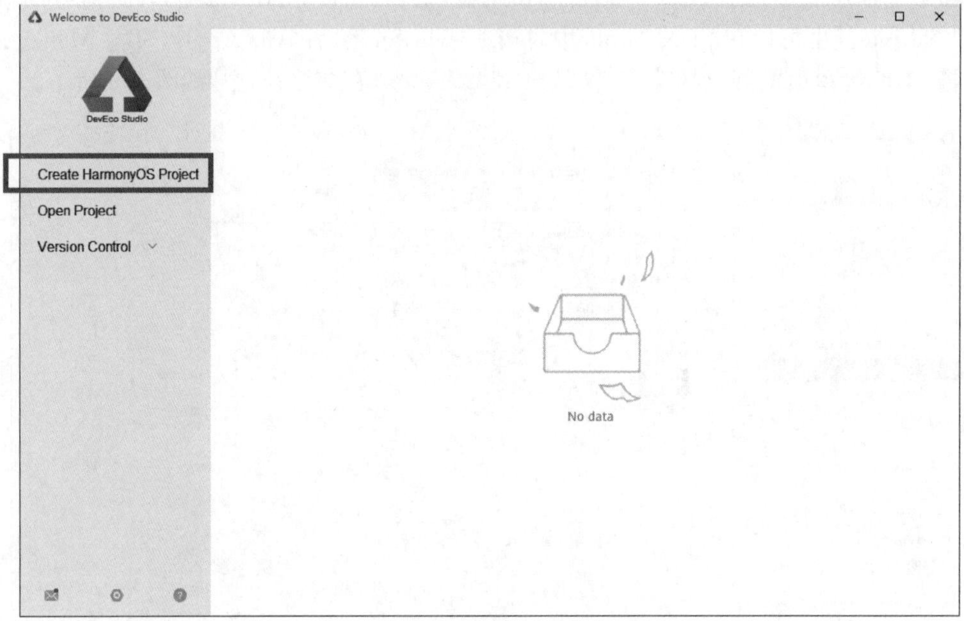

图 5.10 创建工程

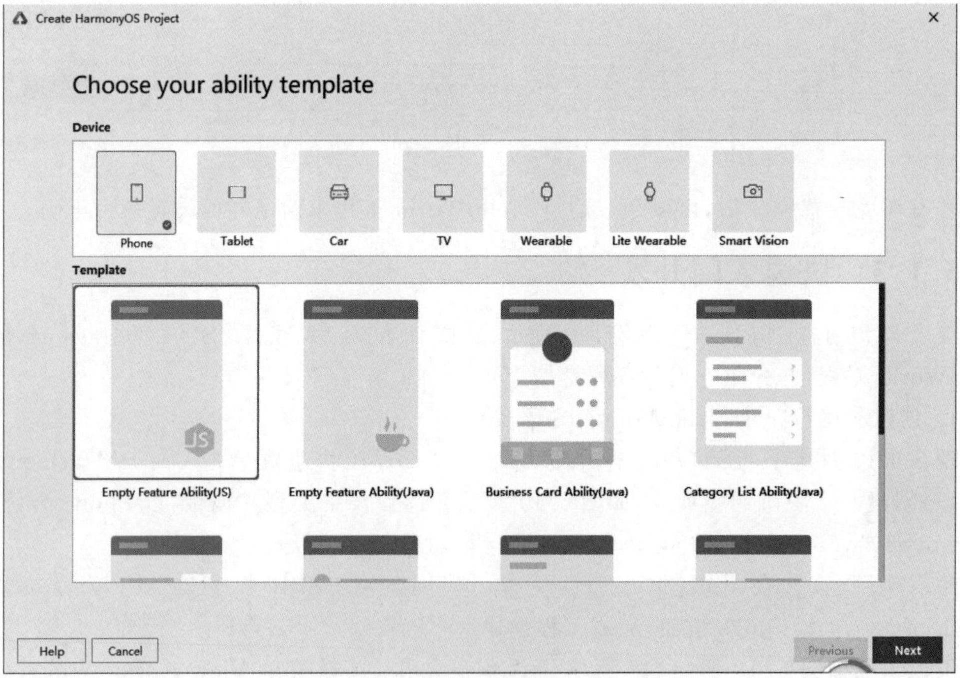

图 5.11 选择 JS 模板

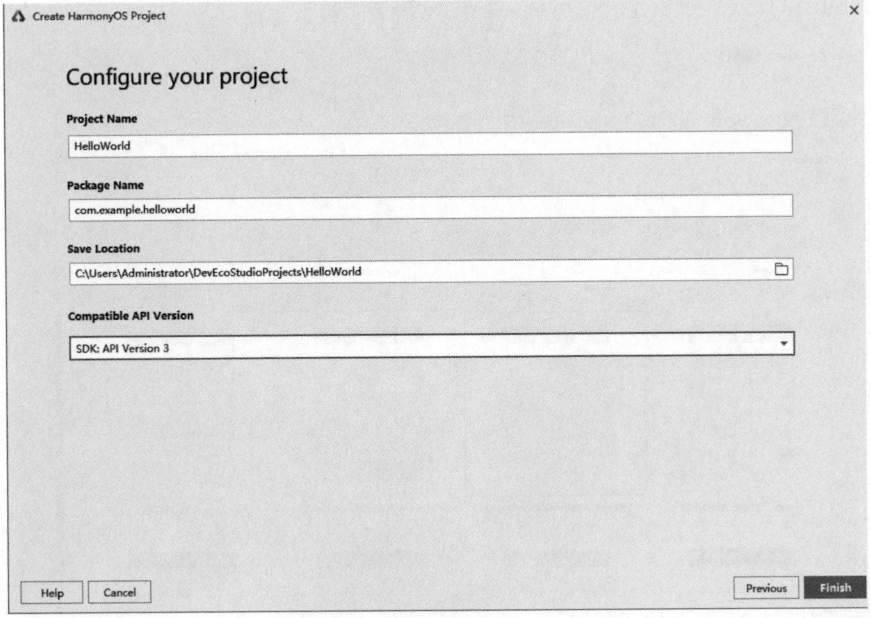

图 5.12 Config your project

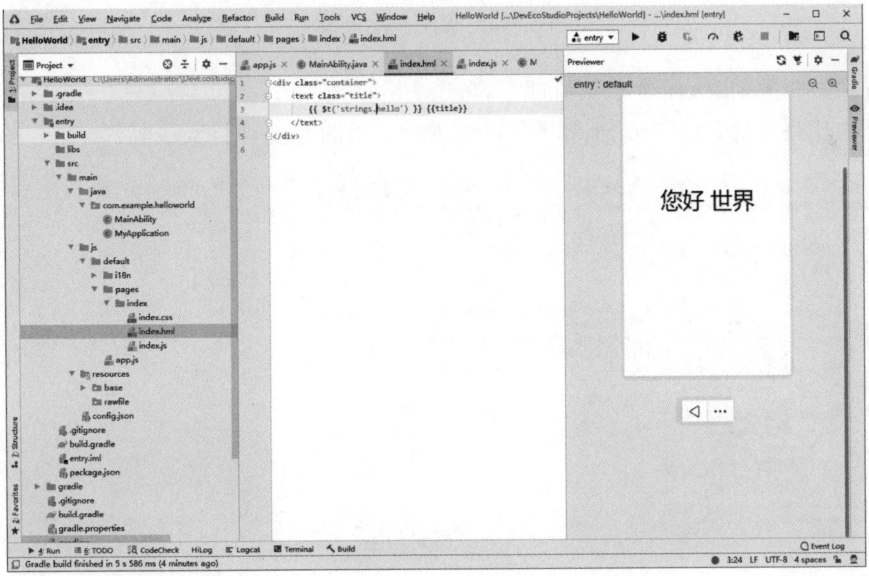

图 5.13 工程生成

2. 创建和运行一个 HelloWorld(Java 语言)

1) 创建一个新工程

创建工程的步骤基本同 JS 语言一样，打开 DevEco Studio，在欢迎页单击 Create HarmonyOS Project，创建一个新工程。选择设备类型和模板，以 Phone 为例，选择 Empty

Feature Ability(Java)，单击 Next 按钮，如图 5.14 所示。

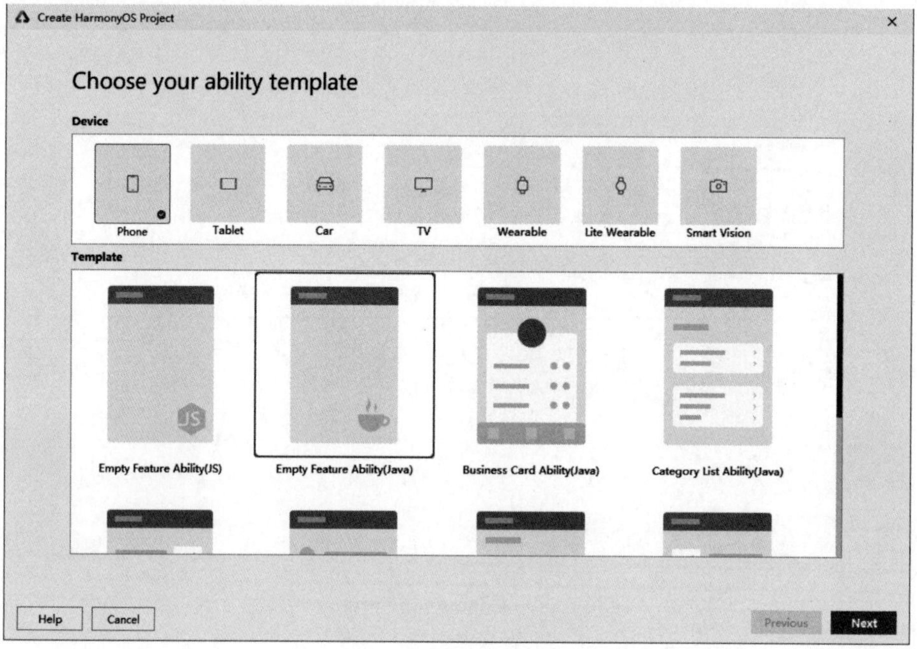

图 5.14　选择 Java 模板

填写项目相关信息，保持默认值即可，单击 Finish 按钮。

工程创建完成后，DevEco Studio 会自动进行工程的同步，同步成功后如图 5.15 所示。

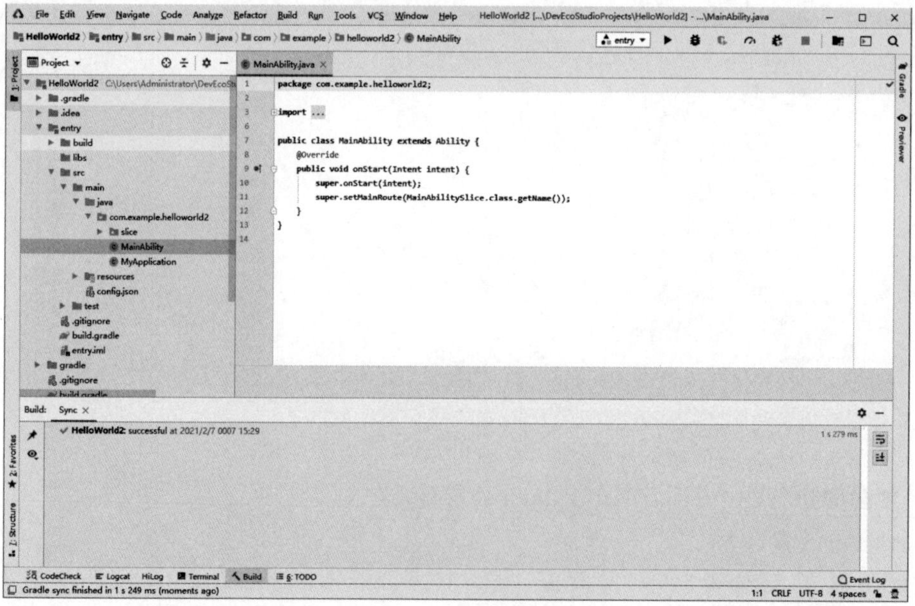

图 5.15　工程生成

2）使用模拟器运行 HelloWorld

在 DevEco Studio 菜单栏，选择 Tools → HVD Manager 命令。首次使用模拟器，需下载模拟器相关资源，如图 5.16 所示，请单击 Ok 按钮，等待资源下载完成。

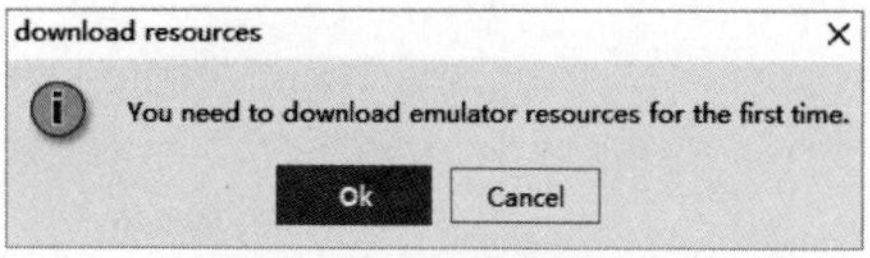

图 5.16 模拟器下载

在浏览器中弹出华为开发者联盟账号登录界面，请输入已实名认证的华为开发者联盟账号的用户名和密码进行登录。

这里推荐使用 Chrome 浏览器，如果使用 Safari、360 等其他浏览器，要取消跨站跟踪和阻止所有 Cookie 功能。

登录后，请单击界面的"允许"按钮进行授权，如图 5.17 所示。

图 5.17 华为账号授权①

在设备列表中，选择 Phone 设备，这里是"P40"，并单击 ▶ 按钮，运行模拟器，如图 5.18 所示。

然后单击 DevEco Studio 工具栏中的 ▶ 按钮运行工程，如图 5.19 所示，或使用默认快捷键 Shift+F10(Mac 为 Control+R)运行工程。

在弹出的 Select Deployment Target 界面选择已启动的模拟器，单击 OK 按钮，如图 5.20 所示。

① 编辑注：本书软件截图中，"帐号"和"帐号"的书写为误用，正确写法应为"账号"和"账户"；"登陆"的书写为误用，正确写法应为"登录"。特此说明。

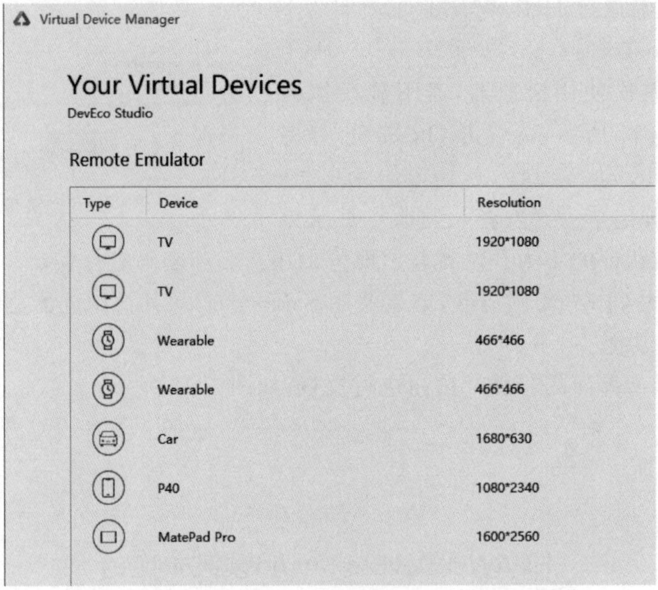

图 5.18 虚拟设备列表

图 5.19 DevEco Studio 工具栏

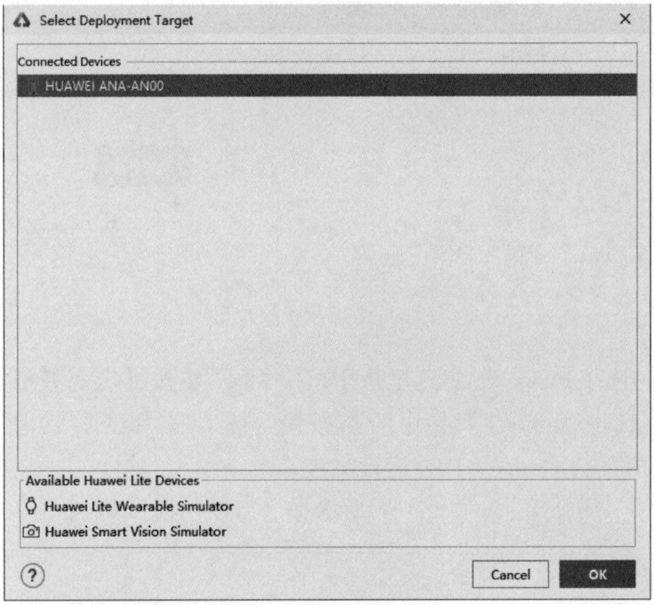

图 5.20 运行模拟器

DevEco Studio 会启动应用的编译构建，完成后应用即可运行在模拟器上，如图 5.21 所示。

图 5.21　项目运行

图 5.21 表示已成功运行了第一个 HarmonyOS 应用，接下来，可以通过一个简单的 DEMO 工程示例，来详细了解 HarmonyOS 应用的开发过程，具体请参见 HarmonyOS App 工程结构。

3. HarmonyOS App 工程结构

在进行 HarmonyOS 应用开发前，我们需要先学习一下 HarmonyOS 应用的逻辑结构。

HarmonyOS 应用发布形态为 App Pack（Application Package，App），它由一个或多个 HAP（HarmonyOS Ability Package）包以及描述 App Pack 属性的 pack.info 文件组成。

一个 HAP 在工程目录中对应一个 Module，它由代码、资源、第三方库及应用清单文件组成，可以分为 Entry 和 Feature 两种类型。

（1）Entry：应用的主模块。一个 App 中，对于同一设备类型必须有且只有一个 entry 类型的 HAP，可独立安装运行。

（2）Feature：应用的动态特性模块。一个 App 可以包含一个或多个 feature 类型的 HAP，也可以不含。

HAP 是 Ability 的部署包，HarmonyOS 应用代码围绕 Ability 组件展开，它由一个或多个 Ability 组成。Ability 分为两种类型：FA（Feature Ability，元程序）和 PA（Particle Ability，元服务）。FA/PA 是应用的基本组成单元，能够实现特定的业务功能。FA 有 UI 界面，而 PA 无 UI 界面。App Pack 组成如图 5.22 所示。

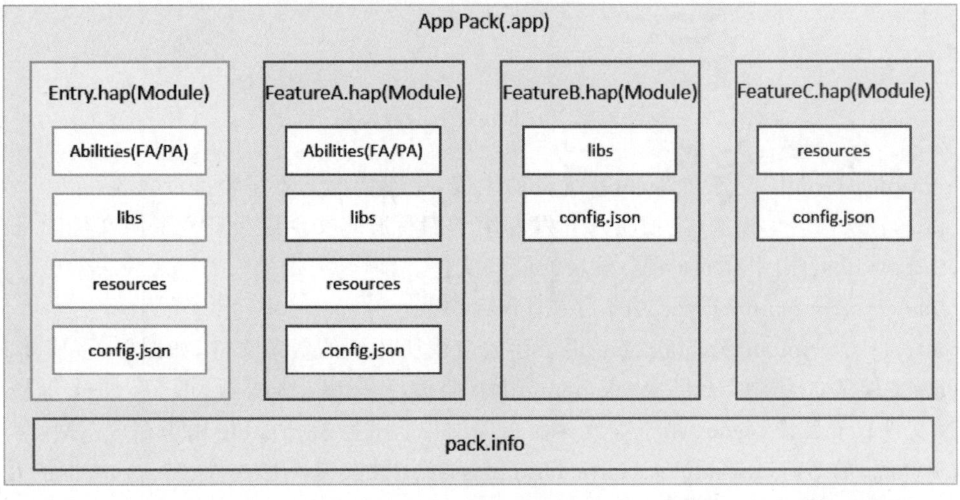

图 5.22　App Pack 组成

4. 工程目录结构

1）Java 工程目录结构

Java 工程目录结构，如图 5.23 所示。

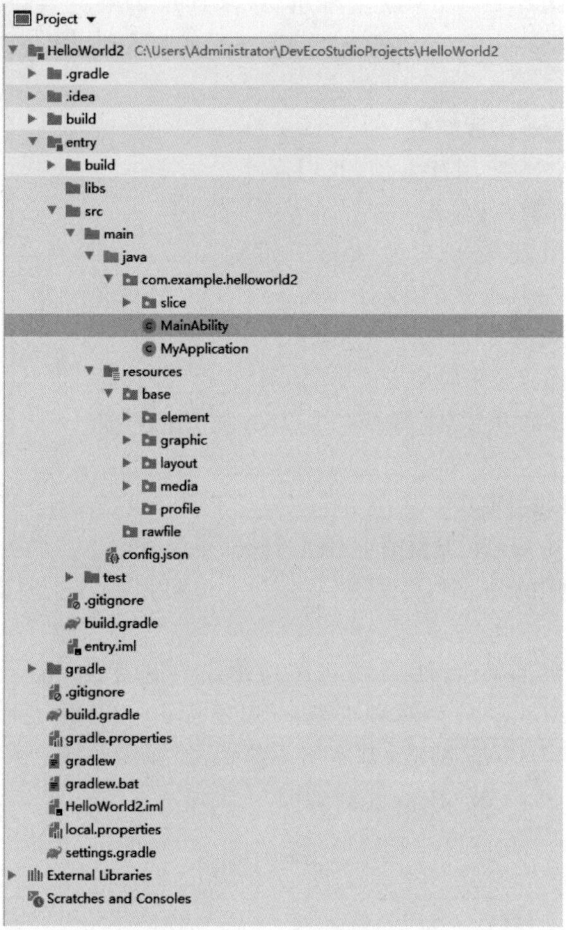

图 5.23 Java 工程目录结构

.gradle：Gradle 配置文件，由系统自动生成，一般情况下不需要进行修改。

entry：默认启动模块（主模块），开发者用于编写源码文件以及开发资源文件的目录。

entry→libs：用于存放 entry 模块的依赖文件。

entry→src→main→java：用于存放 Java 源码。

entry→src→main→resources：用于存放应用所用到的资源文件，如图形、多媒体、字符串、布局文件等。其中，子目录 element 用于存放字符串、整型数、颜色、样式等资源的 JSON 文件；子目录 layout 用于存放界面布局文件；子目录 graphic 用于存放 XML 类型的可绘制资源，如 SVG（Scalable Vector Graphics）可缩放矢量图形文件、Shape 基本的几何图形（如矩形、圆形、线型等）等；子目录 media 用于存放多媒体文件，如图形、视频、音频等文件；子目录 profile 用于存储任意格式的原始资源文件。

entry→src→main→config. json：HAP 清单文件，由 app、deviceConfig 和 module 三个部分组成，缺一不可。

entry→src→test：编写单元测试代码的目录，运行在本地 Java 虚拟机(JVM)上。

entry→. gitignore：标识 git 版本管理需要忽略的文件。

entry→build. gradle：entry 模块的编译配置文件。

2) JS 工程目录结构

JS 工程目录结构，如图 5.24 所示。

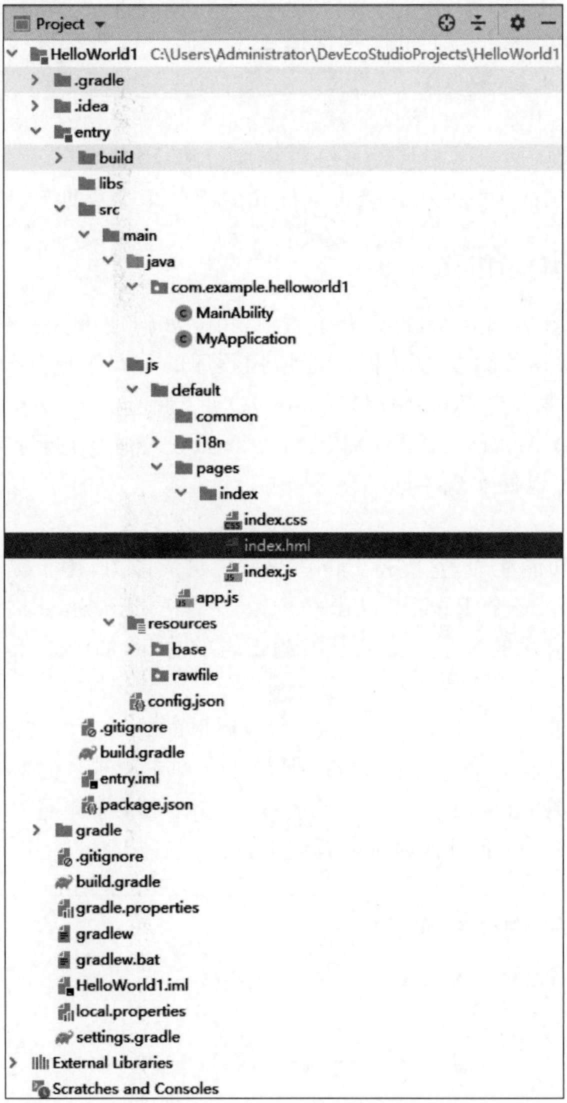

图 5.24 JS 工程目录结构

common 目录：可选，用于存放公共资源文件，如媒体资源、自定义组件和 JS 文档等。

i18n 目录：可选，用于存放多语言的 JSON 文件，可以在该目录下定义应用在不同语言系统中显示的内容，如应用文本词条、图片路径等。

pages 目录：pages 文件夹下可以包含一个或多个页面，每个页面都需要创建一个文件夹（如图中的 index）。页面文件夹下主要包含 3 种文件类型：css、js 和 hml 文件。

pages→index→index. hml 文件：hml 文件定义了页面的布局结构、使用到的组件，以及这些组件的层级关系，详情请参考 HML 语法参考。

pages→index→index. css 文件：css 文件定义了页面的样式与布局，包含样式选择器和各种样式属性等。

pages→index→index. js 文件：js 文件描述了页面的行为逻辑，此文件里定义了页面里所用到的所有的逻辑关系，如数据、事件等。

resources：可选，用于存放资源配置文件，如全局样式、多分辨率加载等配置文件。resources 资源引用示例请参考根据设备分辨率加载图片。

app. js 文件：全局的 JavaScript 逻辑文件和应用的生命周期管理。

5.1.4 Ability 介绍

进行 HarmonyOS 应用开发，首先要了解 Ability 如何使用。

Ability 是应用所具备能力的抽象，也是应用程序的重要组成部分。一个应用可以具备多种能力（即可以包含多个 Ability），HarmonyOS 支持应用以 Ability 为单位进行部署。Ability 可以分为 FA（Feature Ability）和 PA（Particle Ability）两种类型，每种类型为开发者提供了不同的模板，以便实现不同的业务功能。

1. FA

FA 中文意思是功能能力，它支持 Page Ability 页面能力，用于提供与用户交互的能力。一个 Page 可以由一个或多个 AbilitySlice 构成，AbilitySlice 是指应用的单个页面及其控制逻辑的总和，如图 5.25 所示。

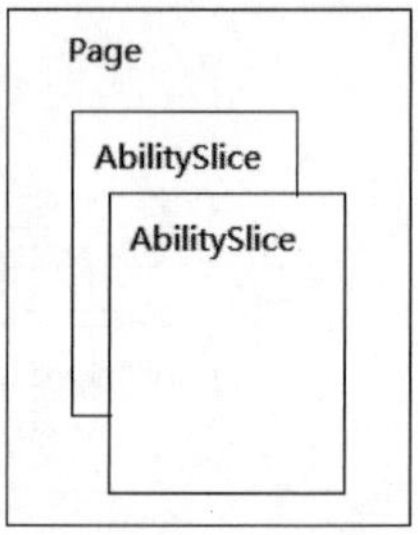

图 5.25 Page

图 5.25 中 Page 是一个窗口，AbilitySlice 是窗口里面的一个页面。

一个 Page 可以包含多个 AbilitySlice，但是 Page 进入前台时界面默认只展示一个 AbilitySlice。默认展示的 AbilitySlice 是通过 setMainRoute() 方法来指定的。具体参看以下代码。

```
public class MainAbility extends Ability {
    @Override
    public void onStart(Intent intent) {
        super.onStart(intent);
        //默认显示
        super.setMainRoute(MainAbilitySlice.class.getName());
    }
}
```

如果需要更改默认展示的 AbilitySlice，可以通过 addActionRoute()方法为此 AbilitySlice 配置一条路由规则。

用户可以根据工程中 config. json 文件中 abilities 的配置，找到 abilities，再找到 abilities 中的 name 属性，可以知道首先启动的是 MainAbility。示例代码如下。

```
config.json 部分代码:
---------------------------------------------------------------------------
"abilities": [                                         //Ability 列表
  {
   ……
    "orientation": "unspecified",
    "name": "com.example.helloworld2.MainAbility",     //Ability 名称
    "icon": "$media:icon",                             //Ability 图标
    "description": "$string:mainability_description",  //Ability 描述
        "label": "HelloWorld2",                        //Ability 标题
    "type": "page",          //Ability 类型: PageAbility or ServiceAbility or DataAbility
    "launchType": "standard" //启动模式,目前支持 standard 模式和 singleton 模式
  }
]
```

注意：*应用程序的所有功能都必须在此文件中注册，并附加到功能标签上。*

用户自己开发的 XxxAbility 必须要继承 Ability，用户自己开发的 XxxAbilitySlice 必须要继承 AbilitySlice。

HarmonyOS 提供了 Ability 和 AbilitySlice 两个基础类。一个有界面的 Ability 可以由一个或多个 AbilitySlice 构成。AbilitySlice 主要用于承载单个页面的具体逻辑实现和界面 UI，是应用显示、运行和跳转的最小单元。AbilitySlice 通过 setUIContent 为界面设置布局。示例代码如下。

```
public class MainAbilitySlice extends AbilitySlice{
    @Override
    public void onStart(Intent intent) {
        super.onStart(intent);
        super.setUIContent(ResourceTable.Layout_ability_main);
    }
}
```

上述代码里，通过 setUIContent 方法设置界面入口，参数为对应的界面布局文件名。

2. PA

PA 支持两个能力：Service Ability 和 Data Ability，分别表示服务能力和数据能力。Service 用于提供后台运行任务的能力，Data 用于对外部提供统一的数据访问抽象。

比如创建一个名为 ServiceAbility 的 Service(服务)，需要在配置文件(config. json)中注册 Ability，示例代码如下。

```
{
    "module": {
        "abilities": [
            {
                "name": ".ServiceAbility",
                "type": "service",
                "visible": true
                ...
            }
        ]
        ...
    }
    ...
}
```

其中，type 的取值设置为 service，表示选用 Service 模板。

5.2 HarmonyOS 的 UI 开发

5.2.1 Java UI 框架的应用

1. 基本概念

首先来了解 Java UI 框架中的几个概念。

1）组件和布局

用户界面元素统称为组件，组件根据一定的层级结构进行组合形成布局。组件在未被添加到布局中时，既无法显示也无法交互，因此一个用户界面至少包含一个布局。

在 UI 框架中，具体的布局类通常以 XXLayout 命名，完整的用户界面是一个布局，用户界面中的一部分也可以是一个布局。布局中容纳 Component 与 ComponentContainer 对象。

2）组件(Component)

组件是绘制在屏幕上的一个对象，用户能与之交互。Component 提供内容显示，是界面中所有组件的基类，开发者可以给 Component 设置事件处理回调来创建一个可交互的组件。

Java UI 框架提供了一部分 Component 的具体子类，即创建用户界面(UI)的各类组件，包括一些常用的组件，如文本、按钮、图片、列表等。用户可通过组件进行交互操作，并获得响应。所有的 UI 操作都应该在主线程进行设置。

3）组件容器(ComponentContainer)

组件容器是一个用于容纳其他 Component 和 ComponentContainer 对象的容器。

Java UI 框架提供了一些标准布局功能的容器，它们继承自 ComponentContainer，一般以 Layout 结尾，如 DirectionalLayout、DependentLayout 等。

从图 5.26 中可以看出 ComponentContainer 与 Component 的关系。

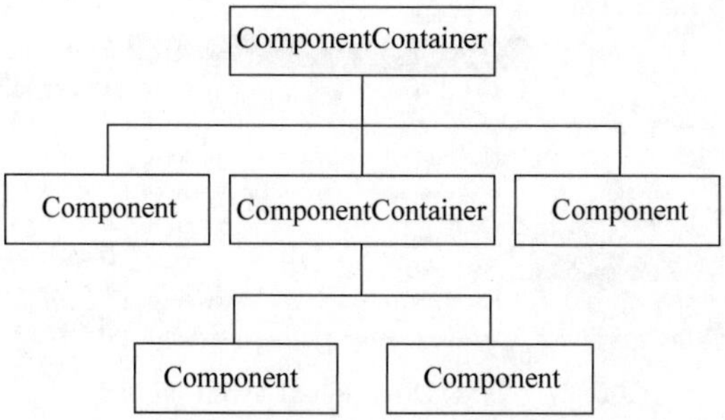

图 5.26 Component 结构图

4) 组件分类

根据组件的功能,可以将组件分为布局类、显示类、交互类这三类,具体如表 5.2 所示。

表 5.2 组件分类

组件类别	组 件 名 称	功 能 描 述
布局类	PositionLayout、 DirectionalLayout、 StackLayout、DependentLayout、TableLayout、AdaptiveBoxLayout	提供了不同布局规范的组件容器,如以单一方向排列的 DirectionalLayout、以相对位置排列的 DependentLayout、以确切位置排列的 PositionLayout 等
显示类	Text、Image、Clock、TickTimer、ProgressBar	提供了单纯的内容显示,如用于文本显示的 Text、用于图像显示的 Image 等
交互类	TextField、Button、Checkbox、RadioButton/RadioContainer、Switch、ToggleButton、Slider、Rating、ScrollView、TabList、ListContainer、PageSlider、PageFlipper、PageSliderIndicator、Picker、TimePicker、DatePicker、SurfaceProvider、ComponentProvider	提供了具体场景下与用户交互响应的功能,如 Button 提供了单击响应功能,Slider 提供了进度选择功能等

下面将对其中的常用布局及控件进行逐一介绍。

2. DirectionalLayout 布局

1) 概念

DirectionalLayout 是 Java UI 中的一种重要组件布局,类似于 Android 中的 LinearLayout 布局。DirectionalLayout 用于将一组组件(Component)按照水平或者垂直方向排布,能够方便地对齐布局内的组件。该布局和其他布局的组合,可以实现更加丰富的布局方式。

DirectionalLayout 的排列方向(orientation)分为水平(horizontal)和垂直(vertical)两种。可使用 ohos: orientation 属性设置布局内组件的排列方式,默认为垂直排列。

DirectionalLayout 布局文件位于工程目录 entry→src→main→resources→base→layout 下。

2) 布局的创建

可以新建一个布局,右击 layout,选择 New→Layout Resource File,如图 5.27 所示。

在弹出的窗口中,输入新建文件名和布局文件类型,如图 5.28 所示。

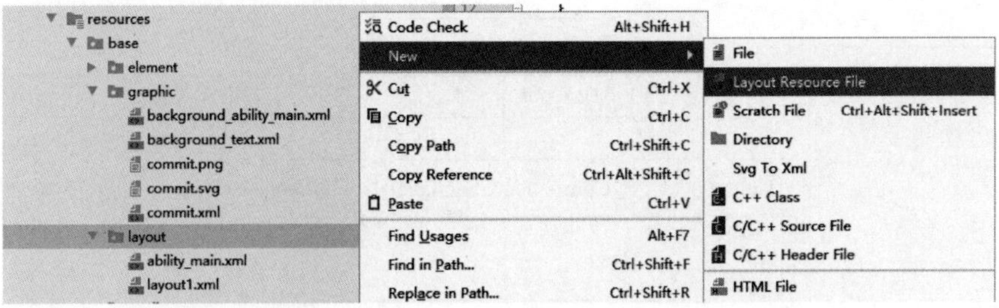

图 5.27 新建 DirectionalLayout 布局 1

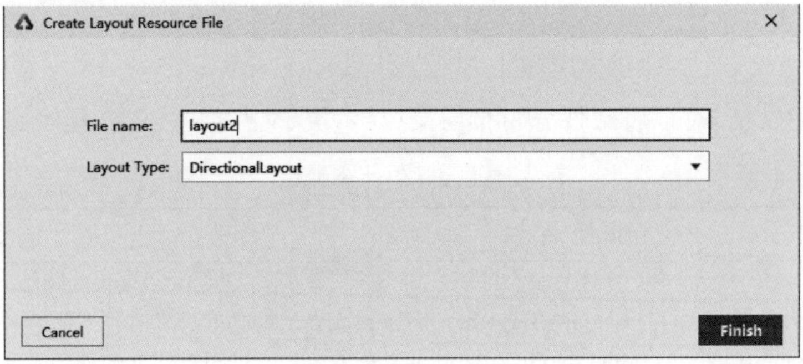

图 5.28 新建 DirectionalLayout 布局 2

预览文件,代码如下。

```
<?xml version = "1.0" encoding = "utf - 8"?>
< DirectionalLayout
    xmlns:ohos = http://schemas.huawei.com/res/ohos
        ohos:height = "match_parent"
        ohos:width = "match_parent"
        ohos:orientation = "vertical">
    </DirectionalLayout >
```

3) 常见属性

DirectionalLayout 常用属性如表 5.3 所示。

表 5.3 DirectionalLayout 常用属性

属性名称	描述
ohos:width	设置该组件的宽度,其可选值有值 match_content、match_parent,其中 match_content 表示该组件的宽度恰好能包裹它的内容,match_parent 表示该组件的宽度与父容器的宽度相同
ohos:height	用于设置该组件的高度,其可选值有值 match_content、match_parent,其中 match_content 表示该组件的高度恰好能包裹它的内容,match_parent 表示该组件的高度与父容器的高度相同

续表

属性名称	描　述
ohos:layout_alignment	用于设置布局管理器内组件的显示位置,其值具体见表 5.4
ohos:background_element	用于为该组件设置背景,可以是背景图片,也可以是背景颜色
ohos:orientation	用于设置布局中组件的排列方式,其值有 vertical(垂直)和 horizontal(水平)两种,默认值为 vertical
ohos:weight	用于设置组件所占的权重,即用于设置组件占父容器剩余空间的比例。该属性的默认值为 0,表示需要显示多大的视图就占据多大的屏幕空间

DirectionalLayout 中的组件使用 layout_alignment 控制自身在布局中的对齐方式,当对齐方式与排列方式方向一致时,对齐方式不会生效,如设置了水平方向的排列方式,则左对齐、右对齐将不会生效。常用的对齐参数,如表 5.4 所示。

表 5.4　组件对齐参数

参　数	作　用	可搭配排列方式
left	左对齐	垂直排列
top	顶部对齐	水平排列
right	右对齐	垂直排列
bottom	底部对齐	水平排列
horizontal_center	水平方向居中	垂直排列
vertical_center	垂直方向居中	水平排列
center	垂直与水平方向都居中	水平/垂直排列

4) 示例

两个 DirectionalLayout 布局的比重是 1∶1,第一个 DirectionalLayout 布局垂直方向排列四个按钮,第二个 DirectionalLayout 布局水平方向排列四个按钮,均使用了对齐方式,效果如图 5.29 所示。

注意:DirectionalLayout 不会自动换行,其子组件会按照设定的方向依次排列,若超过布局本身的大小,超出布局大小的部分将不会被显示。图 5.29 中第二个 DirectionalLayout 布局因为排列方式是水平方向,并且按钮组件的排列超出了布局大小,会导致第四个按钮显示不全。

部分代码如下。

```
<?xml version = "1.0" encoding = "utf - 8"?>
< DirectionalLayout
    xmlns:ohos = "http://schemas.huawei.com/res/ohos"
    ohos:height = "match_parent"
```

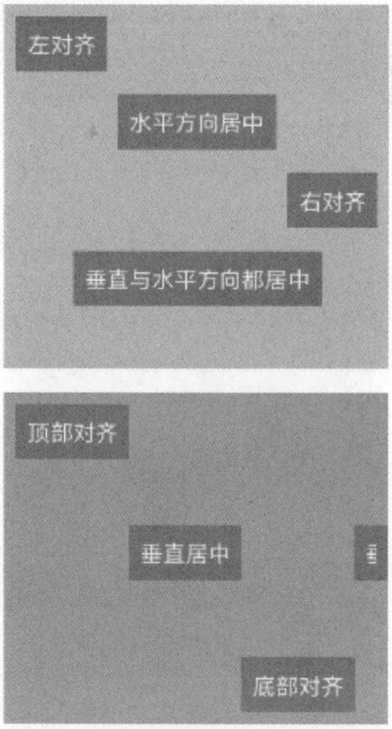

图 5.29　DirectionalLayout 布局属性使用

```
    ohos:width = "match_parent"
    ohos:orientation = "vertical">
    <DirectionalLayout
        ohos:width = "match_parent"
        ohos:height = "0vp"
        ohos:weight = "1"
        ohos:margin = "10vp"
        ohos:background_element = "#FFDDDDDD"
        ohos:orientation = "vertical">
        <Text
            ohos:width = "match_content"
            ohos:height = "match_content"
            ohos:padding = "10vp"
            ohos:margin = "10vp"
            ohos:text_size = "20vp"
            ohos:text_color = "#FFFFFFFF"
            ohos:layout_alignment = "left"
            ohos:background_element = "#FF00DDFF"
            ohos:text = "左对齐"/>
        <Text
            ohos:width = "match_content"
            ohos:height = "match_content"
            ohos:padding = "10vp"
            ohos:margin = "10vp"
            ohos:text_size = "20vp"
            ohos:text_color = "#FFFFFFFF"
            ohos:layout_alignment = "horizontal_center"
            ohos:background_element = "#FF00DDFF"
            ohos:text = "水平方向居中"/>
        <Text
            ohos:width = "match_content"
            ohos:height = "match_content"
            ohos:padding = "10vp"
            ohos:margin = "10vp"
            ohos:text_size = "20vp"
            ohos:text_color = "#FFFFFFFF"
            ohos:layout_alignment = "right"
            ohos:background_element = "#FF00DDFF"
            ohos:text = "右对齐"/>
        <Text
            ohos:width = "match_content"
            ohos:height = "match_content"
            ohos:padding = "10vp"
            ohos:margin = "10vp"
            ohos:text_size = "20vp"
```

```
            ohos:text_color = "#FFFFFFFF"
            ohos:layout_alignment = "center"
            ohos:background_element = "#FF00DDFF"
            ohos:text = "垂直与水平方向都居中"/>
    </DirectionalLayout>
    <DirectionalLayout
        ohos:width = "match_parent"
        ohos:height = "0vp"
        ohos:margin = "10vp"
        ohos:weight = "1"
        ohos:background_element = "#FFCCCCCC"
        ohos:orientation = "horizontal">
        <Text
            ohos:width = "match_content"
            ohos:height = "match_content"
            ohos:padding = "10vp"
            ohos:left_margin = "10vp"
            ohos:top_margin = "10vp"
            ohos:text_size = "20vp"
            ohos:text_color = "#FFFFFFFF"
            ohos:layout_alignment = "top"
            ohos:background_element = "#FF00DDFF"
            ohos:text = "顶部对齐"/>
        <Text
            ohos:width = "match_content"
            ohos:height = "match_content"
            ohos:padding = "10vp"
            ohos:text_size = "20vp"
            ohos:text_color = "#FFFFFFFF"
            ohos:layout_alignment = "vertical_center"
            ohos:background_element = "#FF00DDFF"
            ohos:text = "垂直居中"/>
        <Text
            ohos:width = "match_content"
            ohos:height = "match_content"
            ohos:padding = "10vp"
            ohos:bottom_margin = "10vp"
            ohos:text_size = "20vp"
            ohos:text_color = "#FFFFFFFF"
            ohos:layout_alignment = "bottom"
            ohos:background_element = "#FF00DDFF"
            ohos:text = "底部对齐"/>
        <Text
            ohos:width = "match_content"
            ohos:height = "match_content"
```

```
            ohos:padding = "10vp"
            ohos:text_size = "20vp"
            ohos:text_color = "#FFFFFFFF"
            ohos:layout_alignment = "center"
            ohos:background_element = "#FF00DDFF"
            ohos:text = "垂直与水平方向都居中"/>
    </DirectionalLayout>
</DirectionalLayout>
```

3. DependentLayout 布局

1）概念

DependentLayout 是 Java UI 系统里的一种常见布局。与 DirectionalLayout 相比，拥有更多的布局方式，每个组件可以指定相对于其他同级元素的位置，或者指定相对于父组件的位置。DependentLayout 相当于 Android 中的相对布局 RelativeLayout。

2）常见属性

DependentLayout 的排列方式是相对于其他同级组件或者父组件的位置进行布局。相对于同级组件的位置布局如表 5.5 所示。相对于父组件的位置布局如表 5.6 所示。

表 5.5　相对于同级组件的位置布局

位置布局	描　述	位置布局	描　述
above	处于同级组件的上侧	end_of	处于同级组件的结束侧
below	处于同级组件的下侧	left_of	处于同级组件的左侧
start_of	处于同级组件的起始侧	right_of	处于同级组件的右侧

表 5.6　相对于父组件的位置布局

位置布局	描　述	位置布局	描　述
align_parent_left	处于父组件的左侧	align_parent_top	处于父组件的上侧
align_parent_right	处于父组件的右侧	align_parent_bottom	处于父组件的下侧
align_parent_start	处于父组件的起始侧	center_in_parent	处于父组件的中间
align_parent_end	处于父组件的结束侧		

部分代码如下。

```
<?xml version = "1.0" encoding = "utf - 8"?>
<DependentLayout
    xmlns:ohos = "http://schemas.huawei.com/res/ohos"
    ohos:height = "match_parent"
    ohos:width = "match_parent">
    <!-- 默认位置 -->
    <Text
```

```
        ohos:id = "$+id:text1"
        ohos:height = "match_content"
        ohos:width = "match_content"
        ohos:background_element = "#FF0000"
        ohos:layout_alignment = "horizontal_center"
        ohos:text = " Hello World 1 "
        ohos:text_size = "50"/>
    <!-- 放在 text1 组件底部 -->
    <Text
        ohos:id = "$+id:text2"
        ohos:height = "match_content"
        ohos:width = "match_content"
        ohos:background_element = "#00FF00"
        ohos:layout_alignment = "horizontal_center"
        ohos:below = "$+id:text1"
        ohos:text = " Hello World 2 "
        ohos:text_size = "50"/>
    <!-- 放在父组件底部 -->
    <Text
        ohos:id = "$+id:text3"
        ohos:height = "match_content"
        ohos:width = "match_content"
        ohos:background_element = "#0000FF"
        ohos:layout_alignment = "horizontal_center"
        ohos:align_parent_bottom = "true"
        ohos:text = " Hello World 3 "
        ohos:text_size = "50"/>
</DependentLayout>
```

说明：上述代码中，text1 组件没有设置任何位置属性，默认放在屏幕左上角；text2 组件在 text1 组件下面，为 text2 组件设置 ohos:below="$+id:text1"属性，即可将本组件放置在 text1 组件下方；text3 组件在父组件的底部，为 text3 组件设置 ohos:align_parent_bottom="true"属性，即可将本组件放置在父组件底部。

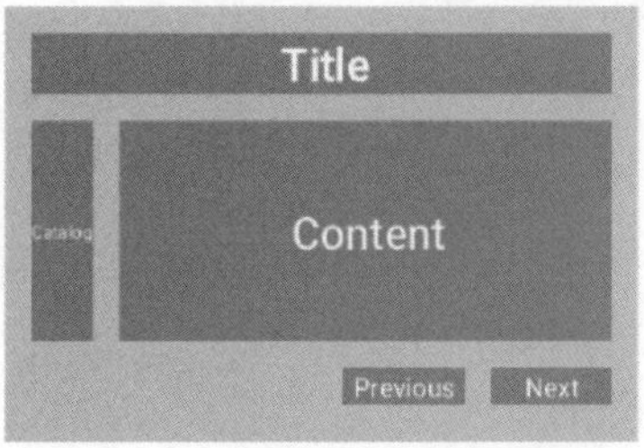

图 5.30 DependentLayout 布局属性使用

3）示例

完成一个复杂布局，如图 5.30 所示。

代码如下。

```
<DependentLayout
    ohos:height = "match_parent"
    ohos:width = "match_parent"
    ohos:background_element = "#FFDDDDDD"
    >
```

```
<Text
    ohos:id=" $+id:text1"
    ohos:width="match_parent"
    ohos:height="match_content"
    ohos:text_size="25fp"
    ohos:text_color="#FFFFFFFF"
    ohos:top_margin="15vp"
    ohos:left_margin="15vp"
    ohos:right_margin="15vp"
    ohos:background_element="#FF00DDFF"
    ohos:text="Title"
    ohos:text_weight="1000"
    ohos:text_alignment="horizontal_center"
    />
<Text
    ohos:id=" $+id:text2"
    ohos:width="match_content"
    ohos:height="120vp"
    ohos:text_size="10fp"
    ohos:text_color="#FFFFFFFF"
    ohos:background_element="#FF00DDFF"
    ohos:text="Catalog"
    ohos:text_font="serif"
    ohos:margin="15vp"
    ohos:multiple_lines="true"
    ohos:align_parent_left="true"
    ohos:text_alignment="center"
    ohos:below=" $id:text1"
    />
<Text
    ohos:id=" $+id:text3"
    ohos:width="match_parent"
    ohos:height="120vp"
    ohos:text_size="25fp"
    ohos:background_element="#FF00DDFF"
    ohos:text_font="serif"
    ohos:text="Content"
    ohos:text_color="#FFFFFFFF"
    ohos:top_margin="15vp"
    ohos:right_margin="15vp"
    ohos:bottom_margin="15vp"
    ohos:text_alignment="center"
    ohos:below=" $id:text1"
    ohos:end_of=" $id:text2"
    />
<Button
    ohos:id=" $+id:button1"
    ohos:width="70vp"
```

```
            ohos:height = "match_content"
            ohos:text_size = "15fp"
            ohos:background_element = "#FF00DDFF"
            ohos:text = "Previous"
            ohos:italic = "false"
            ohos:text_font = "serif"
            ohos:text_color = "#FFFFFFFF"
            ohos:right_margin = "15vp"
            ohos:bottom_margin = "15vp"
            ohos:below = " $id:text3"
            ohos:left_of = " $id:button2"
            ohos:text_weight = "5"
            />
        <Button
            ohos:id = " $+ id:button2"
            ohos:width = "70vp"
            ohos:height = "match_content"
            ohos:text_size = "15fp"
            ohos:background_element = "#FF00DDFF"
            ohos:text = "Next"
            ohos:text_color = "#FFFFFFFF"
            ohos:right_margin = "15vp"
            ohos:bottom_margin = "15vp"
            ohos:align_parent_end = "true"
            ohos:below = " $id:text3"
            ohos:italic = "false"
            ohos:text_weight = "5"
            ohos:text_font = "serif"/>
</DependentLayout>
```

4. Text 组件

Text 是用来显示字符串的组件,在界面上显示为一块文本区域。Text 作为一个基本组件,有很多扩展,常见的有按钮组件 Button,文本编辑组件 TextField。

文本框在布局文件里的一些常用的 XML 属性有内容、字体大小、颜色、样式等。Text 基本格式如下。

```
<Text
    ohos:id = " $+ id:text"
    ohos:width = "match_parent"
    ohos:height = "match_content"
    ohos:text = "Text"
    ohos:text_size = "28fp"
    ohos:text_color = "#0000FF"
    ohos:italic = "true"
    ohos:text_font = "serif"
    ohos:text_alignment = "horizontal_center|bottom"
```

```
        ohos:top_margin = "15vp"
        ohos:left_margin = "15vp"
        ohos:bottom_margin = "15vp"
        ohos:right_padding = "15vp"
        ohos:left_padding = "15vp"
        ohos:background_element = " $graphic:background_text"/>
```

代码效果，如图 5.31 所示。

常用属性具体描述，如表 5.7 所示。

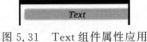

图 5.31　Text 组件属性应用

表 5.7　Text 控件的常用属性

属 性 名 称	功 能 描 述
ohos:id	设置 Text 控件的唯一标识
ohos:width	设置 Text 控件的宽度，单位一般使用 vp(以屏幕相对像素为单位)
ohos:height	设置 Text 控件的高度
ohos:text	设置文本内容
ohos:text_color	设置 Text 控件文本的颜色
ohos:text_size	设置控件的文本字体大小，单位一般使用 fp
ohos::text_font	设置 Text 控件文本的字体风格
ohos:text_alignment	设置文本内容的对齐方式，如底部水平居中
ohos:margin	设置文本与容器的外边距的距离
ohos:italic	设置文本斜体样式，true 表示斜体
ohos:background_element	用来设置 Text 的背景，如常见的文本背景、按钮背景，可以采用 XML 格式放置在 graphic 目录下

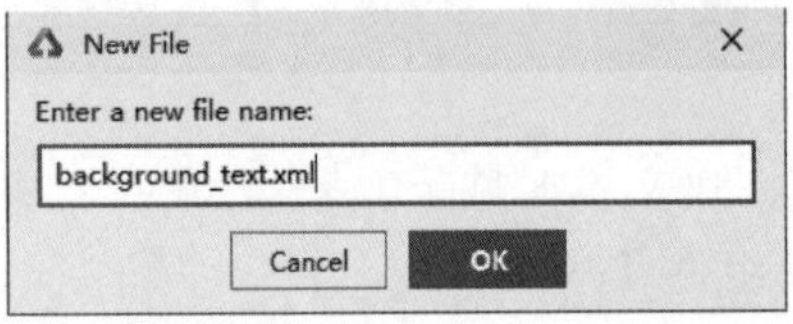

图 5.32　背景文件的创建

背景的设置方法为：在 Project 窗口，打开 entry→src→main→resources→base，右击 graphic 文件夹，选择 New File，命名为 background_text.xml，在 background_text.xml 中定义文本的背景，如图 5.32 所示。然后使用"$graphic:文件名"进行引用。

```
<?xml version = "1.0" encoding = "utf - 8"?>
< shape xmlns:ohos = "http://schemas.huawei.com/res/ohos"
     ohos:shape = "rectangle">
     < corners
          ohos:radius = "20"/>
     < solid
          ohos:color = " # cccccc"/>
</shape >
```

这里设置背景为半径为 20 的圆弧长方形，填充色为＃cccccc。

5. TextField 组件

TextField 提供了一种文本输入框。TextField 基本格式如下。

```
<TextField
    ohos:height = "50vp"
    ohos:width = "match_parent"
    ohos:id = " $+ id:textField"
    ohos:text_size = "28fp"
    ohos:hint = "请输入姓名"
    ohos:left_padding = "10vp"
    ohos:top_padding = "8vp"
    ohos:basement = " #000099"
    />
```

代码效果,如图 5.33 所示。

除了支持 Text 控件的属性外,TextField 还支持一些其他的常用属性,具体如表 5.8 所示。

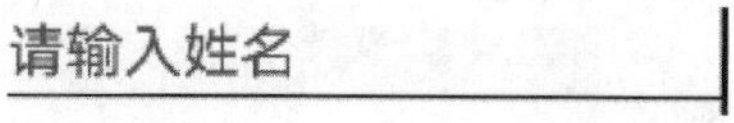

图 5.33　TexField 组件属性应用

表 5.8　TextField 常用属性

属 性 名 称	功 能 描 述
ohos:hint	控件中内容为空时显示的提示文本信息
ohos:textColorHint	设置提示文本信息的颜色,默认为灰色。与 hint 一起使用
ohos:basement	设置基线
ohos:padding	设置控件内边距,如 left_padding 表示左边距

6. Button

Button 是一种常见的组件,单击可以触发对应的操作,通常由文本或图标组成,也可以由图标和文本共同组成。基本格式如下。

```
<Button
    ohos:id = " $+ id:button"
    ohos:width = "match_content"
    ohos:height = "match_content"
    ohos:text_size = "27fp"
    ohos:text = "button"
    ohos:background_element = " $graphic:background_text"
    ohos:left_margin = "15vp"
    ohos:top_margin = "15vp"
    ohos:right_padding = "8vp"
    ohos:left_padding = "8vp"
    ohos:element_left = " $graphic:commit"/>
```

在 Java UI 框架中,给 Button 组件设置左侧显示图标时,使用了如下的属性: ohos:element_left=" $graphic:commit",就是将 SVG 文件转换为 XML 文件后设置的。

这里可以去 https://www.iconfont.cn 下载 SVG 格式的图标，如图 5.34 所示。

图 5.34　SVG 格式图标

然后定位到应用模块，右击 graphic 文件夹，选择 New→Svg To Xml，选择需要转换的 svg 文件，并命名，单击 OK 按钮开始转换，如图 5.35 所示。

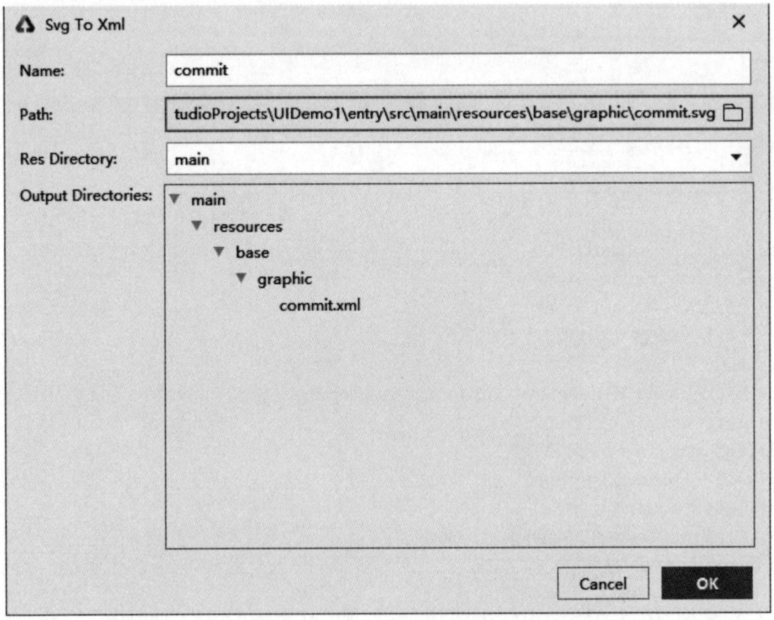

图 5.35　SVG To XML

显示效果如图 5.36 所示。

图 5.36 Button 组件属性应用

按钮的重要作用是当用户单击按钮时，会执行相应的操作或者界面出现相应的变化。实际上用户单击按钮时，Button 对象将收到一个单击事件。开发者可以自定义响应单击事件的方法。例如，创建一个 Component.ClickedListener 对象，然后通过调用 setClickedListener 将其分配给按钮。

示例代码如下。

```
Button button = (Button) findComponentById(ResourceTable.Id_button);
// 为按钮设置单击事件回调
button.setClickedListener(new Component.ClickedListener() {
    @Override
    public void onClick(Component component) {
        // 实现单击事件的代码
    }
});
```

7. RadioButton

RadioButton 指的是一个单选按钮，它有选中和不选中两种状态。它需要与 RadioContainer 配合使用来实现单选效果。RadioContainer 是 RadioButton 的容器，在其包裹下的 RadioButton 保证只有一个被选项。

示例代码如下。

```
<RadioContainer
    ohos:height = "match_content"
    ohos:width = "match_content"
    ohos:id = "$+ id:rc_sex"
    ohos:top_margin = "30vp"
    ohos:orientation = "horizontal"
    ohos:background_element = "#00ccff">
    <RadioButton
        ohos:height = "40vp"
        ohos:width = "match_content"
        ohos:id = "$+ id:rb_1"
        ohos:text = "男"
        ohos:text_color_on = "#0000FF"
        ohos:text_size = "30fp"
        />
    <RadioButton
        ohos:id = "$+ id:rb_2"
        ohos:height = "40vp"
```

```
        ohos:width = "match_content"
        ohos:text = "女"
        ohos:text_size = "30fp"/>
</RadioContainer>
```

属性说明：ohos:orientation 属性设置 RadioButton 的排列方式，这里设置为水平方向。ohos:text_color_on 属性设置单选按钮选中状态的字体颜色。

可以通过代码为 RadioContainer 注册监听 RadioContainer. CheckedStateChangedListener()，可以获得被选中的 RadioButton 的 id，示例代码如下。

```
//监听方在 RadioContainer 身上
RadioContainer rc = (RadioContainer) findComponentById(ResourceTable.Id_rc_sex);
rc.setMarkChangedListener(new RadioContainer.CheckedStateChangedListener() {
    @Override
    public void onCheckedChanged(RadioContainer radioContainer, int i) {
        //i是 radioButton 的索引，从 0 开始
        RadioButton rb = (RadioButton) radioContainer.getComponentAt(i);
        String s = rb.getText().toString();
        new ToastDialog(MainAbilitySlice.this).setText(s).show();
    }
});
```

图 5.37 RadioButton 组件属性应用

效果实现，如图 5.37 所示。

8. CheckBox

Checkbox 可以实现选中和取消选中的功能。一般采用在 XML 布局文件中使用< CheckBox >标签来实现复选的功能，基本格式如下。

```
<Checkbox
    ohos:id = "$ + id:check_box"
    ohos:height = "match_content"
    ohos:width = "match_content"
    ohos:top_margin = "30vp"
    ohos:text = "This is a checkbox"
    ohos:text_size = "20fp"
    ohos:text_color_on = "#00AAEE"
    ohos:text_color_off = "#000000" />
```

属性说明如下。

ohos:id：设置组件的 ID。

ohos:width：设置组件的宽度为自适应。

ohos:height：设置组件的高度为自适应。

ohos:text：设置复选框显示的文字。

ohos:text_color_off：设置复选框未选中时文字的颜色。

Checked 属性是 CheckBox 最重要的属性之一，它的改变将会触发 CheckedStateChangedListener 监听器来监听这个事件。

```
// 获得 CheckBox 实例
Checkbox checkbox = (Checkbox) findComponentById(ResourceTable.Id_check_box);
checkbox.setChecked(true);    //设置复选框显示为选中状态
checkbox.setCheckedStateChangedListener((component, state) -> {// state 表示是否被选中
    if (state) {                //说明选中
        new ToastDialog(MainAbilitySlice.this).setText("选中啦").show();//显示选中啦文字
    }
else {//说明未选中
        new ToastDialog(MainAbilitySlice.this).setText("没选中").show();
    }
});
```

9. Image

Image 是用来显示图片的组件。在 src→mai→resources→base→media，添加一张图片 button.png 至 media 文件夹下，就可以在 XML 中创建 Image，也可以在代码中创建 Image。

在 XML 中创建 Image 的代码片段如下。

```
<Image
    ohos:id = "$+ id:image"
    ohos:width = "match_content"
    ohos:height = "match_content"
    ohos:top_margin = "30vp"
    ohos:layout_alignment = "center"
    ohos:scale_x = "2"
    ohos:scale_y = "2"
    ohos:alpha = "0.5"
    ohos:image_src = "$media:button"/>
```

在上述代码片段中，声明了< Image >标签。ohos:alpha 设置透明度，0.5 表示半透明；ohos:scale_x，ohos:scale_y 分别设置 x 轴、y 轴的缩放系数，这里 2 表示放大 2 倍；ohos:image_src 表示引用 media 下的 button 图片。

代码实现效果，如图 5.38 所示。

图 5.38 Image 组件属性应用

也可以在代码中创建 Image，代码如下。

```
Image image = new Image(getContext());
        image.setPixelMap(ResourceTable.Media_plant);
```

10. ToastDialog

ToastDialog 是在窗口上方弹出的对话框，是通知操作的简单反馈。ToastDialog 会在一段时间后消失，在此期间，用户还可以操作当前窗口的其他组件。

创建一个 ToastDialog 的代码如下。

```
new ToastDialog(getContext())
        .setText("提示在中间显示")
        .setAlignment(LayoutAlignment.CENTER)
        .show();Image image = new Image(getContext());
        image.setPixelMap(ResourceTable.Media_plant);
```

5.2.2 JS UI 框架的应用

1. 基本概念

JS UI 框架支持纯 JavaScript、JavaScript 和 Java 混合语言开发。JS FA 指基于 JavaScript 或 JavaScript 和 Java 混合开发的 FA，下面主要介绍 JS FA 在 HarmonyOS 上运行时需要的基类 AceAbility、加载 JS FA 的方法、JS FA 开发目录。

1）AceAbility

AceAbility 类是 JS FA 在 HarmonyOS 上运行环境的基类，继承自 Ability。开发者的应用运行入口类应该从该类派生，代码示例如下。

```
public class MainAbility extends AceAbility {
    @Override
    public void onStart(Intent intent) {
        super.onStart(intent);
    }
    @Override
    public void onStop() {
        super.onStop();
    }
}
```

2）加载 JS FA 的方法

JS FA 生命周期事件分为应用生命周期和页面生命周期，应用通过 AceAbility 类中 setInstanceName() 接口设置该 Ability 的实例资源，并通过 AceAbility 窗口进行显示以及全局应用生命周期管理。

setInstanceName(String name)的参数 name 指实例名称，实例名称与 config.json 文件中 profile.application.js.name 的值对应。若开发者未修改实例名，而使用了默认值 default，则无须调用此接口。若开发者修改了实例名，则需在应用 Ability 实例的 onStart() 方法中调用此接口，并将参数 name 设置为修改后的实例名称。

setInstanceName() 接口使用方法是在 MainAbility 的 onStart()方法中的 super.onStart() 前调用此接口。以 JSComponentName 作为实例名称,代码示例如下。

```
public class MainAbility extends AceAbility {
    @Override
    public void onStart(Intent intent) {
        setInstanceName("JSComponentName");   // config.json 配置文件中 ability.js.name 的
                                              //标签值
        super.onStart(intent);
    }
}
```

注意:需在 super.onStart(Intent)方法前调用此接口。

3) JS FA 开发目录

新建工程的 JS 目录,如图 5.39 所示。

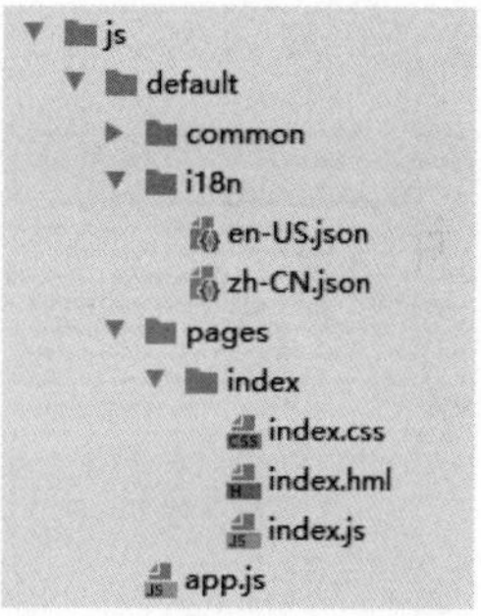

图 5.39 JS 目录新建

在工程目录中 common 文件夹主要存放公共资源,如图片、视频等;i18n 文件夹下存放多语言的 JSON 文件;pages 文件夹下存放多个页面,每个页面由 hml、css 和 js 文件组成。

其中,在 js→default→i18n 目录下的 en-US.json 文件,定义了在英文模式下页面显示的变量内容。同理,zh-CN.json 中定义了中文模式下的页面内容。

```
{
  "strings": {
    "hello": "Hello",
    "world": "World"
  },
  "files": {
  }
}
```

而在 js→default→pages→index 目录下的 index.hml 文件,定义了 index 页面的布局、index 页面中用到的组件,以及这些组件的层级关系。例如:index.hml 文件中包含了一个 text 组件,内容为"Hello World"文本。

```
<div class = "container">
  <text class = "title">
    {{ $t('strings.hello') }} {{title}}
  </text>
</div>
```

同目录下的 index.css,定义了 index 页面的样式。例如:index.css 文件定义了

container 和 title 的样式。

```
.container {
  flex-direction: column;
  justify-content: center;
  align-items: center;
}
.title {
  font-size: 100px;
}
```

同目录下的 index.js，定义了 index 页面的业务逻辑，如数据绑定、事件处理等。例如，变量 title 赋值为字符串 World。

```
export default {
  data: {
    title: '',
  },
  onInit() {
    this.title = this.$t('strings.world');
  },
}
```

2. 组件分类

组件(Component)是构建页面的核心，每个组件通过对数据和方法的简单封装，都可以实现独立的可视、可交互功能单元。组件之间相互独立，随取随用，也可以在需求相同的地方重复使用。JS FA 根据组件的功能，可以将组件分为以下四大类，如表 5.9 所示。

表 5.9 组件分类

组件类型	主要组件
基础组件	text、image、progress、rating、span、marquee、image-animator、divider、search、menu、chart
容器组件	div、list、list-item、stack、swiper、tabs、tab-bar、tab-content、list-item-group、refresh、dialog
媒体组件	video
画布组件	canvas

接下来分别介绍其中的常用组件。

3. text 组件

实现标题和文本区域最常用的是基础组件 text。text 组件用于展示文本，可以设置不同的属性和样式，文本内容需要写在标签内容区，支持智慧屏、智能穿戴等。常用属性和样式信息(css 属性),如表 5.10 和表 5.11 所示。

表 5.10　text 组件常用属性

名　称	类　型	描　　述
id	string	组件的唯一标识
style	string	组件的样式声明
class	string	组件的样式类,用于引用样式表
ref	string	用来指定指向子元素或子组件的引用信息,该引用将注册到父组件的 $ refs 属性对象上
disabled	boolean	当前组件是否被禁用,在禁用场景下,组件将无法响应用户交互。默认为 false
focusable	boolean	当前组件是否可以获取焦点。当 focusable 设置为 true 时,组件可以响应焦点事件和按键事件
data	string	给当前组件设置 data 属性,进行相应的数据存储和读取

表 5.11　text 组件常见 css 属性

名　　称	描　　述
color	设置文本的颜色
font-size	设置文本的尺寸
allow-scale	文本尺寸是否跟随系统设置字体缩放尺寸进行放大缩小。如果需要支持动态生效,请参看 config 描述文件中 config-changes 标签
letter-spacing	设置文本的字符间距
font-style	设置文本的字体样式,可选值为:normal:标准的字体样式;italic:斜体的字体样式
font-weight	设置文本的字体粗细,number 类型取值[100, 900],默认为 400,取值越大,字体越粗。number 取值必须为 100 的整数倍。string 类型取值支持如下四个值:lighter、normal、bold、bolder
text-decoration	设置文本的文本修饰,可选值为:underline:文字下画线修饰;line-through:穿过文本的修饰线;none:标准文本
text-align	设置文本的文本对齐方式,可选值为:left:文本左对齐;center:文本居中对齐;right:文本右对齐;start:与文字书写相同的方向对齐;end:与文字书写相反的方向对齐。如果文本宽度未指定大小,文本的宽度和父容器的宽度大小相等的情况下,对齐效果可能会不明显
line-height	设置文本的文本行高,设置为 0px 时,不限制文本行高,自适应字体大小
text-overflow	在设置了最大行数的情况下生效,可选值为:clip:将文本根据父容器大小进行裁剪显示;ellipsis:根据父容器大小显示,显示不下的文本用省略号代替。需配合 max-lines 使用
font-family	设置文本的字体列表,用逗号分隔,每个字体用字体名或者字体族名设置。列表中第一个系统中存在的或者通过自定义字体指定的字体,会被选中作为文本的字体

续表

名　称	描　述
width	设置组件自身的宽度。默认时使用元素自身内容需要的宽度
height	设置组件自身的高度。默认时使用元素自身内容需要的高度
padding	该属性可以有1~4个值:指定1个值时,该值指定四个边的内边距。指定2个值时,第一个值指定上下两边的内边距,第二个值指定左右两边的内边距。指定3个值时,第一个值指定上边的内边距,第二个值指定左右两边的内边距,第三个值指定下边的内边距。指定4个值时分别为上、右、下、左边的内边距(即顺时针顺序)
padding-[left | top | right | bottom]	设置左、上、右、下内边距属性
padding-[start | end]	设置起始和末端内边距属性
margin	使用简写属性设置所有的外边距属性,该属性可以有1~4个值。只有1个值时,这个值会被指定给全部的四个边。2个值时,第一个值被匹配给上和下,第二个值被匹配给左和右。3个值时,第一个值被匹配给上,第二个值被匹配给左和右,第三个值被匹配给下。4个值时,会依次按上、右、下、左的顺序匹配(即顺时针顺序)
margin-[left | top | right | bottom]	设置左、上、右、下外边距属性
margin-[start | end]	设置起始和末端外边距属性
border	使用简写属性设置所有的边框属性,包含边框的宽度、样式、颜色属性,顺序设置为border-width、border-style、border-color,不设置时,各属性值为默认值
border-style	使用简写属性设置所有边框的样式,可选值为:dotted:显示为一系列圆点,圆点半径为border-width的一半。dashed:显示为一系列短的方形虚线。solid:显示为一条实线
border-[left | top | right | bottom]-style	分别设置左、上、右、下四个边框的样式,可选值为dotted、dashed、solid
border-[left | top | right | bottom]	使用简写属性设置对应位置的边框属性,包含边框的宽度、样式、颜色属性,顺序设置为border-width、border-style、border-color,不设置的值为默认值
border-width	使用简写属性设置元素的所有边框宽度,或者单独为各边边框设置宽度
border-[left | top | right | bottom]-width	分别设置左、上、右、下四个边框的宽度
border-color	使用简写属性设置元素所有边框的颜色,或者单独为各边边框设置颜色
border-[left | top | right | bottom]-color	分别设置左、上、右、下四个边框的颜色
border-radius	设置元素的外边框圆角半径。设置border-radius时不能单独设置某一个方向的border-[left | top | right | bottom]-width,border-[left | top | right | bottom]-color,如果要设置color和width,需要将四个方向一起设置(border-width、border-color)
border-[top | bottom]-[left | right]-radius	分别设置左上,右上,右下和左下四个角的圆角半径
background	仅支持设置渐变样式,与background-color、background-image不兼容

续表

名　称	描　述
background-color	设置背景颜色
background-image	设置背景图片。与 background-color、background 不兼容；支持网络图片资源和本地图片资源地址
background-size	设置背景图片的大小。string 可选值为：contain：把图像扩展至最大尺寸，以使其高度和宽度完全适用内容区域；cover：把背景图像扩展至足够大，以使背景图像完全覆盖背景区域；背景图像的某些部分也许无法显示在背景定位区域中；auto：保持原图的比例不变；length 值参数方式：设置背景图像的高度和宽度，第一个值设置宽度，第二个值设置高度，如果只设置一个值，则第二个值会被设置为 "auto"；百分比参数方式：以父元素的百分比来设置背景图像的宽度和高度，第一个值设置宽度，第二个值设置高度，如果只设置一个值，则第二个值会被设置为 "auto"
background-repeat	针对重复背景图像样式进行设置，背景图像默认在水平和垂直方向上重复。repeat：在水平轴和竖直轴上同时重复绘制图片。repeat-x：只在水平轴上重复绘制图片。repeat-y：只在竖直轴上重复绘制图片。no-repeat：不重复绘制图片
background-position	关键词方式：如果仅规定了一个关键词，那么第二个值为"center"。两个值分别定义水平方向位置和竖直方向位置。left：水平方向上最左侧。right：水平方向上最右侧。top：竖直方向上最顶部。bottom：竖直方向上最底部。center：水平方向或竖直方向上中间位置。length 值参数方式：第一个值是水平位置，第二个值是垂直位置。左上角是 0 0。单位是像素（0px 0px）。如果仅规定了一个值，另外一个值为 50%。百分比参数方式：第一个值是水平位置，第二个值是竖直位置。左上角是 0% 0%。右下角是 100% 100%。如果仅规定了一个值，另外一个值为 50%。可以混合使用< percentage >和< length >
opacity	元素的透明度，取值范围为 0～1，1 表示不透明，0 表示完全透明
display	确定一个元素所产生的框的类型，可选值为：flex：弹性布局；none：不渲染此元素
visibility	是否显示元素所产生的框。不可见的框会占用布局（将 'display' 属性设置为 'none'来完全去除框），可选值为：visible：元素正常显示；hidden：隐藏元素，但是其他元素的布局不改变，相当于此元素变成透明。visibility 和 display 样式都设置时，仅 display 生效
flex	规定当前组件如何适应父组件中的可用空间。它作为一个简写属性，用来设置组件的 flex-grow。仅父容器为< div >、< list-item >、< tabs >时生效
flex-grow	设置组件的拉伸样式，指定父组件容器主轴方向上剩余空间（容器本身大小减去所有 flex 子元素占用的大小）的分配权重。0 为不伸展。仅父容器为< div >、< list-item >、< tabs >时生效
flex-shrink	设置组件的收缩样式，元素仅在默认宽度之和大于容器的时候才会发生收缩，0 为不收缩。仅父容器为< div >、< list-item >、< tabs >时生效
flex-basis	设置组件在主轴方向上的初始大小。仅父容器为< div >、< list-item >、< tabs >时生效
position	设置元素的定位类型，不支持动态变更。fixed：相对于整个界面进行定位。absolute：相对于父元素进行定位。relative：相对于其正常位置进行定位。absolute 属性仅在父容器为< div >、< stack >时生效

续表

名　称	描　述
[left | top | right | bottom]	left|top|right|bottom 需要配合 position 样式使用，来确定元素的偏移位置。left 属性规定元素的左边缘。该属性定义了定位元素左外边距边界与其包含块左边界之间的偏移。top 属性规定元素的顶部边缘。该属性定义了定位元素的上外边距边界与其包含块上边界之间的偏移。right 属性规定元素的右边缘。该属性定义了定位元素右外边距边界与其包含块右边界之间的偏移。bottom 属性规定元素的底部边缘。该属性定义了定位元素的下外边距边界与其包含块下边界之间的偏移

在 index.hml 页面中插入标题和文本区域的示例如下。

```
<!-- index.hml -->
<div class="container">
    <text class="title">
        {{ $t('strings.hello') }} {{title}}
    </text>
    <div class="left-container">
        <text class="title-text">{{headTitle}}</text>
        <text class="content-text">{{contentFirst}}</text>
        <text class="content-text">{{contentSecond}}</text>
    </div>
</div>
```

对应的样式 index.css 的示例代码如下。

```
.container {
  margin-top: 24px;
  background-color: #ffffff;
}
.left-container {
  flex-direction: column;
  margin-left: 48px;
  width: 460px;
}
.title-text {
  color: #1a1a1a;
  font-size: 36px;
  height: 90px;
  width: 400px;
}
.content-text {
  color: #000000;
  margin-top: 12px;
  font-size: 20px;
  line-height: 30px;
}
```

同目录下的 index.js 定义了对应的数据，代码如下。

```
export default {
data: {
    headTitle: 'Capture the Beauty in This Moment'
,
    contentFirst: '捕捉瞬间的美.动与静的瞬间,柔与刚,力与美,凝动的瞬间.',
    contentSecond: '美景无处不在,捕捉这一刻的惊艳,驻足在雨中,只为欣赏这一刻的美.',
  },
  onInit() {
    this.title = this.$t('strings.world');
  }
}
```

4. image 组件

实现图片区域通常用 image 组件来实现，使用的方法和 text 组件类似，支持智慧屏、智能穿戴等。图片资源放在 common 目录下，图片的路径要与图片实际所在的目录一致。

image 组件常用属性和样式信息(css 属性)，如表 5.12 和表 5.13 所示。

表 5.12 image 组件常用属性

名 称	类 型	描 述
src	string	图片的路径，支持本地和云端路径，图片格式包括 png，jpg，bmp，svg 和 gif
alt	string	占位图，当指定图片在加载中时显示

表 5.13 image 组件常见 css 属性

名 称	描 述
object-fit	设置图片的缩放类型(svg 格式不支持)。可选值为：contain：保持宽高比进行缩小或者放大，使得图片完全显示在显示边界内，居中显示；fill：不保持宽高比进行放大缩小，使得图片填充满显示边界；none：保持原有尺寸进行居中显示；scale-down：保持宽高比居中显示，图片缩小或者保持不变
match-text-direction	图片是否跟随文字方向(svg 格式不支持)
fit-original-size	image 组件在未设置宽高的情况下是否适应图源尺寸(该属性为 true 时 object-fit 属性不生效)，svg 类型图源不支持该属性

image 组件对应的 index.hml 具体示例如下。

```
<!-- index.hml -->
<!-- 插入图片 -->
<div class = "right - container">
  <image class = "img" src = "{{middleImage}}"></image>
</div>
```

同目录下的 index. css 代码如下：

```
.right-container {
  width: 432px;
  justify-content: center;
}
.img {
  margin-top: 10px;
  object-fit: contain;
  height: 450px;
}
```

同目录下的 index. js 代码如下。

```
export default {
  data: {
    middleImage: '/common/pic.png',
  },
}
```

5. button 组件

button 按钮组件包括胶囊按钮、圆形按钮、文本按钮、弧形按钮、下载按钮等，支持手机、平板、智慧屏和智能穿戴。其常用属性和样式信息(css 属性)，如表 5.14 和表 5.15 所示。

表 5.14 button 组件常用属性

名 称	类 型	描 述
type	string	不支持动态修改。如果该属性为默认值，展示类胶囊按钮，不同于胶囊类型，四边圆角可以通过 border-radius 分别指定，如果需要设置该属性，则可选值为：capsule：胶囊按钮，带圆角按钮，有背景色和文本；circle：圆形按钮，支持放置图标；text：文本按钮，仅包含文本显示；arc：弧形按钮，仅支持智能穿戴；download：下载按钮，额外增加下载进度条功能，仅支持手机和智慧屏
value	string	button 的文本值，circle 类型不生效
icon	string	button 的图标路径，仅 circle 类型生效，图标格式为 jpg、png 和 svg
waiting	boolean	waiting 状态，waiting 为 true 时展现等待中转圈效果，位于文本左侧。类型为 download 时不生效，不支持智能穿戴

表 5.15 button 组件常见 css 属性(当 type 设置为非 arc 时)

名 称	描 述
text-color	按钮的文本颜色
font-size	按钮的文本尺寸。默认手机：16px；智慧屏：18px；智能穿戴：16px
allow-scale	按钮的文本尺寸是否跟随系统设置字体缩放尺寸进行放大缩小。默认为 true。如果在 config 描述文件中针对 Ability 配置了 fontSize 的 config-changes 标签，则应用不会重启而直接生效

续表

名　称	描　述
icon-width	设置圆形按钮内部图标的宽，默认填满整个圆形按钮
icon-height	设置圆形按钮内部图标的高，默认填满整个圆形按钮
radius	设置圆形按钮半径或者胶囊按钮圆角半径。在圆形按钮类型下该样式优先于通用样式的 width 和 height 样式

说明如下。

胶囊按钮(type=capsule)时，不支持 border 相关样式。

圆形按钮(type=circle)时，不支持文本相关样式。

文本按钮(type=text)时，自适应文本大小，不支持尺寸设置(radius，width，height)，背景透明不支持 background-color 样式。

这里演示 5 个不同的按钮，示例代码如下。

```
<!-- index.hml -->
<div class = "div - button">
        <button class = "button" type = "capsule" value = "胶囊按钮"></button>
        <button class = "button circle" type = "circle" icon = "common/minus.png"></button>
        <button class = "button text" type = "text">文本按钮</button>
        <button class = "button download" type = "download" id = "download - btn"
                onClick = "setProgress">{{downloadText}}</button>
        <button class = "button" type = "capsule" waiting = "true"> Loading </button>
</div>
```

index.css 代码如下。

```
.div - button {
  flex - direction: column;
  align - items: center;
}
.button {
  margin - top: 15px;
}
.button:waiting {
  width: 280px;
}
.circle {
  background - color: #007dff;
  radius: 72px;
  icon - width: 72px;
  icon - height: 72px;
}
.text {
  text - color: red;
```

```
    font-size: 40px;
    font-weight: 900;
    font-family: sans-serif;
    font-style: normal;
  }
  .download {
    width: 280px;
    text-color: white;
    background-color: #007dff;
  }
```

index.js 代码如下。

```
export default {
  data: {
    progress: 5,
    downloadText: "Download"
  },
  setProgress(e) {
    this.progress += 10;
    this.downloadText = this.progress + "%";
    this.$element('download-btn').setProgress({ progress: this.progress });
    if (this.progress >= 100) {
      this.downloadText = "Done";
    }
  }
}
```

效果如图 5.40 所示。

图 5.40 button 运行效果

6. input 组件

input 交互式组件包括单选框、复选框、按钮和单行文本输入框,支持手机、平板、智慧屏和智能穿戴。其常用属性如表 5.16 所示。

表 5.16 input 组件常用属性

名 称	类 型	描 述
type	string	input 组件类型，可选值为 text，email，date，time，number，password，button，checkbox，radio。其中 text，email，date，time，number，password 这六种类型之间支持动态切换修改；button，checkbox，radio 不支持动态修改
checked	boolean	设置当前组件是否选中，仅 type 为 checkbox 和 radio 时生效
name	string	input 组件的名称
value	string	input 组件的 value 值，当类型为 radio 时必填且相同 name 值的选项该值唯一
placeholder	string	设置提示文本的内容，仅在 type 为 text，email，date，time，number，password 时生效
maxlength	number	输入框可输入的最多字符数量，不填表示不限制输入框中字符数量
enterkeytype	string	不支持动态修改。设置软键盘 Enter 按钮的类型，可选值为：default：默认；next：下一项；go：前往；done：完成；send：发送；search：搜索；除"next"外，单击后会自动收起软键盘
headericon	string	在文本输入前的图标资源路径，该图标不支持单击事件（button，checkbox 和 radio 不生效），图标格式为 jpg，png 和 svg

type 可选值定义说明：button：定义可单击的按钮；checkbox：定义复选框；radio：定义单选按钮，允许在多个拥有相同 name 值的选项中选中其中一个；text：定义一个单行的文本字段；email：定义用于 e-mail 地址的字段；date：定义 date 控件（包括年、月、日，不包括时间）；time：定义用于输入时间的控件（不带时区）；number：定义用于输入数字的字段；password：定义密码字段（字段中的字符会被遮蔽）。智能穿戴仅支持 button、radio、checkbox 类型。

示例：这里展示文本字段、复选框字段和密码字段的效果。其中文本字段模拟类似购物车中添加数量效果，通过单击文本"－""＋"来查看输入框中的值发生变化。

具体的实现示例如下。

myinput. hml 的代码如下。

```
<div class = "container">
    <div class = "container">
        <div class = "countview">
            <text class = "tv1" onclick = "reducenum"> - </text>
            <input class = "inputview" type = "text" value = "{{num}}"></input>
            <text class = "tv2" onclick = "addnum"> + </text>
        </div>
        <div class = "countview">
            <input type = "password" value = "{{num}}}"></input>
        </div>
        <div class = "countview">
            <input type = "checkbox" checked = "true"></input>
        </div>
    </div>
</div>
```

对应的 myinput. css 代码如下。

```
container {
    width: 100 % ;
    height:1200px;
    display: flex;
    justify - content: center;
    align - items: center;
    flex - direction: column;
}
. countview{
    width: 300px;
    height: 120px;
    display: flex;
    justify - content: center;
    align - items: center;
    border - radius: 100px;
}
. tv1{
    width: 70px;
    height: 70px;
    font - size: 60px;
    font - weight: bold;
    text - align: center;
    border:3px solid darkgray;
    border - radius: 35px;
    background - color: white;
    color:darkgrey ;
}
. tv2{
    width: 70px;
    height: 70px;
    font - size: 50px;
    font - weight: bold;
    text - align: center;
    border:4px solid #FFB964;
    border - radius: 35px;
    background - color: #FFB964;
    color: white;
}
. inputview{
    width: 200px;
    height: 100 % ;
    background - color: white;
    font - weight: bold;
    font - size: 50px;
    margin - left: 30px;
}
```

对应的 myinput.js 代码如下。

```
export default {
data: {
        num:1,
    },
    addnum(){
        ++this.num;
    },
    reducenum(){
        if(this.num>1){
            --this.num;
        }
    }
}
```

效果如图 5.41 所示。

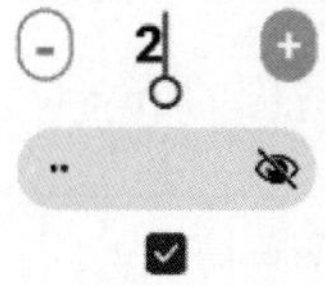

图 5.41 input 运行效果

7. swiper

swiper 滑动容器，提供切换子组件显示的能力，支持手机、平板、智慧屏和智能穿戴。常用属性和样式信息(css 属性)，如表 5.17 和表 5.18 所示。

表 5.17 swiper 组件常用属性

名 称	类 型	描 述
index	number	当前在容器中显示的子组件的索引值
autoplay	boolean	子组件是否自动播放，默认为 false
interval	number	使用自动播放时播放的时间间隔，单位为 ms，默认为 3000
indicator	boolean	是否启用导航点指示器，默认为 true
indicatormask	boolean	是否采用指示器蒙版，设置为 true 时，指示器会有渐变蒙版出现，默认为 false
loop	boolean	是否开启循环轮播，默认为 true
duration	number	子组件切换的动画时长
vertical	boolean	是否为纵向滑动，纵向滑动时采用纵向的指示器

表 5.18 swiper 组件常见 css 属性

名 称	描 述
indicator-color	导航点指示器的填充颜色
indicator-selected-color	导航点指示器选中的颜色。手机：#ff007dff；智慧屏：#ffffffff；智能穿戴：#ffffffff
indicator-size	导航点指示器的直径大小
indicator-top|left|right|bottom	导航点指示器在 swiper 中的相对位置
width	设置组件自身的宽度，默认时使用元素自身内容需要的宽度
height	设置组件自身的高度，默认时使用元素自身内容需要的高度

示例代码如下。

myswiper.hml 的代码如下。

```
<div class="container">
  <swiper class="swiper" id="swiper" index="0" indicator="true" loop="true" digital="false">
    <div class = "swiperContent" >
      <text class = "text" value="第一个页面 "></text>
    </div>
    <div class = "swiperContent">
      <text class = "text" value="第二个页面"></text>
    </div>
    <div class = "swiperContent">
      <text class = "text" value="第三个页面"></text>
    </div>
  </swiper>
</div>
```

对应的 myswiper.css 代码如下。

```
.container {
  flex-direction: column;
  width: 100%;
  height: 100%;
  align-items: center;
}
.swiper {
  flex-direction: column;
  align-content: center;
  align-items: center;
  width: 70%;
  height: 130px;
  border: 1px solid #000000;
  indicator-color: #cf2411;
  indicator-size: 14px;
  indicator-bottom: 20px;
  indicator-right: 30px;
  margin-top: 100px;
}
.swiperContent {
  height: 100%;
  justify-content: center;
}
.text {
  font-size: 40px;
}
```

示例效果如图 5.42 所示。

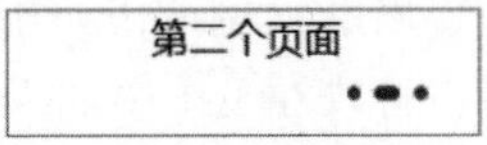

图 5.42 swiper 运行效果

8. div 容器

要将页面的基本元素组装在一起,需要使用容器组件。在页面布局中常用的三种容器组件分别是 div、list 和 tabs。

在页面结构相对简单时,可以直接用 div 作为容器,因为 div 作为单纯的布局容器,使用起来更为方便,可以支持多种子组件。这里不展开说明,代码如下。

```
<!-- xxx.hml -->
<div class = "container">
  <div class = "flex - box">
    <div class = "flex - item color - primary"></div>
   </div>
</div>
```

9. list 组件

当页面结构较为复杂时,如果使用 div 循环渲染,容易出现卡顿,因此推荐使用 list 组件代替 div 组件实现长列表布局,从而实现更加流畅的列表滚动体验。但是,list 组件仅支持 list-item 作为子组件,因此使用 list 时需要留意 list-item 的注意事项。具体的使用示例如下。

mylist.hml 代码如下。

```
<list class = "list">
        <list - item type = "listItem" for = "{{txtLists}}">
            <text class = "text">{{ $ item.t1}}</text>
            <text class = "text">{{ $ item.t2}}</text>
        </list - item>
        <list - item type = "listItem" for = "{{txtLists2}}">
            <text class = "text">{{ $ item.t1}}</text>
            <text class = "text">{{ $ item.t2}}</text>
        </list - item>
  </list>
```

对应的 mylist.css 如下。

```
.text {
  font - size:40px;
}
```

对应的 mylist.js 代码如下。

```
export default {
  data: {
        txtLists:  [{t1: '跳舞'},{t2:'游泳'}],
        txtLists2:  [{t1: 'A'},{t2:'B'}],
  },
}
```

以上示例的 list 中包含两个 list-item，list-item 中也包含了两个 text 组件。在实际应用中可以在 list 中加入多个 list-item，同时 list-item 下可以包含多个其他子组件。

效果较简单，读者可以直接将代码复制，运行查看效果。

10. tabs 组件

当页面经常需要动态加载时，推荐使用 tabs 组件。tabs 组件支持 change 事件，在页签切换后触发。tabs 组件仅支持一个 tab-bar 和一个 tab-content。具体的使用示例如下。

mytabs.hml 代码如下。

```
<tabs>
  <tab-bar class="tab-bar">
    <text style="color: #000000">tab-bar</text>
  </tab-bar>
  <tab-content>
    <image src="{{tabImage}}"></image>
  </tab-content>
</tabs>
```

对应的 mytabs.css 代码如下。

```
.tab-bar {
  background-color: #f2f2f2;
  width: 720px;
}
```

对应的 mytab.js 代码如下。

```
export default {
  data: {
    tabImage: '/common/image.png',
  },
}
```

tab-content 组件用来展示页签的内容区，高度默认充满 tabs 剩余空间。tab-content 支持 scrollable 属性。

11. 页面路由

很多应用由多个页面组成，比如用户可以从音乐列表页面单击歌曲，跳转到该歌曲的播放界面。开发者需要通过页面路由将这些页面串联起来，按需实现跳转。

页面路由 router 根据页面的 uri 来找到目标页面，从而实现跳转。以最基础的两个页面之间的跳转为例，具体实现步骤如下。

1）创建两个页面

创建页面，在 pages 目录上右击，选择 New 按钮，选择 JS Page 进行创建，如图 5.43 所示。输入后会直接生成相对应的目录，图 5.44 里面包含 hml、js、css 文件。这里创建 first 和 second 页面。两个页面均包含一个 text 组件和一个 button 组件，text 组件用来指明当前页面，button 组件用来实现两个页面之间的相互跳转。

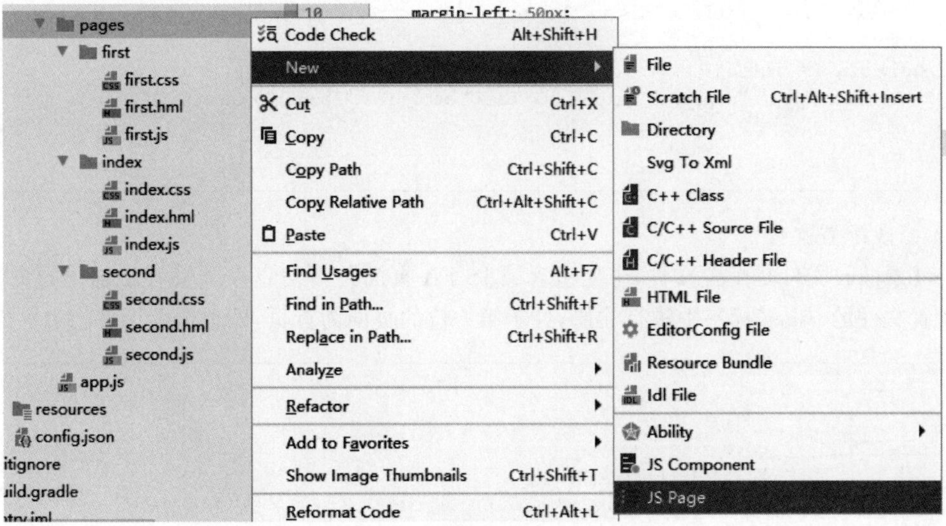

图 5.43 创建 page 页面

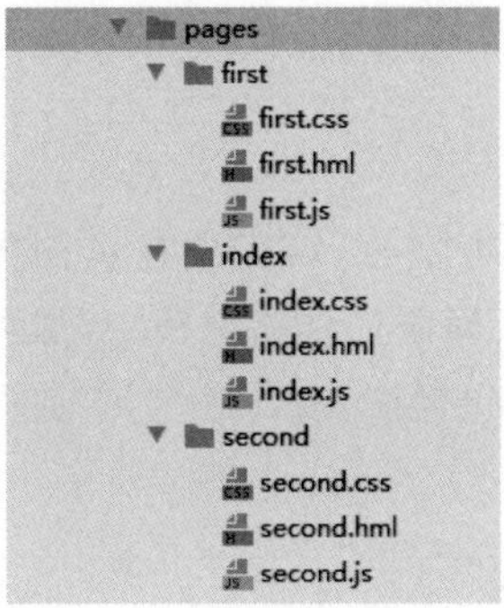

图 5.44 页面目录

first.hml 文件代码示例如下。

```
<div class = "container">
  <div class = "text - div">
    <text class = "title"> This is the index page </text>
  </div>
  <div class = "button - div">
    <button type = "capsule" value = "Go to the second page" onclick = "launch"></button>
  </div>
</div>
```

second.hml 文件代码示例如下。

```
<div class = "container">
  <div class = "text - div">
    <text class = "title"> This is the detail page.</text>
  </div>
  <div class = "button - div">
    <button type = "capsule" value = "Go back" onclick = "launch"></button>
  </div>
</div>
```

2) 修改配置文件

config.json 文件是配置文件,主要包含了 JS FA 页面路由信息。开发者新创建的页面都要在配置文件的 pages 标签中进行注册,处于第一位的页面为首页,即单击图标后的主页面。

```
{
...
 "pages": [
              "pages/first/first",
              "pages/second/second",
              "pages/index/index"
             ],
...
}
```

3) 实现跳转

为了使 button 组件的 launch 方法生效,需要在页面的 js 文件中实现跳转逻辑。调用 router.push()接口将 uri 指定的页面添加到路由栈中,即可跳转到 uri 指定的页面。在调用 router 方法之前,需要先导入 router 模块。

first.js 代码示例如下。

```
import router from '@system.router';
export default {
  launch: function() {
    router.push ({
      uri: 'pages/second/second,
    });
  },
}
```

detail.js 代码示例如下。

```
import router from '@system.router';
export default {
```

```
    launch: function() {
      router.back();
    },
  }
```

运行效果如图 5.45 所示。

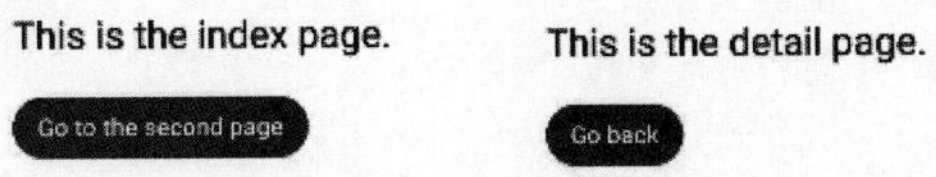

图 5.45 页面路由效果

5.3 HarmonyOS 的网络与连接

网络请求在现代的应用开发中必不可少，熟知的网络请求框架很多，如 HttpClient、OkHttp、Volley 等，这里仅介绍 HttpURLConnection。其使用步骤如下。

第一步，添加网络权限。

在 config.json 文件中的 module 中添加 3 个相关的网络访问权限。

```
"module": {
    "reqPermissions": [
            {
                "name": "ohos.permission.GET_NETWORK_INFO"
            },
            {
                "name": "ohos.permission.SET_NETWORK_INFO"
            },
            {
                "name": "ohos.permission.INTERNET"
            }
            ],
```

第二步，确认网络模式。

HarmonyOS 的默认是 https 访问模式，如果请求网址是 http 开头的，请在 config.json 文件中的 deviceConfig 下，添加如下设置。

```
"deviceConfig": {
    "default": {
        "network": {
            "cleartextTraffic": true
        }
    }
},
```

而有些网址需要安全访问，可以在 deviceConfig 下添加网址。比如要访问的网址是 http://guolin.tech/api/china，则需添加如下设置。

```
"default": {
                  "network": {
                         "cleartextTraffic": true,
        "securityConfig": {
                  "domainSettings": {
                 "cleartextPermitted": true,
                         "domains": [
                        {
                                 "subdomains": true,
                                 "name": "guolin.tech"
                        }
           ]
            }
          }
  }
```

第三步，进行网络访问。这里注意要开辟一个线程来完成网络访问，示例代码如下。

```
new Thread(new Runnable() {
             @Override
             public void run() {
                 URL url = null;
                 InputStream inputStream = null;
                 HttpURLConnection urlConnection = null;
                 try {
                     url = new URL("http://guolin.tech/api/china");
                     urlConnection = (HttpURLConnection) url.openConnection();
                     urlConnection.setConnectTimeout(5000);
                     urlConnection.setReadTimeout(5000);
                     urlConnection.setRequestMethod("GET");
                     urlConnection.connect();
                     int code = urlConnection.getResponseCode();
                     if (code == 200) {
                         inputStream = urlConnection.getInputStream();
                         BufferedReader reader = new BufferedReader(new InputStreamReader
(inputStream));
                         String liner;
                         StringBuffer buffer = new StringBuffer();
                         while ((liner = reader.readLine()) != null) {
                             buffer.append(liner);
                         }
                         HiLog.info(LOG_LABLE, "网页返回结果: " + buffer.toString());
                     }
                 }catch(MalformedURLException e){
```

```
                HiLog.info(LOG_LABLE, "错误: " + e.getMessage().toString());
            }catch(IOException e){
                HiLog.info(LOG_LABLE, "错误: " + e.getMessage().toString());
            }finally{
                if (inputStream != null) {
                    try {
                        inputStream.close();    //关闭文件流
                    } catch (IOException e) {
                    }
                }
            }
        }
    }).star();
```

效果如图 5.46 所示。

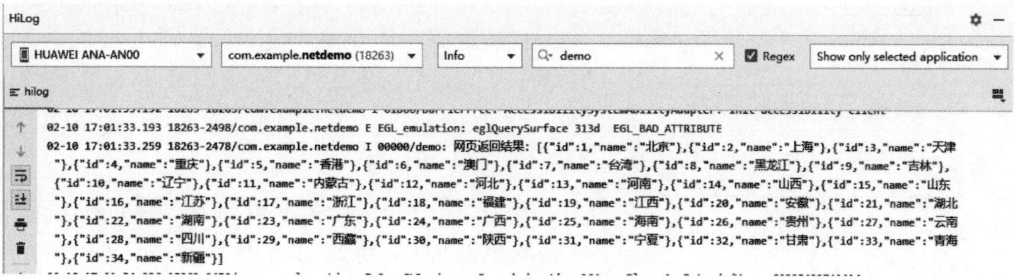

图 5.46 网络访问运行效果

5.4 HarmonyOS 的数据管理

5.4.1 数据库基础知识

HarmonyOS 里提供了对不同类型的数据库(关系型数据库、对象关系映射数据库、非关系型数据库)的支持,本节重点介绍关系型数据库。

1. 基本概念

1) 关系型数据库(Relational Database,RDB)

RDB 是一种基于关系模型来管理数据的数据库,以行和列的形式存储数据。HarmonyOS 提供的关系型数据库功能更加完善,查询效率更高。

2) SQLite

SQLite 数据库是一款轻型的数据库,是遵守 ACID 的关系型数据库管理系统。

HarmonyOS 关系型数据库基于 SQLite 组件提供了一套完整的对本地数据库进行管理的机制,对外提供了一系列的增、删、改、查接口,也可以直接运行用户输入的 SQL 语句来满足复杂的场景需要。

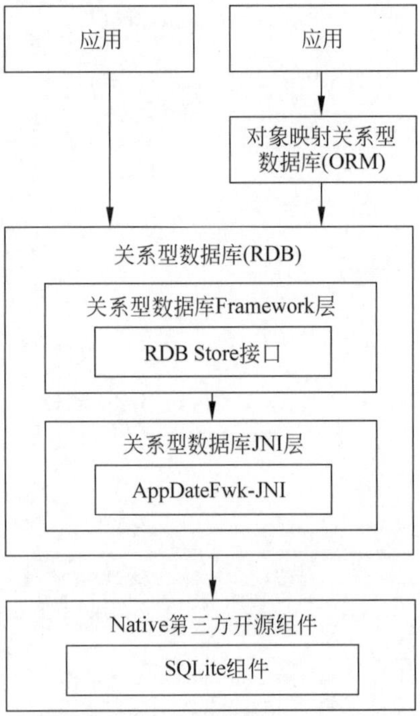

图 5.47　关系型数据库运作机制

3）结果集

结果集指用户查询之后的结果集合，可以对数据进行访问。结果集提供了灵活的数据访问方式，可以更方便地拿到用户想要的数据。

4）运作机制

HarmonyOS 关系型数据库对外提供通用的操作接口，底层使用 SQLite 作为持久化存储引擎，支持 SQLite 具有的所有数据库特性，包括但不限于事务、索引、视图、触发器、外键、参数化查询和预编译 SQL 语句，如图 5.47 所示。

2. 开发步骤

了解数据库的基本概念后，接下来就来实现一个简单数据库的创建与数据的增删改查操作。

关系型数据库是在 SQLite 基础上实现的本地数据操作机制，提供给用户无须编写原生 SQL 语句就能进行数据增删改查的方法，同时也支持原生 SQL 操作。

1）创建数据库

关系型数据库提供了数据库的创建方式，以及对应的删除接口，涉及的 API 如表 5.19 所示。

表 5.19　数据库创建、删除对应 API 接口

类名	接口名
StoreConfig. Builder	public builder()
RdbOpenCallback	public abstract void onCreate(RdbStore store)
RdbOpenCallback	public abstract void onUpgrade(RdbStore store, int currentVersion, int targetVersion)
DatabaseHelper	public RdbStore getRdbStore(StoreConfig config, int version, RdbOpenCallback openCallback, ResultSetHook resultSetHook)
DatabaseHelper	public boolean deleteRdbStore(String name)

示例代码如下。

```
//设置数据库为 test.db
StoreConfig config = StoreConfig.newDefaultConfig("test.db");
DatabaseHelper helper = new DatabaseHelper(getContext());
RdbStore rdbStore = helper.getRdbStore(
config, 1, new RdbOpenCallback() {
    @Override
    public void onCreate(RdbStore rdbStore) {
        //创建数据表
```

```
        rdbStore.executeSql("create table if not exists tbl_user(uid integer primary key
autoincrement,userName text)");
        //输入一条语句
        rdbStore.executeSql("insert into tbl_user values(1,'admin')");
    }
    @Override
    public void onUpgrade(RdbStore rdbStore, int i, int i1) {
        //升级数据库操作
    }
}
);
```

上述代码中使用 StoreConfig.newDefaultConfig 设置数据库，使用 getRdbStore()方法配置数据库相关信息，包括数据库的名称、版本等。代码第一次启动应用，程序会创建 test.db 的文件，并且会执行 onCreate()中的方法，创建一个 tbl_user 的表，它有两个字段：主键 uid 和 userName 字段。这里还插入了一条数据，主要是为了后面测试查询。

onUpgrade()方法在数据库版本每次发生变化时都会把用户手机上的数据库表删除，然后再重新创建。

2）插入数据

关系型数据库提供了插入数据的接口，如表 5.20 所示。通过 ValuesBucket 输入要存储的数据，通过返回值判断是否插入成功，插入成功时返回最新插入数据所在的行号，失败则返回−1。

表 5.20　插入数据的接口

类名	接口名	描　述
RdbStore	long insert(String table, ValuesBucket initialValues)	向数据库插入数据。table：待添加数据的表名。initialValues：以 ValuesBucket 存储的待插入的数据。它提供一系列 put 方法，如 putString(String columnName, String values)、putDouble(String columnName, double value)，用于向 ValuesBucket 中添加数据

示例代码如下。

```
//使用键值对方式插入数据库,rdbCreateDb()获取的就是创建的时候生成的 rdbStore
ValuesBucket values = new ValuesBucket();
values.putString("userName","张三");
long id = rdbCreateDb().insert("tbl_user",values);
  if (id > 0){
      HiLog.warn(LOG_LABLE "插入关系型数据库成功!");
  }else{
      HiLog.warn(LOG_LABLE, "插入关系型数据库失败,应该是已存在有相同 userid 的数据了");
  }
```

说明：这里通过使用 HiLog 打印日志来掌握程序运行的状态。根据返回值进行判断，再用日志输出提示。

可以定义类静态变量 LOG_LABLE，语句如下：

```
private static final HiLogLabel LOG_LABLE = new HiLogLabel(HiLog.LOG_APP, 0,  " === DBdemo === ");
```

也可使用最原始的 SQL 语句插入数据，语句如下。

```
rdbCreateDb().executeSql("insert into User (userId,userName) values (2,'name2')");
```

3）删除数据

删除数据的接口，如表 5.21 所示。通过 AbsRdbPredicates 指定删除条件，该接口的返回值表示删除的数据行数，可根据此值判断是否删除成功，如果删除失败，则返回 0。

表 5.21　删除数据的接口

类名	接　口　名	描　　述
RdbStore	int delete（AbsRdbPredicates predicates）	删除数据。predicates：Rdb 谓词，指定了删除操作的表名和条件。AbsRdbPredicates 的实现类有两个：RdbPredicates 和 RawRdbPredidates。RdbPredicates：支持调用谓词提供的 equalTo 等接口，设置更新条件。RawRdbPredidates：仅支持设置表名、where 条件子句、whereArgs 三个参数，不支持 equalTo 等接口调用

示例代码如下。

```
RdbPredicates rdbPredicates = new RdbPredicates("tbl_user").equalTo("uid",2);
int i = rdbCreateDb().delete(rdbPredicates);
HiLog.warn(LOG_LABLE,"删除关系型数据库数据成功!删除了第 2 条的数据!");
```

4）修改数据

插入数据的接口，如表 5.22 所示。传入要更新的数据，并通过 AbsRdbPredicates 指定更新条件，该接口的返回值表示更新操作影响的行数，如果更新失败，则返回 0。

表 5.22　插入数据的接口

类名	接　口　名	描　　述
RdbStore	int update(ValuesBucket values，AbsRdbPredicates predicates）	更新数据库表中符合谓词指定条件的数据。values：以 ValuesBucket 存储的要更新的数据。predicates：指定了更新操作的表名和条件。AbsRdbPredicates 的实现类有两个：RdbPredicates 和 RawRdbPredidates。RdbPredicates：支持调用谓词提供的 equalTo 等接口，设置更新条件。RawRdbPredidates：仅支持设置表名、where 条件子句、whereArgs 三个参数，不支持 equalTo 等接口调用

示例代码如下。

```
RdbPredicates rdbPredicates = new RdbPredicates("tbl_user").equalTo("userName","张三");
ValuesBucket values = new ValuesBucket();
values.putString("userName","name2");    //更新数据
rdbCreateDb().update(values,rdbPredicates);
```

5）查询数据

关系型数据库提供了两种查询数据的方式，详见表5.23。

第一种方式：直接调用查询接口。使用该接口，会将包含查询条件的谓词自动拼接成完整的SQL语句进行查询操作，无须用户传入原生的SQL。

第二种方式：执行原生的用于查询的SQL语句。

表5.23　查询数据的接口

类名	接口名	描述
RdbStore	ResultSet query(AbsRdbPredicates predicates, String[] columns)	查询数据。predicates：谓词，可以设置查询条件。AbsRdbPredicates 的实现类有两个：RdbPredicates 和 RawRdbPredidates。RdbPredicates：支持调用谓词提供的 equalTo 等接口，设置查询条件。RawRdbPredidates：仅支持设置表名、where 条件子句、whereArgs 三个参数，不支持 equalTo 等接口调用。columns：规定查询返回的列
RdbStore	ResultSet querySql(String sql, String[] sqlArgs)	执行原生的用于查询操作的 SQL 语句。sql：原生用于查询的 SQL 语句。sqlArgs：SQL 语句中占位符参数的值，若 select 语句中没有使用占位符，该参数可以设置为 null

（1）数据库谓词的使用。

关系型数据库提供了用于设置数据库操作条件的谓词 AbsRdbPredicates，其中包括两个实现子类 RdbPredicates 和 RawRdbPredicates。

RdbPredicates：开发者无须编写复杂的 SQL 语句，仅通过调用该类中条件相关的方法，如 equalTo、notEqualTo、groupBy、orderByAsc、beginsWith 等，就可自动完成 SQL 语句拼接，方便用户聚焦业务操作。

RawRdbPredicates：可用于复杂 SQL 语句的场景，支持开发者自己设置 where 条件子句和 whereArgs 参数。不支持 equalTo 等条件接口的使用。

（2）查询结果集的使用。

关系型数据库提供了查询返回的结果集 ResultSet，它指向查询结果中的一行数据，供用户对查询结果进行遍历和访问。ReusltSet 的对外 API，如表5.24所示。

表 5.24 查询结果集的方法

类名	接口名	描述
ResultSet	boolean goTo(int offset)	从结果集当前位置移动指定偏移量
ResultSet	boolean goToRow(int position)	将结果集移动到指定位置
ResultSet	boolean goToNextRow()	将结果集向后移动一行
ResultSet	boolean goToPreviousRow()	将结果集向前移动一行
ResultSet	boolean isStarted()	判断结果集是否被移动过
ResultSet	boolean isEnded()	判断结果集当前位置是否在最后一行之后
ResultSet	boolean isAtFirstRow()	判断结果集当前位置是否在第一行
ResultSet	boolean isAtLastRow()	判断结果集当前位置是否在最后一行
ResultSet	int getRowCount()	获取当前结果集中的记录条数
ResultSet	int getColumnCount()	获取结果集中的列数
ResultSet	String getString(int columnIndex)	获取当前行指定列的值,以 String 类型返回
ResultSet	byte[] getBlob(int columnIndex)	获取当前行指定列的值,以字节数组形式返回
ResultSet	double getDouble(int columnIndex)	获取当前行指定列的值,以 double 型返回

示例代码如下。

```
String[] columns = new String[]{"uid","userName"};
RdbPredicates rdbPredicates = new RdbPredicates("tbl_user");      //构建查询谓词
ResultSet resultSet = rdbCreateDb().query(rdbPredicates,columns);//调用查询接口查询数据
while (resultSet.goToNextRow()){//调用结果集接口,遍历返回结果
  int uid = resultSet.getInt(resultSet.getColumnIndexForName("uid"));
  String userName = resultSet.getString(resultSet.getColumnIndexForName("userName"));
  HiLog.warn(LOG_LABLE, "查询到 uid = " + uid +
  "   userName = " + userName);
}
```

6) 案例运行

在界面添加 5 个按钮,实现数据库创建、数据增加、数据删除、数据修改以及数据查询的功能。示例运行效果,如图 5.48 所示。

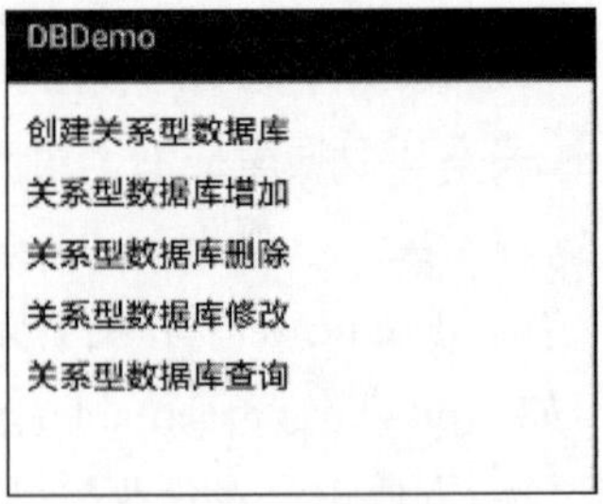

图 5.48 界面布局

单击“创建关系型数据库”按钮,创建数据库 test.db,并创建表名为 tbl_user 的数据表和一条测试数据。

单击“关系型数据库增加”按钮,插入 userName 值为“张三”的数据,uid 自动增长。单击“关系型数据库查询”按钮,显示表中所有数据,如图 5.49 所示。

单击“关系型数据库修改”按钮,将所有 userName 值是“张三”的数据修改为“name2”,单击“关系型数据库查询”按钮,对数据表的数据进行查询,发现数据已经更改,如图 5.50 所示。

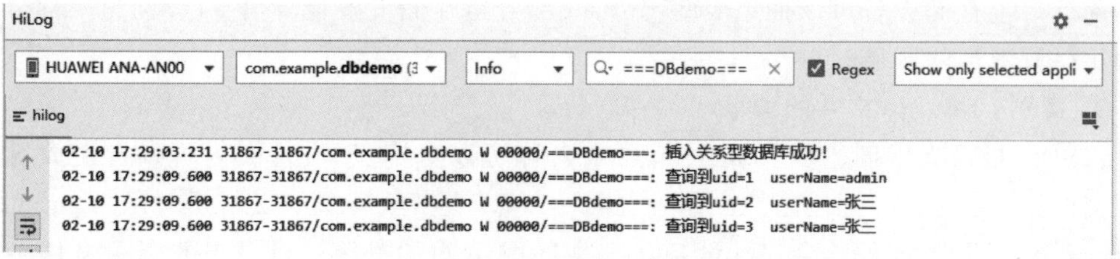

图 5.49 插入数据后查询结果

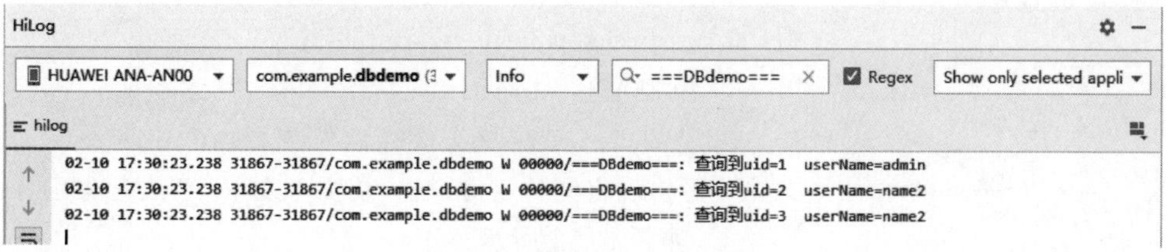

图 5.50 修改数据后查询结果

单击“关系型数据库删除”按钮，删除 uid=2 的数据，单击“关系型数据库查询”按钮，对数据表的数据进行查询，发现 uid=2 的数据已经删除，如图 5.51 所示。

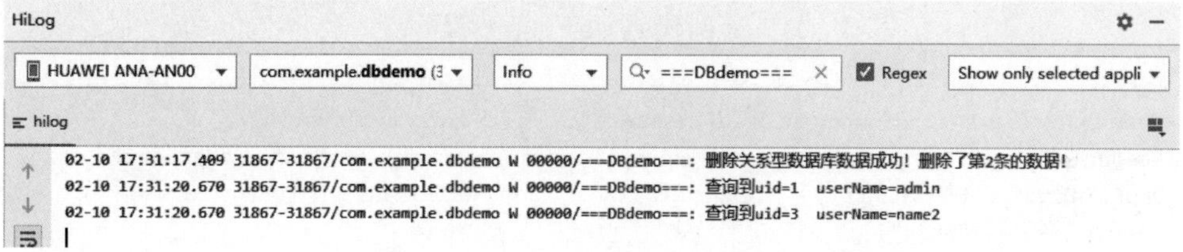

图 5.51 删除数据后查询结果

5.4.2 数据存储

基于 HarmonyOS 的数据存储管理主要针对存储设备(包含本地存储、SD 卡、U 盘等)的数据存储管理能力进行开发，包括获取存储设备列表、获取存储设备视图等。

1. 基本概念

1) 数据存储管理

数据存储管理包括获取存储设备列表、获取存储设备视图等，同时也可以按照条件获取对应的存储设备视图信息。

2) 设备存储视图

其为存储设备的抽象表示，提供了接口访问存储设备的自身信息。

2. 运作机制

用统一的视图结构可以表示各种存储设备，该视图结构的内部属性会因为设备的不同而不同。每个存储设备可以抽象成两部分，一部分是存储设备自身信息区域，另一部分是用来真正存放数据的区域。

3．案例：rawfile 文件的读取

rawfile 目录支持创建多层子目录，目录名称可以自定义，文件夹内可以自由放置各类资源文件。

rawfile 目录的文件不会根据设备状态去匹配不同的资源。目录中的资源文件会被直接打包进应用，不经过编译，也不会被赋予资源文件 ID。

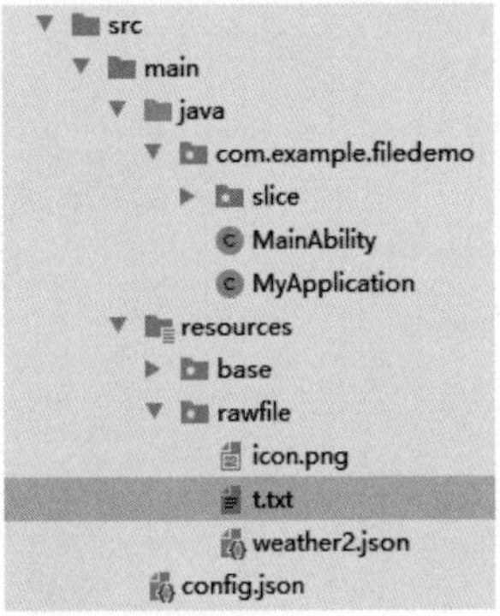

图 5.52　rawfile 目录文件

rawfile 目录的文件可以通过指定文件路径和文件名来引用，如 resources/rawfile/examplejs。

1）复制文件到 rawfile 目录下

自定义文件夹以及文件存储位置，放在 resources/rawfile 文件下面。现将图片 icon. png 及文本文件 t. txt 复制到 rawfile 目录下，如图 5.52 所示。

2）读取文本文件中的内容

鸿蒙提供了一个 ResourceManager 资源管理器，通过该资源管理器可以读取该 hap 包下的所有 resouece 目录下的资源文件。API 路径为 ohos. global. resource. ResourceManager。

示例代码如下。

```
Text txt = (Text)findComponentById(ResourceTable.Id_text_helloworld);
ResourceManager resourceManager = getApplicationContext().getResourceManager();
RawFileEntry rawFileEntry = resourceManager.getRawFileEntry(String.format("resources/
rawfile/%s","t.txt"));
try{
    Resource resource = rawFileEntry.openRawFile();
    int length = resource.available();
    byte[] buffer = new byte[length];
    resource.read(buffer,0,length);
    String content = new String(buffer);
    txt.setText(content);
}catch (IOException ex){
    return;
}
```

3）读取图片文件

图片有两种存放路径，一种是 resouece/base/media，一种是 resource/base/rawfile。第一种 media 下的图片资源会编译进 hap 包，而且建立资源引用号，可以通过 resourceTable. resId 引用。第二种 rawfile 就不能通过 resourceTable 引用，只能通过读文件方式读取。

采用第二种方法的具体示例代码如下。

```
private PixelMap createPixelMap(String filename){
    ResourceManager resourceManager = getApplicationContext().getResourceManager();
    RawFileEntry rawFileEntry = resourceManager.getRawFileEntry(String.format("resources/
rawfile/%s",filename));
    try{
        Resource resource = rawFileEntry.openRawFile();
        int length = resource.available();
        byte[] buffer = new byte[length];
        resource.read(buffer,0,length);
        ImageSource.DecodingOptions decodingOptions = new ImageSource.DecodingOptions();
        decodingOptions.desiredSize = new Size(200,200);
        ImageSource imageSource = ImageSource.create(buffer,null);
        PixelMap pixelMap = imageSource.createPixelmap(decodingOptions);
        imageSource.release();
        return  pixelMap;
    }catch (IOException ex){
        return null;
    }
}
```

然后创建 image 组件，获取图片。

```
Image img = (Image)findComponentById(ResourceTable.Id_image);
img.setPixelMap(createPixelMap("icon.png"));
```

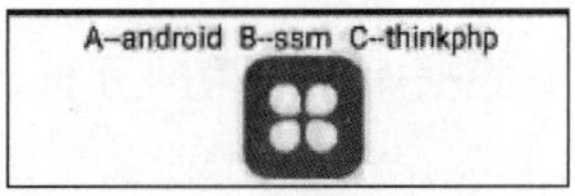

图 5.53 运行结果

运行结果如图 5.53 所示，第一行是文本中的内容，第二行是显示图片。

5.5 HarmonyOS 案例开发

5.5.1 JS 版本的案例开发

本节主要介绍如何开发一个 JS FA 应用。此应用相对于之前的 Hello World 应用模板具备更复杂的页面布局、页面样式和页面逻辑。该应用通过 media query 适配了手机，通过单击或者将焦点移动到食物的缩略图来选择不同的食物图片，也可以进行添加到购物车操作，手机应用效果如图 5.54 所示。

1. 构建页面布局

开发者在 index.hml 文件中构建页面布局。在进行代码开发之前，首先要对页面布局进行分析，将页面分解为不同的部分，用容器组件来承载。根据 JS FA 应用效果图，此页面一共分成三个部分：标题区、展示区和商品详情区。注意，展示区和商品详情区在手机和 TV 上分别是按列排列和按行排列的。

标题区较为简单，由两个按列排列的 text 组件构成。展示区由包含了四个 image 组件的 swiper 组件构成，商品详情区由 image 组件和 text 组件构成，具体构成如图 5.55 所示（以手机效果图为例）。

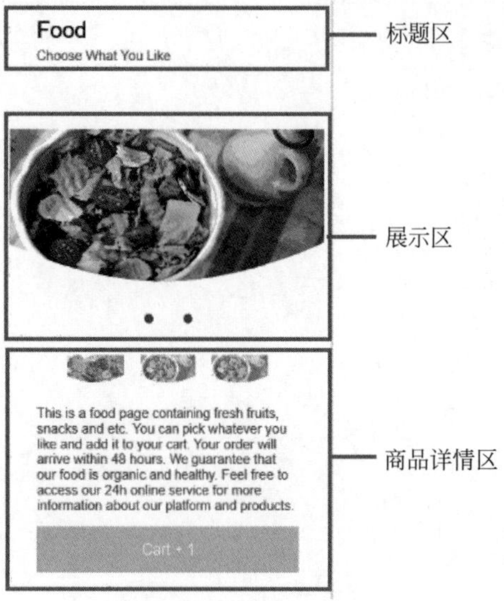

图 5.54　手机应用效果

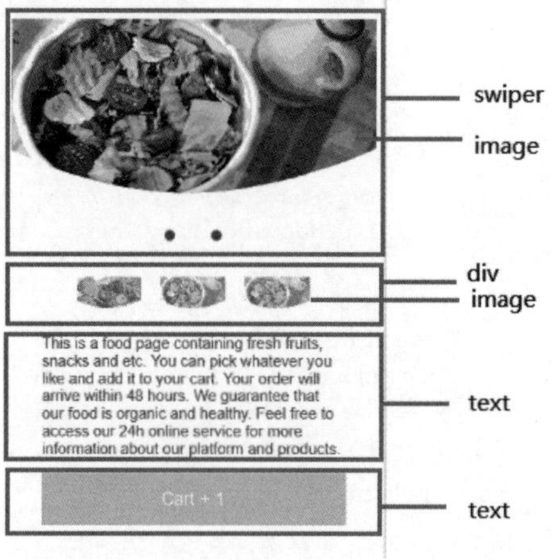

图 5.55　展示区和商品详情区布局

根据布局结构的分析，实现页面基础布局的代码示例如下（其中四个 image 组件通过 for 指令来循环创建）。

```
<div class="container">    <!-- 标题区 -->
    <div class="title">
        <text class="name">Food</text>
        <text class="sub-title">Choose What You Like</text>
    </div>
    <div class="display-style">        <!-- 展示区 -->
        <swiper id="swiperImage" class="swiper-style">
            <image src="{{$item}}" class="image-mode" focusable="true" for=
"{{imageList}}"></image>
        </swiper>
        <!-- 产品详情区 -->
        <div class="container">
            <div class="selection-bar-container">
                <div class="selection-bar">
                    <image src="{{$item}}" class="option-mode" onfocus="swipeToIndex
({{$idx}})" onclick="swipeToIndex({{$idx}})" for="{{imageList}}"></image>
                </div>
            </div>
            <div class="description-first-paragraph">
```

```
                <text class = "description">{{descriptionFirstParagraph}}</text>
            </div>
            <div class = "cart">
                <text class = "{{cartStyle}}" onclick = "addCart" onfocus = "getFocus"
onblur = "lostFocus" focusable = "true">{{cartText}}</text>
            </div>
        </div>
    </div>
</div>
```

swiper组件里展示的图片需要开发者自行添加图片资源，放置到“js →default →common”目录下，common目录需自行创建。

2. 构建页面样式

index.css文件中通过media query管控手机页面样式，具体用法可参考媒体查询。此外，该页面样式还采用了css伪类的写法，当单击时或者焦点移动到image组件上时，image组件会由半透明变成不透明，以此来实现选中的效果。示例代码如下。

```
.container {
    flex-direction: column;
}
/* phone */
@media screen and (device-type: phone) {
    .title {
        align-items:flex-start;
        flex-direction: column;
        padding-left: 60px;
        padding-right: 160px;
        padding-top: 20px;
    }
    .name {
        font-size: 50px;
        color: #000000;
    }
    .sub-title {
        font-size: 30px;
        color: #7a787d;
        margin-top: 10px;
    }
    .display-style {
        flex-direction: column;
        align-items:center;
    }
    .swiper-style {
        height: 600px;
        indicator-color: #4682b4;
```

```
        indicator-selected-color: #ffffff;
        indicator-size: 20px;
        margin-top: 15px;
    }
    .image-mode {
        object-fit: contain;
    }
    .selection-bar-container {
        height: 90px;
        justify-content: center;
    }
    .selection-bar {
        height: 90px;
        width: 500px;
        margin-top: 30px;
        justify-content: center;
        align-items:center;
    }
    .option-mode {
        object-fit: contain;
        opacity: 0.5;
    }
    .option-mode:active {
        opacity: 1;
    }
    .description {
        color: #7a787d;
    }
    .description-first-paragraph {
        padding-left: 60px;
        padding-top: 50px;
        padding-right: 60px;
    }
    .color-column {
        flex-direction: row;
        align-content: center;
        margin-top: 20px;
    }
    .color-item {
        height: 50px;
        width: 50px;
        margin-left: 50px;
        padding-left: 10px;
    }
    .cart {
        justify-content: center;
        margin-top: 30px;
    }
```

```
    .cart - text {
        font - size: 35px;
        text - align: center;
        width: 600px;
        height: 100px;
        background - color: #6495ed;
        color: white;
    }
    .add - cart - text {
        font - size: 35px;
        text - align: center;
        width: 600px;
        height: 100px;
        background - color: #ffd700;
        color: white;
    }
}
```

这里，关于 css 的属性介绍就不再展开说明了，请大家自行参看 css 介绍。

3. 构建页面逻辑

开发者在 index.js 文件中构建页面逻辑，主要实现的是两个逻辑功能：当单击时或者焦点移动到不同的缩略图时，swiper 滑动到相应的图片；当焦点移动到购物车区时，Add To Cart 背景颜色从浅蓝变成深蓝，单击后文字变化为 Cart+1，背景颜色由深蓝色变成黄色。添加购物车不可重复操作。示例代码如下。

```
export default {
    data: {
        cartText: 'Add To Cart',
        cartStyle: 'cart - text',
        isCartEmpty: true,
        descriptionFirstParagraph: 'This is a food page containing fresh fruits, snacks and
etc. You can pick whatever you like and add it to your cart. Your order will arrive within 48
hours. We guarantee that our food is organic and healthy. Feel free to access our 24h online
service for more information about our platform and products.',
        imageList: ['/common/banner_1.png', '/common/banner_2.png', '/common/banner_2.png'],
    },
  //轮播图
    swipeToIndex(index) {
        this.$element('swiperImage').swipeTo({index: index});
    },
//加入购物车
    addCart() {
        if (this.isCartEmpty) {
```

```
                this.cartText = 'Cart + 1';
                this.cartStyle = 'add-cart-text';
                this.isCartEmpty = false;
            }
        },
    //获得焦点
        getFocus() {
            if (this.isCartEmpty) {
                this.cartStyle = 'cart-text-focus';
            }
        },
    //失去焦点
        lostFocus() {
            if (this.isCartEmpty) {
                this.cartStyle = 'cart-text';
            }
        },
    }
```

实现此实例后，运行效果如图 5.56 所示。

图 5.56　手机运行效果

5.5.2　Java 版本的案例开发

本节主要介绍如何开发一个 Java FA 应用。此应用相对于之前的 Hello World 应用模板具备更复杂的页面布局、页面样式和页面逻辑。通过填写用户名后，插入第二个页面进行显示，并求赞，跳转到第三个页面后，点赞并跳回第二个页面进行点赞数的累加。这是不是与第 4 章 Android 的 Activity 跳转很相似？它们的原理十分类似，接下来就来具体介绍。

该案例演示的是同一个 Page 里的 AbilitySlice 之间的跳转，可以分成两个部分。

1. 完成 MainAbilitySlice 到 FirstAblitySlice 的带参数跳转

这里通过 Intent 的 setParam(Key,Value)进行传值，通过 present()方法实现导航。

MainAbilitySlice 的示例代码如下。

```
private Text text;
private Button button;
private TextField tf_name;
private static final int REQUSET_CODE = 123;
@Override
public void onStart(Intent intent) {
    super.onStart(intent);
    super.setUIContent(ResourceTable.Layout_ability_main);
    tf_name = (TextField)findComponentById(ResourceTable.Id_tf_name);
    button = (Button)findComponentById(ResourceTable.Id_button_commit);
    button.setClickedListener(new Component.ClickedListener() {
        @Override
        public void onClick(Component component) {
            Intent intent = new Intent();
            intent.setParam("name", tf_name.getText().toString());
            present(new FirstAbilitySlice(),intent1);
        }
    });
}
```

数据传到 FirstAblitySlice，通过 Intent 的 getStringParam(key)，将 value 值展示出来。

FirstAblitySlice 的示例代码如下。

```
if (intent != null){
    String sname = intent.getStringParam("name");
    text.setText("你好," + sname);
}
```

示例运行效果如图 5.57 和图 5.58 所示。

2. 完成 FirstAblitySlice 到 SecondAbilitySlice 的跳转，并接收 SecondAbilitySlice 返回的结果

在用户从 SecondAbilitySlice 返回时，能够获得其返回结果，这里应当使用 presentForResult()实现导航。用户从 SecondAbilitySlice 返回时，系统将回调 onResult()来接收和处理返回结果，开发者需要重写该方法。

FirstAbilitySlice 的示例代码如下。

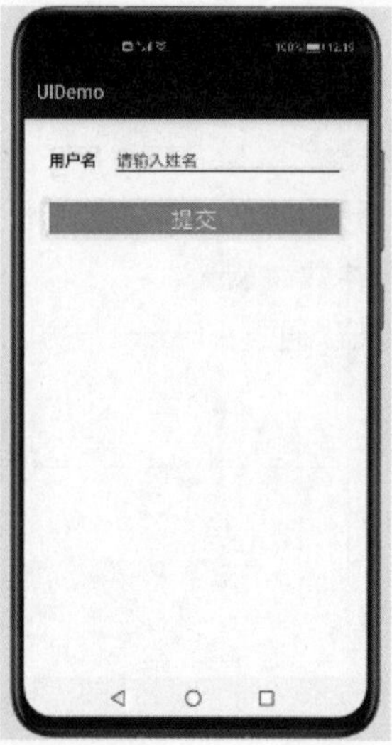

图 5.57　第一个页面图

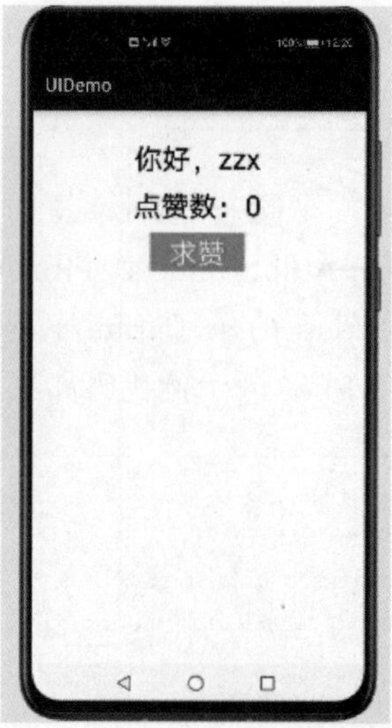

图 5.58　跳转到第二个页面

```
button.setClickedListener(new Component.ClickedListener() {
    @Override
    public void onClick(Component component) {
        Intent pageJumpIntent = new Intent();
        presentForResult(new SecondAbilitySlice(), pageJumpIntent, REQUSET_CODE);
    }
});
@Override
protected void onResult(int requestCode, Intent resultIntent) {
    super.onResult(requestCode, resultIntent);
    if (requestCode == this.REQUSET_CODE){
        int result_value = resultIntent.getIntParam("num", 0);
        count += result_value;
        show .setText("点赞数:" + count);
    }
}
```

SecondAbilitySlice 的示例代码如下。

```
button.setClickedListener(new Component.ClickedListener() {
    @Override
    public void onClick(Component component) {
        Intent intent2 = new Intent();
        intent2.setParam("num", 1);
        setResult(intent2);
        terminate();
    }
});
```

示例运行效果如图 5.59 和图 5.60 所示。

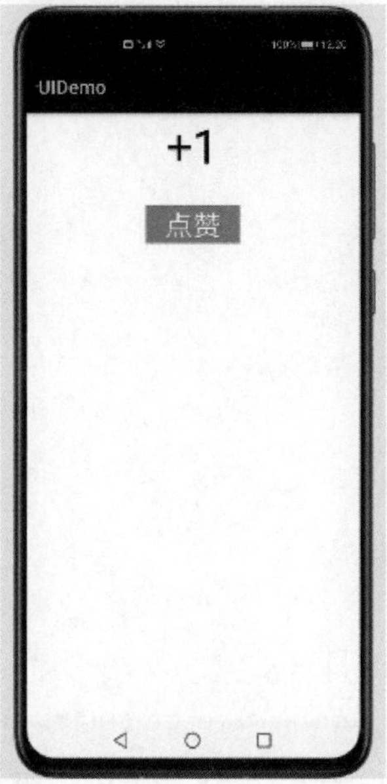

图 5.59 跳转到第三个页面

图 5.60 回调到第二个页面

5.6 小结

本章首先介绍了 Harmony OS 的相关知识，环境搭建以及如何创建 JS FA 和 Java FA 工程，让读者可以快速搭建相应的工程并运行；接着详细介绍了 Java UI 框架里的布局、组件的使用以及 JS UI 框架的组件，通过介绍可以让读者快速了解两种框架的不同之处；之后介绍了 Harmony OS 的网络访问及数据管理，由于篇幅所限，介绍的内容都是较为简单又实用的，读者可以根据案例进行操作；最后列举了两个案例开发，加深对内容的理解。

5.7 习题

一、单选题

1. HarmonyOS 应用中，(　　)文件描述了 Module 所支持的设备类型。

   A. config. json　　　　B. build. gradle

   C. local. properties　　　　D. settings. gradle

2. 以下(　　)不属于 Harmony 应用程序框架的范围。

   A. 应用市场　　　　B. JS UI & Java UI

   C. BMS　　　　D. DMS

3. HarmonyOS 中将有 UI 的 Ability 称为(　　)。

A. 元服务　　B. 元程序

C. 可视化 Ability　　D. 非可视化 Ability

4. HarmonyOS 整体遵从分层设计,从下向上依次为(　　)。

A. 系统服务层、内核层、框架层和应用层

B. 内核层、系统服务层、框架层和应用层

C. 应用层、框架层、系统服务层和内核层

D. 内核层、应用层、框架层和系统服务层

5. 在 Java UI 框架中,提供了编写布局的方式有(　　)。

A. 在 XML 中声明 UI 布局

B. 在代码中创建布局

C. 在 XML 中声明 UI 布局和在代码中创建布局

D. 以上方法均不对

6. Java 工程中用于存放应用所用到的资源文件的目录是(　　)。

A. entry　　B. entry→src→main→java

C. entry→src→main→resources　　D. entry→src→main→test

7. entry 模块的编译配置文件是(　　)。

A. .gitignore　　B. build.gradle

C. entry.iml　　D. settings.gradle

8. Java UI 框架中,(　　)是布局。

A. DirectionalLayout　　B. TickTimer

C. TextField　　D. Text

9. Java UI 框架中,用于设置布局中组件的排列方式的属性是(　　)。

A. ohos:orientation　　B. ohos:height

C. ohos:layout_alignment　　D. ohos:weight

10. 在 JS UI 工程目录中,(　　)文件夹主要存放公共资源,如图片、视频等。

A. common　　B. pages　　C. i18n　　D. base

二、多选题

1. 在 DevEco Studio 中创建一个新的应用项目,目前支持的设备类型有(　　)。

A. 电视　　B. 手机

C. 可穿戴设备　　D. 轻量级穿戴设备

2. 首次下载 HarmonyOS SDK 时,只会默认下载(　　)。因此,如果还需要使用 JS 或 C/C++语言开发应用,需手动下载对应的 SDK 包。

A. Previewer　　B. Java SDK　　C. Toolchains　　D. NDK

3. 网络请求在现代的应用开发中必不可少,在 config.json 文件中的 module 中需添加的相关的网络访问权限是(　　)。

A. "name": ohos.permission.GET_NETWORK_INFO"

B. "name"："ohos. permission. SET_NETWORK_INFO”

C. "name"："ohos. permission. INTERNET"

D. "name"："ohos. permission. GET_WIFI_INFO"

4. JS FA 根据组件的功能对组件进行分类，以下选项属于容器组件的是(　　)。

A. div　　B. list　　C. text　　D. menu

三、判断题

1. FA 有 UI 界面，而 PA 无 UI 界面。(　　)

2. JS FA 生命周期事件分为应用生命周期和页面生命周期。(　　)

3. Dialog 是在窗口上方弹出的对话框，是通知操作的简单反馈。(　　)

4. RadioContainer 是 RadioButton 的容器，在其包裹下的 RadioButton 保证只有一个被选项。(　　)

5. HarmonyOS 整体遵从分层设计，从下向上依次为：内核层、框架层、系统服务层和应用层。(　　)

6. JS FA 工程下 index 目录下的文件后缀名是. html。(　　)

第6章 HMS 应用开发

本章将学习 HMS 应用开发相关技术，使用前 5 章所学知识，完成账号服务、推送服务和应用内支付服务这 3 个场景的集成任务。

6.1 HMS 概述

本节首先介绍学习 HMS 需要哪些前置知识，之后介绍 HMS 与 HMS Core 等核心概念，阐述 HMS 的基础架构与应用场景。

6.1.1 HMS 前置知识

在学习 HMS 服务集成之前，需要掌握 Web 前端、Web 后端、Android 和 HarmonyOS 开发等技术，其中，Web 前后端开发技术重点掌握前端界面布局、与服务器数据交互方法和后端接口开发等知识，Android 和 HarmonyOS 开发技术重点掌握客户端界面布局、与服务器数据交互与解析方法等知识。

6.1.2 HMS 简介

HMS(HUAWEI Mobile Services，华为移动服务)是一个开放的生态，华为通过 HMS Core 全面开放"芯-端-云"能力，助力开发者应用创新，共同加速万物感知、万物互联、万物智能，打造全场景智慧体验。

HMS 架构由两部分组成，包括 HMS Apps 和 HMS Core&Connect 两部分，其中后者又可以划分为 HMS Connect 层和 HMS Core 层，以及相应开发、测试的 IDE 工具，如图 6.1 所示。

1. HMS Apps 层

本层是 HMS 生态应用，包括华为自有应用(HMS Apps)和开发者应用(App)，这些应用依托华为终端为用户提供数字化服务。

1) HMS Apps

HMS Apps 是华为推出的自用应用，一般随 EMUI 提供给用户，包括应用市场、浏览

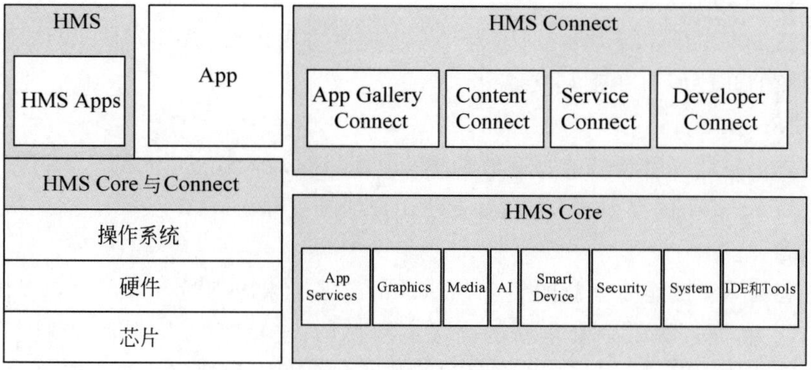

图 6.1 HMS 架构图

器、云空间、智慧助手、华为视频和华为阅读等，通过这些自有应用为用户打造独特的华为数字生活方式。

2）App

App 是开发者应用，主要包括开发者在华为应用市场上架的应用，覆盖消费者生活的方方面面，包括游戏、影音娱乐、社交通信、摄影摄像、商务办公、新闻阅读、购物、金融理财、教育、运动健康和智能家居等，这些应用极大地丰富了 HMS 生态。

2. HMS Connect 层

本层包括开发者管理、应用管理、内容和服务的管理，为 App 运营人员提供从加入 HMS 到商业变现的全程端到端管理能力。

1）App Gallery Connect

App Gallery Connect 代表应用市场，致力于为应用的创意、开发、分发、运营和经营各环节提供一站式服务，将华为在全球化、质量、安全、工程管理等领域长期积累的能力开放给开发者，大幅降低应用开发与运维难度，提高版本质量，开放分发和运营服务，帮助开发者获得用户并实现收入的规模增长。

2）Content Connect

Content Connect 代表华为内容中心，是华为的内容接入平台，包括主题、音乐和视频等内容，帮助开发者将其主题、音乐和视频内容分发到华为自有应用上，助力开发者全流程高效运营，让内容更快捷、更准确地到达用户。

3）Service Connect

Service Connect 代表华为智慧平台，是华为统一的原子化服务接入和分发平台，聚合泛终端全场景的流量入口，为开发者提供一次接入、基于 AI 全场景分发的服务。

4）Developer Connect

Developer Connect 代表华为开发者联盟，是华为终端合作伙伴开放平台，致力于服务广大开发者，在开发、测试、推广和变现等环节，全方位助力开发者打造全场景创新体验，通过智能终端触达广大用户。

3. HMS Core 层

本层包括 HMS 开放能力和工具,为开发者提供应用领域、系统领域、媒体领域、安全领域等多个领域的开放能力和工具支撑。

1) App Services

App Services 是应用领域能力开放的集合,如 Huawei Account Kit(华为账号服务)为开发者提供简单、安全的登录授权功能,方便用户快捷登录。

2) Media

Media 是媒体领域能力开放的集合,如 Camera Kit(相机服务)为开发者提供高效实用相机系统的能力,通过提供一套全新的高级编程 API,支持第三方应用实现大光圈、人像、HDR(High Density Recording)、视频 HDR、视频人物虚化和超级夜景等特性,实现与华为相机同样的拍照效果。

3) Graphics

Graphics 是图像领域开放能力的集合,如 AR Engine 通过整合 AR 核心算法,提供了运动跟踪、环境跟踪、人体和人脸跟踪等 AR 基础能力,通过这些能力可让第三方的应用实现虚拟世界与现实世界的融合,提供全新的视觉体验和交互方式。

4) System

System 是系统领域开放能力的集合,如近距离通信服务,使用蓝牙、WiFi 等技术,发现附近的设备并与它们通信,包括远距离设备间数据传输和近距离设备间消息订阅。

5) AI

AI 是人工智能领域开放能力的集合,如 ML Kit(机器学习服务)提供机器学习套件,为开发者提供简单易用、服务多样和技术领先的机器学习能力,助力开发者更快更好地开发各类 AI 应用。

6) Security

Security 是安全领域开放能力的集合,如 FIDO(线上快速身份验证服务),为应用提供安全可信的本地生物特征认证和安全便捷的线上快速身份验证能力,为开发者提供安全易用的免密认证服务,并保障认证结果安全可信。

7) Smart Device

Smart Device 是智能终端领域开放能力的集合,如 HiCar,将移动设备和汽车连接起来,利用汽车和移动设备的强属性以及多设备互联能力,在手机和汽车之间建立管道,把手机的应用和服务延展到汽车。

8) IDE&Tools

IDE&Tools 是工具的集合,帮助开发者快捷方便地使用开放能力。

(1) HMS Core Toolkit 是一个 IDE 工具插件,包含应用创建、编码和转换、调测、测试和发布的开发工具,集成 HMS Core,打造出色的应用。

(2) HUAWEI DevEco Studio 1.0 是开发 EMUI 应用的集成开发环境(IDE),旨在帮助开发者快捷、方便、高效地使用华为 EMUI 开放能力。如果需要开发 HarmonyOS 应用,请下载 HUAWEI DevEco Studio 2.0。

从上面框架各层的定义描述可以看到，HMS Core 从快速开发、持续增长、灵活变现三个方面，全方位帮助开发者低成本构建精品应用，实现商业盈利。

6.2 账号服务集成

目前绝大部分 App 都会要求用户先完成注册、登录等环节，方可开始使用，而实际情况是用户经常忘记设定的登录密码，或者注册环节的操作步骤过于烦琐，这些都会降低用户对 App 的使用兴趣，甚至放弃使用。为了使 App 拥有更好的注册与登录体验，本章将介绍如何通过 Account Kit(华为账号服务)，使拥有华为账号的用户实现一键授权，快速登录应用。

6.2.1 账号服务原理

华为账号遵循 OAuth 2.0 和 OpenID Connect 国际标准协议，具备高安全性的双因素认证能力，验证因子包括密码、手机验证码、邮箱验证码、图片验证码、身份信息等因素，具备极高的安全性，为用户提供数字资产和个人隐私的安全保护能力。在手机、平板、电视和车机等平台上，用户可以通过华为账号快速、便捷地登录 App。

Account Kit 主要包括以下 3 个部件。

(1) HMS Core APK 中与 Account Kit 相关的部分：承载账号登录、授权等能力。

(2) Account SDK：用于封装 Account Kit 提供的能力，提供接口给开发者 App 使用。

(3) 华为 OAuth Server：华为账号授权服务器，负责管理授权数据，为开发者提供授权和鉴权能力。

App 和 Account Kit 的交互原理，如图 6.2 所示。

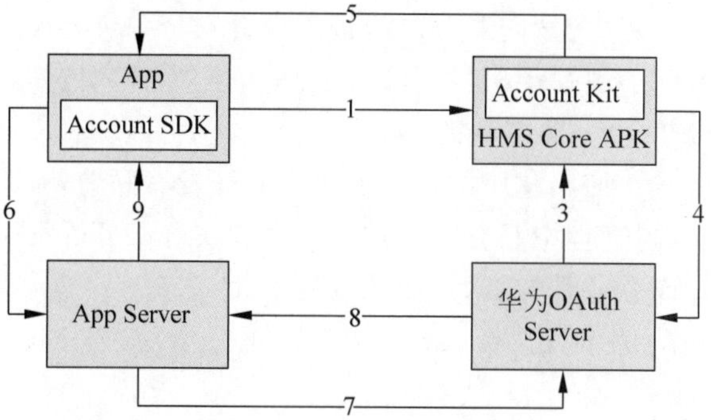

图 6.2 账号服务交互原理

具体交互原理分析如下。

(1) App 调用 Account SDK 接口向 HMS Core APK 请求 Authorization Code、ID Token，头像和昵称等信息。

(2) HMS Core APK 展示华为账号的授权页面，请求获取用户授权。

(3) HMS Core APK 向华为 OAuth Server 请求 Authorization Code 和 ID Token，并返回给 App。

(4) App 将 Authorization Code 和 ID Token 传给 App Server，App Server 对 ID Token 进行验证。

(5) App Server 将 Authorization Code 和 client_secret 传给华为 OAuth Server，获取 AccessToken 和 RefreshToken。

(6) Access Token 或 ID Token 验证通过后，App Server 生成自己的 Token，返回给 App，完成登录过程。

6.2.2 开发准备

成为一名 HMS 开发者，需要注册华为开发者账号，完成实名认证、创建应用、生成签名证书指纹、配置签名证书指纹、开通账号服务、集成账号 SDK 等操作，详细的开发流程，如图 6.3 所示。

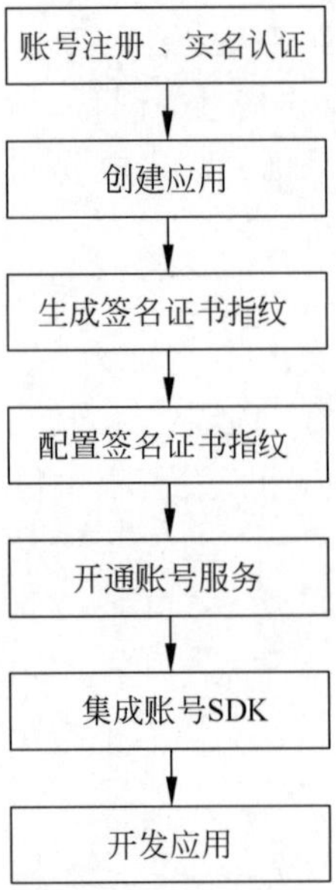

图 6.3 账号服务接入流程

1. 账号注册

开发者需要准备一个可以接收验证码的手机和邮箱，进入网址 https://developer.huawei.com/consumer/cn/，单击右上角“注册”按钮进入注册界面，如图 6.4 所示。

可以通过单击界面左侧的“手机号注册”和“邮箱地址注册”两个按钮选择使用手机或邮箱注册，使用邮箱注册的界面，如图 6.5 所示。

这里以邮箱注册为例，填写好国家/地区、邮件地址、邮件验证码等基本信息后，单击“注册”按钮，进入华为账号通知界面，如图 6.6 所示。

单击“同意”按钮，进入设置安全手机界面，如图 6.7 所示。

填写手机号码和验证码，单击“确定”按钮，完成注册。

2. 实名认证

使用注册的账号登录华为开发者联盟，登录成功后，单击右上角的“管理中心”按钮，进入开发者实名认证界面，可以选择个人开发者或企业开发者，如图 6.8 所示。

这里以个人开发者为例，单击“个人开发者”或“下一步”按钮，进入是否包含敏感应用上架选择界面，如图 6.9 所示。

这里选择否，并单击“下一步”按钮，进入个人开发者实名认证方式选择界面，如图 6.10 所示，个人实名认证包含两种方式，个人银行卡认证和身份证人工审核认证。

这里选择个人银行卡认证，单击“前往认证”按钮，进入银行卡认证界面，如图 6.11 所示。

这里需要完整填写真实姓名、身份证号码、银行卡号和银行卡预留手机号码，以便接收短信验证码进行信息校验。填写完成后，单击“下一步”按钮，进入完善资料信息界面，如图 6.12 所示。

图 6.4 华为账号手机注册界面

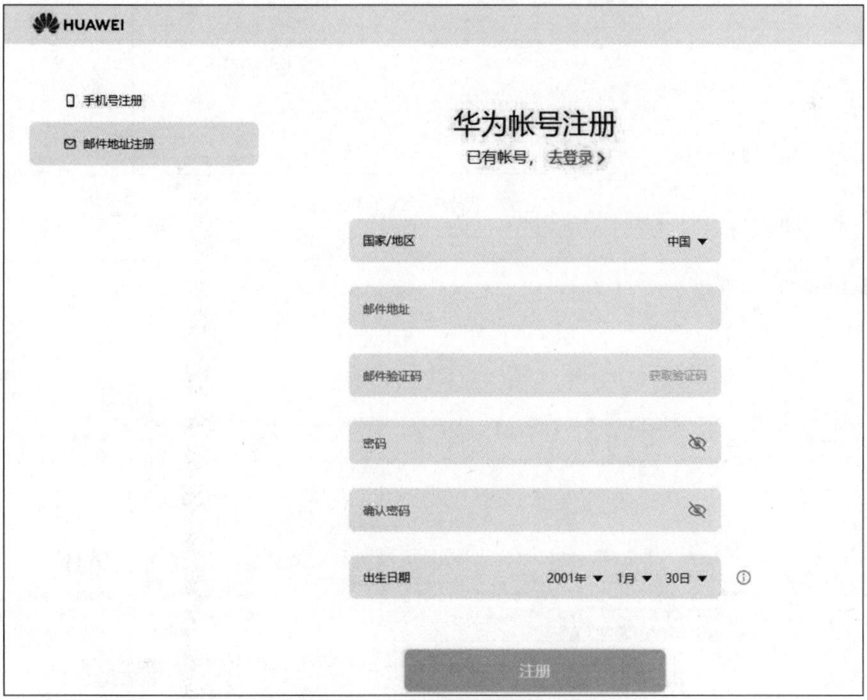

图 6.5 华为账号邮箱注册界面

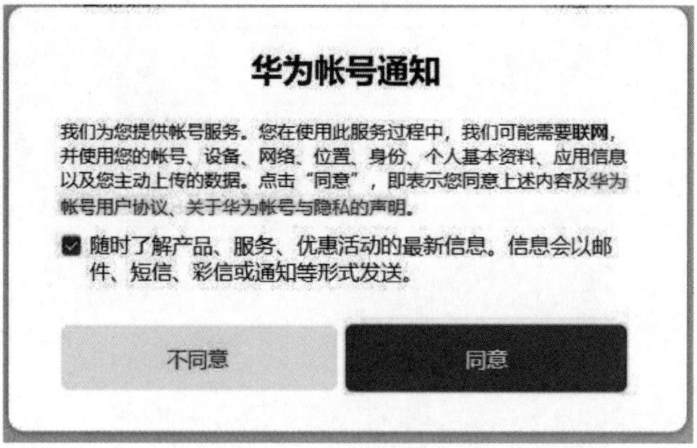
华为帐号通知
我们为您提供帐号服务。您在使用此服务过程中，我们可能需要联网，并使用您的帐号、设备、网络、位置、身份、个人基本资料、应用信息以及您主动上传的数据。点击“同意”，即表示您同意上述内容及华为帐号用户协议、关于华为帐号与隐私的声明。
随时了解产品、服务、优惠活动的最新信息。信息会以邮件、短信、彩信或通知等形式发送。
不同意
同意

图 6.6　华为账号通知界面

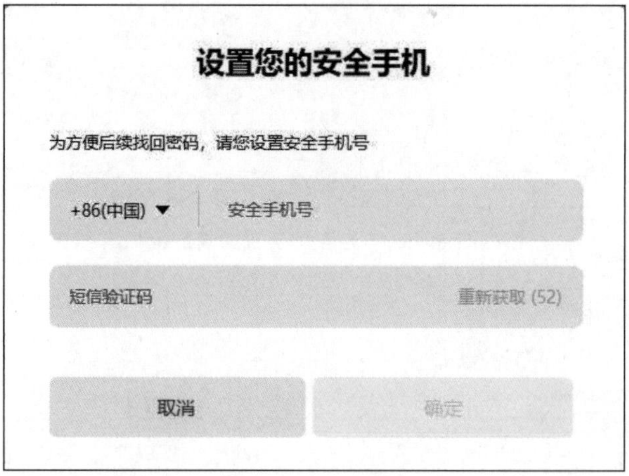
设置您的安全手机
为方便后续找回密码，请您设置安全手机号
+86(中国)
安全手机号
短信验证码
重新获取 (52)
取消
确定

图 6.7　设置安全手机界面

图 6.8　开发者实名认证界面

图 6.9 是否包含敏感应用上架选择界面

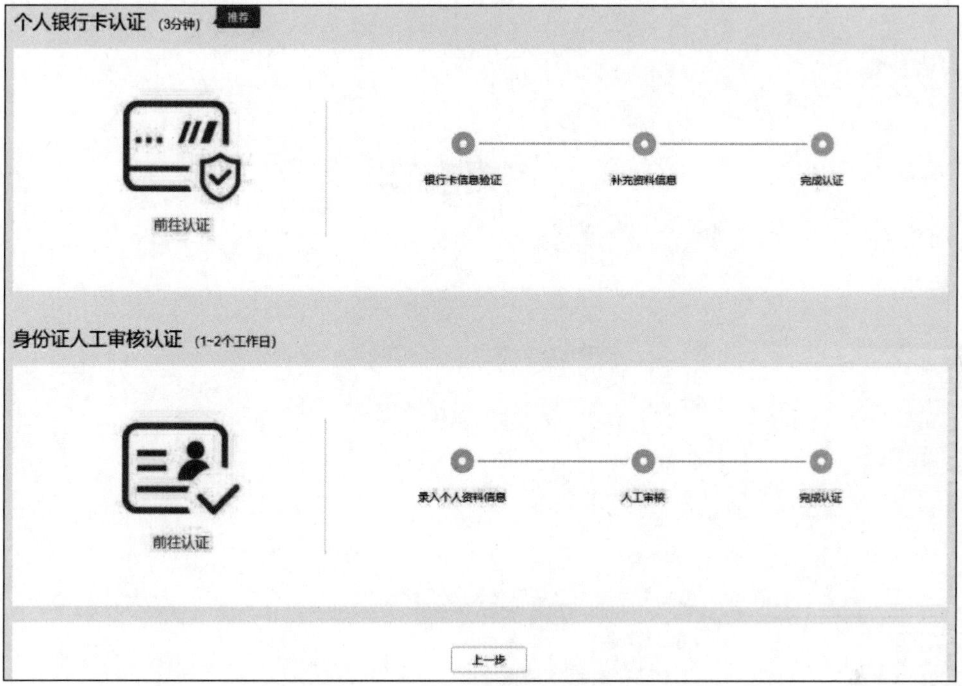

图 6.10 个人开发者实名认证方式

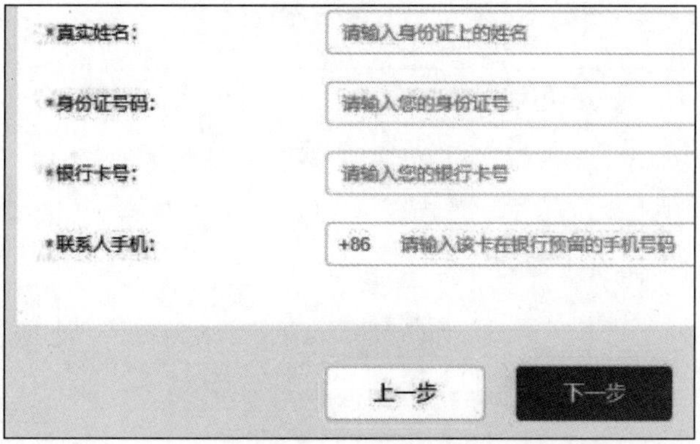

图 6.11 银行卡信息认证界面

完善个人信息后，勾选《关于华为开发者联盟与隐私的声明》和《华为开发者服务协议》，然后单击"提交"按钮，即可完成实名认证，如图 6.13 所示。

图 6.12　完善资料信息

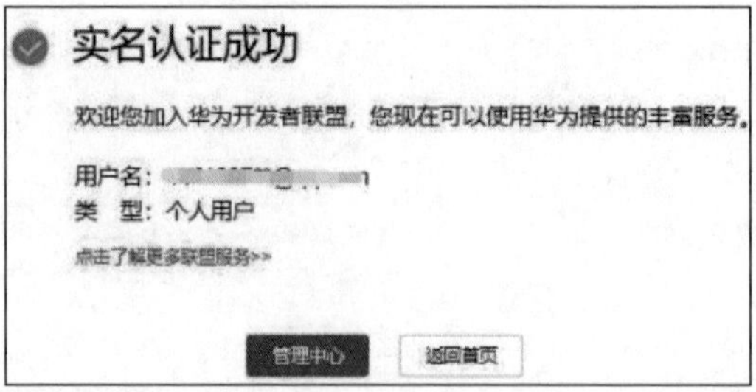

图 6.13　实名认证完成

3. 创建 Android 项目

打开 Android studio,新建 HMSAccountApp 项目,包名为 com. huawei. account,如图 6.14 所示。

单击 Finish 按钮,完成项目的创建。

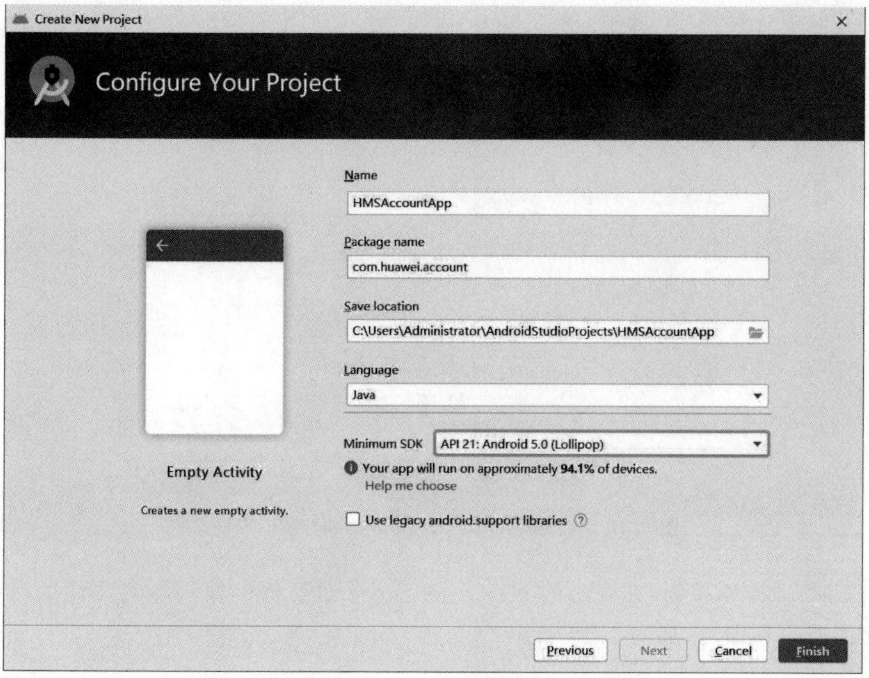

图 6.14 项目创建界面

4. 创建签名文件

Android 系统要求所有 APK 必须先使用签名文件进行数字签名，才能安装到设备上或进行更新。签名文件可以使用 JDK 自带的 keytool 工具或由 Android Studio 生成，本书举例的项目使用 Android Studio 生成签名文件。依次单击 Android Studio 导航栏上的 Build→Generate Signed Bundle/APK 选项，会弹出 Generate Signed Bundle or APK 对话框，如图 6.15 所示。

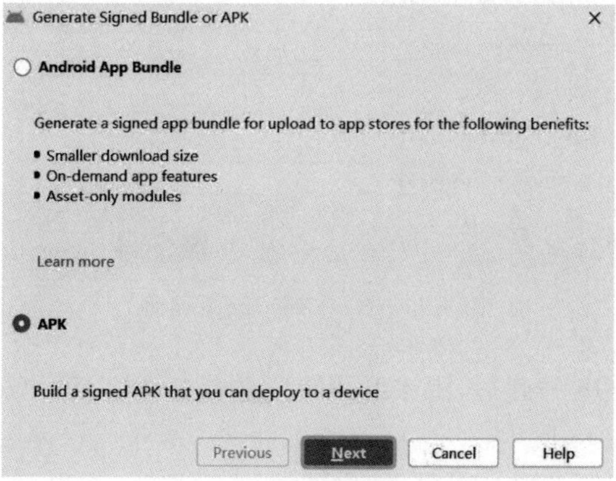

图 6.15 Generate Signed Bundle or APK 界面 1

在该界面中选择 APK 选项,单击 Next 按钮,进入如图 6.16 所示界面。

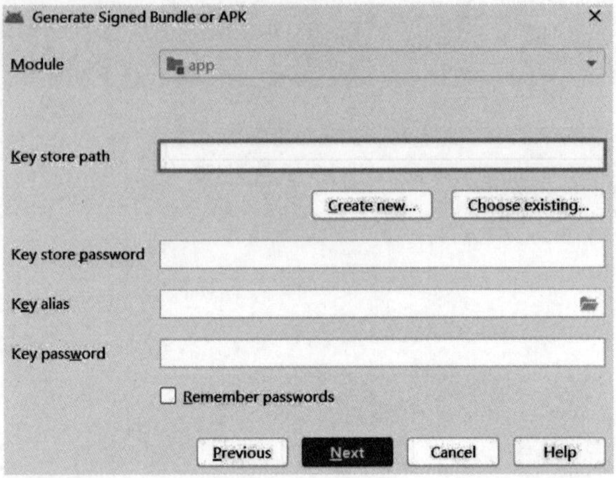

图 6.16　Generate Signed Bundle or APK 界面 2

单击 Create new 按钮,在弹出的 New Key Store 对话框中填写签名文件的必要信息,根据实际情况填写即可,如图 6.17 所示。

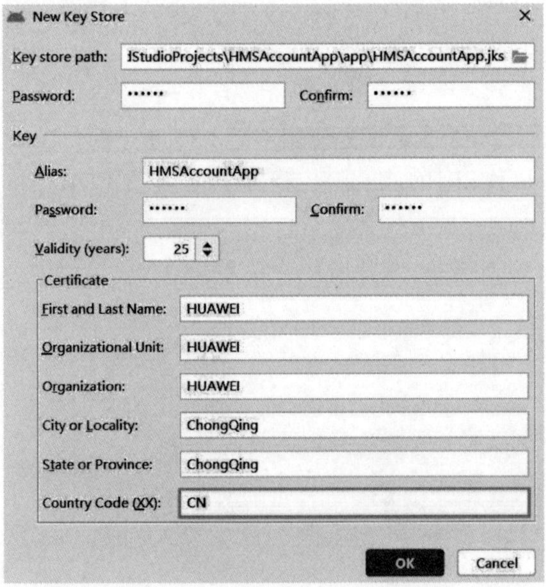

图 6.17　New Key Store 界面

填写完成后,单击 OK 按钮后,刚才填写的信息会自动填充到 Generate Signed Bundle or APK 界面中,如图 6.18 所示。

单击 Next 按钮,选择 Build Variants 中的 release 选项,选中 Signature Versions 中的 V1(Jar Signature)、V2(Full APK Signature)两个复选框,如图 6.19 所示。

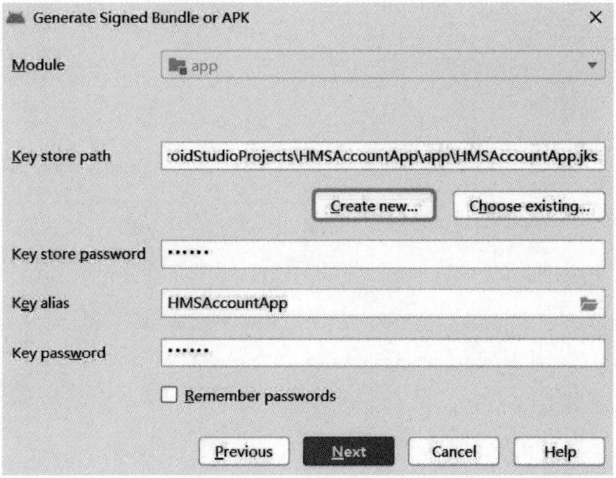

图 6.18 填充后的 Generate Signed Bundle or APK 界面

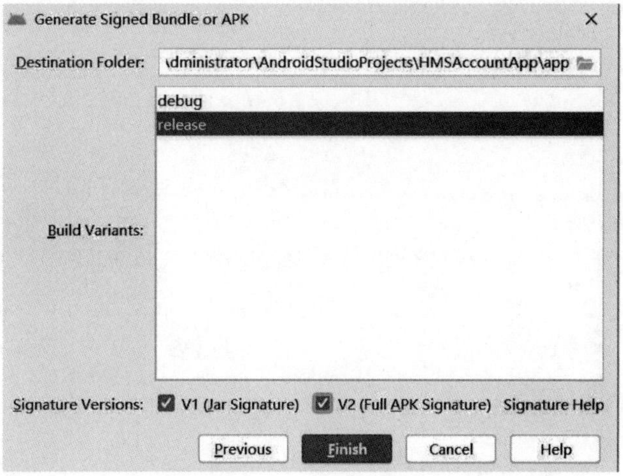

图 6.19 填充后的 Generate Signed Bundle or APK 界面 3

单击 Finish 按钮,Build 完成后即完成了创建签名文件过程。

5. 配置签名

现在我们拥有了必需的签名文件,下面将在 app/build.gradle 文件中配置签名。编辑 app /build.gradle,在 android 闭包中添加如下内容。

```
app /build.gradle 文件
--------------------------------------------------------------------------
signingConfigs {
    release {
        storeFile file('HMSAccountApp.jks')
```

```
            keyAlias 'HMSAccountApp'
            keyPassword '123456'
            storePassword '123456'
            v1SigningEnabled true
            v2SigningEnabled true
        }
    }
```

在 android 闭包中添加了一个 signingConfigs 闭包，在 signingConfigs 闭包中添加了 release 闭包，在 release 闭包中配置 keystore 文件的如下信息。

（1）storeFile 用于指定 keystore 文件位置。

（2）keyAlias 用于指定别名。

（3）keyPassword 用于指定别名密码。

（4）storePassword 用于指定密码。

签名信息配置好后，接下来只需在生成正式版或者测试版 APK 时去使用这个配置即可，继续编辑 app/build. gradle 文件，如下所示。

```
app /build.gradle 文件
------------------------------------------------------------------------
buildTypes {
    release {
        signingConfig signingConfigs.release
        minifyEnabled false
        proguardFiles getDefaultProguardFile('proguard-android-optimize.txt'), 'proguard-
rules.pro'
    }
    debug {
        signingConfig signingConfigs.release
        debuggable true
    }
}
```

在 buildTypes 中的 release 和 debug 闭包中应用了刚才添加的签名配置，因此当生成测试版和正式版 APK 时就会自动使用刚配置的签名信息进行签名。

此时单击编辑器右上角的 Sync Now 按钮，再单击“运行项目”按钮，没有运行错误表明签名配置完成。

6. 创建应用

登录华为开发者联盟，单击右上角“管理中心”按钮，进入开发者联盟管理中心界面，如图 6. 20 所示。

单击 AppGallery Connect 选项进入 AppGallery Connect 界面，如图 6. 21 所示。

单击“我的项目”按钮，进入“我的项目”界面，如图 6. 22 所示。

单击“添加项目”按钮，进入“创建项目”界面，如图 6. 23 所示。

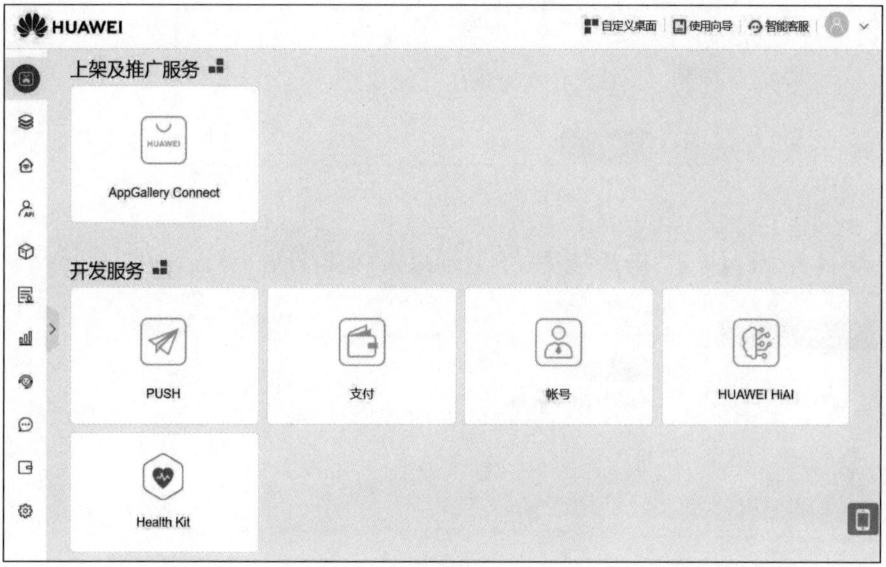

图 6.20　开发者联盟管理中心

图 6.21　AppGallery Connect 界面

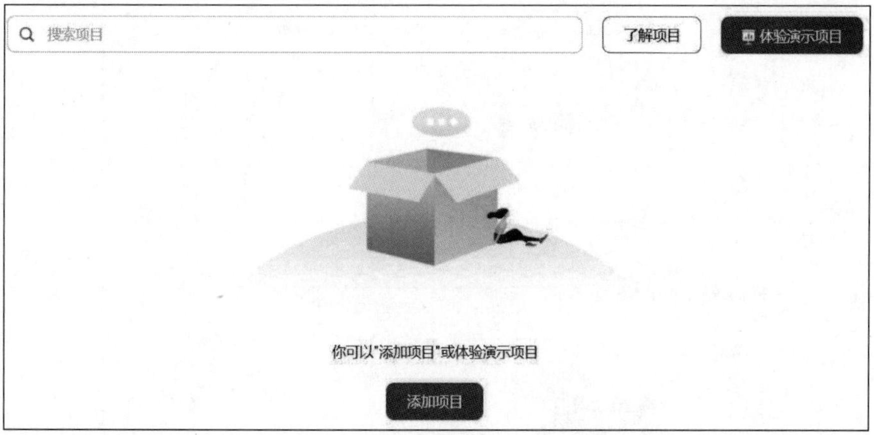

图 6.22　“我的项目”界面

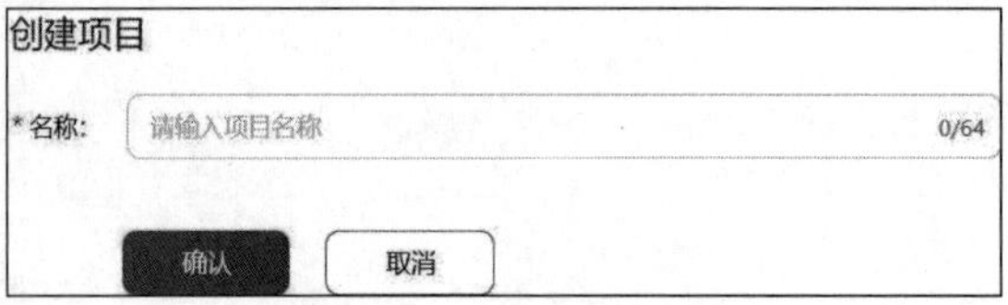

图 6.23 “创建项目”界面

输入项目名称后，单击“确认”按钮，会自动进入“项目设置”界面，如图 6.24 所示。

图 6.24 “项目设置”界面

单击“添加应用”按钮，打开“添加应用”界面，如图 6.25 所示。

图 6.25 “添加应用”界面

填写选择平台、支持设备、应用名称和应用包名等信息后，单击“确定”按钮，完成应用的创建。

7. 生成签名证书指纹

通过 HMS Core SDK 调用 HMS Core APK 提供的能力时，HMS Core APK 会根据证书指纹校验应用的真实性，在集成 HMS Core SDK 前，开发者必须将证书指纹配置到华为开发者联盟，在配置前需要根据签名证书生成证书指纹。下面使用在前面第 4 步创建的签名证书生成证书指纹。

使用 CMD 命令进入 keytool.exe 安装目录，执行命令 keytool -list -keystore < keystore-file >，其中< keystore-file >为签名文件的完整路径，具体命令如下。

```
keytool -list -v -keystore C:\Users\Administrator\AndroidStudioProjects\HMSAccountApp\
app\HMSAccountApp.jks
```

执行命令后，结果如图 6.26 所示。

图 6.26　获取 SHA256 证书指纹

8. 配置签名证书指纹

在 AppGallery Connect 中的“我的项目”页面，找到 HMSAccountApp 项目，进行项目设置，如图 6.27 所示。

图 6.27　“项目设置”界面

在“项目设置”界面中的“常规”标签页中，找到 SHA256 证书指纹配置栏，输入第 7 步中生成的证书指纹并单击对号，如图 6.28 所示。

图 6.28　SHA256 证书指纹配置界面

9．开通账号服务

每个应用在使用 HMS Core 各项服务之前，都必须先开通服务。在“项目设置”界面中，打开 Account Kit 所在行的开关即可开通账号服务，如图 6.29 所示。

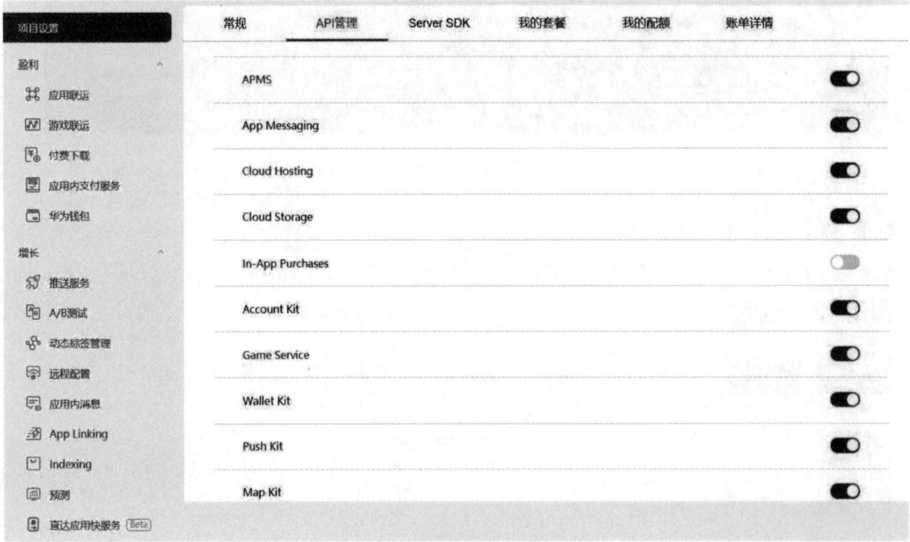

图 6.29　开通服务界面

10．集成 Account SDK

（1）在“项目设置”界面中，下载 agconnect-services. json（AGC）配置文件，并将该文件复制到 HMSAccountApp 项目的 app 目录下，如图 6.30 所示。

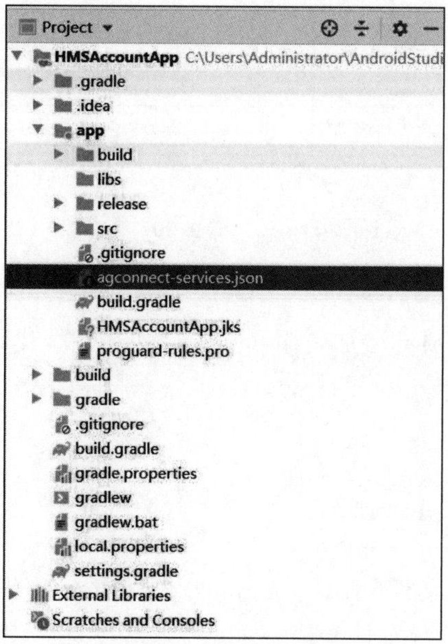

图 6.30　项目目录结构

(2) 打开项目级 build. gradle 文件，在 allprojects 的 repositories 和 buildscript 的 repositories 中增加 HMS SDK 的 Maven 仓库 url，代码如下所示。

```
HMSAccountApp/build.gradle 文件
-----------------------------------------------------------------------
repositories {
    google()
    jcenter()
    maven {url 'https://developer.huawei.com/repo/'}
}
allprojects {
    repositories {
        google()
        jcenter()
        maven {url 'https://developer.huawei.com/repo/'}
    }
}
```

(3) 在 buildscript 的 dependencies 闭包中增加 agcp 插件的配置，该插件的作用是在 App 运行时解析 agconnect-services. json 文件的内容，代码如下所示。

```
HMSAccountApp/build.gradle 文件
-----------------------------------------------------------------------
dependencies {
    classpath 'com.huawei.agconnect:agcp:1.3.1.300'
}
```

（4）打开 app/build. gradle 文件，在 dependencies 闭包中增加 Account SDK 的依赖，代码如下所示。

```
app /build.gradle 文件
--------------------------------------------------------------------
dependencies {
    implementation 'com.huawei.hms:hwid:5.1.0.301'
}
```

在 build. gradle 文件的顶部增加引用 agcp 插件的配置，代码如下所示。

```
app /build.gradle 文件
--------------------------------------------------------------------
apply plugin: 'com.android.application'
apply plugin: 'com.huawei.agconnect'
```

（5）打开项目中的配置文件 proguard-rules. pro，加入如下配置，避免 HMS Core SDK 被混淆。

```
app /proguard-rules.pro 文件
--------------------------------------------------------------------
-ignorewarnings
-keepattributes *Annotation*
-keepattributes Exceptions
-keepattributes InnerClasses
-keepattributes Signature
-keepattributes SourceFile,LineNumberTable
-keep class com.huawei.hianalytics.**{*;}
-keep class com.huawei.updatesdk.**{*;}
-keep class com.huawei.hms.**{*;}
```

（6）Account SDK 需要获取网络状态权限和 WiFi 状态权限，所以需要在 Manifest 文件中添加下面权限。

```
AndroidManifest.xml 文件
--------------------------------------------------------------------
<uses-permission android:name="android.permission.ACCESS_NETWORK_STATE" />
<uses-permission android:name="android.permission.ACCESS_WIFI_STATE" />
```

（7）当用户手机上未安装 HMS Core(APK)或者版本过低时，在 Manifest 文件中增加以下元数据，可引导用户安装或升级 HMS Core(APK)。

```
AndroidManifest.xml 文件
--------------------------------------------------------------------
<meta-data
```

```
    android:name = "com.huawei.hms.client.channel.androidMarket"
    android:value = "false" />
```

配置完成以后，单击右上角的 Sync Now 按钮进行同步，同步完成就可以为项目添加华为账号相关功能了。

11. 基础代码编写

(1) 在布局文件中加入一个按钮，表示 ID Token 方式集成账号服务，activity_main.xml 布局文件代码如下所示。

```
activity_main.xml 文件
-------------------------------------------------------------------
<?xml version = "1.0" encoding = "utf - 8"?>
<LinearLayout xmlns:android = "http://schemas.android.com/apk/res/android"
    xmlns:app = "http://schemas.android.com/apk/res - auto"
    xmlns:tools = "http://schemas.android.com/tools"
    android:layout_width = "match_parent"
    android:layout_height = "match_parent"
    android:orientation = "vertical"
    tools:context = ".MainActivity">
    <Button
        android:layout_width = "match_parent"
        android:layout_height = "wrap_content"
        android:id = "@ + id/bt_id_token"
        android:text = "ID Token 登录"
        android:layout_marginTop = "5dp"
        android:background = "@android:color/holo_blue_light"
        />
    <! - 省略 Authorization Code 登录、Silent 登录、退出账号、取消授权和自动读取短信五个按钮 ->
</LinearLayout>
```

(2) 在 Java 代码中初始化按钮，并为其添加单击事件，MainActivity 代码如下所示。

```
MainActivity.java 文件
-------------------------------------------------------------------
private static final String TAG  =  "MainActivity";
private AccountAuthParams authParams;
private AccountAuthService service;
private Button bt_ID_Token;
// 省略其他 5 个按钮的变量定义语句
@Override
protected void onCreate(Bundle savedInstanceState) {
    super.onCreate(savedInstanceState);
    setContentView(R.layout.activity_main);
    bt_ID_Token  =  (Button) findViewById(R.id.bt_ID_Token);
    bt_ID_Token.setOnClickListener(this);
```

```
    // 省略其他 5 个按钮初始化代码
}
@Override
public void onClick(View v) {
    switch (v.getId()) {
        case R.id.bt_ID_Token:
        break;
        // 省略其他 5 个按钮的 case 语句
    }
}
```

运行程序，结果如图 6.31 所示。

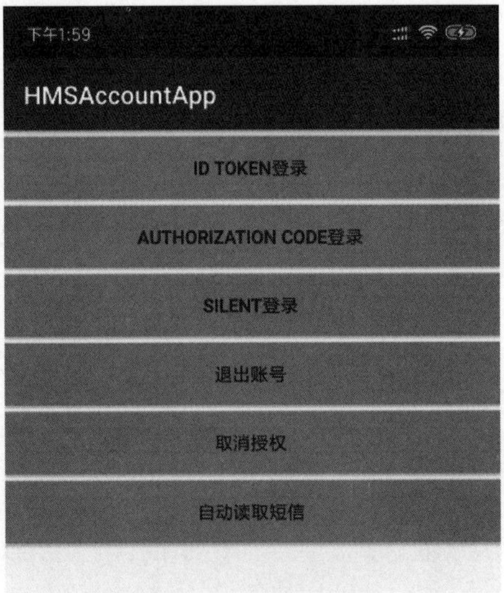

图 6.31　程序首页界面

6.2.3　ID Token 登录模式

添加完华为账号登录图标以后，就可以开始添加登录的逻辑代码了。App 部署通常分为单机和服务器两种部署方式。对应两种部署形式，华为账号也分别提供了 Authorization Code 和 ID Token 两种模式。其中 Authorization Code 登录模式适用于服务器部署方式，ID Token 模式单机和服务器部署方式都适用。

需要说明的是，对于服务器部署方式的 App，有如下两种场景。

场景 1：需要在服务器保存华为账号用户信息，并定期获取华为账号最新的用户信息，或者根据华为账号的用户信息生成自己的业务 Token。该场景推荐选择 AuthorizationCode 模式登录。

场景 2：只需要获取华为账号用户信息，后续无须更新，也不需要生成自己的业务 Token。该场景推荐 ID Token 模式登录。

1. 业务流程

ID Token 模式登录业务流程，如图 6.32 所示。

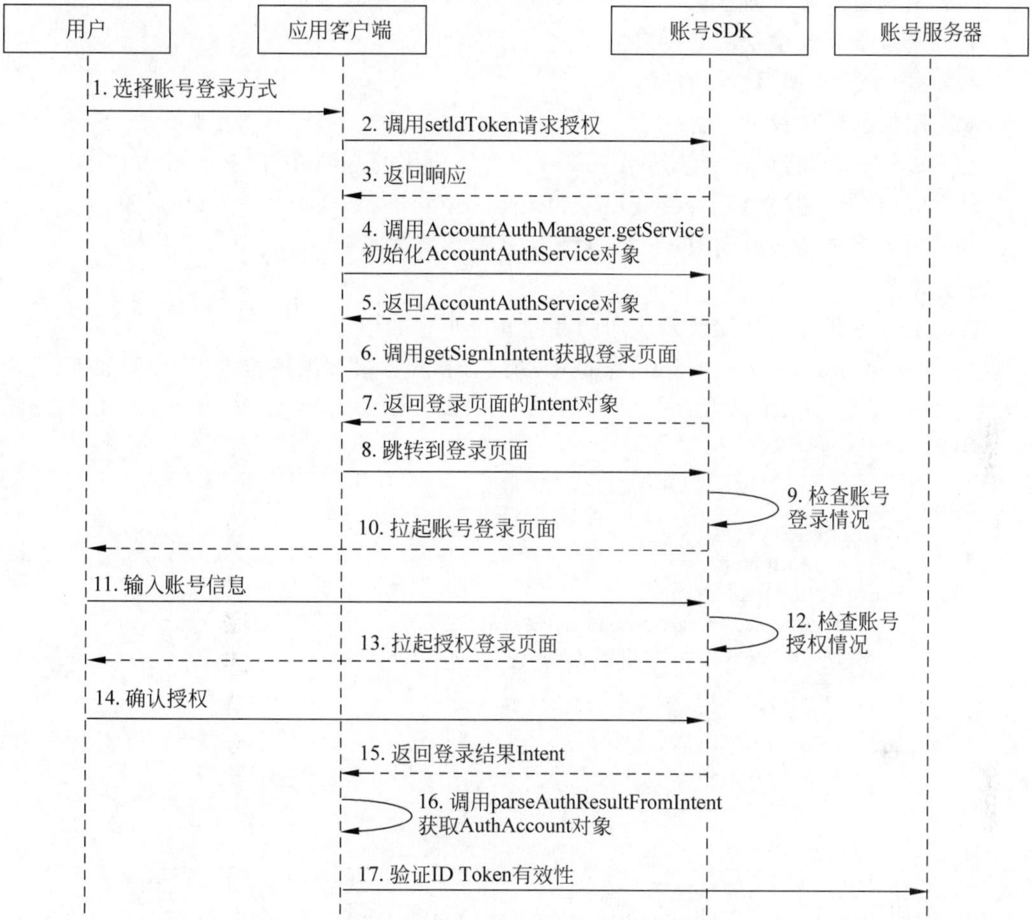

图 6.32　ID Token 模式登录业务流程

具体业务流程分析如下。

（1）用户选择账号登录方式登录应用客户端。

（2）应用客户端调用 setIdToken 请求授权。

（3）账号 SDK 向应用客户端返回响应。

（4）应用客户端调用 AccountAuthManager. getService 方法初始化 AccountAuthService 对象。

（5）应用客户端获取到 AccountAuthService 对象。

（6）应用客户端调用 getSignInIntent 获取登录页面。

（7）账号 SDK 向应用客户端返回登录页面的 Intent 对象。

（8）应用客户端通过 startActivityForResult 方法跳转到登录页面。

(9) 账号服务器检查账号登录情况。

(10) 账号 SDK 展示账号登录页面。

(11) 用户输入账号信息。

(12) 账号服务器检查账号授权情况。

(13) 账号 SDK 展示授权登录页面。

(14) 用户确认授权。

(15) 账号 SDK 将授权登录结果 Intent 返回到应用的 onActivityResult 方法中。

(16) 应用客户端调用 parseAuthResultFromIntent 获取 AuthAccount 对象。

(17) 应用客户端获取到 ID Token 后,去账号服务器验证 ID Token 有效性。

2. 开发步骤

ID Token 登录账号功能涉及应用的关键开发步骤如下。

(1) 调用 AccountAuthParamsHelper.setIdToken 方法请求授权,具体代码如下。

```
MainActivity.java 文件
--------------------------------------------------------------------------------
@Override
public void onClick(View v) {
    switch (v.getId()) {
        case R.id.bt_id_token:
            authParams = new AccountAuthParamsHelper
            (AccountAuthParams.DEFAULT_AUTH_REQUEST_PARAM)
            .setIdToken()
            .createParams();
            break;
            // 省略其他 case 代码
    }
}
```

(2) 调用 AccountAuthManager.getService 方法初始化 AccountAuthService 对象,具体代码如下。

```
MainActivity.java 文件
--------------------------------------------------------------------------------
@Override
public void onClick(View v) {
    switch (v.getId()) {
        case R.id.bt_id_token:
            // 省略请求授权代码
            service = AccountAuthManager.getService(MainActivity.this, authParams);
            break;
            // 省略其他 case 代码
    }
}
```

(3) 调用 AccountAuthService.getSignInIntent 方法并展示账号登录授权页面，具体代码如下。

```
MainActivity.java 文件
--------------------------------------------------------------------------------
@Override
public void onClick(View v) {
    switch (v.getId()) {
        case R.id.bt_id_token:
            // 省略请求授权代码
            // 省略初始化 AccountAuthService 对象
            startActivityForResult(service.getSignInIntent(), 8888);
            break;
            // 省略其他 case 代码
    }
}
```

(4) 登录授权完成后在页面的 onActivityResult 中调用 AccountAuthManager.parseAuthResultFromIntent 方法从登录结果中获取账号信息。登录成功后，应用可根据 authAccount.getAccountFlag 的结果判断当前登录账号的渠道类型，0 代表华为账号，1 代表 AppTouch 账号。

```
MainActivity.java 文件
--------------------------------------------------------------------------------
@Override
protected void onActivityResult(int requestCode, int resultCode, @Nullable Intent data) {
    //授权登录结果处理，从 AuthAccount 中获取 ID Token
    super.onActivityResult(requestCode, resultCode, data);
    if (requestCode == 8888) {
        Task<AuthAccount> authAccountTask = AccountAuthManager
        .parseAuthResultFromIntent(data);
        if (authAccountTask.isSuccessful()) {
            //登录成功，获取用户的账号信息和 ID Token
            AuthAccount authAccount = authAccountTask.getResult();
            Log.i(TAG, "idToken:" + authAccount.getIdToken());
            //获取昵称
            Log.i(TAG, "displayName:" + authAccount.getDisplayName());
            //获取头像信息
            Log.i(TAG, "avatar:" + authAccount.getAvatarUriString());
        } else {
            //登录失败，不需要做处理
            Log.e(TAG, "sign in failed : " + ((ApiException)authAccountTask.
            getException()).getStatusCode());
        }
    }
    // 省略其他分支代码
}
```

重新运行程序,单击 ID TOKEN 登录按钮,进入华为账号登录授权界面,如图 6.33 所示,单击“授权并登录”按钮,在 Logcat 中打印了 ID Token 和昵称,如图 6.34 所示。

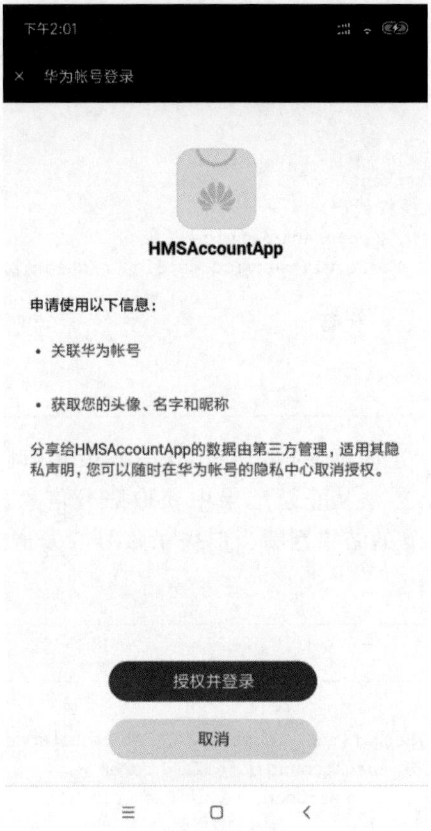

图 6.33　华为账号登录授权界面

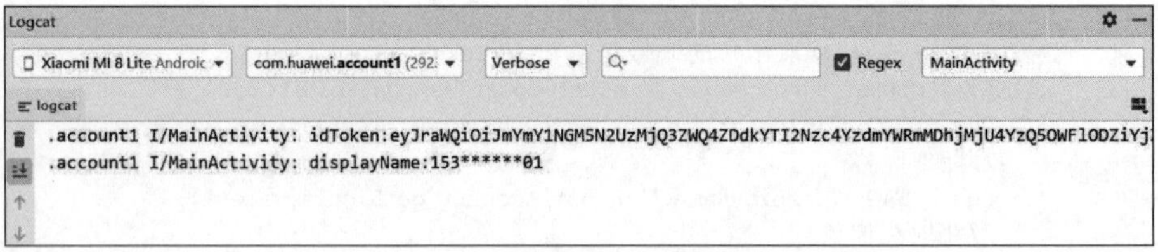

图 6.34　ID Token 登录模式 logcat 打印结果

6.2.4　Authorization Code 登录模式

1. 业务流程

Authorization Code 模式登录业务流程,如图 6.35 所示。

具体业务流程分析如下。

(1) 用户选择账号登录方式登录应用客户端。

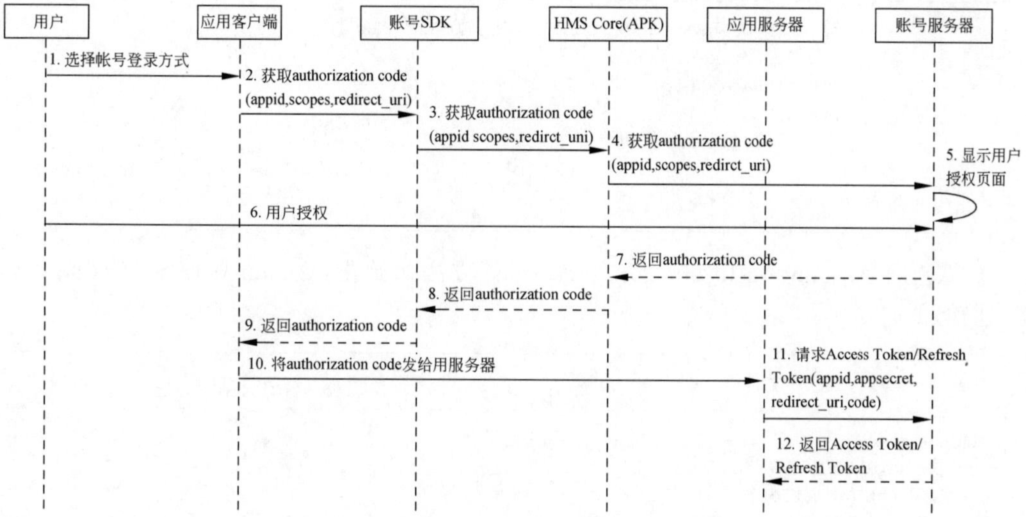

图 6.35 Authorization Code 模式登录业务流程

(2) 应用客户端向账号 SDK 发送请求，获取 Authorization Code。

(3) 账号 SDK 向 HMS Core(APK)发送请求，获取 Authorization Code。

(4) HMS Core(APK)向账号服务器发送请求，获取 Authorization Code。

(5) HMS Core(APK)展示账号服务器的用户登录授权界面，界面上会根据登录请求中携带的授权域(scopes)信息，以显式方式告知用户需要授权的内容。

(6) 用户允许授权。

(7) 账号服务器返回 Authorization Code 信息给 HMS Core(APK)。

(8) HMS Core(APK)返回 Authorization Code 信息给账号 SDK。

(9) 账号 SDK 返回 Authorization Code 信息给应用客户端。

(10) 应用客户端将获取到的 Authorization Code 信息发给应用服务器。

(11) 应用服务器向账号服务器发送请求，获取 Access Token、Refresh Token 信息。

(12) 账号服务器返回 Access Token、Refresh Token。

2. 开发步骤

Authorization Code 登录账号功能涉及应用的关键开发步骤如下。

(1) 调用 AccountAuthParamsHelper. setAuthorizationCode 方法请求授权，具体代码如下。

```
MainActivity.java 文件
------------------------------------------------------------------------
@Override
public void onClick(View v) {
    switch (v.getId()) {
        case R.id.bt_auth_code:
            authParams = new AccountAuthParamsHelper
```

```
                (AccountAuthParams.DEFAULT_AUTH_REQUEST_PARAM)
                .setAuthorizationCode()
                .createParams();
                break;
                // 省略其他 case 代码
        }
    }
```

(2) 调用 AccountAuthManager.getService 方法初始化 AccountAuthService 对象，具体代码如下。

```
MainActivity.java 文件
--------------------------------------------------------------------------------
@Override
public void onClick(View v) {
    switch (v.getId()) {
        case R.id.bt_auth_code:
            // 省略请求授权代码
            service = AccountAuthManager.getService(MainActivity.this, authParams);
            break;
            // 省略其他 case 代码
    }
}
```

(3) 调用 AccountAuthService.getSignInIntent 方法并展示账号登录授权页面，具体代码如下。

```
MainActivity.java 文件
--------------------------------------------------------------------------------
@Override
public void onClick(View v) {
    switch (v.getId()) {
        case R.id.bt_auth_code:
            // 省略请求授权代码
            // 省略初始化 AccountAuthService 对象代码
            startActivityForResult(service.getSignInIntent(), 9999);
            break;
            // 省略其他 case 代码
    }
}
```

(4) 登录授权完成后在页面的 onActivityResult 中调用 AccountAuthManager.parseAuthResultFromIntent 方法从登录结果中获取账号信息和 Authorization Code，具体代码如下。

```
MainActivity.java 文件
--------------------------------------------------------------------------------
@Override
```

```
protected void onActivityResult(int requestCode, int resultCode, @Nullable Intent data) {
    //授权登录结果处理
    super.onActivityResult(requestCode, resultCode, data);
    if (requestCode == 9999) {
        Task<AuthAccount> authAccountTask = AccountAuthManager
        .parseAuthResultFromIntent(data);
        if (authAccountTask.isSuccessful()) {
            //登录成功,获取用户的账号信息和 ID Token
            AuthAccount authAccount = authAccountTask.getResult();
            Log.i(TAG, "serverAuthCode" + authAccount.getAuthorizationCode());
        } else {
            //登录失败,不需要做处理,打点日志方便定位
            Log.e(TAG, "sign in failed" + ((ApiException)authAccountTask.
            getException()).getStatusCode());
        }
    }
    // 省略其他分支代码
}
```

重新运行程序,单击 AUTHORIZATION CODE 登录按钮,在 logcat 中打印了 serverAuthCode,如图 6.36 所示。

图 6.36 Authorization Code 登录模式 logcat 打印结果

6.2.5 静默登录模式

使用华为账号登录应用时,会弹出华为账号的授权页面,即使已经授权的情况下,后续登录时,仍然会弹出华为账号授权页面,只不过这个过程很快,为了提升用户体验,可以使用静默登录模式避免重复授权。

1. 业务流程

静默登录模式登录业务流程,如图 6.37 所示。

具体业务流程分析如下。

(1) 用户进行了触发静默登录的场景,根据应用实际场景由您自行设定。

(2) 应用客户端调用 AccountAuthParamsHelper 的默认构造方法配置鉴权参数。

(3) 账号 SDK 向应用客户端返回包含授权参数的 AccountAuthParams 对象。

(4) 应用客户端调用 AccountAuthManager.getService 方法初始化 AccountAuthService 对象。

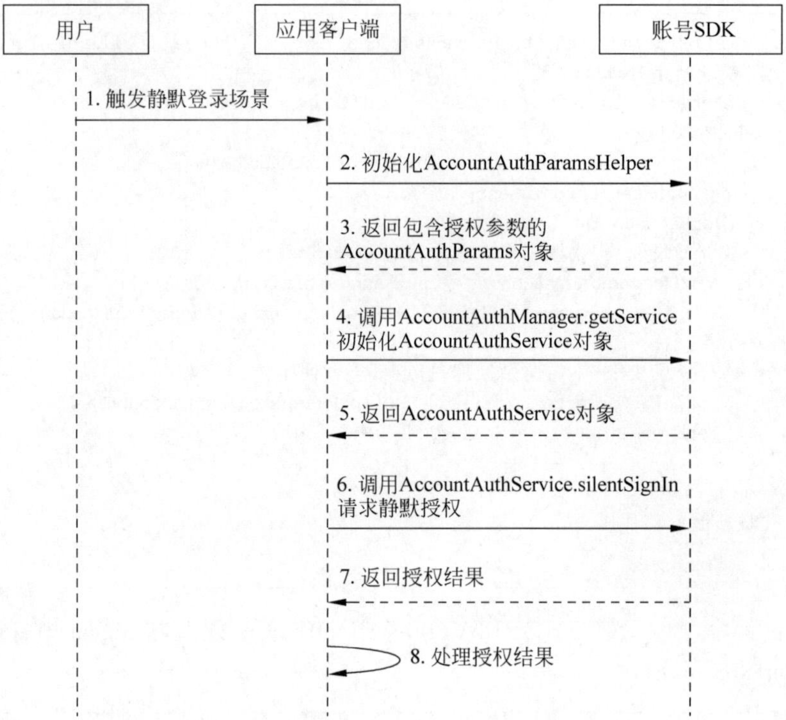

图 6.37　静默登录模式登录业务流程

(5) 账号 SDK 向应用客户端返回 AccountAuthService 对象。

(6) 应用客户端调用 AccountAuthService.silentSignIn 方法向账号 SDK 发起静默登录请求。

(7) 账号 SDK 检查用户是否符合静默登录的授权，并向应用客户端返回授权结果。

(8) 应用客户端根据授权结果自行确定后续处理。

2. 开发步骤

静默登录功能涉及应用的关键开发步骤如下。

(1) 调用 AccountAuthParamsHelper 的默认构造方法配置授权参数，具体代码如下。

```
MainActivity.java 文件
------------------------------------------------------------------------
@Override
public void onClick(View v) {
    switch (v.getId()) {
        case R.id.bt_silent:
            authParams = new AccountAuthParamsHelper
            (AccountAuthParams.DEFAULT_AUTH_REQUEST_PARAM).createParams();
            break;
            // 省略其他 case 代码
    }
}
```

(2) 调用 AccountAuthManager 的 getService 方法初始化 AccountAuthService 对象，具体代码如下。

```
MainActivity.java 文件
-----------------------------------------------------------------------------------
@Override
public void onClick(View v) {
    switch (v.getId()) {
        case R.id.bt_silent:
            // 省略请求授权代码
            service = AccountAuthManager.getService(MainActivity.this, authParams);
            break;
            // 省略其他 case 代码
    }
}
```

(3) 调用 AccountAuthService.silentSignIn 方法发起静默登录请求，具体代码如下。

```
MainActivity.java 文件
-----------------------------------------------------------------------------------
@Override
public void onClick(View v) {
    switch (v.getId()) {
        case R.id.bt_silent:
            // 省略请求授权代码
            // 省略初始化 AccountAuthService 对象代码
            Task<AuthAccount> task = service.silentSignIn();
            task.addOnSuccessListener(new OnSuccessListener<AuthAccount>() {
                @Override
                public void onSuccess(AuthAccount authAccount) {
                    //获取账号信息
                    Log.i(TAG, "displayName:" + authAccount.getDisplayName());
                }
            });
            task.addOnFailureListener(new OnFailureListener() {
                @Override
                public void onFailure(Exception e) {
                    //登录失败,您可以尝试使用 getSignInIntent()方法显式登录
                    if (e instanceof ApiException) {
                        ApiException apiException = (ApiException) e;
                        Log.i(TAG, "sign failed status:" + apiException.getStatusCode());
                    }
                }
            });
            break;
            // 省略其他 case 代码
    }
}
```

重新运行程序，单击 SILENT 登录按钮，在 logcat 中打印了 displayName，如图 6.38 所示。

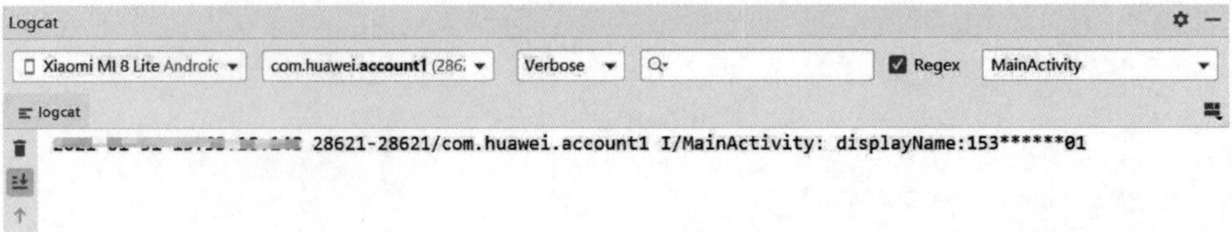

图 6.38　Silent 登录模式 logcat 打印结果

6.2.6　退出账号

退出账号是指应用向用户提供可以退出当前账号登录的入口，用户退出登录后应用需要通知 HMS Core SDK 清除本地当前已经登录的账号信息。

1. 业务流程

退出账号业务流程如图 6.39 所示。

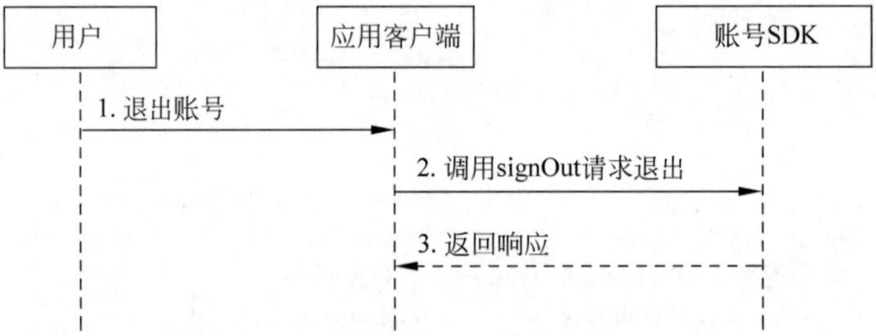

图 6.39　退出账号业务流程

具体业务流程分析如下。

(1) 用户已经登录应用，在应用中执行退出操作。

(2) 应用客户端调用 AccountAuthService.signOut 方法向账号 SDK 请求退出账号。

(3) 账号 SDK 清除账号登录信息后，向应用客户端返回退出结果。

2. 开发步骤

账号退出功能涉及应用的关键开发步骤如下。

(1) 使用账号登录授权时创建的 AccountAuthService 实例调用 signOut 接口，具体代码如下。

```
MainActivity.java 文件
-----------------------------------------------------------------------
@Override
public void onClick(View v) {
    switch (v.getId()) {
        case R.id.bt_exit:
```

```
                Task<Void> signOutTask = service.signOut();
                break;
                // 省略其他 case 代码
        }
    }
```

(2) signOut 完成退出后的处理的具体代码如下。

```
MainActivity.java 文件
------------------------------------------------------------------------
@Override
public void onClick(View v) {
    switch (v.getId()) {
        case R.id.bt_exit:
            // 省略调用 signOut 接口代码
            signOutTask.addOnCompleteListener(new OnCompleteListener<Void>() {
                @Override
                public void onComplete(Task<Void> task) {
                //完成退出后的处理
                Log.i(TAG, "退出账号成功");
                }
            });
            break;
            // 省略其他 case 代码
    }
}
```

重新运行程序，单击“退出账号”按钮，在 logcat 中打印了退出账号成功，如图 6.40 所示。

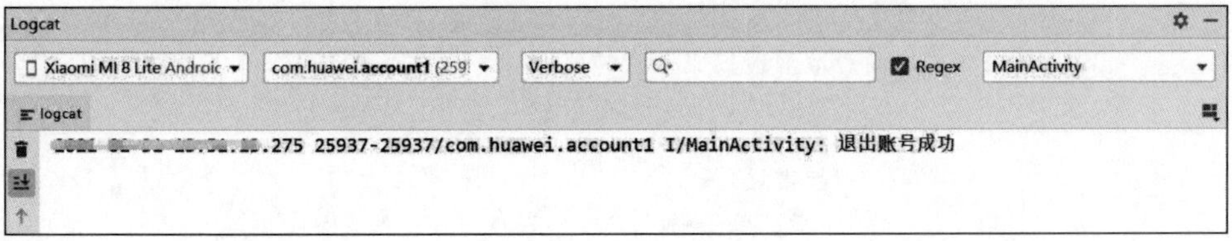

图 6.40 退出账号 logcat 打印结果

6.2.7 取消授权

1. 业务流程

取消授权业务流程，如图 6.41 所示。

具体业务流程分析如下。

(1) 用户已经登录应用并授权，在应用中执行取消授权。

(2) 应用客户端调用 AccountAuthService.cancelAuthorization 方法向账号 SDK 请求取消授权。

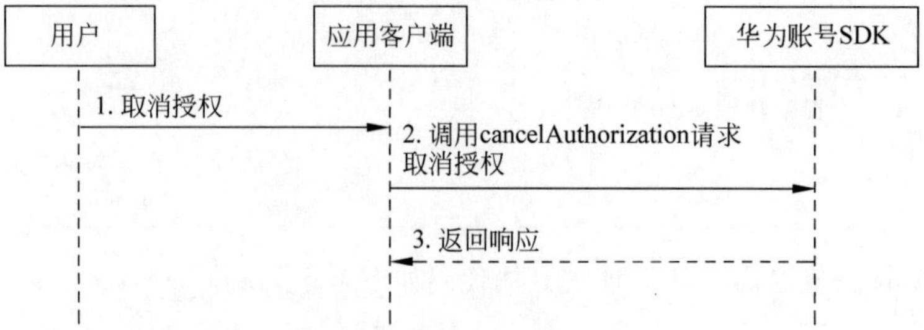

图 6.41　取消授权业务流程

(3) 账号 SDK 清理账号授权信息后，向应用客户端返回取消结果。

2. 开发步骤

账号取消授权功能涉及应用的关键开发步骤如下。

(1) 应用调用 AccountAuthService.cancelAuthorization 方法，并处理返回结果，具体代码如下。

```
MainActivity.java 文件
------------------------------------------------------------------
@Override
public void onClick(View v) {
    switch (v.getId()) {
        case R.id.bt_exit:
            //service 为登录授权时使用 getService 方法生成的 AccountAuthService 实例
            service.cancelAuthorization().addOnCompleteListener(new OnCompleteListener
<Void>() {
                @Override
                public void onComplete(Task<Void> task) {
                    if (task.isSuccessful()) {
                        //取消授权成功后的处理
                        Log.i(TAG, "取消授权成功");
                    } else {
                        //异常处理
                        Exception exception = task.getException();
                        if (exception instanceof ApiException){
                            int statusCode = ((ApiException) exception)
                            .getStatusCode();
                            Log.i(TAG, "onFailure: " + statusCode);
                        }
                    }
                }
            });
            break;
            // 省略其他 case 代码
        }
}
```

(2) 重新运行程序,单击"取消授权"按钮,在 logcat 中打印了取消授权成功,如图 6.42 所示。

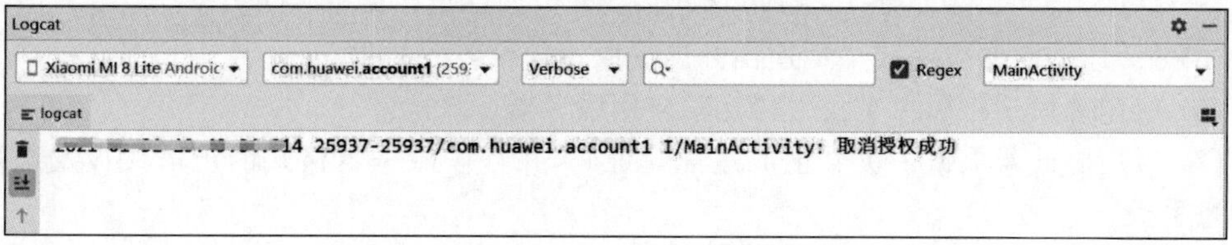

图 6.42　取消授权 logcat 打印结果

6.2.8　自动读取短信验证码

App 开发过程中,经常需要绑定手机号,对用户身份做二次验证,华为账号提供了自动读取短信验证码的功能,可以在保护用户隐私的同时,快速验证用户身份,省去了用户手动输入验证码的过程。

1. 业务流程

自动读取短信业务流程,如图 6.43 所示。

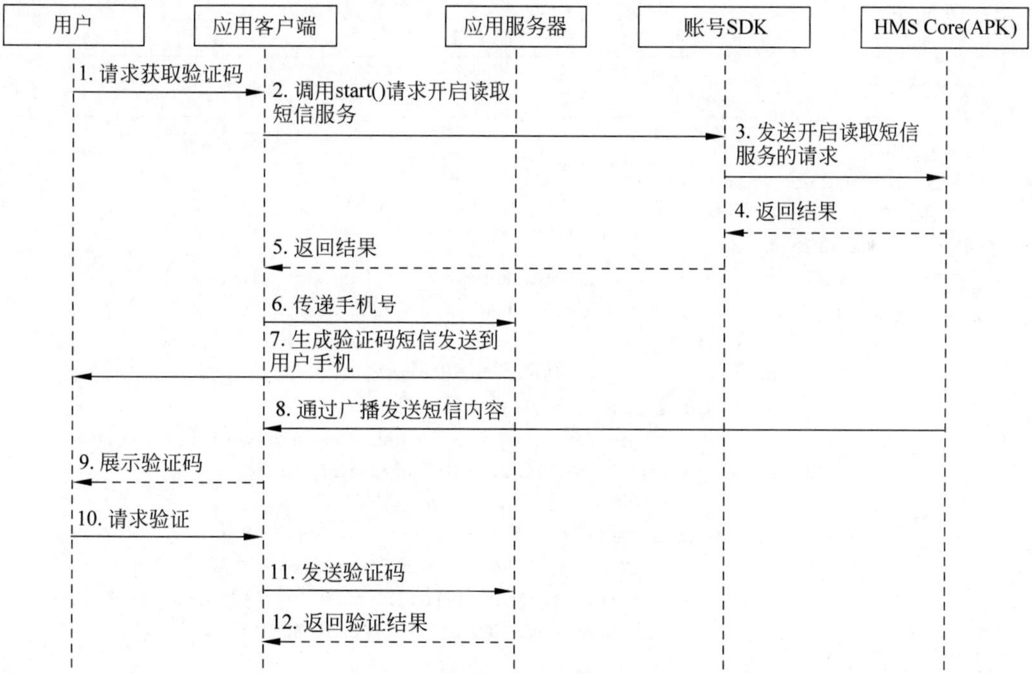

图 6.43　自动读取短信业务流程

具体业务流程分析如下。

(1) 用户在应用客户端需要验证手机号的界面中输入手机号,并请求获取验证码。

(2) 应用客户端调用 ReadSmsManager.start(Activity activity)方法向账号 SDK 请求开启读取短信服务。

(3) 账号 SDK 将开启读取短信服务的请求发送到 HMS Core(APK)。

(4) HMS Core(APK)开启读取短信服务，并返回结果给账号 SDK。

(5) 账号 SDK 向应用客户端返回开启读取短信服务的结果。

(6) 应用客户端将用户手机号传递给应用服务器。

(7) 应用服务器根据手机号生成短信验证码，并且按照一定格式的短信模板发送短信到用户手机。

(8) HMS Core(APK)将符合规则的短信通过定向广播的方式发送给应用客户端。

(9) 应用客户端收到 HMS Core(APK)发送的定向内容，解析出短信验证码，并在应用界面中展示读取到的验证码。

(10) 用户确认验证码无误后，发送验证码请求。

(11) 应用客户端将用户发送的验证码发送给应用服务器验证。

(12) 应用服务器确认验证码无误后向应用客户端返回验证结果。

2. 开发步骤

自动读取短信验证码功能涉及应用的关键开发步骤如下。

(1) 应用调用 ReadSmsManager.start(Activity activity)方法请求开启短信读取服务，具体代码如下。

```
MainActivity.java 文件
---------------------------------------------------------------------------
@Override
public void onClick(View v) {
    switch (v.getId()) {
        case R.id.bt_msg:
            Task<Void> msgTask = ReadSmsManager.start(MainActivity.this);
            msgTask.addOnCompleteListener(new OnCompleteListener<Void>() {
                @Override
                public void onComplete(Task<Void> task) {
                    if (task.isSuccessful()) {
                        String msgTemplate = "<#> short message verification code is"
        + " 888888 " + HashValueUtil.getHashCode(MainActivity.this);
                        //开启服务成功,可以继续后续流程
                        Log.i(TAG, "开启服务成功");
                        Log.i(TAG, "短信模板: " + msgTemplate);
                        registerReceiver(new MyBroadcastReceiver(), new IntentFilter
                        (ReadSmsConstant.READ_SMS_BROADCAST_ACTION));
                    }
                }
            });
            break;
            // 省略其他 case 代码
    }
}
```

(2) 定义广播接收者接收 HMS Core(APK)发送的广播,具体代码如下。

```
MainActivity.java 文件
--------------------------------------------------------------------------------
private class MyBroadcastReceiver extends BroadcastReceiver {
    @Override
    public void onReceive(Context context, Intent intent) {
        Bundle bundle = intent.getExtras();
        if (bundle != null && ReadSmsConstant.READ_SMS_BROADCAST_ACTION.
            equals(intent.getAction())) {
            Status status = bundle.getParcelable(ReadSmsConstant.EXTRA_STATUS);
            if (status.getStatusCode() == CommonStatusCodes.TIMEOUT) {
                // 服务已经超时,未读取到符合要求的短信,服务关闭
                Log.i(TAG, "服务已经超时,未读取到符合要求的短信,服务关闭");
            } else if (status.getStatusCode() == CommonStatusCodes.SUCCESS) {
                if (bundle.containsKey(ReadSmsConstant.EXTRA_SMS_MESSAGE)) {
                    // 服务读取到了符合要求的短信,服务关闭
                    String msg = bundle.getString
                    (ReadSmsConstant.EXTRA_SMS_MESSAGE);
                    Log.i(TAG, "服务读取到了符合要求的短信:" + msg);
                }
            }
        }
    }
}
```

(3) 定义获取短信对应 Hash 值的工具类,具体代码如下。

```
HashValueUtil.java 文件
--------------------------------------------------------------------------------
public class HashValueUtil {
    private static final String TAG = "HashValueUtil";
    public static String getHashCode(Context context) {
        String packageName = null;
        MessageDigest messageDigest = null;
        String signature = null;
        try {
            packageName = context.getApplicationContext().getPackageName();
            messageDigest = getMessageDigest();
            signature = getSignature(context, packageName);
        } catch (Exception e) {
            Log.e(TAG, e.getMessage());
        }
        return getHashCode(packageName, messageDigest, signature);
    }
    private static MessageDigest getMessageDigest() throws NoSuchAlgorithmException {
        return MessageDigest.getInstance("SHA-256");
```

```
        }
        private static String getSignature(Context c, String p) throws Exception {
            PackageManager packageManager = c.getPackageManager();
            Signature[] signatureArrs = packageManager.getPackageInfo
            (p, PackageManager.GET_SIGNATURES).signatures;
            if (null == signatureArrs || 0 == signatureArrs.length) {
                Log.e(TAG, "signature is null.");
                return "";
            }
            return signatureArrs[0].toCharsString();
        }
        private static String getHashCode(String packageName, MessageDigest m, String s) {
            String appInfo = packageName + " " + s;
            messageDigest.update(appInfo.getBytes(StandardCharsets.UTF_8));
            byte[] hashSignature = m.digest();
            hashSignature = Arrays.copyOfRange(hashSignature, 0, 9);
            String base64Hash = Base64.encodeToString(hashSignature, Base64.NO_PADDING |
    Base64.NO_WRAP);
            base64Hash = base64Hash.substring(0, 11);
            return base64Hash;
        }
    }
```

重新运行程序，单击“自动读取短信”按钮，在 logcat 中会打印短信模板，使用另一部手机发送短信模板，模拟服务器行为，HMS Core（APK）监听到短信后，会发送广播给应用程序，应用程序收到短信后会原样输出短信内容，此时在 logcat 中的打印结果，如图 6.44 所示。

图 6.44 自动读取短信 logcat 打印结果

6.3 推送服务集成

华为推送服务（Push Kit）是华为提供的消息推送平台，建立了从云端到终端的消息推送通道。通过集成推送服务可以实时推送消息到用户终端，构筑良好的用户关系，提升用户的感知度和活跃度。

6.3.1 推送服务原理

Push Kit 通过内嵌在 EMUI 系统层的 Push 模块，实现设备和 Push Server 之间的长连接通道，从而保证推送服务的在线到达率在 99%以上。

Push Kit 由 4 个主要部件构成：AppGallery Connect、Push Server、端侧 Push、Push SDK。

(1) AppGallery Connect 为 App 运营人员提供 Push 消息推送管理界面。

(2) Push Server 是华为提供的云侧服务。

(3) 端侧 Push 是推送服务在端侧的统称，包括 HMS Push、NC(Notification Center)和系统 Push。其中，系统 Push 作为内置在 EMUI 系统的组件之一，是实现 Push 功能的核心部件，因此下文中也使用系统 Push 代指端侧 Push。

(4) Push SDK 是由华为提供，由开发者集成到其应用中的端侧 SDK。

在 Push Server 与系统 Push 之间，华为维持了一个长连接的通道，从云侧推送的消息通过该通道可以安全、及时地到达端侧。Push Kit 使用 Push Token 来唯一标识设备上的某个 App 应用，从而帮助开发者精准触达用户，提升活跃度。

Push Kit 原理图如图 6.45 所示，图 6.45 中的数字编号表示完成消息推送的一些关键步骤，下面先对各个步骤做整体介绍，具体步骤将在后面详细介绍。

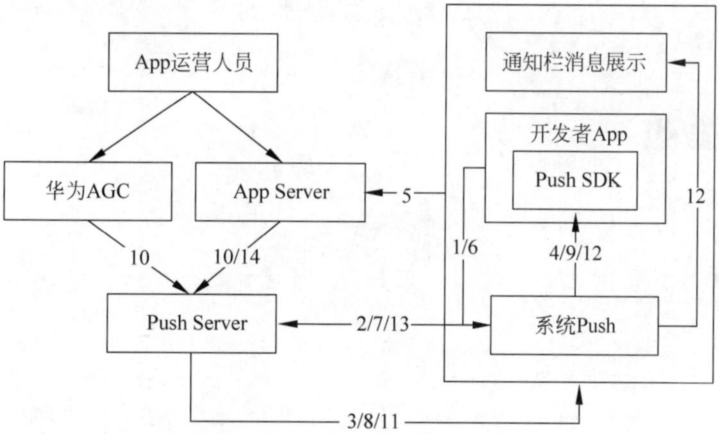

图 6.45 Push Kit 原理

1～4 展示 Push Token 申请过程。开发者的 App 启动时需要调用 Push SDK 申请 Push Token，Pusn Server 将产生的 Push Token 返回给开发者的 App，而步骤 5 则是 App 将 Push Token 上传到开发者的 App Server，以便在步骤 10 进行消息推送。

6～9 展示主题订阅过程，App 调用 Push SDK 订阅主题，Push Server 将主题与 Push Token 绑定后，将订阅结果返回给 App。

10～12 展示消息推送过程。App 运营人员通过华为 AppGallery Connect 或开发者的 App Server 端进行消息推送，消息经过 Push Server 到达系统 Push 后，由系统 Push 判断消息类型，如果是通知栏消息，则直接将消息展示在通知栏，如果是透传消息，则直接通过 Push SDK 将消息内容传递给 App。

13～14 展示消息回执过程，App 将收到的消息结果反馈给 Push Server，Push Server 以回执消息的形式将消息推送结果反馈给开发者的 App Server。

6.3.2 开发准备

在接入推送服务之前，需要注册成为华为开发者、在 AppGallery Connect 上创建应用、配置证书指纹及混淆脚本，这些重复步骤可参考 6.2 节，接下来重点介绍两项准备工作，开通推送服务和集成 Push SDK。

1. 开通推送服务

在 AppGallery Connect 界面中打开我的项目中的目标项目，单击左侧菜单中的“推送服务”按钮，界面如图 6.46 所示。

图 6.46 开通推送服务界面

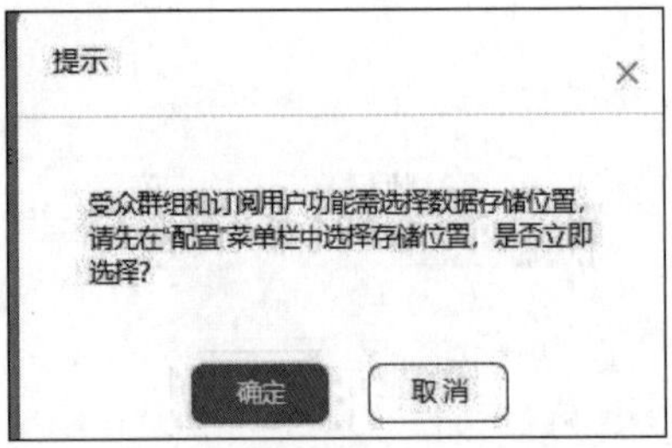

图 6.47 选择存储位置界面 1

单击“立即开通”按钮，出现选择存储位置对话框，界面如图 6.47 所示。

单击“确定”按钮，填写数据存储位置后界面，如图 6.48 所示。

单击“确定”按钮后，开通推送服务就成功了，Push 服务开通后的界面效果，如图 6.49 所示。

2. 集成 Push SDK

将在 AppGallery Connect 上下载的 agconnect-services.json 文件复制到 app 目录下，具体步骤参考 6.2 节。打开 app 目录下的 build.gradle 文件，在 dependencies 闭包中加入如下代码。

```
app/build.gradle 文件
--------------------------------------------------------------------------
implementation 'com.huawei.hms:push:5.0.4.302'
```

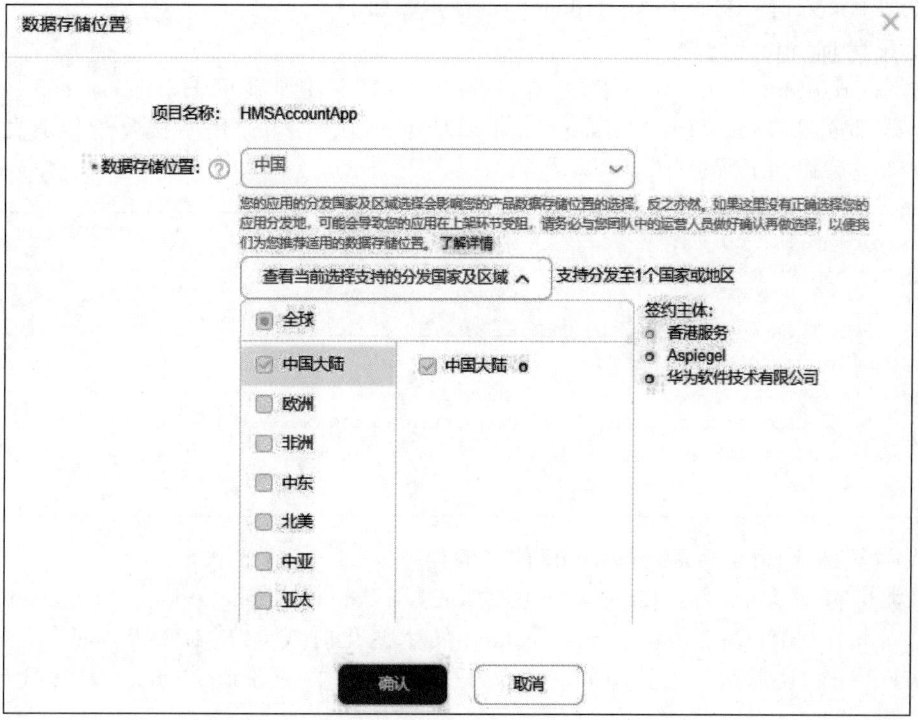

图 6.48 选择存储位置界面 2

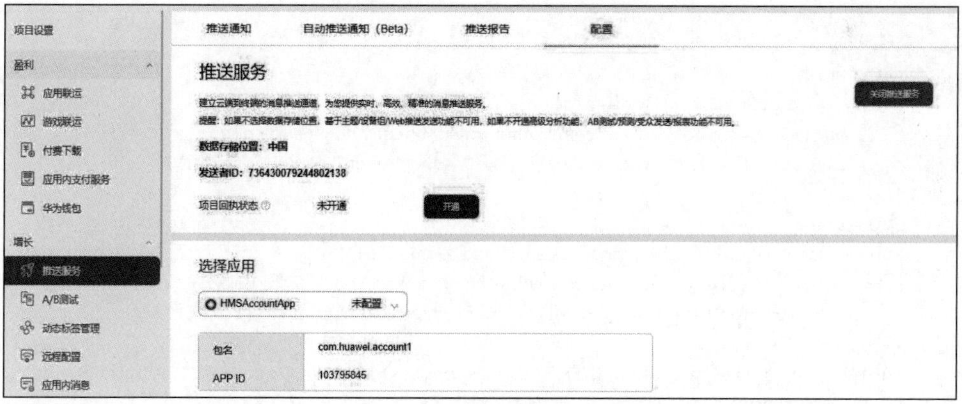

图 6.49 开通推送服务后效果

6.3.3 获取 Push Token

每个设备上的每个应用的 Token 都是唯一存在的，客户端调用 HmsInstanceId 类中的 getToken 方法向服务端请求应用的唯一标识：Push Token，服务器需要根据这个 Token 推送消息。当 getToken 方法返回为空时，可通过 HmsMessageService 类中的 onNewToken

方法获取 Token 值。获取 Push Token 的具体步骤如下。

1. 配置 Manifest 文件

在 AndroidManifest.xml 文件的 application 标签下注册继承 HmsMessageService 类的服务类，此处以 DemoHmsMessageService 为类名，该 Service 用于接收透传消息、获取 Token，具体代码如下所示。

```
AndroidManifest.xml 文件
------------------------------------------------------------------------
<service
    android:name = ".DemoHmsMessageService"
    android:exported = "false">
    <intent - filter>
        <action android:name = "com.huawei.push.action.MESSAGING_EVENT"/>
    </intent - filter>
</service>
```

2. 编写继承 HmsMessageService 的服务类

该类可覆写 HmsMessageService 中的 onNewToken(String token)和 onNewToken(String token, Bundle bundle)方法，Token 发生变化时或者 EMUI 版本低于 10.0 以 onNewToken 方法返回。该类中同时定义了 getToken 方法获取 Token。具体代码如下所示。

```
DemoHmsMessageService.java 文件
------------------------------------------------------------------------
private static final String TAG = "DemoHmsMessageService";
    @Override
    public void onNewToken(String token) {
        Log.i(TAG, "received refresh token:" + token); //获取 token
        if (!TextUtils.isEmpty(token)) { refreshedTokenToServer(token);}
    }
    @Override
    public void onNewToken(String token, Bundle bundle) {
        Log.i(TAG, "received refresh token:" + token); // 获取 token
        if (!TextUtils.isEmpty(token)) { refreshedTokenToServer(token);}
    }
    public static void getToken(final Context context) {
        new Thread() { // 创建一个新线程
            @Override
            public void run() {
                try {
                    // 从 agconnect - service.json 文件中读取 appId
                    String appId = AGConnectServicesConfig.fromContext
                    (context).getString("client/app_id");
                    String tokenScope = "HCM"; // 输入 token 标识"HCM"
                    String token = HmsInstanceId.getInstance
```

```
                    (context).getToken(appId, tokenScope);
                    Log.i(TAG, "get token: " + token);
                    if(!TextUtils.isEmpty(token)) { // 判断 token 是否为空
                        sendRegTokenToServer(token);
                    }
                } catch (ApiException e) {
                    Log.e(TAG, "get token failed, " + e);
                }
            }
        }.start();
    }
    private static void sendRegTokenToServer(String token) {
        Log.i(TAG, "sending token to server. token:" + token);
    }
    private void refreshedTokenToServer(String token) {
        Log.i(TAG, "sending token to server. token:" + token);
    }
```

3. 在 MainActivity 类中调用 getToken()方法

在 MainActivity 类中的 onCreate 方法中加入如下代码。

```
MainActivity.java 文件
--------------------------------------------------------------------------
@Override
protected void onCreate(Bundle savedInstanceState) {
    DemoHmsMessageService.getToken(MainActivity.this);
}
```

运行程序，在 Logcat 控制台中会打印 Token，具体如图 6.50 所示。

图 6.50 获取 Token Logcat 结果

6.3.4 订阅主题

1. 业务流程

订阅主题是指由开发者定义的、用于精确区分 App 用户群的标识。通过推送主题，App 可以精准、差异化地向用户推送不同的消息内容。订阅主题功能需要开发者在 AppGallery Connect 的页面上为其应用设置数据存储地，建议开发者按照应用所服务的用户所在地来设置对应的数据存储位置，6.3.2 节已经提供了设置方法。订阅主题具体流程如下。

(1) 用户浏览 App 上不同的内容,开发者应用调用 Push SDK 发起订阅请求,同时 App 注册接收订阅结果的回调方法 onComplete。

(2) Push SDK 向系统 Push 发起订阅请求,系统 Push 通过鉴权模块校验 App 的证书指纹后,收集 App 包名、Push Token、主题名等信息后,向 Push Server 发起订阅请求。

(3) Push Server 检查主题名是否已经存在,如果已经存在,则将 Push Token 映射到该主题名下,如果主题名不存在,则先创建该主题,然后将 Push Token 映射到该主题名下,最后将订阅结果返回给系统 Push。

(4) 系统 Push 将订阅结果返回给 Push SDK,Push SDK 回调 App 的 onComplete 方法,把订阅结果返回给 App。

需要说明的是,对于有 App Server 的应用,在 App 收到 Push SDK 返回的订阅结果后,可进一步将订阅的主题和当前登录的用户账号绑定,并保存在 App Server,以便在用户更换设备登录时,可以根据登录的账号来恢复订阅主题或退订主题,开发者可以根据实际的业务场景做其他的业务定制。

2. 开发步骤

继续在 DemoHmsMessageService.java 中实现订阅主题的功能,包括发起主题订阅、监听订阅结果以及订阅结果的处理。

首先在布局文件中增加"订阅主题"(id 为 bt_subscribe)和"取消订阅主题"(id 为 bt_unsubscribe)两个按钮,并为按钮绑定单击事件。

(1) 使用 subscribe 方法订阅某个主题,可以通过添加侦听器来侦听订阅是否成功,具体代码如下所示。

```
DemoHmsMessageService.java 文件
--------------------------------------------------------------------------------
public static void subscribe(Context context, final String topic) {
    try {
        // 主题订阅
        HmsMessaging.getInstance(context).subscribe(topic)
            .addOnCompleteListener(new OnCompleteListener<Void>() {
                @Override
                public void onComplete(Task<Void> task) {
                    // 获取主题订阅的结果
                    if (task.isSuccessful()) {
                        Log.i(TAG, topic + "主题订阅成功");
                    } else {
                        Log.e(TAG, topic + "主题订阅失败"
                         + task.getException().getMessage());
                    }
                }
            });
        } catch (Exception e) {
            Log.e(TAG, topic + "主题订阅失败" + e.getMessage());
        }
}
```

(2) 使用 unsubscribe 方法可实现主题退订,具体代码如下所示。

```
DemoHmsMessageService.java 文件
--------------------------------------------------------------------------------
public static void unsubscribe(Context context, final String topic) {
    try {
        // 取消主题订阅
        HmsMessaging.getInstance(context).unsubscribe(topic)
            .addOnCompleteListener(new OnCompleteListener<Void>() {
                @Override
                public void onComplete(Task<Void> task) {
                    // 获取取消主题订阅的结果
                    if (task.isSuccessful()) {
                        Log.i(TAG, topic + "主题退订成功");
                    } else {
                        Log.e(TAG, topic + "主题退订失败"
                         + task.getException().getMessage());
                    }
                }
            });
        } catch (Exception e) {
            Log.e(TAG, topic + "主题退订失败" + e.getMessage());
        }
}
```

分别单击"订阅主题"与"取消订阅主题"两个按钮后,Logcat 结果如图 6.51 所示。

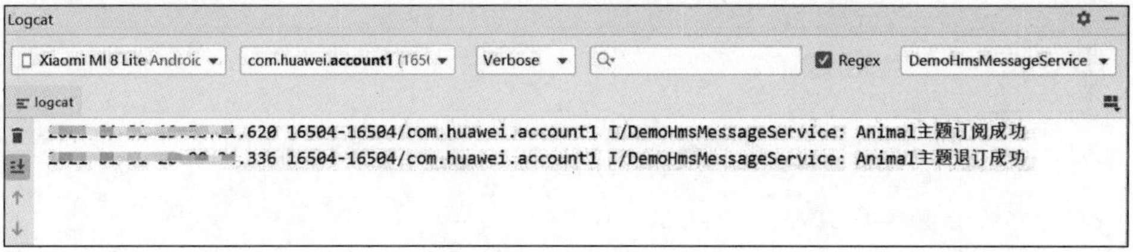

图 6.51 主题订阅与退订 Logcat 结果

6.3.5 AppGallery Connect 推送

本节主要介绍如何在 AppGallery Connect 完成基于主题的消息推送。在前面的原理分析中我们已经了解到,Push Kit 提供了两种不同类型的推送消息——通知栏消息和透传消息。本节我们将基于主题构造不同的消息内容,分别推送到通知栏和 App 内,以便说明两者之间的差异。

1. 通知栏消息

本节主要介绍如何在 AppGallery Connect 上基于主题推送通知栏消息。App 不参与通知栏消息从推达到展示的整个过程。只在用户单击该消息或单击消息中携带的按钮时才会跳转到 App 的首页或页内。由此可见,该过程不需要开发者进行任何代码编写,节省了开发者的工作量。

在 AppGallery Connect 网站的运营标签页下选择推送服务选项,单击“添加推送通知”按钮进入消息推送页面,构建推送消息并提交。在构建消息时,我们将消息类型选为通知消息,推送范围设置为订阅用户,将单击通知动作设置为打开应用,并将选择主题列表设置为 Animal,具体如图 6.52 和图 6.53 所示。

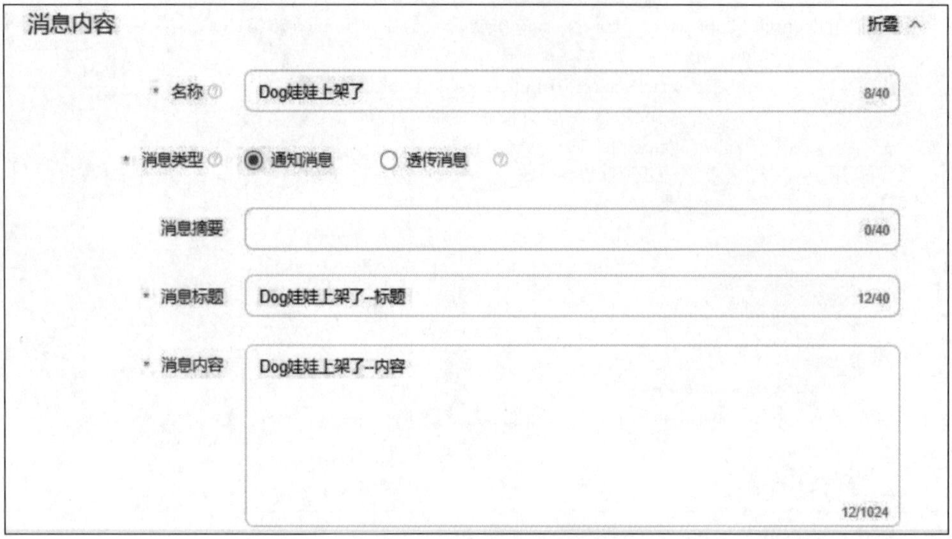

图 6.52 通知栏消息构建界面

图 6.53 设置推送范围与主题界面

在设备上展示通知栏消息的效果,如图 6.54 所示。

2. 透传消息

本节主要介绍如何在 AppGallery Connect 上基于主题推送透传消息。在透传消息的场景下,推送服务仅提供消息通道,这样就把消息到达 App 后的解析、展示、业务逻辑等一系列动作全权交给开发者来处理,授予开发者更大的业务灵活性,特别是在需要将透传消息和 App 业务数据、逻辑深度融合的场景下,可以给开发者带来更多业务定制的便利。

图 6.54 按主题发送通知栏消息效果

在 AppGallery Connect 网站的运营标签页下选择推送服务选项,单击“添加推送通知”按钮进入消息推送页面,构建推送消息并提交。在构建消息时,消息类型选择透传消息,添加两个键-值对,分别为 price: 100,name: 金毛,推送范围设置为订阅用户,单击通知动作设置为打开应用,并将选择主题列表设置为 Animal,具体如图 6.55 所示。

图 6.55 设置透传消息界面

图 6.55 中添加的键值对中的键必须和 App 接收透传消息的代码中定义的键相同，App 客户端在 DemoHmsMessageService 服务中的 onMessageReceived()方法中接收透传消息，具体代码如下。

```
DemoHmsMessageService.java 文件
------------------------------------------------------------------------
@Override
public void onMessageReceived(RemoteMessage remoteMessage) {
    Context context = getApplicationContext();
    Map<String, String> map = remoteMessage.getDataOfMap();
    if (!map.containsKey("name")) {
        return;
    }
    String price = map.get("price");
    String name = map.get("name");
    Log.i(TAG, name + "价格为:" + price);
}
```

运行程序后，将图 6.55 中构造的透传消息提交，在 Logcat 中打印的信息，如图 6.56 所示。

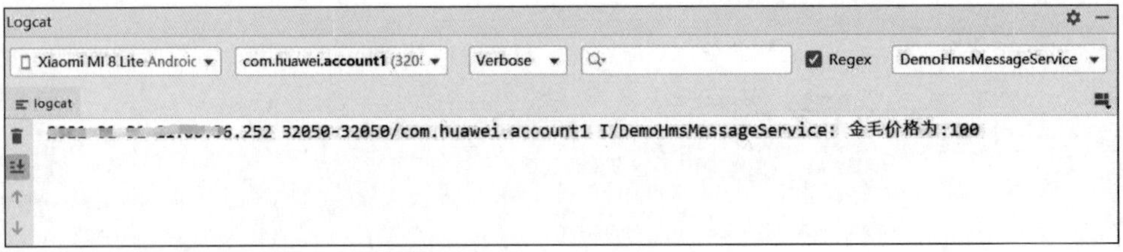

图 6.56 透传消息 Logcat 执行结果

6.4 应用内支付服务集成

6.4.1 应用内支付服务原理

华为应用内支付服务(In-App Purchases,IAP)为应用提供便捷的应用内支付体验，接入流程简便，助力您的商业变现。通过应用内支付，用户可以在您的应用内购买各种类型的虚拟商品，包括普通一次性商品和订阅型商品。

华为应用内支付服务包含商品管理系统(Product Management System,PMS)。在华为 AppGallery Connect 网站录入商品的编号和定价之后，即可托管商品。IAP 会根据地区和汇率展示本地化的语言和货币价格，从而实现全球发布。PMS 支持消耗型商品、非消耗型商品和订阅型商品 3 类，消耗型商品仅能使用一次，消耗使用后即刻失效，需再次购买，非消耗型商品一次性购买，永久拥有，无须消耗，订阅型商品购买后在一段时间内允许访问增值功能或内容，周期结束后自动续期购买下一期的服务。

华为 IAP 提供了应用内支付以及订单托管服务，降低开发成本，可快速接入华为应用内支付服务。同时利用订单托管服务内置的确认机制，大幅降低用户掉单概率，节省运营客服成本，给用户提供一套完整的支付体验，常见支付场景流程，如图 6.57 所示。

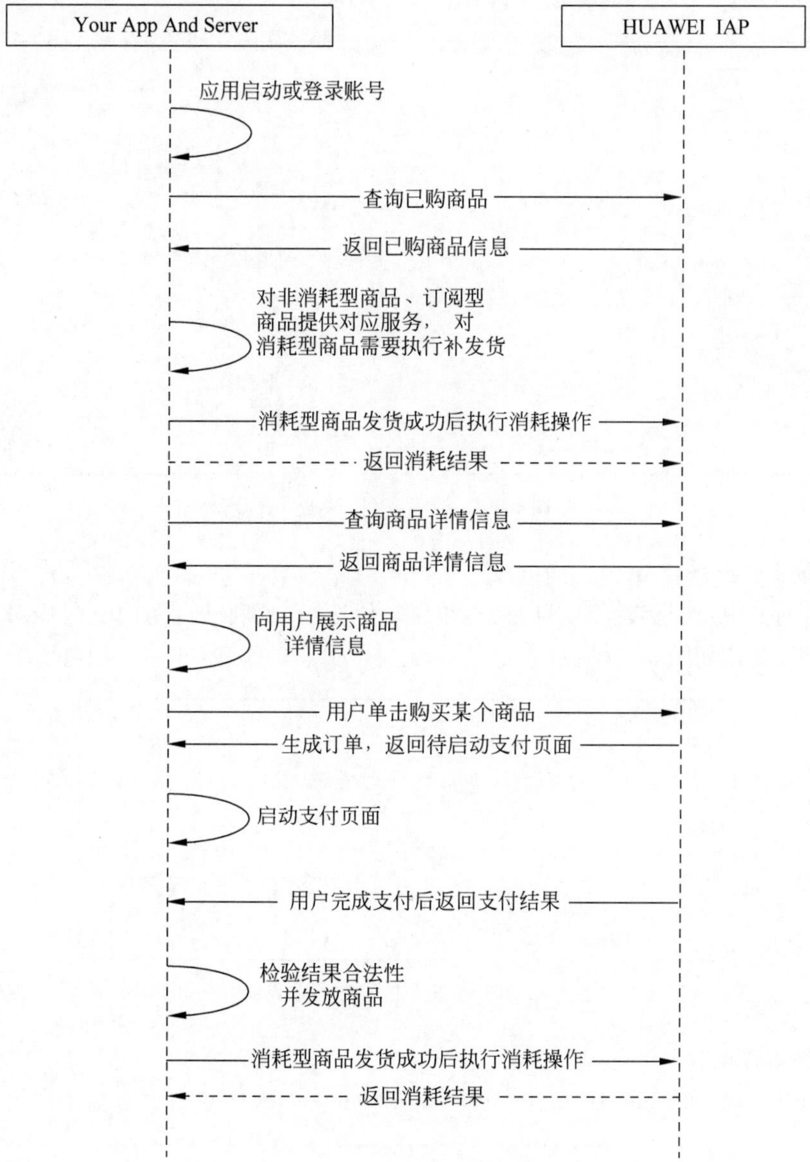

图 6.57　支付场景流程图

6.4.2 开发准备

与其他服务相同的准备工作参照6.2节,这里只讲解不同的配置工作。

1. 打开支付服务

打开AppGallery Connect网站,找到我的项目选项,选择新建好的项目,选择API管理选项卡,打开In-App Purchases服务,如图6.58所示。

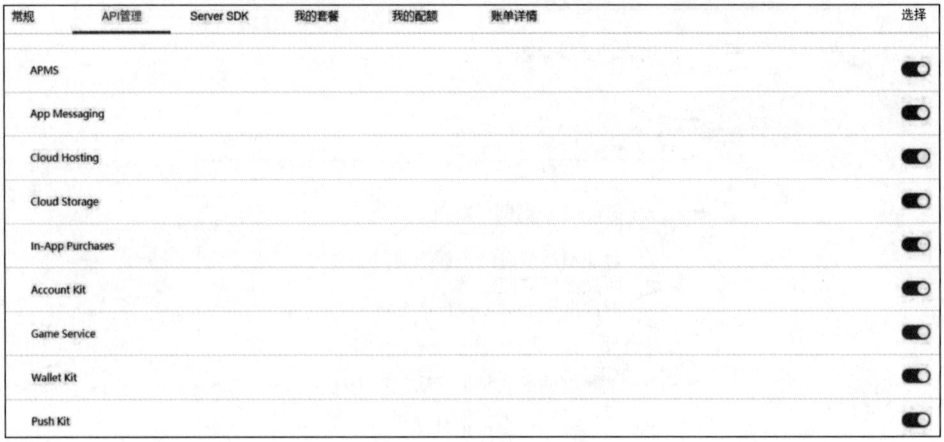

图6.58 开通支付服务界面

2. 配置支付服务参数

在项目列表中找到新建的项目,在左侧导航栏选择"盈利→应用内支付服务",单击"配置"按钮即可,具体如图6.59所示。

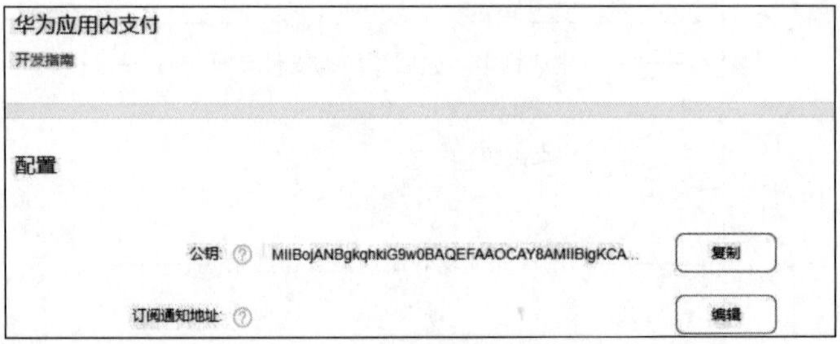

图6.59 配置支付服务参数界面

3. 添加编译依赖

打开app目录下的build.gradle文件,在dependencies闭包中加入如下代码。

```
app/build.gradle 文件
------------------------------------------------------------------------
implementation 'com.huawei.hms:iap:5.1.0.300'
```

6.4.3　使用 PMS 创建商品

商品类型可分为消耗型商品、非消耗型商品和订阅型商品，本节以创建非消耗型商品为例，介绍如何使用 PMS 创建商品，其他两种类型的创建方法可查阅华为开发者联盟相关资料。使用 PMS 创建非消耗型商品的具体步骤如下。

(1) 进入 AppGallery Connect 中的应用信息界面，如图 6.60 所示。

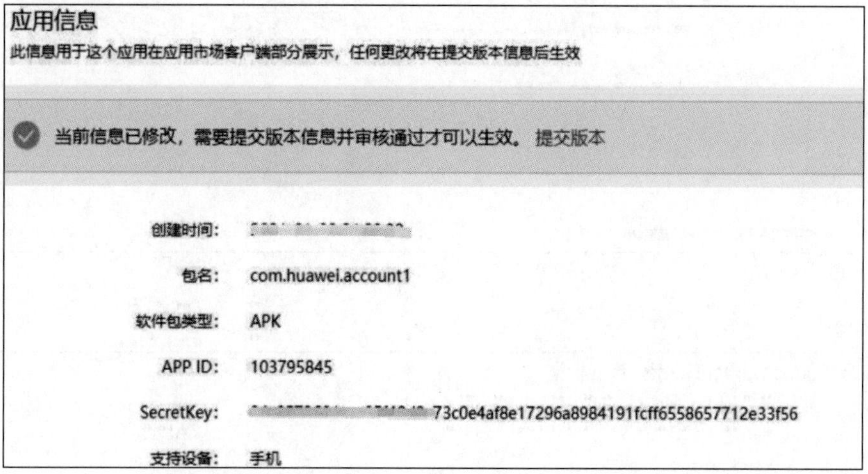

图 6.60　AppGallery Connect 应用信息界面

(2) 选择运营标签页，在左侧导航栏选择产品运营选项区域中的“商品管理”选项，在界面右侧选择“商品列表”标签页，如图 6.61 所示，之后单击“添加商品”按钮。

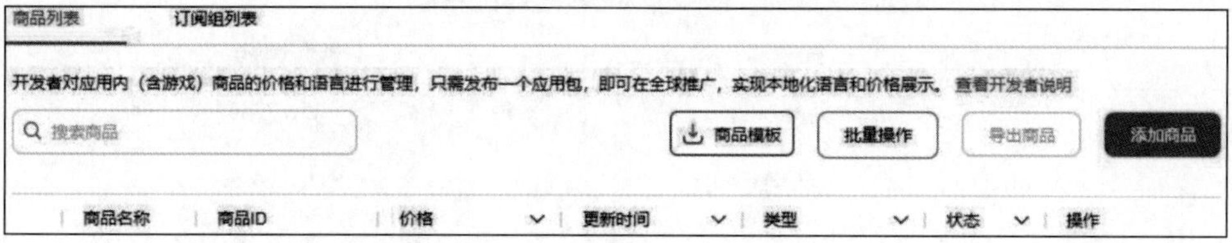

图 6.61　商品列表界面

(3) 在弹出的添加商品界面配置商品信息，如商品 ID、商品名称和商品价格等，单击“保存”按钮，如图 6.62 所示。

(4) 单击“查看编辑”按钮，进入编辑页面，进行商品价格和汇率换算价格的配置，之后单击“刷新”按钮，各个国家和地区的价格将同步更新，如图 6.63 所示。

(5) 单击“保存”按钮，在随后弹出的提示框中单击“确定”按钮，完成商品信息的配置，保存后的商品信息，如图 6.64 所示。

(6) 返回商品列表，此时商品的状态为失效状态，单击商品所在行的激活操作，在弹出的激活商品提示框中单击“确定”按钮，这样生效后的商品将被开放购买，如图 6.65 所示。

添加商品
*类型:
消耗型
非消耗型
自动续费订阅
请注意，保存成功以后您将不能更改商品类型
*商品ID:
NConsumeProduct1
16/148
*语言:
英式英语-默认
管理语言列表
更改默认语言
*商品名称:
英式英语-默认
NConsumeProduct-Name
20/55
*商品简介:
英式英语-默认
NConsumeProduct-Introduce
25/100
*商品价格（含税）:
查看编辑

图 6.62　商品添加界面

NConsumeProduct-Name - 商品价格
*本站默认展示:
中国 (CNY)
汇率换算价格（含税）:
CNY 1.00
刷新
*置顶国家/地区:
中国大陆；欧洲；非洲；中东；北美；中亚；亚太；拉丁美洲和加...
只提供华为应用内支付可支持国家及区域的本地价格
可以手动修改价格，修改后以最新保存的价格为最终的价格
国家/地区
价格（含税）
中国 (CNY)
CNY 1.00
阿尔巴尼亚 (ALL)
ALL 15.39
爱尔兰 (EUR)
EUR 0.16

图 6.63　商品价格更新界面

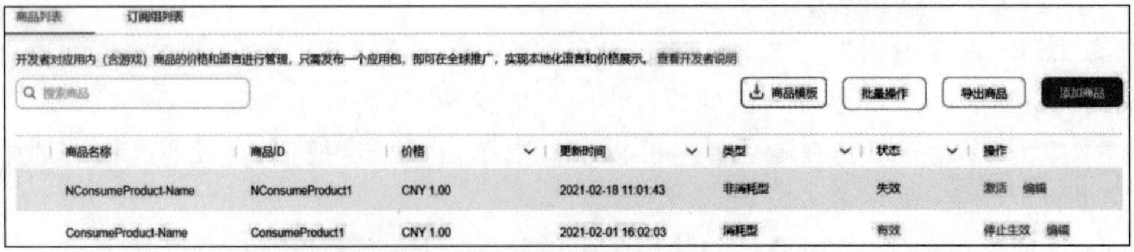
商品列表
订阅组列表
开发者对应用内（含游戏）商品的价格和语言进行管理，只需发布一个应用包，即可在全球推广，实现本地化语言和价格展示。查看开发者说明
搜索商品
商品模板
批量操作
导出商品
添加商品
商品名称
商品ID
价格
更新时间
类型
状态
操作
NConsumeProduct-Name
NConsumeProduct1
CNY 1.00
2021-02-18 11:01:43
非消耗型
失效
激活 编辑
ConsumeProduct-Name
ConsumeProduct1
CNY 1.00
2021-02-01 16:02:03
消耗型
有效
停止生效 编辑

图 6.64　商品添加后的商品列表界面

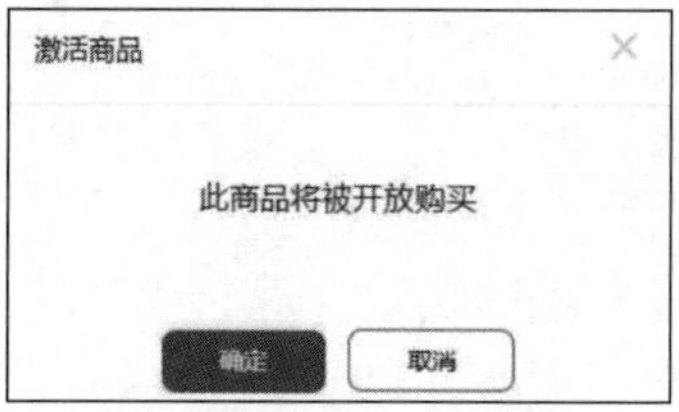

图 6.65 激活商品界面

6.4.4 购买商品

1. 判断是否支持应用内支付

在使用应用内支付之前,应用需要向华为 IAP 发送 isEnvReady 请求,以此判断用户当前登录的华为账号所在的服务地是否在华为 IAP 支持结算的国家/地区中。如果应用未接入华为账号的登录接口,可以通过该接口完成登录操作。

发起 isEnvReady 请求,并设置两个回调监听来接收接口请求的结果。当接口请求成功时,应用将获取到一个 IsEnvReadyResult 实例对象,表示用户当前登录的华为账号所在的服务地支持 IAP。当接口请求失败时,IAP 会返回一个 Exception 对象,若该对象为 IapApiException 对象,可使用其 getStatusCode()方法获取此次请求的返回码。当返回账号未登录(OrderStatusCode. ORDER_HWID_NOT_LOGIN)时,可使用 IapApiException 对象中的 status 拉起华为账号登录页面,此后在 Activity 的 onActivityResult 方法中获取结果信息。从 onActivityResult 返回的 intent 中解析出 returnCode,当 returnCode = OrderStatusCode. ORDER_STATE_SUCCESS 时,则表示当前账号所在服务地支持 IAP,其他则表示此次请求有异常。具体代码如下。

1) MainActivity 类中的 onCreate()方法

```
MainActivity.java 文件
-------------------------------------------------------------------------
@Override
protected void onCreate(Bundle savedInstanceState) {
    // 省略其他代码
    checkEnv();
}
```

2) 在 MainActivity 类中加入 checkEnv()方法

```
MainActivity.java 文件
-------------------------------------------------------------------------
private void checkEnv() {
    Task<IsEnvReadyResult> task = Iap.getIapClient(MainActivity.this).isEnvReady();
    task.addOnSuccessListener(new OnSuccessListener<IsEnvReadyResult>() {
        @Override
```

```
        public void onSuccess(IsEnvReadyResult result) {
            Log.i(TAG, "支持 IAP");
        }}).addOnFailureListener(new OnFailureListener() {
            @Override
            public void onFailure(Exception e) {
                if (e instanceof IapApiException) {
                    IapApiException apiException = (IapApiException) e;
                    Status status = apiException.getStatus();
                    if (status.getStatusCode()
                    = = OrderStatusCode.ORDER_HWID_NOT_LOGIN) {
                        // 未登录账号
                        if (status.hasResolution()) {
                            try {
                                // 启动 IAP 返回的登录页面
                              status.startResolutionForResult(MainActivity.this, 7777);
                            } catch (IntentSender.SendIntentException exp) {
                                Log.e(TAG, "其他外部错误");
                            }
                        }
                    } else if (status.getStatusCode() ==
                    OrderStatusCode.ORDER_ACCOUNT_AREA_NOT_SUPPORTED) {
                    Log.e(TAG, "不支持 IAP");
                    }
                } else {
                    Log.e(TAG, "其他外部错误");
                }
            }
        });
    }
```

3）MainActivity 类中的 onActivityResult()方法

```
MainActivity.java 文件
------------------------------------------------------------------------
@Override
protected void onActivityResult(int requestCode, int resultCode, @Nullable Intent data) {
    if (requestCode == 7777) {
        if (data != null) {
            //使用 parseRespCodeFromIntent 方法获取接口请求结果
            int returnCode = IapClientHelper.parseRespCodeFromIntent(data);
            if (returnCode == OrderStatusCode.ORDER_STATE_SUCCESS) {
                Log.i(TAG, "支持 IAP");
            } else {
                Log.e(TAG, "其他外部错误");
            }
        }
    }
}
```

判断是否支持 IAP 的 Logcat 打印结果,如图 6.66 所示。

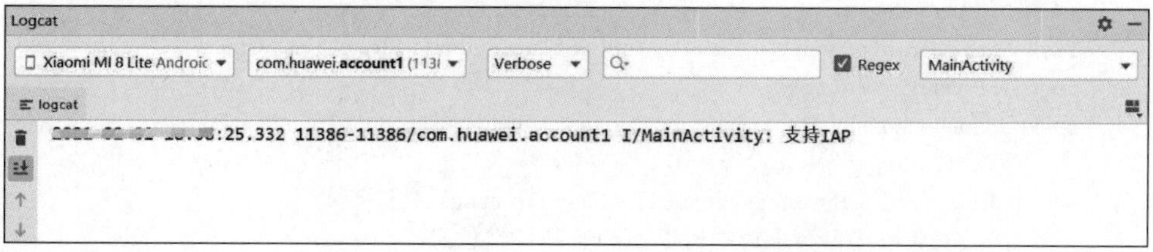

图 6.66　判断是否支持 IAP Logcat 打印结果

2. 展示商品信息

在华为 AppGallery Connect 网站上完成商品的配置后,需要在应用中使用 obtainProductInfo 接口来获取此类商品的详细信息。

构建请求参数 ProductInfoReq,发起 obtainProductInfo 请求并设置 OnSuccessListener 和 OnFailureListener 回调监听器以接收接口请求的结果。在 ProductInfoReq 中携带此前已在 AGC 网站定义并生效的商品 ID,并根据实际配置的商品指定其 priceType。

当接口请求成功时,IAP 将返回一个 ProductInfoResult 对象,应用可通过该对象的 getProductInfoList 方法获取到包含了单个商品信息的 ProductInfo 对象的列表。使用 ProductInfo 对象包含的商品价格、名称和描述等信息,向用户展示可供购买的商品列表。具体代码如下。

1) MainActivity 中的 onCreate()方法

```
MainActivity.java 文件
--------------------------------------------------------------------------------
@Override
protected void onCreate(Bundle savedInstanceState) {
    // 省略其他代码
    showProduct();
}
```

2) 在 MainActivity 中新建 showProduct()方法

具体代码如下。

```
MainActivity.java 文件
--------------------------------------------------------------------------------
private void showProduct() {
    final List<String> productIdList = new ArrayList<>();
    // 查询的商品必须是您在 AppGallery Connect 网站配置的商品
    productIdList.add("NConsumeProduct1");
    ProductInfoReq req = new ProductInfoReq();
    // priceType: 0: 消耗型商品; 1: 非消耗型商品; 2: 订阅型商品
    req.setPriceType(1);
```

```
        req.setProductIds(productIdList);
        // 调用 obtainProductInfo 接口获取 AppGallery Connect 网站配置的商品的详情信息
        Task<ProductInfoResult> task = Iap.getIapClient(MainActivity.this)
        .obtainProductInfo(req);
        task.addOnSuccessListener(new OnSuccessListener<ProductInfoResult>() {
            @Override
            public void onSuccess(ProductInfoResult result) {
                // 获取接口请求成功时返回的商品详情信息
                List<ProductInfo> productList = result.getProductInfoList();
                for (ProductInfo product : productList) {
                    Log.i(TAG, "ProductName: " + product.getProductName());
                    Log.i(TAG, "Price: " + product.getPrice());
                }
            }
        }).addOnFailureListener(new OnFailureListener() {
            @Override
            public void onFailure(Exception e) {
                if (e instanceof IapApiException) {
                    IapApiException apiException = (IapApiException) e;
                    Log.e(TAG, apiException.getMessage());
                } else {
                    Log.e(TAG, "其他外部错误");
                }
            }
        });
    }
```

展示商品信息的 Logcat 打印结果如图 6.67 所示。

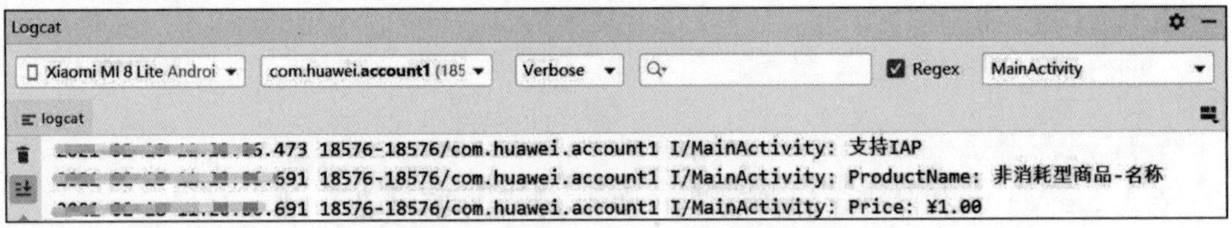

图 6.67 展示商品信息的 Logcat 打印结果

3. 发起购买

AppGallery Connect 网站支持托管的商品包括消耗型商品、非消耗型商品和订阅型商品。您的应用可通过 createPurchaseIntent 接口发起购买请求。

构建请求参数 PurchaseIntentReq，发起 createPurchaseIntent 请求。需要在 PurchaseIntentReq 中携带您此前已在 AGC 网站上定义并生效的商品 ID。当接口请求成功时，可获取到一个 PurchaseIntentResult 对象，其 getStatus 方法返回了一个 Status 对象，应用需要通过 Status 对象的 startResolutionForResult 方法来启动华为 IAP 收银台。

在应用拉起收银台并且当用户完成支付后(成功购买商品或取消购买),华为 IAP 会通过 onActivityResult 方式将此次支付结果返回给应用。可以使用 parsePurchaseResultInfoFromIntent 方法获取包含结果信息的 PurchaseResultInfo 对象。具体代码如下所示。

1) MainActivity 中的 onCreate()方法

```
MainActivity.java 文件
------------------------------------------------------------------------
@Override
protected void onCreate(Bundle savedInstanceState) {
    // 省略其他代码
    purchase();
}
```

2) 在 MainActivity 中新建 purchase()方法

具体代码如下。

```
MainActivity.java 文件
------------------------------------------------------------------------
private void purchase() {
    PurchaseIntentReq req = new PurchaseIntentReq();
    // 通过 createPurchaseIntent 接口购买的商品必须是在 AppGallery Connect 网站配置的商品
    req.setProductId("NConsumeProduct1");
    // priceType: 0: 消耗型商品; 1: 非消耗型商品; 2: 订阅型商品
    req.setPriceType(1);
    req.setDeveloperPayload("test");
    // 调用 createPurchaseIntent 接口创建托管商品订单
    Task<PurchaseIntentResult> task = Iap.getIapClient(MainActivity.this)
    .createPurchaseIntent(req);
    task.addOnSuccessListener(new OnSuccessListener<PurchaseIntentResult>() {
        @Override
        public void onSuccess(PurchaseIntentResult result) {
            // 获取创建订单的结果
            Status status = result.getStatus();
            if (status.hasResolution()) {
                try {
                    // 启动 IAP 返回的收银台页面
                    status.startResolutionForResult(MainActivity.this, 6666);
                } catch (IntentSender.SendIntentException exp) {
                }
            }
        }
    }).addOnFailureListener(new OnFailureListener() {
```

```
        @Override
        public void onFailure(Exception e) {
            if (e instanceof IapApiException) {
                IapApiException apiException = (IapApiException) e;
                Log.e(TAG, e.getMessage());
            } else {
                Log.e(TAG, "其他外部错误");
            }
        }
    });
}
```

3）MainActivity 类中的 onActivityResult()方法

```
MainActivity.java 文件
------------------------------------------------------------------------
@Override
protected void onActivityResult(int requestCode, int resultCode, @Nullable Intent data) {
    if (requestCode == 6666) {
        if (data == null) {
            Log.e("onActivityResult", "data is null");
            return;
        }
        // 调用 parsePurchaseResultInfoFromIntent 方法解析支付结果数据
        PurchaseResultInfo purchaseResultInfo = Iap.getIapClient(this)
        .parsePurchaseResultInfoFromIntent(data);
        switch(purchaseResultInfo.getReturnCode()) {
            case OrderStatusCode.ORDER_STATE_CANCEL:
                Log.i(TAG, "用户取消");
                break;
            case OrderStatusCode.ORDER_STATE_FAILED:
            case OrderStatusCode.ORDER_PRODUCT_OWNED:
                Log.i(TAG, "检查是否存在未发货商品");
                break;
            case OrderStatusCode.ORDER_STATE_SUCCESS:
                Log.i(TAG, "支付成功");
                break;
            default:
                break;
        }
    }
  }
}
```

拉起的支付界面，如图 6.68 所示。

4. 确认交易

用户完成一次支付之后，需要根据购买数据 InAppPurchaseData 的 purchaseState 字段来判断订单是否已成功支付。若 purchaseState 为已支付(取值为 0)，需要发放相应的商品或提供相应的服务，此后需要向华为 IAP 发送发货确认请求。

在成功发货并记录已发货的商品的 purchaseToken 之后，应用需要使用 consumeOwnedPurchase 接口消耗该商品，以此通知华为应用内支付服务器更新商品的发货状态。发送 consumeOwnedPurchase 请求时，在请求参数中携带 purchaseToken。应用成功执行消耗之后，华为应用内支付服务器会将相应商品重新设置为可购买状态，用户即可再次购买该商品。

在 onActivityResult()方法的 if (requestCode == 6666)子句中的 case OrderStatusCode. ORDER_STATE_SUCCESS 子句，代表支付成功，在其中加入如下代码。

图 6.68 拉起的支付界面

```
MainActivity.java 文件
------------------------------------------------------------------------
case OrderStatusCode.ORDER_STATE_SUCCESS:
    Log.i(TAG, "支付成功");
    break;
```

支付情况 Logcat 打印结果，如图 6.69 所示。

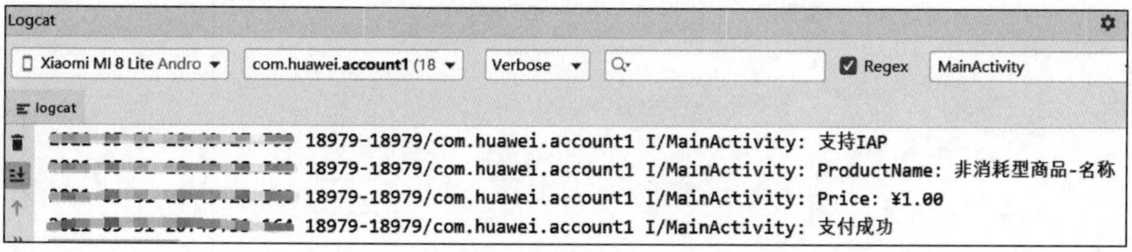

图 6.69 支付情况 Logcat 打印结果

6.4.5 沙盒测试

在应用测试阶段，可以在 AppGallery Connect 中配置测试账号，通过配置测试账号可以同时接入 IAP、付费下载、游戏等不同服务，从而可以模拟正式环境进行免费测试。

（1）登录 AppGallery Connect 网站，选择“用户与访问”，具体如图 6.70 所示。

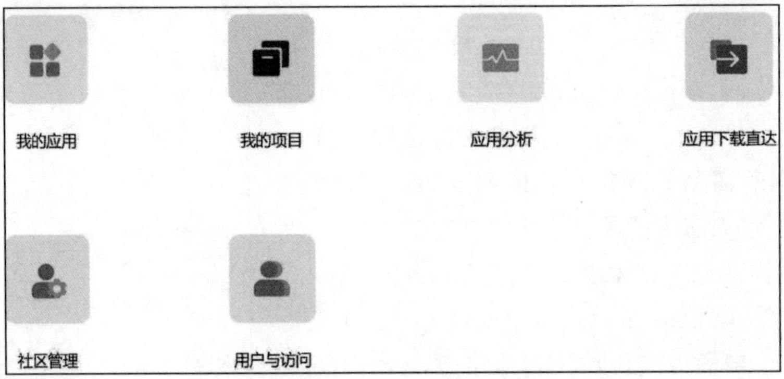

图 6.70　用户与访问选项

（2）在左侧导航栏选择“沙盒测试 → 测试账号”，单击“新增”按钮，具体如图 6.71 所示。

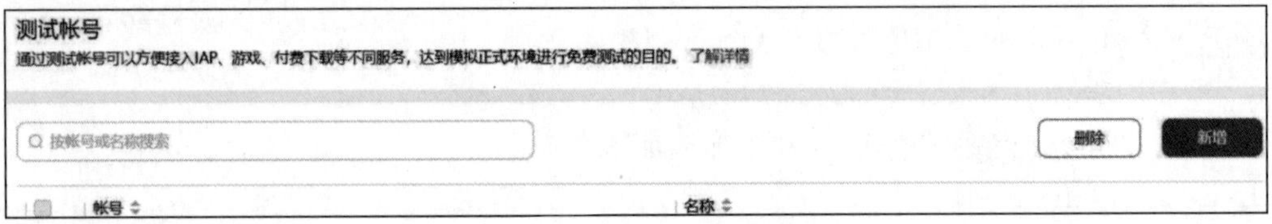

图 6.71　测试账号列表

（3）填写测试账号信息后，单击“确定”按钮，具体如图 6.72 所示。

图 6.72　新增测试账号

沙盒测试账号添加完成之后需要 30 分钟到 1 小时才能生效。使用时请检查当前的账号是否支持沙盒测试。具体支付流程如图 6.73 所示。

图 6.73 支付流程图

6.5 小结

本章首先介绍了 HMS 的前置知识与基本架构，并通过三节内容集成了账号服务、推送服务和应用内支付三个 kit。账号服务主要讲解了 ID Token 登录模式、Authorization Code 登录模式、静默登录模式、退出账号、取消授权以及自动读取短信验证码等功能；推送服务讲解了获取 Push Token、订阅主题以及 AppGallery Connect 推送等功能；应用内支付主要讲解了使用 PMS 创建商品、购买商品和沙盒测试等功能。

6.6 习题

一、选择题

1. HMS 架构由以下哪几部分组成？（ ）

A. HMS Apps　　B. HMS Core&Connect

C. 芯片　　D. 操作系统

2. 账号服务集成中登录模式有几种？（　　）

A. ID Token 登录模式　　B. Authorization Code 登录模式

C. 静默登录模式　　D. 退出账号

3. 推送服务中的消息可以分为以下哪几部分？（　　）

A. 通知栏消息　　B. 推送消息　　C. 透传消息　　D. 服务消息

4. 购买商品主要分为以下哪几个步骤？（　　）

A. 判断是否支持应用内支付　　B. 展示商品信息

C. 发起购买　　D. 确认交易

二、判断题

1. HUAWEI DevEco Studio 可以开发 HarmonyOS 应用。（　　）

2. 在开发 HMS 应用前，必须配置签名证书指纹。（　　）

3. 华为账号注册可以使用手机和邮箱两种注册方式。（　　）

4. 个人实名认证只能使用身份证人工审核认证方式。（　　）

5. 可以使用 JDK 自带的 keytool 工具生成签名文件。（　　）

6. 集成账号服务前，需要开通账号服务。（　　）

7. 集成推送服务前，可以不开通推送服务。（　　）

8. PMS 代表商品管理系统。（　　）

9. 在购买商品之前，需要判断是否支持应用内支付。（　　）

10. 沙盒测试可以模拟支付过程，而不需要实际支付费用。（　　）

三、编程题

新建 Android 项目，提供以下几项功能。

(1) 集成账号服务，使用 ID Token 登录模式登录项目，并提供退出账号和取消授权功能。

(2) 集成推送服务，基于订阅主题方式，发送通知栏消息和透传消息，使用 APPGallery Connect 测试推送效果。

(3) 集成应用内支付服务，使用 PMS 创建非消耗型商品，并提供购买商品功能，使用沙盒测试方式模拟支付过程。

第 7 章

移动开发项目实战

通过前面 6 章的学习，我们已经掌握了 Java 编程、前端开发、Java Web 开发、Android 编程、HarmonyOS 编程和 HMS 应用开发，本章将通过一个综合案例项目将所有知识串联起来，让读者了解所学知识在实际项目中如何使用。

7.1 宠物商城项目集成各项服务

本节将以宠物商城项目为背景，在项目中集成注册登录模块、消息中心模块、个人中心模块、设置模块、观看宠物图片模块和会员中心模块，将所学知识应用于实际项目中。

7.1.1 功能需求分析

宠物商城包含的功能中，注册登录模块、消息中心模块、个人中心模块和会员中心模块可以使用 HMS 来构建，降低开发成本，提升开发效率，宠物商城 App 功能模块详细介绍如下。

1. 注册登录模块

本模块重点讲解如何集成华为账号服务实现第三方登录功能。

2. 消息中心模块

消息中心模块可实现接收推送消息和查看历史推送消息，实现推送消息有两种方式，一是通过华为开发者联盟中的 AppGallery Connect 实现，二是通过 App Server 自行实现。

3. 个人中心模块

用户登录进入个人中心后，可查看个人头像和昵称等信息。

4. 设置模块

设置模块支持用户设置是否接收新消息。

5. 观看宠物图片模块

支持用户浏览宠物图片。

6. 会员中心模块

支持查看与购买会员商品。详细的功能需求结构，如图 7.1 所示。

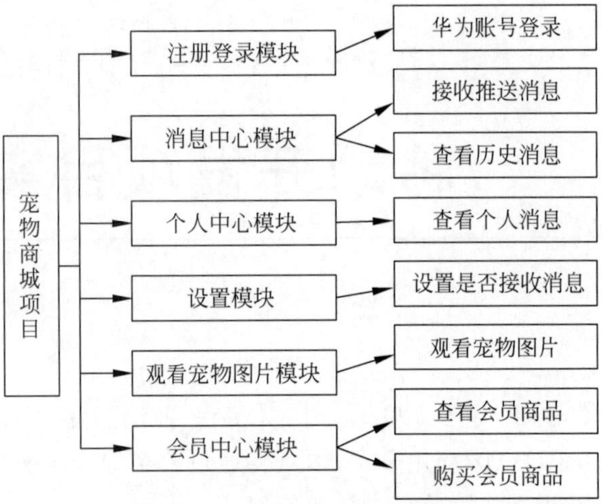

图 7.1　系统功能需求结构图

通过上述功能点的演练，我们将介绍华为账号、消息推送和应用内支付等多个功能的集成与使用。

7.1.2　项目创建

1. 配置项目信息

1）创建项目与应用

登录华为开发者联盟，并进入 AppGallery Connect 页面，单击“我的项目”按钮，添加名为 PetApp 的项目，在项目设置的常规选项中，单击“添加应用”按钮，配置应用信息后，单击“确定”按钮，完成应用的创建，如图 7.2 所示。

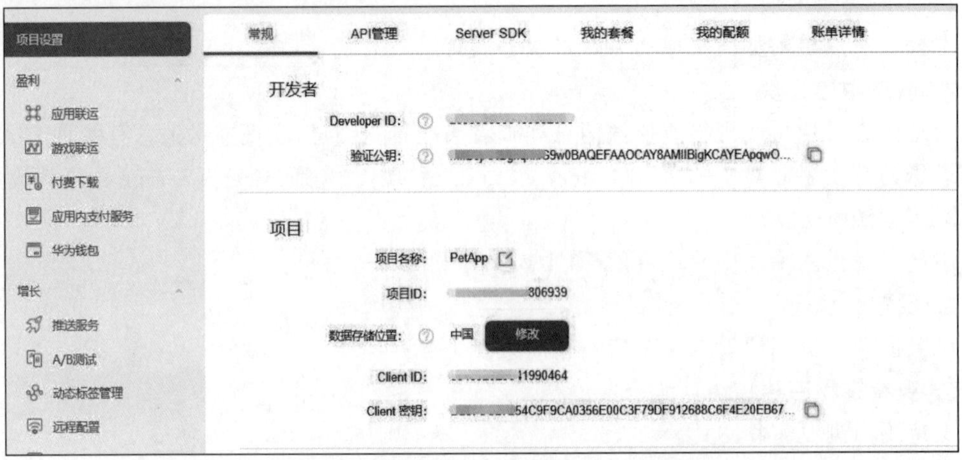

图 7.2　AppGallery Connect 项目创建结果图

2）开通服务

选择项目配置中的 API 管理选项，开通 In-App Purchases、Account Kit 和 Push Kit 服务，如图 7.3 所示。

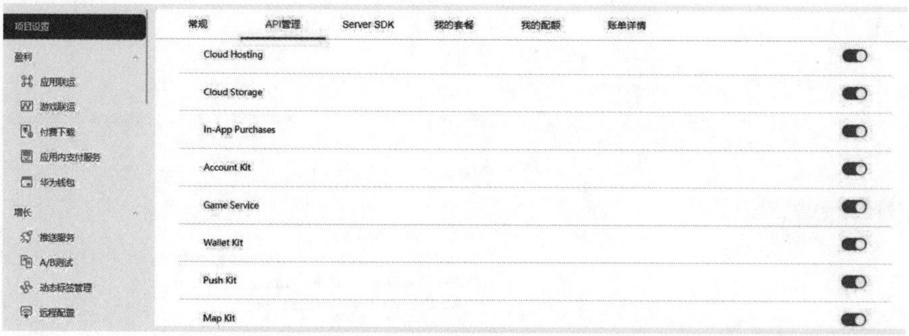

图 7.3　开通服务结果图

选择项目设置中的“应用内支付服务”，单击“配置”按钮，会出现如图 7.4 所示界面。

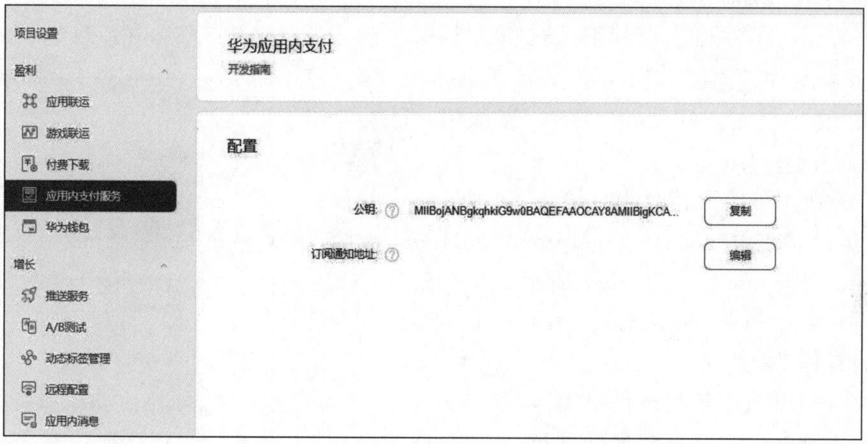

图 7.4　配置应用内支付服务结果图

选择项目设置中的“推送服务”，单击“开通”按钮，配置数据存储位置，如图 7.5 所示。

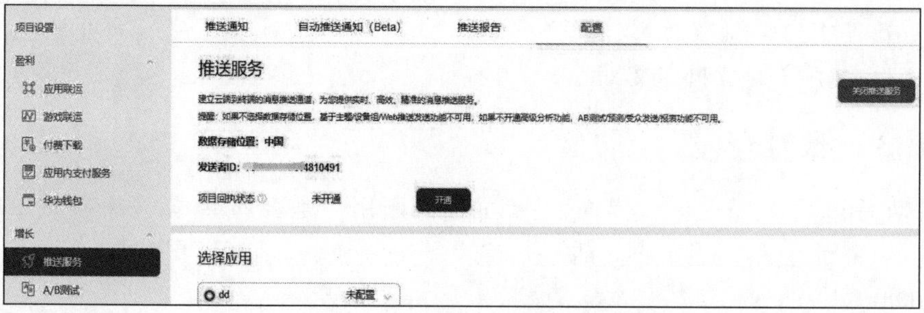

图 7.5　配置推送服务结果图

选择“项目配置”→“华为分析”→“用户分析”→“新增用户”，单击“启动分析服务”按钮，单击左上角“运营”按钮，配置时区和货币等信息，单击“完成”按钮，如图 7.6 所示。

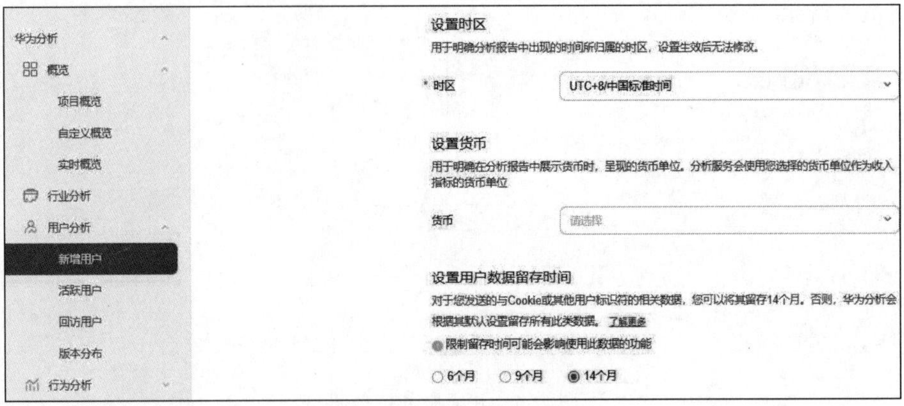

图 7.6　配置用户分析结果图

2. 新建 Android 项目

打开 Android Studio，新建 PetApp 项目，包名为 com. huawei. petapp，创建 Android 项目、创建签名文件、配置签名、生成签名证书指纹、配置签名证书指纹和集成 Account SDK 等操作可参考第 6 章 6.2.2 节。

为了提高代码的可读性和可扩展性，对 App 项目结构进行设计，包含 activity、adapter、constant、entity、service、utils 和 view 包，如图 7.7 所示。

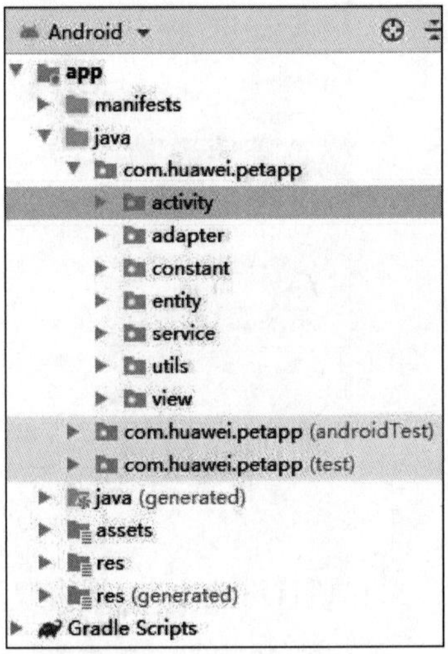

图 7.7　项目目录结构图

activity、adapter、constant、entity、service、utils 和 view 包的具体功能如下。

（1）activity 包用于存放活动类。

（2）adapter 包用于存放适配器类。

（3）constant 包用于存放常量类。

（4）entity 包用于存放实体类。

（5）service 包用于存放业务类。

（6）utils 包用于存放工具类。

（7）view 包用于存放自定义 view。

7.1.3 账号登录

在启动 App 后，首先进入主界面，主界面会判断用户是否登录，如果未登录，则跳转到登录界面，如果已登录，则展示主界面。

1. MainActivity

具体代码如下所示。

```
MainActivity.java 文件
--------------------------------------------------------------------
@Override
protected void onCreate(Bundle savedInstanceState) {
    super.onCreate(savedInstanceState);
    setContentView(R.layout.activity_main);
    // 检测是否登录
    LoginUtil.loginCheck(MainActivity.this);
    // 省略其他代码
}
```

2. LoginUtil

具体代码如下所示。

```
LoginUtil.java 文件
------------------------------------------
public static boolean loginCheck(Context context) {
    boolean isLogin = isLogin(context);
    if (!isLogin) {
        context.startActivity ( new  Intent ( context,
LoginActivity.class));
    }
    return isLogin;
}
```

图 7.8　登录界面

用户第一次进入 App 时，由于未进行登录，所以会先进入“登录”页面，登录模块仅支持华为账号登录，具体登录页面如图 7.8 所示。

在“登录”界面的底部提供“华为账号登录”按钮，系统会使用静默登录模式登录系统，如果是第一次登录，表明没有授权，系统会拉起授权界面，用户授权后，由于使用的是静默登录方式，下次再使用系统时，就无须重复授权了，登录成功后，系统会记录登录状态，下次进入 App 时不用再次登录，具体代码如下所示。

```
LoginActivity.java 文件
----------------------------------------------------------------
/**
 * 静默登录
 */
private void silentSignIn() {
    // 配置授权参数
    HuaweiIdAuthParams authParams = new HuaweiIdAuthParamsHelper
    (HuaweiIdAuthParams.DEFAULT_AUTH_REQUEST_PARAM)
    .createParams();
    // 初始化 HuaweiIdAuthService 对象
```

```
        mAuthService = HuaweiIdAuthManager.getService(LoginActivity.this, authParams);
        // 发起静默登录请求
        Task<AuthHuaweiId> task = mAuthService.silentSignIn();
        // 处理授权成功的登录结果
        task.addOnSuccessListener(new OnSuccessListener<AuthHuaweiId>() {
            @Override
            public void onSuccess(AuthHuaweiId authHuaweiId) {
                // 已经授权
                onHuaweiIdLoginSuccess(authHuaweiId);
                Log.d(TAG, authHuaweiId.getDisplayName() + "静默登录成功");
            }
        });
        // 处理授权失败的登录结果
        task.addOnFailureListener(new OnFailureListener() {
            @Override
            public void onFailure(Exception e) {
                if (e instanceof ApiException) {
                    ApiException apiException = (ApiException) e;
                    if (apiException.getStatusCode() == 2002) {
                        // 未授权,调用 onHuaweiIdLogin 方法拉起授权界面,让用户授权
                        onHuaweiIdLogin();
                    }
                }
            }
        });
    }
```

当用户未授权时,会拉起授权界面,具体代码如下所示。

```
LoginActivity.java 文件
--------------------------------------------------------------------------
public static boolean loginCheck(Context context) {
/**
  * 华为账号登录
  */
private void onHuaweiIdLogin() {
    // 构造华为账号登录选项
    HuaweiIdAuthParams authParam = new HuaweiIdAuthParamsHelper
    (HuaweiIdAuthParams.DEFAULT_AUTH_REQUEST_PARAM)
    .createParams();
    mAuthService = HuaweiIdAuthManager.getService(LoginActivity.this, authParam);
    // 获取登录授权页面的 Intent,并通过 startActivityForResult 拉起授权页面
    startActivityForResult(mAuthService.getSignInIntent(), REQUEST_SIGN_IN_LOGIN);
}
```

当用户华为登录成功后,在 onActivityResult()方法中会回调 onHuaweiIdLoginSuccess()方法,用于保存用户登录信息,具体代码如下所示。

```
LoginActivity.java 文件
--------------------------------------------------------------------------
private void onHuaweiIdLoginSuccess(AuthHuaweiId huaweiAccount) {
```

```
        // 保存华为账号 openId
        String openId = huaweiAccount.getOpenId();
        SPUtil.put(this, SPConstants.KEY_HW_OEPNID, openId);
        try {
            JSONObject jsonObject = new JSONObject();
            // 保存华为账号头像
            jsonObject.put(SPConstants.KEY_HEAD_PHOTO,
            huaweiAccount.getAvatarUriString());
            SPUtil.put(this, openId, jsonObject.toString());
        }catch (JSONException ignored) {
            Log.e(TAG, "onHuaweiIdLoginSuccess json format error");
        }
        // 是否登录
        SPUtil.put(this, SPConstants.KEY_LOGIN, true);
        // 华为登录
        SPUtil.put(this, SPConstants.KEY_HW_LOGIN, true);
        // 保存华为账号昵称
        SPUtil.put(this, SPConstants.KEY_NICK_NAME, huaweiAccount.getDisplayName());

        finish();
    }
```

拉起的授权界面与登录成功展示的首页效果图,如图 7.9 和图 7.10 所示。

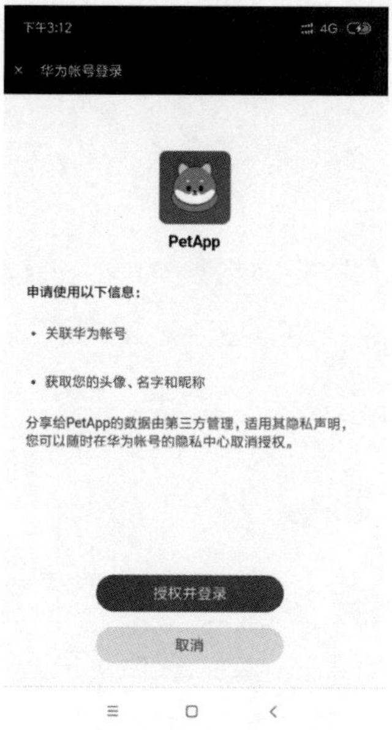

图 7.9　拉起的授权界面

图 7.10　系统首页界面

7.1.4 商品推送

商品推送功能主要包括客户端和服务器两个部分，首先服务器端或 AppGallery Connect 页面推送消息，客户端接收到消息后，将详细存储在本地，客户端可对历史消息进行查询和删除等操作。下面分别从客户端和服务器两个部分进行讲解。

1. 客户端

首先进入首页，然后从华为推送服务器获取 Token，具体代码如下。

```
MainActivity.java 文件
-------------------------------------------------------------------------
@Override
protected void onCreate(Bundle savedInstanceState) {
    super.onCreate(savedInstanceState);
    setContentView(R.layout.activity_main);
    // Push 初始化
    PushService.init(this);
    // 省略其他代码
}
```

```
PushService.java 文件
-------------------------------------------------------------------------
public static void init(final Context context) {
    getToken(context);
}
private static void getToken(final Context context) {
    // get push token
    new Thread() {
        @Override
        public void run() {
            try {
                String appId = AGConnectServicesConfig.fromContext(context)
                  .getString(APPID_PATH);
                String pushToken = HmsInstanceId.getInstance(context)
                .getToken(appId, HCM);
                if(!TextUtils.isEmpty(pushToken)) {
                    Log.i(TAG, "Push Token:" + pushToken);
                    uploadToken(context, pushToken);
                }
            } catch (Exception e) {
                Log.e(TAG,"getToken failed, Exception");
            }
        }
    }.start();
}
```

获取到 Token 之后，需要调用 uploadToken()方法将 Token 上传到服务器，具体代码如下所示。

```
PushService.java 文件
------------------------------------------------------------------------
private static void uploadToken(Context context, String pushToken) {
    Call.Factory okHttpClient = new OkHttpClient.Builder()
        .connectTimeout(2L, TimeUnit.SECONDS).build();
    RequestBody body = RequestBody.create(pushToken, MediaType
        .get("application/octet-stream"));
    Properties proper = getProperties(context.getApplicationContext());
    String serviceUrl = proper.getProperty("serverUrl");
    if (TextUtils.isEmpty(serviceUrl)) {
        Log.e(TAG, "get server url failed");
        return;
    }
    final Request request = new Request.Builder().url(serviceUrl + "/pet/newToken")
        .post(body).build();
    Call call = okHttpClient.newCall(request);
    call.enqueue(
    new Callback() {
        @Override
        public void onFailure(@NotNull Call call, @NotNull IOException e) {
            Log.e(TAG, "upload token failed, Exception: " + e.toString());
        }
        @Override
        public void onResponse(@NotNull Call call, @NotNull Response response)
          throws IOException {
            if (response.code() == 200) {
                Log.i(TAG, "upload token success");
            } else {
                Log.e(TAG, "upload token failed" + " message:" + response.message());
            }
        }
    });
}
```

服务器端接收代码稍后介绍，当从服务器端或 AppGallery Connect 推送消息后，会根据 token 或主题将消息发送给客户端，满足条件的客户端会收到推送的消息，客户端会通过 PushService 类(继承了 HmsMessageService 类)中的 onMessageReceived()方法接收消息，具体代码如下。

```
PushService.java 文件
------------------------------------------------------------------------
@Override
public void onMessageReceived(RemoteMessage message) {
    Context context = getApplicationContext();
    String switchStr = PushSPUtil.readConfig(context, PushConst.PUSH_MESSAGE_SWITCH);
```

```
    if ((!TextUtils.isEmpty(switchStr)) && (!Boolean.parseBoolean(switchStr))) {
        Log.w(TAG, "Push message switch is Off");
        return;
    }

    Map<String, String> data = message.getDataOfMap();
    PushSPUtil.saveMessage(context, data.get(MESSAGE_TITLE)
        + PushConst.PUSH_SPLIT + getDate(), data.get(MESSAGE_CONTENT));
}
```

onMessageReceived()方法接收到消息后，会将消息存储到本地，客户端可通过主页右上角的图标进入消息中心界面，展示历史消息。客户端使用 RecyclerView 组件实现历史消息列表的展示，当进入界面时，会调用 updateMessageList()方法重新加载存储在本地的消息，具体代码如下所示。

```
InnerMessageCenterActivity.java 文件
------------------------------------------------------------------------
private void updateMessageList() {
    Map<String, String> data = PushSPUtil.readMessage(getApplicationContext());
    Context context = getApplicationContext();
    for (String key : data.keySet()) {
        InnerMessageBean innerMessage = new InnerMessageBean
        (context, key, data.get(key));
        messageList.add(innerMessage);
    }
    innerMessageAdapter = new InnerMessageAdapter(messageList);
    LinearLayoutManager manager = new LinearLayoutManager(this);
    //设置布局管理器
    lvInnerMessage.setLayoutManager(manager);
    //设置为垂直布局,这也是默认的
    manager.setOrientation(RecyclerView.VERTICAL);
    lvInnerMessage.setAdapter(innerMessageAdapter);
}
```

上述代码中 InnerMessageAdapter 类为适配器类，负责将历史消息数据展示在加载的布局中，具体的代码如下所示。

```
InnerMessageAdapter.java 文件
------------------------------------------------------------------------
@Override
public ItemViewHolder onCreateViewHolder(@NonNull ViewGroup parent, int viewType) {
    View view = LayoutInflater.from(parent.getContext())
        .inflate(R.layout.recyclerview_inner_message_item, parent, false);
    return new ItemViewHolder(view);
}
```

```
@Override
public void onBindViewHolder(@NonNull ItemViewHolder holder, int position) {
    InnerMessageBean message = data.get(position);
    holder.ivIcon.setImageDrawable(message.getIcon());
    holder.tvTitle.setText(message.getTitle());
    holder.tvContent.setText(message.getContent());
    holder.tvDate.setText(message.getDate());
}
static class ItemViewHolder extends RecyclerView.ViewHolder {
    ImageView ivIcon;
    TextView tvTitle;
    TextView tvContent;
    TextView tvDate;
    ItemViewHolder(View itemView) {
        super(itemView);
        ivIcon = itemView.findViewById(R.id.ivIcon);
        tvTitle = itemView.findViewById(R.id.tvTitle);
        tvContent = itemView.findViewById(R.id.tvContent);
        tvDate = itemView.findViewById(R.id.tvDate);
    }
}
```

当还未发送任何消息时,客户端会默认展示一条消息,具体代码如下所示。

```
InnerMessageCenterActivity.java 文件
--------------------------------------------------------------------------------
private void initMessage() {
    //默认保存一条消息到消息中心
    boolean isSaved = (boolean) SPUtil.get(this, "is_saved_push", false);
    if (isSaved) {
        return;
    }
    PushSPUtil.saveMessage(this, "宠物商品上新啦"
                    + PushConst.PUSH_SPLIT + DateUtil.getCurrentFormatDate(),
            "最新猫粮上新,快去看看吧");
    SPUtil.put(this, "is_saved_push", true);
}
```

单击消息中心界面右上角的"删除"按钮,可将本地存储的消息全部清除,具体代码如下所示。

```
InnerMessageCenterActivity.java 文件
--------------------------------------------------------------------------------
private void initView() {
    ivClear.setOnClickListener(new View.OnClickListener() {
        @Override
        public void onClick(View v) {
```

```
                PushSPUtil.clearMessage(getApplicationContext());
                innerMessageAdapter.clear();
            }
        });
    }
```

在 AppGallery Connect 页面中，进入推送服务，单击“添加推送通知”按钮，进入添加推送通知界面，如图 7.11 所示，填写消息内容后，单击右上角“提交”按钮，即可发送消息，客户端接收到消息后，再次进入消息中心，就会有刚刚推送的消息记录，如图 7.12 和图 7.13 所示。

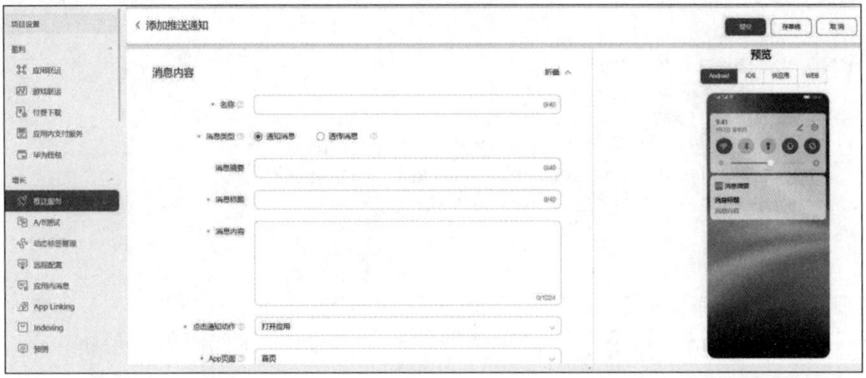

图 7.11　AppGallery Connect 添加推送通知界面

图 7.12　发送通知消息效果图

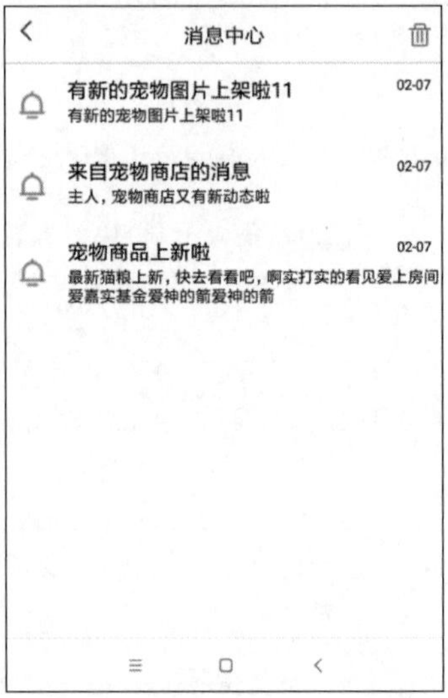

图 7.13　发送透传消息效果图

2. 服务器

为了满足客户端对服务器的需要，本节将对服务器的搭建过程以及如何与客户端交互做详细介绍，为了简化服务器，这里仅对推送服务功能实现服务器功能，读者可自行完成其他需要集成服务器的部分。

1）环境搭建

（1）创建项目。

打开 idea 软件，进入新建项目对话框，在左侧菜单中选择 Maven 选项，如图 7.14 所示。

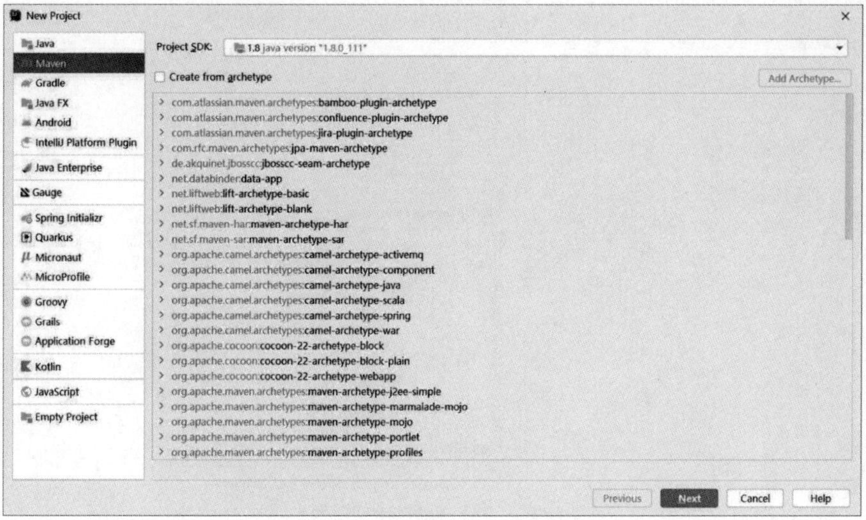

图 7.14　新建项目界面

单击 Next 按钮，进入项目配置界面，填入正确的项目配置信息，如图 7.15 所示。

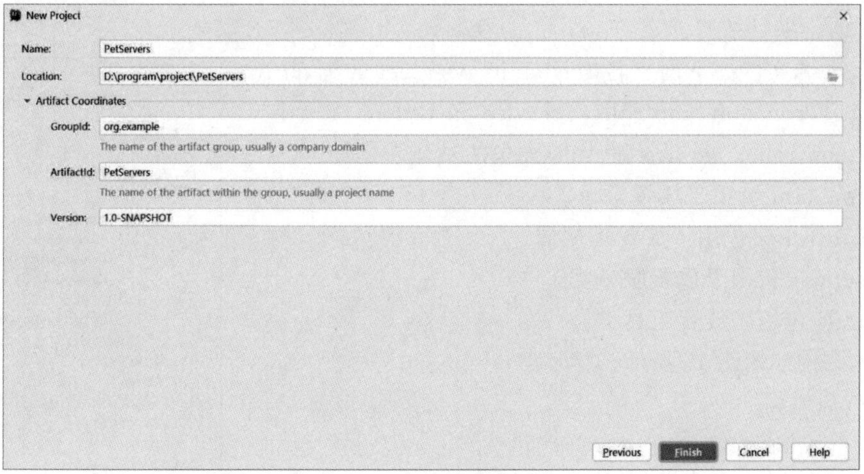

图 7.15　项目配置界面

单击 Finish 按钮，完成项目的创建。

进入 Project Structure 界面，单击左侧的 Modules 选项，修改 Deployment Descriptors 和 Web Resource Directories 两处的路径，如图 7.16 所示。

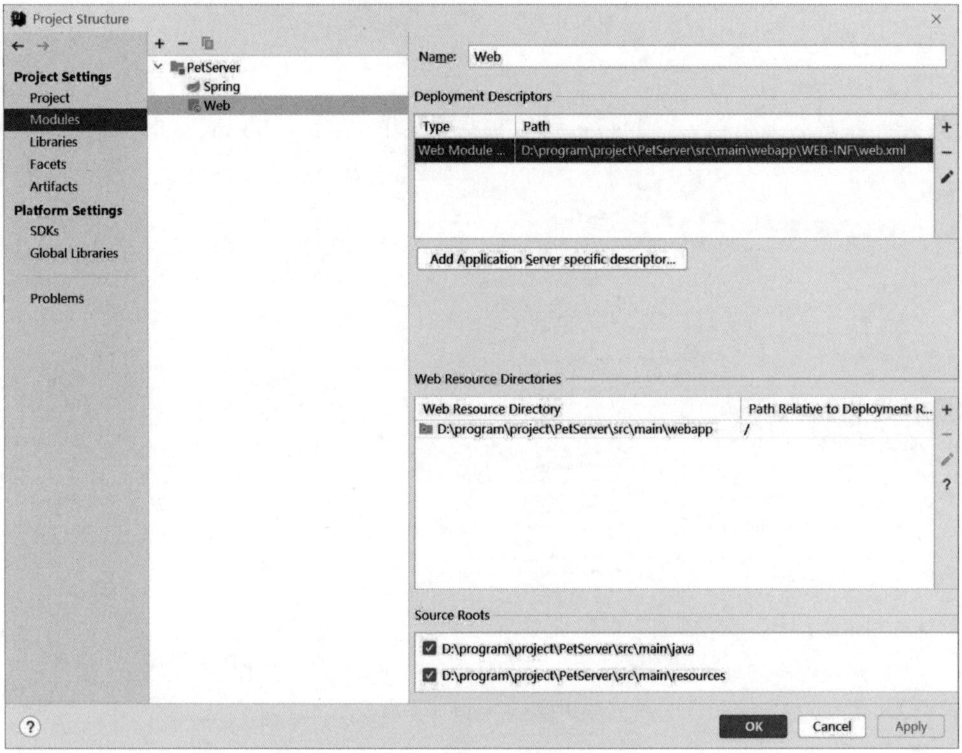

图 7.16　web.xml 文件路径配置界面

（2）创建项目结构。

在 java 源文件夹下创建名为 com.huawei.pet 的包，并在该包下创建 constant、controller、service 和 utils 4 个子包，constant、controller、service 和 utils 子包的具体功能如下。

① constant 包用于放置常量。

② controller 包用于放置控制器。

③ service 包用于放置服务类。

④ utils 包用于放置工具类。

具体结构如图 7.17 所示。

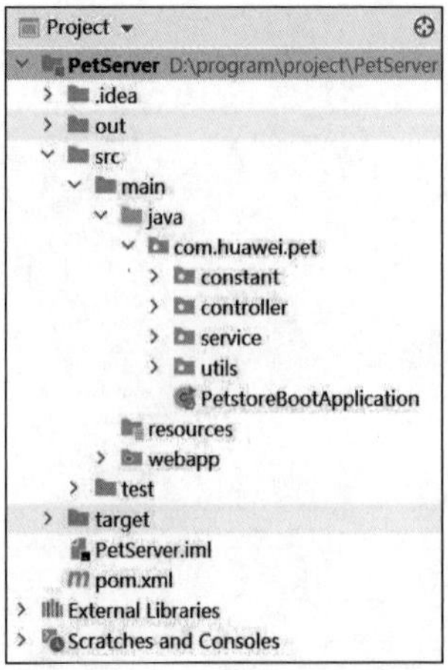

图 7.17　项目目录结构图

2）代码编写

（1）引入依赖。

由于创建的是 Maven 项目，故需要引入项目依赖，具体代码如下所示。

```
pom.xml 文件
-----------------------------------------------------------------------
<dependencies>
    <dependency>
        <groupId>org.springframework.boot</groupId>
        <artifactId>spring-boot-starter-web</artifactId>
    </dependency>
    <dependency>
        <groupId>org.springframework.boot</groupId>
        <artifactId>spring-boot-starter</artifactId>
    </dependency>
    <dependency>
        <groupId>org.apache.commons</groupId>
        <artifactId>commons-lang3</artifactId>
    </dependency>
    <dependency>
        <groupId>commons-io</groupId>
        <artifactId>commons-io</artifactId>
        <version>2.6</version>
    </dependency>
    <dependency>
        <groupId>org.apache.commons</groupId>
        <artifactId>commons-collections4</artifactId>
        <version>4.3</version>
    </dependency>
    <dependency>
        <groupId>org.apache.httpcomponents</groupId>
        <artifactId>httpclient</artifactId>
    </dependency>
    <dependency>
        <groupId>org.apache.httpcomponents</groupId>
        <artifactId>httpmime</artifactId>
    </dependency>
    <dependency>
        <groupId>com.alibaba</groupId>
        <artifactId>fastjson</artifactId>
        <version>1.2.62</version>
    </dependency>
    <!-- 省略其他依赖 -->
</dependencies>
```

引入依赖后，为了让依赖生效，单击右上角刷新图标，如图 7.18 所示。

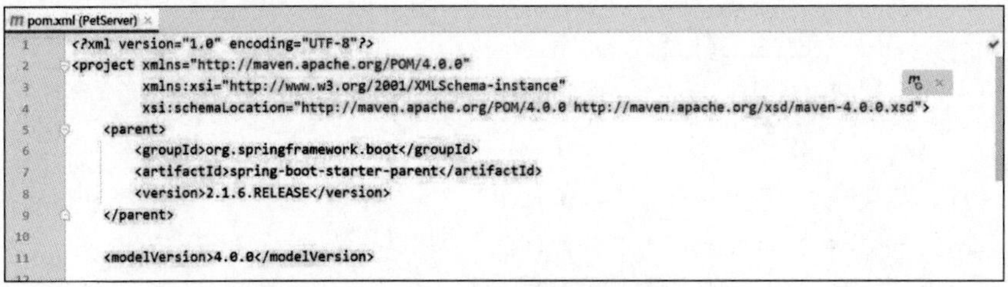

图 7.18　引入依赖效果图

（2）启动类。

编写程序启动类，具体代码如下所示。

```
PetstoreBootApplication.java 文件
--------------------------------------------------------------------------------
@SpringBootApplication
@ServletComponentScan
public class PetstoreBootApplication extends SpringBootServletInitializer {
    public static void main(String[] args) throws Exception {
        SpringApplication.run(PetstoreBootApplication.class, args);
    }
}
```

（3）工具类。

为了与华为推送服务器进行交互，实现获取 AccessToken、推送消息等操作，需要构建 HttpsUtil 工具类，实现 getAccessToken()和 sendPushMessage()两个方法，getAccessToken()实现从华为推送服务器获取 AccessToken 的功能，sendPushMessage()方法实现向华为服务器发送消息的功能。该类中同时定义了两个常量字符串，GET_AT_URL 字符串定义了获取 AccessToken 的网址，SEND_PUSH_URL 字符串定义了发送消息的网址。

定义的常量以及 getAccessToken()方法的具体代码如下所示。

```
HttpsUtil.java 文件
--------------------------------------------------------------------------------
private static final String GET_AT_URL = "https://oauth-login.cloud.huawei.com
        /oauth2/v2/token";
private static final String SEND_PUSH_URL = "https://push-api.cloud.huawei.com/v1/[appid]
        /messages:send";
public static String getAccessToken(String appId, String appSecret) {
    RestTemplate restTemplate = new RestTemplate();
    StringBuilder params = new StringBuilder();
    params.append("grant_type=client_credentials");
    params.append("&client_id=").append(appId);
    params.append("&client_secret=").append(appSecret);
    String response = null;
    try {
        response = restTemplate.postForObject(new URI(GET_AT_URL)
         , params.toString(), String.class);
    }catch (Exception e) {
        e.printStackTrace();
    }
    if (!StringUtils.isEmpty(response)) {
        JSONObject jsonObject = JSONObject.parseObject(response);
        System.out.println("获取的 Access Token 为" + response);
```

```
            return jsonObject.getString("access_token").replace("\\", "");
        }
        return "";
    }
```

sendPushMessage()方法的具体代码如下所示。

```
HttpsUtil.java 文件
------------------------------------------------------------------------
public static JSONObject sendPushMessage ( String appId, String appSecret, JSONObject
messageBody) {
    RestTemplate restTemplate = new RestTemplate();
    HttpHeaders headers = new HttpHeaders();
    headers.setBearerAuth(getAccessToken(appId, appSecret));
    String response = null;
    HttpEntity<Object> httpEntity = new HttpEntity<Object>(messageBody, headers);
    try {
        String uri = SEND_PUSH_URL.replace("[appid]", appId);
        response = restTemplate.postForObject(new URI(uri), httpEntity, String.class);
        System.out.println("发送消息成功");
    }catch (Exception e) {
        e.printStackTrace();
    }
    JSONObject jsonObject = null;
    if (!StringUtils.isEmpty(response)) {
        jsonObject = JSONObject.parseObject(response);
    }
    return jsonObject;
}
```

(4) 业务类。

有关推送业务的代码均在 PushService 类中，主要包括 processNewToken()方法和 processSendTopic()方法，processNewToken()方法用于保存客户端上传的 Token，processSendTopic()方法用于发送主题消息，该类中同时定义了两个重要的常量，分别是 APP_ID 和 APP_SECRET，这两个值可从 AppGallery Connect 页面中的项目设置列表中获取。

定义的常量及 processNewToken()方法具体代码如下所示。

```
PushService.java 文件
------------------------------------------------------------------------
private static final String APP_ID = "103818067";
private static final String APP_SECRET = "af8459af14dd0eac2bb1c6c5e1995a169c57ca63113470-
e94c909d04d1210176";
private static final int CLICK_ACTION_OPEN_APP_PAGE = 1;
```

```
private List<String> tokens = new ArrayList<>();
public int processNewToken(String newToken) {
    if ((!newToken.isEmpty()) && (!tokens.contains(newToken))) {
        tokens.add(newToken);
        System.out.println("上传 Token 成功: " + newToken);
        return 200;
    }
    return 201;
}
```

processSendTopic()方法具体代码如下所示。

```
PushService.java 文件
------------------------------------------------------------------------------------
public JSONObject processSendTopic(String topic) {
    JSONObject pushMsg = constructTopicMsg(topic);
    System.out.println(JSONObject.toJSONString(pushMsg));
    return HttpsUtil.sendPushMessage(APP_ID, APP_SECRET, pushMsg);
}
private JSONObject constructTopicMsg(String topic) {
    JSONObject message = new JSONObject();
    message.put("notification", getNotification("宠物商店上新啦!&快去看看吧!主题消息"));
    message.put("android", getAndroidPart());
    message.put("topic", topic);
    JSONObject pushMsg = new JSONObject();
    pushMsg.put("validate_only", false);
    pushMsg.put("message", message);
    return pushMsg;
}
private JSONObject getNotification(String request) {
    JSONObject notification = new JSONObject();
    String[] message = request.split("&");
    notification.put("title", message[0]);
    notification.put("body", message[1]);
    return notification;
}
private JSONObject getAndroidPart() {
    JSONObject android = new JSONObject();
    android.put("bi_tag","pushReceipt");
    android.put("notification", getAnroidNotification());
    return android;
}
private JSONObject getAnroidNotification() {
    JSONObject clickAction = new JSONObject();
    clickAction.put("type", CLICK_ACTION_OPEN_APP_PAGE);
    clickAction.put("action", "com.huawei.hmspetstore.OPEN_PETSTORE");
    JSONObject androidNotification = new JSONObject();
    androidNotification.put("click_action", clickAction);
    return androidNotification;
}
```

(5) 控制器。

PushController 控制器中主要定义了两个方法，newToken()方法和 sendTopic()方法，客户端可通过网址“/pet/newToken”来访问 newToken()方法，用来保存客户端发送过来的 Token，浏览器可通过网址“/pet/sendTopic”来访问 sendTopic()方法，用于推送主题消息。PushController 控制器具体代码如下所示。

```
PushController.java 文件
--------------------------------------------------------------------------------
private PushService pushService = new PushService();
@RequestMapping(value = "/pet/newToken", method = RequestMethod.POST)
public int newToken(@RequestBody String newToken) {
    return pushService.processNewToken(newToken);
}
@RequestMapping(value = "/pet/sendTopic", method = RequestMethod.GET)
@ResponseBody
public JSONObject sendTopic(String topic) {
    return pushService.processSendTopic(topic);
}
```

3) 代码测试

进入 PetstoreBootApplication 启动类，右击选择 Run 'PetstoreBootApplication'按钮，运行服务器，打开客户端 PetApp 项目，进入 assets 目录下，打开 app_config，将 serverUrl 变量中的地址修改为服务器所在计算机的 IP 地址，手机端进入项目主页，观察服务器控制台打印结果如图 7.19 所示。

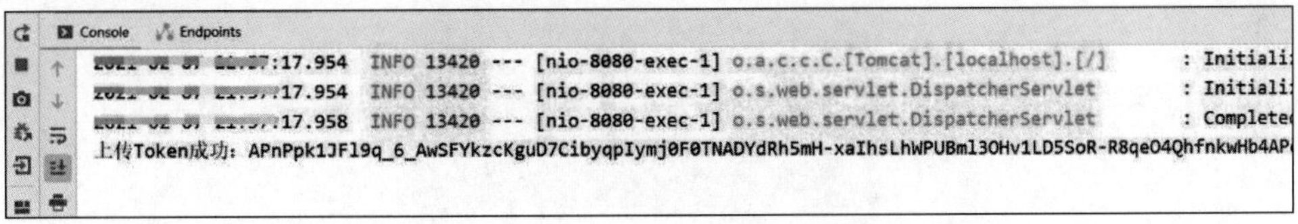

图 7.19　上传 Token 服务器控制台打印结果图

在浏览器中访问网址 http://localhost:8080/pet/sendTopic? topic=PetImage，浏览器显示结果如图 7.20 所示。

图 7.20　推送消息浏览器显示结果图

服务器控制台打印结果如图 7.21 所示。

Console
Endpoints
{"validate_only":false,"message":{"notification":{"title":"宠物商店上新啦！","body":"快去看看吧！主题消息"},"and
获取的Access Token为{"access_token":"CgB6e3x92XPPMNcOfHOgkr0RNmoTZQsY3+NggBIZJ+Erb8NPWpecCG\/NPXzK1dtPnx\/oyl
发送消息成功

图 7.21　推送消息服务器控制台打印结果图

客户端显示的消息如图 7.22 所示。

10:07
2月7日 周日 晚上
19%
今日:130.9MB
本月:1.20GB
设置套餐 >
宠物商店上新啦!
下午10:07
快去看看吧! 主题消息
已连接到 USB 调试
点按即可停用 USB 调试功能。
正在通过 USB 充电
点按即可查看更多选项。

图 7.22　推送消息客户端显示结果图

7.1.5　商品购买

商品购买有两个入口，当用户进入 App 的个人中心后，可通过单击“成为会员”按钮或“立即续费”按钮进入会员中心。当购买商品之后，“立即续费”按钮会被隐藏。具体代码如下所示。

```
MineCenterActivity.java 文件
-----------------------------------------------------------------------
/**
 * 设置会员卡信息
 */
private void initMemberInfo() {
```

```
    // 会员详情展示
    if (!MemberRightService.isImageAvailable(this)) {
        mLlMemberLayout.setVisibility(View.VISIBLE);
        mTvMemberName.setText("普通会员");
        mTvMemberDesc.setText("可免费观看宠物图片");
        mTvMembers.setVisibility(View.GONE);
        mIvMemberImg.setImageResource(R.mipmap.member_1);
        mTvMembersTime.setText(getString(R.string.iap_member_valid
        , new SimpleDateFormat("MM/dd/YYYY", Locale.US)
        .format(MemberRightService.getNormalImageExpireDate(this))));
        mTvMemberPay.setOnClickListener(new View.OnClickListener() {
            @Override
            public void onClick(View view) {
                startActivity(new Intent(MineCenterActivity.this
                , MemberCenterActivity.class));
            }
        });
    }else {
        mLlMemberLayout.setVisibility(View.GONE);
        mTvMembers.setVisibility(View.VISIBLE);
    }
}
```

具体效果如图 7.23 所示。

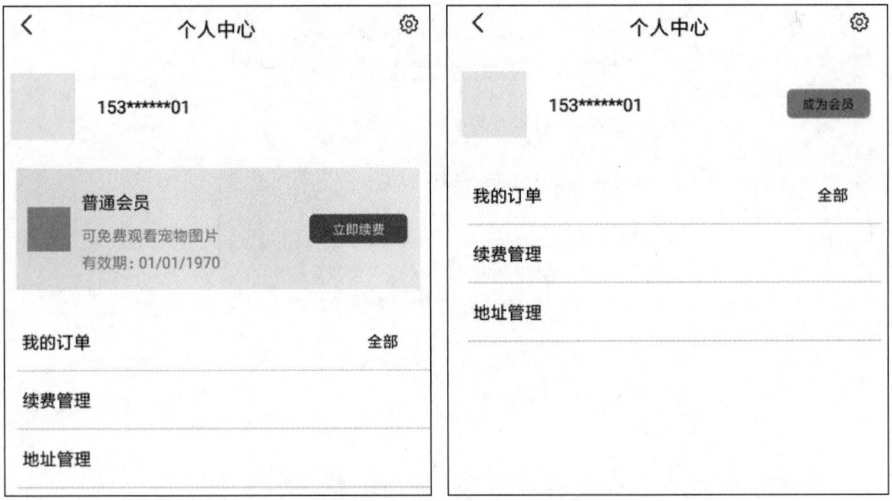

图 7.23　立即续费或和为会员界面

进入会员中心界面后，需要展示商品列表，商品可通过华为 PMS 创建，以消耗型商品为例，创建如表 7.1 所示的两个商品。

表 7.1 消耗型商品信息表

商品名称	商品 ID	价　　格	类　　型
普通会员 1	member01	CNY 1.00	消耗型
普通会员 2	member02	CNY 1.00	消耗型

登录华为开发者联盟，并进入 AppGallery Connect 页面，进入"我的应用"中的运营选项，单击左侧菜单的"商品管理"按钮，进入"商品列表"界面，如图 7.24 所示。

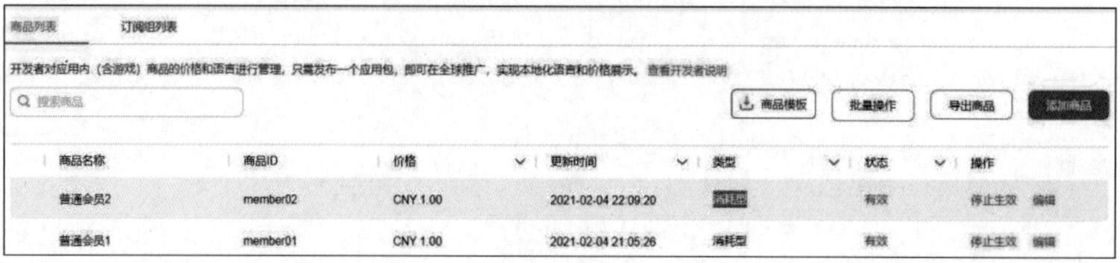

图 7.24 PMS 商品列表图

单击"添加商品"按钮，分别添加表 7.1 中的两个商品。添加商品之后需要在客户端中展示商品列表以便用户购买，这里使用 RecyclerView 控件展示商品列表，初始化 RecyclerView 控件的代码如下所示。

```
MemberCenterActivity.java 文件
---------------------------------------------------------------------
private void initView() {
    mRecyclerView = findViewById(R.id.membercenter_recyclerView);
    LinearLayoutManager manager = new LinearLayoutManager(this);
    // 设置布局管理器
    mRecyclerView.setLayoutManager(manager);
    // 设置为垂直布局,这是默认的
    manager.setOrientation(RecyclerView.VERTICAL);
    // 设置 Adapter
    MemberCenterAdapter mMemCenterAdapter = new MemberCenterAdapter(mItemData);
    mRecyclerView.setAdapter(mMemCenterAdapter);
    mMemCenterAdapter.setListener(new IRecyclerItemListener() {
        @Override
        public void onItemClick(View view, int position) {
            onAdapterItemClick(position);
        }
    });
    mRecyclerView.setItemAnimator(new DefaultItemAnimator());
}
```

列表数据来源于华为 PMS 中新建的数据，因此需要加载数据列表，这里使用 loadProducts() 方法加载数据，具体代码如下所示。

```
MemberCenterActivity.java 文件
------------------------------------------------------------------------
private void loadProducts() {
    // 商品查询结果回调监听
    OnUpdateProductListListener updateProductListListener =
        new OnUpdateProductListListener(3, refreshHandler);
    // 消耗型商品请求
    ProductInfoReq consumeProductInfoReq = new ProductInfoReq();
    consumeProductInfoReq.setPriceType(IapClient.PriceType.IN_APP_CONSUMABLE);
    consumeProductInfoReq.setProductIds(CONSUMABLE_PRODUCT_LIST);
    // 查询商品信息
    getProducts(consumeProductInfoReq, updateProductListListener);
}
private void getProducts(final ProductInfoReq productInfoReq, final OnUpdateProductListListener
productListListener) {
    IapClient mClient = Iap.getIapClient(this);
    Task<ProductInfoResult> task = mClient.obtainProductInfo(productInfoReq);
    task.addOnSuccessListener(new OnSuccessListener<ProductInfoResult>() {
        @Override
        public void onSuccess(ProductInfoResult result) {
            // 查询商品成功
            productListListener.onUpdate(productInfoReq.getPriceType(), result);
        }
    }).addOnFailureListener(new OnFailureListener() {
        @Override
        public void onFailure(Exception e) {
            // 查询商品失败
            productListListener.onFail(e);
        }
    });
}
private static class OnUpdateProductListListener {
    // 省略其他代码
    public void onUpdate(int priceType, ProductInfoResult result) {
        Log.i(TAG, "query product success " + taskCount.get());
        resultMap.put(priceType, result);
        // 刷新列表数据
        onRefreshView();
    }
}
```

加载数据之后，需要使用适配器将列表数据和布局关联起来，适配器主要代码如下所示。

```
MemberCenterAdapter.java 文件
------------------------------------------------------------------------
public class MemberCenterAdapter extends RecyclerView.Adapter<MemberCenterAdapter.
ItemViewHolder> {
    @NonNull
```

```
        @Override
        public ItemViewHolder onCreateViewHolder(@NonNull ViewGroup parent, int viewType) {
            View view = LayoutInflater.from(parent.getContext())
            .inflate(R.layout.recyclerview_member_center_item, parent, false);
            return new ItemViewHolder(view);
        }
        @Override
        public void onBindViewHolder(@NonNull final ItemViewHolder holder
            ,final int position) {
            SetMealBean mSetMealBean = mItems.get(position);
            String productId = mSetMealBean.getProductId();
            if ("member02".equals(productId)) {
                // 3 months
                holder.img.setImageResource(R.mipmap.member_3);
            } else if ("member01".equals(productId)) {
                // 1 month
                holder.img.setImageResource(R.mipmap.member_1);
            }
            holder.name.setText(mSetMealBean.getName());
            holder.desc.setText(mSetMealBean.getDesc());
            holder.money.setText(mSetMealBean.getMoney());
            if (listener != null) {
                holder.subBtn.setOnClickListener(new View.OnClickListener() {
                    @Override
                    public void onClick(View v) {
                        listener.onItemClick(holder.itemView, position);
                    }
                });
            }
        }
    }
```

适配器中的 ViewHolder 具体代码如下所示。

```
MemberCenterAdapter.java 文件
------------------------------------------------------------------------
public class MemberCenterAdapter extends RecyclerView.Adapter<MemberCenterAdapter.
ItemViewHolder>{
    static class ItemViewHolder extends RecyclerView.ViewHolder {
        ImageView img;
        TextView subBtn;
        TextView name;
        TextView desc;
        TextView money;

        ItemViewHolder(View itemView) {
            super(itemView);
```

```
            img = itemView.findViewById(R.id.memcenter_item_img);
            name = itemView.findViewById(R.id.memcenter_item_name);
            desc = itemView.findViewById(R.id.memcenter_item_desc);
            money = itemView.findViewById(R.id.memcenter_item_money);
            subBtn = itemView.findViewById(R.id.sub_btn);
        }
    }
}
```

商品列表的具体效果，如图 7.25 所示。

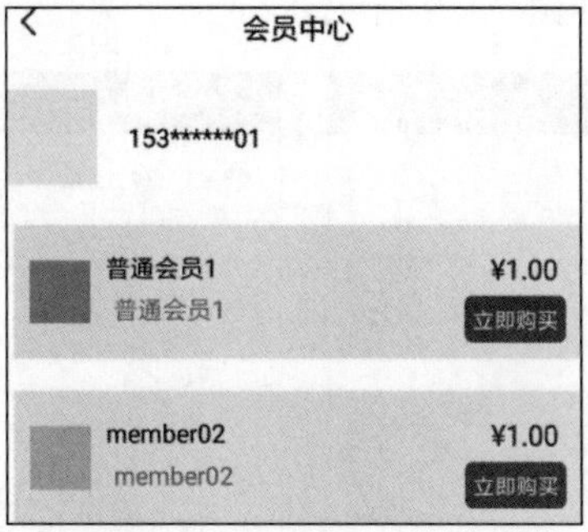

图 7.25　商品列表展示界面

单击“立即购买”按钮，会调用 buy()方法拉起应用内支付界面，具体代码如下所示。

```
MemberCenterActivity.java 文件
--------------------------------------------------------------------------------
private void buy(final int type, String productId) {
    // 构造购买请求
    PurchaseIntentReq req = new PurchaseIntentReq();
    req.setProductId(productId);
    req.setPriceType(type);
    req.setDeveloperPayload(MemberRightService.getCurrentUserId(this));
    IapClient mClient = Iap.getIapClient(this);
    Task<PurchaseIntentResult> task = mClient.createPurchaseIntent(req);
    task.addOnSuccessListener(new OnSuccessListener<PurchaseIntentResult>() {
        @Override
        public void onSuccess(PurchaseIntentResult result) {
            if (result != null && result.getStatus() != null) {
                // 拉起应用内支付页面
                boolean success = startResolution(MemberCenterActivity.this
                    , result.getStatus(), getRequestCode(type));
                if (success) {
                    return;
                }
            }
```

```
                refreshHandler.sendEmptyMessage(REQUEST_FAIL_WHAT);
            }
        }).addOnFailureListener(new OnFailureListener() {
            @Override
            public void onFailure(Exception e) {
                Log.e(TAG, "buy fail, exception: " + e.getMessage());
                refreshHandler.sendEmptyMessage(REQUEST_FAIL_WHAT);
            }
        });
    }
```

拉起的应用内支付界面，如图 7.26 所示。

图 7.26　拉起的应用内支付界面

当用户付费成功再次返回应用程序后，会回调 onActivityResult()方法，具体代码如下所示。

```
MemberCenterActivity.java 文件
--------------------------------------------------------------------------------
switch (requestCode) {
    case REQ_CODE_LOGIN:
        if (data != null) {
```

```
            int returnCode = data.getIntExtra("returnCode", -1);
            if (returnCode == OrderStatusCode.ORDER_STATE_SUCCESS) {
                checkEnv();                 // 登录成功,重新检查支付环境
                return;
            }
        }
        refreshHandler.sendEmptyMessage(LOGIN_ACCOUNT_FIRST_WHAT);
        break;
    case REQ_CODE_PAY_SUBSCRIPTION:
        int priceType = getPriceType(requestCode);
        if (resultCode == RESULT_OK) {      // 购买成功
            if (buyResultInfo.getReturnCode() ==
                  OrderStatusCode.ORDER_STATE_SUCCESS) { // 先校验数据签名
                boolean success = CipherUtil.doCheck(this, buyResultInfo
                  .getInAppPurchaseData(), buyResultInfo.getInAppDataSignature());
                if (success) {              // 订阅会员主题
                    PushService.subscribe(getApplicationContext()
                            , PushConst.TOPIC_VIP);
                    PurchasesService.deliverProduct(this
                            , buyResultInfo.getInAppPurchaseData(), priceType);
                } else {                    //签名校验不通过
                    Log.e(TAG, "check sign fail");
                    return;
                }
            } else if (buyResultInfo.getReturnCode() ==
             OrderStatusCode.ORDER_PRODUCT_OWNED) { //重复购买需要消耗
             PurchasesService.replenish(this, "", priceType);
             refreshHandler.sendEmptyMessageDelayed(BUY_ALREADY_WHAT, 500);
            } else {
                Log.e(TAG, "buy fail, returnCode: " + buyResultInfo.getReturnCode()
                  + " errMsg: " + buyResultInfo.getErrMsg());
                      refreshHandler.sendEmptyMessage(BUY_FAIL_WHAT);
            }
        } else {
            Log.i(TAG, "cancel pay");
        }
        break;
}
```

7.1.6 使用商品

当用户购买完消耗型商品后,剩余的业务处理逻辑和华为 IAP 无直接关系,需要开发者来处理商品的服务内容。根据宠物商城“会员套餐”的权益特点,可以定义消耗型商品的权益为“可观看图片的时限”。用户购买会员后,宠物商城 App 会更新用户可观看图片的有效期。这里,我们使用 Android 的 SharePreferences 来记录当前用户的数据。打开项目的 MemberRightService.java,定义针对会员图片有效期的获取和更新函数。

```
MemberRightService.java 文件
------------------------------------------------------------------------
/**
 * 普通会员有效期时间
 * @param context 上下文
 * @return 时间戳
 */
public static long getNormalImageExpireDate(Context context) {
    return (long) SPUtil.get(context, getCurrentUserId(context), IMAGE_NORMAL_KEY, 0L);
}
/**
 * 更新普通会员有效期
 * @param context   上下文
 * @param extension 有效时间段
 */
public static void updateNormalVideoValidDate(Context context, long extension) {
    long imageExpireDate = getNormalImageExpireDate(context);
    long currentTime = System.currentTimeMillis();
    if (currentTime < imageExpireDate) {
        imageExpireDate += extension;
    } else {
        imageExpireDate = currentTime + extension;
    }
    SPUtil.put(context, getCurrentUserId(context), IMAGE_NORMAL_KEY
         , imageExpireDate);
}
```

将观看宠物图片的有效期记录在 SharePreferences 里，即可简单地实现对用户权益的管理。用户购买会员商品后，可以在 MemberRightService.java 里定义一个函数来统一判断当前是否可以观看宠物图片。

```
MemberRightService.java 文件
------------------------------------------------------------------------
/**
 * 是否有权限观看图片
 * @param context 上下文
 * @return boolean
 */
public static boolean isImageAvailable(Context context) {
    return System.currentTimeMillis() < getNormalImageExpireDate(context);
}
```

在播放图片前，先通过这个函数判断用户是否有权限观看图片。如果没有权限，则引导用户去购买会员，在 MainActivity.iava 中的实现逻辑如下。

```
MainActivity.java 文件
------------------------------------------------------------------------
findViewById(R.id.iv_pet).setOnClickListener(
```

```
new View.OnClickListener() {
    @Override
    public void onClick(View v) {
        // 宠物图片
        if (LoginUtil.isLogin(MainActivity.this)) {
            // subscribe petvedio topic
            PushService.subscribe(MainActivity.this, PushConst.TOPIC_IMAGE);
        }
        if (LoginUtil.loginCheck(MainActivity.this)) {
            // Check 是否可以播放图片
            if (!MemberRightService.isImageAvailable(MainActivity.this)) {
                Toast.makeText(MainActivity.this, "请先在会员中心购买会员", Toast.LENGTH_
SHORT).show();
                startActivity(new Intent(MainActivity.this, MemberCenterActivity.class));
                return;
            }
            startActivity(new Intent(MainActivity.this, PetImageActivity.class));
        }
    }
});
```

当用户在主页单击查看宠物图片并检测通过后，进入查看宠物图片界面，该界面通过RecyclerView 展示宠物图片，RecyclerView 的初始化代码如下所示。

```
PetImageActivity.java 文件
---------------------------------------------------------------------------
/**
 * 设置列表数据
 */
private void initRecyclerData() {
    mItemData.clear();
    ImageBean imageBean = new ImageBean("这是什么", R.drawable.ic_center_cat);
    mItemData.add(imageBean);
    ImageBean videoBean2 = new ImageBean("别挠我", R.drawable.ic_left_cat);
    mItemData.add(videoBean2);
    ImageBean videoBean3 = new ImageBean("我不服", R.drawable.ic_right_cat);
    mItemData.add(videoBean3);
}
/**
 * 初始化 RecyclerView
 */
private void initRecyclerView() {
    LinearLayoutManager manager = new LinearLayoutManager(PetImageActivity.this);
    //设置布局管理器
    mRecyclerView.setLayoutManager(manager);
    //设置为垂直布局，这也是默认的
    manager.setOrientation(RecyclerView.VERTICAL);
    //设置 Adapter
    PetImageAdapter mPetImageAdapter = new PetImageAdapter(mItemData);
    mRecyclerView.setAdapter(mPetImageAdapter);
    mRecyclerView.setItemAnimator(new DefaultItemAnimator());
}
```

定义 PetImageAdapter 适配器，实现将数据与适配器相关联，具体代码如下所示。

```
PetImageAdapter.java 文件
------------------------------------------------------------------
@NonNull
@Override
public ItemViewHolder onCreateViewHolder(@NonNull ViewGroup parent, int viewType) {
    View view = LayoutInflater.from(parent.getContext())
        .inflate(R.layout.recyclerview_pet_image_item, parent, false);
    return new ItemViewHolder(view);
}
@Override
public void onBindViewHolder(@NonNull final ItemViewHolder holder, final int position) {
    holder.textView.setText(mItems.get(position).getName());
    holder.imageView.setImageResource(mItems.get(position).getPicture());
}
static class ItemViewHolder extends RecyclerView.ViewHolder {
    TextView textView;
    ImageView imageView;

    ItemViewHolder(View itemView) {
        super(itemView);
        textView = itemView.findViewById(R.id.pet_image_item_name);
        imageView = itemView.findViewById(R.id.pet_image_item_imageview);
    }
}
```

具体的宠物图片界面效果，如图 7.27 所示。

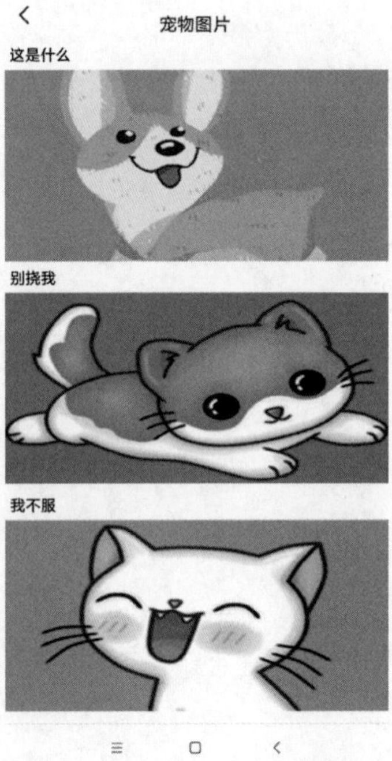

图 7.27　宠物图片界面效果

7.1.7　沙盒测试

App 在开发接入华为 IAP 的过程中，可以通过沙盒测试功能模拟完成商品的购买，而无须进行实际支付。开发者可以在 AppGallery Connect 中配置测试账号，这些测试账号都是真实的华为账号，并设置允许这些账号执行沙盒测试。除了配置测试账号，还需要配置沙盒测试版本。如果要测试的应用此前没有在 AppGallery Connect 上架过版本，则需要确保测试应用 versionCode 大于 0，如果已有上架的版本，则测试应用的 versionCode 需要大于上架应用 versionCode。

下面具体来看如何配置沙盒测试账号。

(1) 登录华为开发者联盟，并进入 AppGallery Connect 页面，选择"用户与访问"选项，如图 7.28 所示。

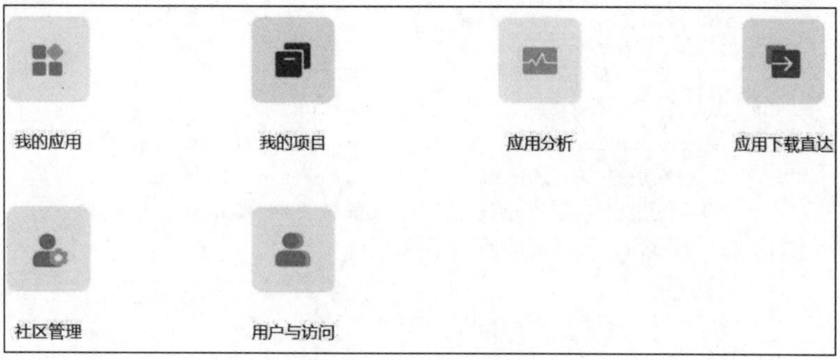

图 7.28　"用户与访问"选项

(2) 在左侧导航栏选择沙盒测试中的"测试账号"选项，单击"新增"按钮，如图 7.29 所示。

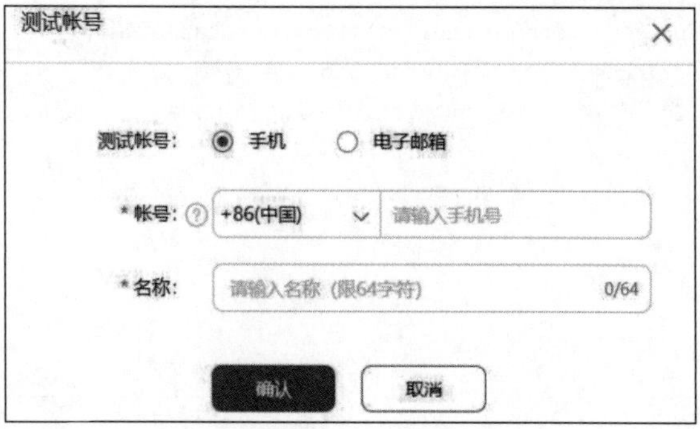

图 7.29　新增"测试账号"界面

(3) 填写测试账号信息后，单击"确定"按钮，注意，账号必须填写已注册、真实的华为账号，同时新增的华为测试账号在 30 分钟到 1 小时后才能生效。

配置好测试账号后，确保 APK 版本符合沙盒环境要求，这样再登录测试账号去购买时，就可以进入沙盒测试环境了。为了能更顺利地使用沙盒测试，华为 IAP 还提供了一个沙盒测试的调试接口 isSandboxActivated,可以用来定位当前环境是否满足沙盒测试的约束。如果不满足,可以通过该接口的返回结果知道不满足沙盒测试的原因。在项目的 PurchasesService.java 中添加一个检查沙盒环境的函数,具体代码如下所示。

```
PurchasesService.java 文件
------------------------------------------------------------------------
/**
 * 测试是否是沙盒账号
 */
public static void checkSandbox(Context context) {
    IapClient mClient = Iap.getIapClient(context);
    Task < IsSandboxActivatedResult > task = mClient.isSandboxActivated(new IsSandbox-
ActivatedReq());
    task.addOnSuccessListener(new OnSuccessListener<IsSandboxActivatedResult>() {
        @Override
        public void onSuccess(IsSandboxActivatedResult result) {
            Log.i(TAG, "isSandboxActivated success");
            String stringBuilder = "errMsg: " + result.getErrMsg() + '\n' +
                    "match version limit : " + result.getIsSandboxApk() + '\n' +
                    "match user limit : " + result.getIsSandboxUser();
            Log.i(TAG, stringBuilder);
        }
    }).addOnFailureListener(new OnFailureListener() {
        @Override
        public void onFailure(Exception e) {
            Log.e(TAG, "isSandboxActivated fail");
            if (e instanceof IapApiException) {
                IapApiException apiException = (IapApiException) e;
                int returnCode = apiException.getStatusCode();
                String errMsg = apiException.getMessage();
                Log.e(TAG, "returnCode: " + returnCode + ", errMsg: " + errMsg);
            } else {
                Log.e(TAG, "isSandboxActivated fail, unknown error");
            }
        }
    });
}
```

通过接口返回的 IsSandboxActivatedResult,可以清楚地知道当前环境是否满足沙盒测试环境。我们先登录一个还没有配置为沙盒测试的华为账号,在会员中心页面的 onCreate 方法暂时添加 IsSandboxActivatedResult 函数的调用,运行项目,从接口返回可以清楚得知当前用户是否为沙盒测试的用户。

现在再次拉起支付,可以看到支付流程有沙盒测试的提示,如图 7.30 所示。

图 7.30 沙盒测试应用内支付界面

7.1.8 体验应用测试上架

1. 华为云测试服务

云测试服务是华为针对开发者打造的 App 测试平台，包含了云测试和云调试两项服务，可以帮助开发者方便、高效地集成华为开放能力，实现快速验证和交付。本节重点介绍云测试服务，读者可前往华为开发者联盟学习云调试服务，开发者需要注意上架对应用的包名有唯一性校验，避免上传冲突。

云测试提供了兼容性、稳定性、性能和功耗测试，能够检测出应用在华为手机上安装、启动、卸载以及运行的过程中的崩溃、闪退、黑白边等异常，同时还能够收集 App 运行中性能及功耗的关键指标数据，帮助开发者提前发现并精确定位以解决各种问题。

云测试服务通过华为开发者联盟对外开放，开发者在开发者联盟管理中心可以方便地找到云测试服务的入口。使用注册的账号登录华为开发者联盟，进入管理中心，单击右上角"自定义桌面"按钮，如图 7.31 所示。

在测试服务中找到云测试并选中，如图 7.32 所示。

关闭自定义桌面，返回管理中心。单击左侧导航栏的应用服务选项，在测试服务中可以看到云测试选项，如图 7.33 所示。

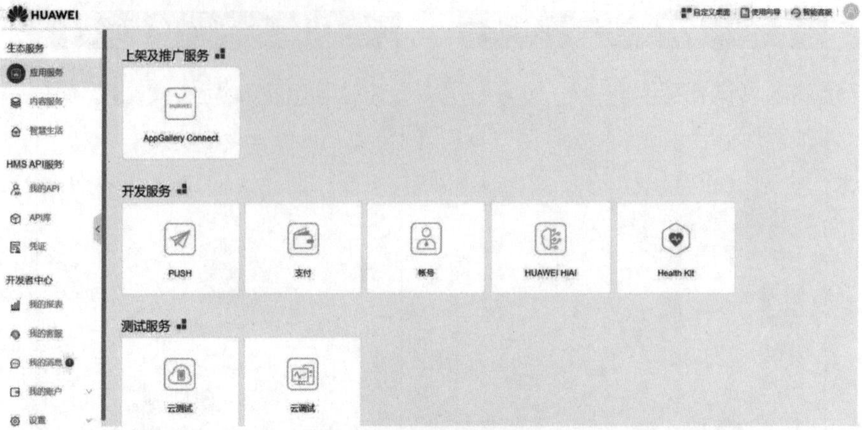

图 7.31　管理中心界面

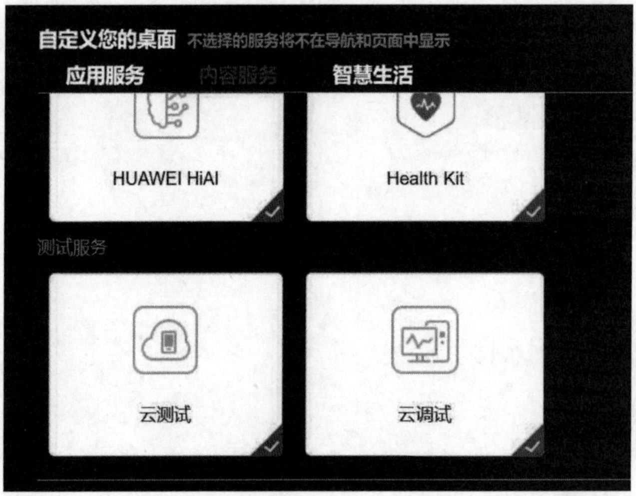

图 7.32　管理中心自定义桌面界面

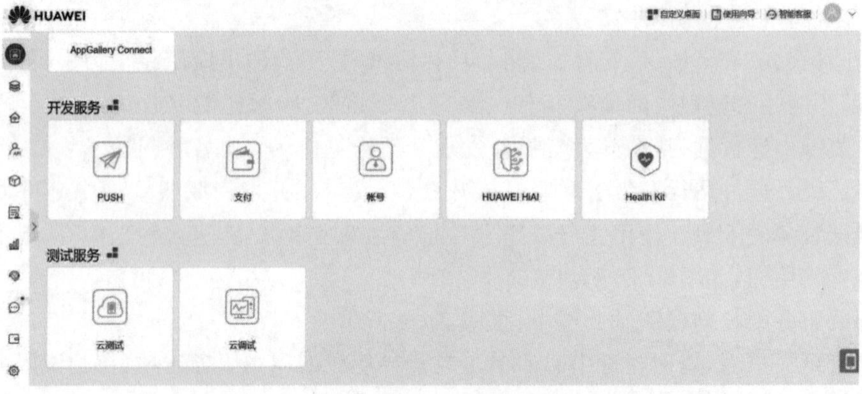

图 7.33　加入测试服务后的管理中心界面

单击并进入云测试页面后即可创建不同的测试任务。若之前未创建过云测试任务，则会直接打开创建云测试任务页面，若之前已创建过测试任务，单击右上角的“创建测试”按钮即可打开创建云测试任务页面，如图7.34所示。

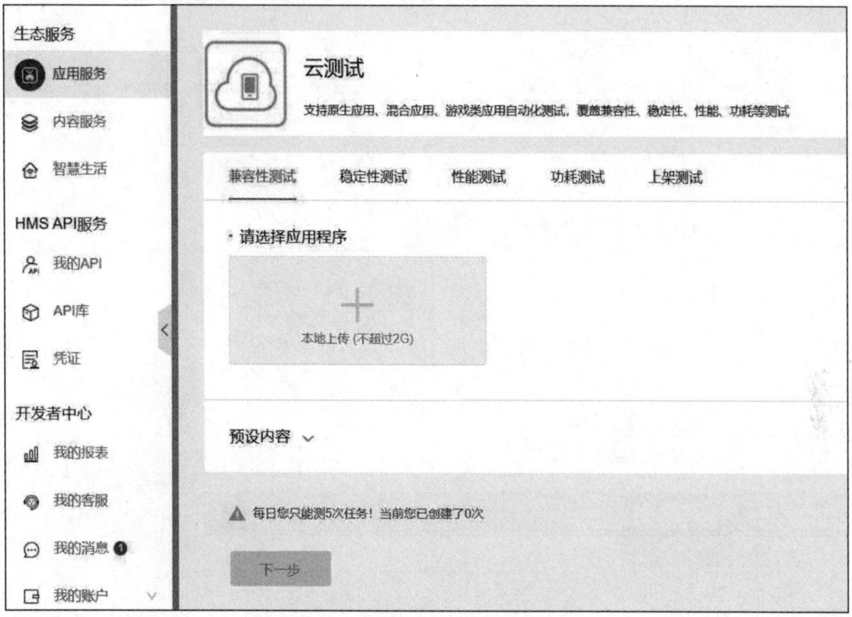

图7.34 创建云测试任务页面

下面将详细介绍如何使用云测试服务对App进行兼容性、稳定性、性能和功耗测试。

1）兼容性测试

兼容性测试可快速在真机上验证应用的兼容性，包含首次安装、再次安装、启动、崩溃、无响应、闪退、运行错误、UI异常、黑白屏、无法退回、卸载等检查项，各项检测定义如下。

(1) 首次安装：应用下载后首次不能正常安装。

(2) 再次安装：应用卸载后，不能再次正常安装。

(3) 启动：启动后无响应，不能进入应用首页。

(4) 崩溃：运行过程中出现类似“××应用已停止运行”弹窗。

(5) 无响应：运行过程中出现“××应用无响应”弹窗。

(6) 闪退：运行过程中某个操作导致非正常退出到桌面。

(7) 运行错误：运行过程中某个操作产生了不符合预期的结果，可能是应用界面或后台逻辑不符合预期。

(8) UI异常：页面控件显示不完全。

(9) 黑白屏：页面存在非设计的黑屏、白屏。

(10) 无法退回：应用进入某个页面后无法退出该页面且无法退出应用(只能强杀进程关闭)。

(11) 卸载：应用无法卸载或卸载出现残留。

下面将介绍如何创建兼容性测试任务,对 App 进行兼容性测试。

(1) 在创建云测试任务页面中单击“兼容性测试”标签页,单击“本地上传”选项,上传宠物商城 APK,如图 7.35 所示。

图 7.35 创建兼容性测试任务

(2) 单击“下一步”按钮,进入选择机型界面,可按照手机品牌和 Android 版本过滤测试机型,如图 7.36 所示。

图 7.36 选择测试机型界面

(3) 选择完测试机型以后,单击“确定”按钮,提交测试任务。测试任务提交成功以后,会弹出提示提交成功的对话框,如图 7.37 所示。

图 7.37 测试任务提交结果图

(4) 单击“前往测试报告”按钮,进入测试报告查看页面,如图 7.38 所示。

(5) 等待测试完成,单击“查看”按钮,即可查看详细的测试报告。兼容性测试报告中呈现了应用在华为手机上运行中出现的首次安装、再次安装及卸载失败的问题,以及检测出的启动失败、崩溃、无响应、闪退等问题,如图 7.39 所示。

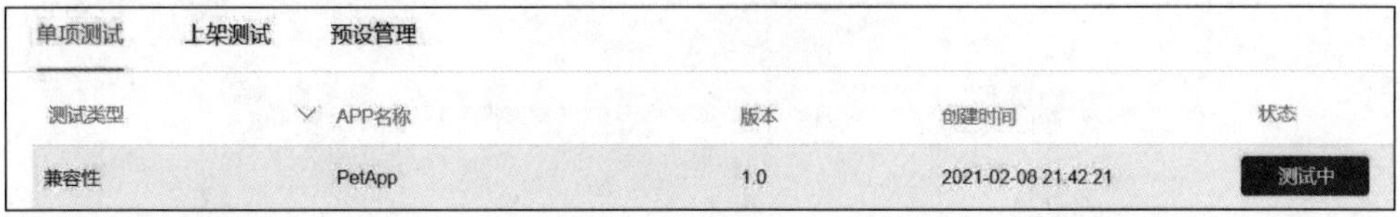

图 7.38 测试报告查看界面

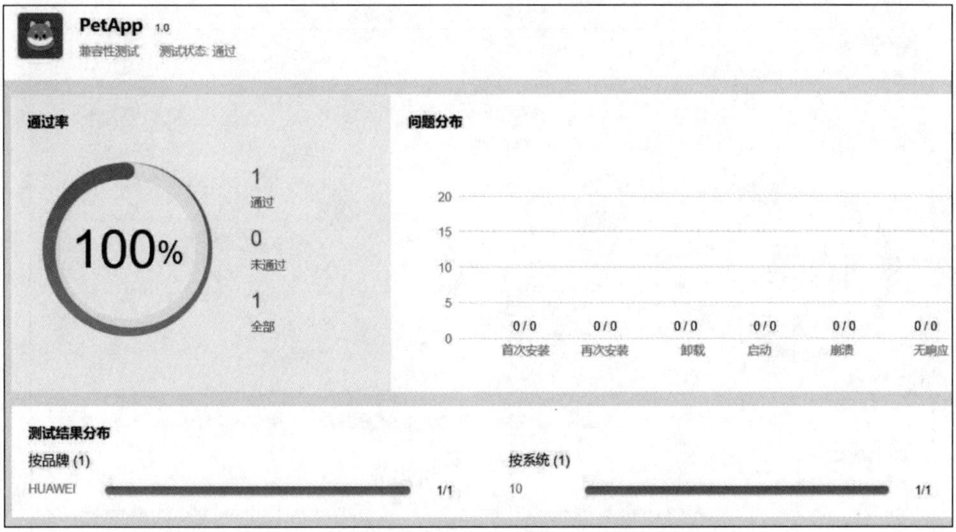

图 7.39 测试报告详情界面

2) 稳定性测试

稳定性测试提供了遍历测试和随机测试,能够测试应用在华为手机上的内存泄漏、内存越界、冻屏、崩溃等稳定性问题。稳定性测试的创建步骤和兼容性测试类似,这里不再详细阐述,不同点是在创建稳定性测试任务时,需要指定测试时长,如图 7.40 所示。

稳定性测试报告中列出了测试过程中采集到的崩溃、无响应、错误数以及资源泄漏数,如图 7.41 所示。如果单个检测项的问题数量超过 10 个,则稳定性测试不通过。

图 7.40　创建稳定性测试界面

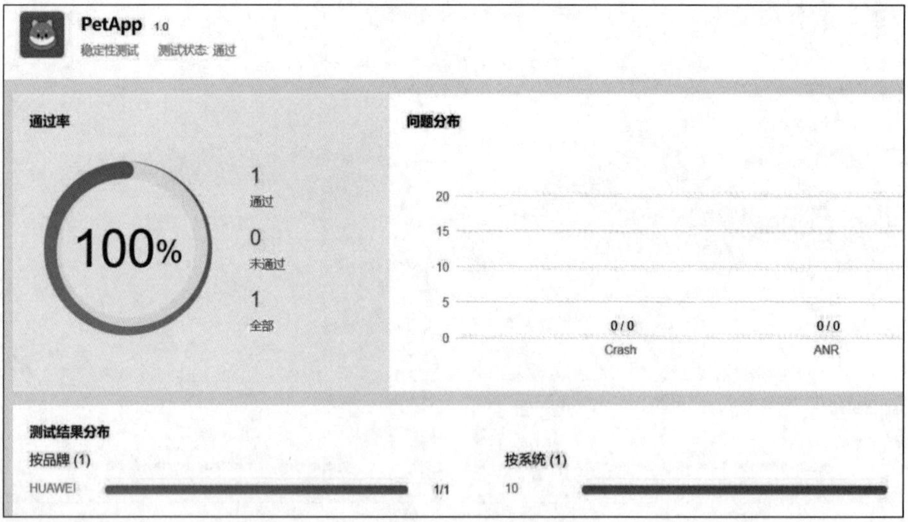

图 7.41　稳定性测试报告详情界面

3）性能测试

性能测试会采集应用的性能数据，如 CPU、内存、耗电量、流量等关键指标。性能测试的创建步骤和兼容性测试类似，这里不再详细阐述，不同点是在创建性能测试任务时，需要指定应用的分类，如图 7.42 所示。

性能测试报告中呈现了测试过程中收集到的冷热启动时长、帧率以及 App 对内存和 CPU 的占用数据，如图 7.43 所示。

图 7.42　创建性能测试界面

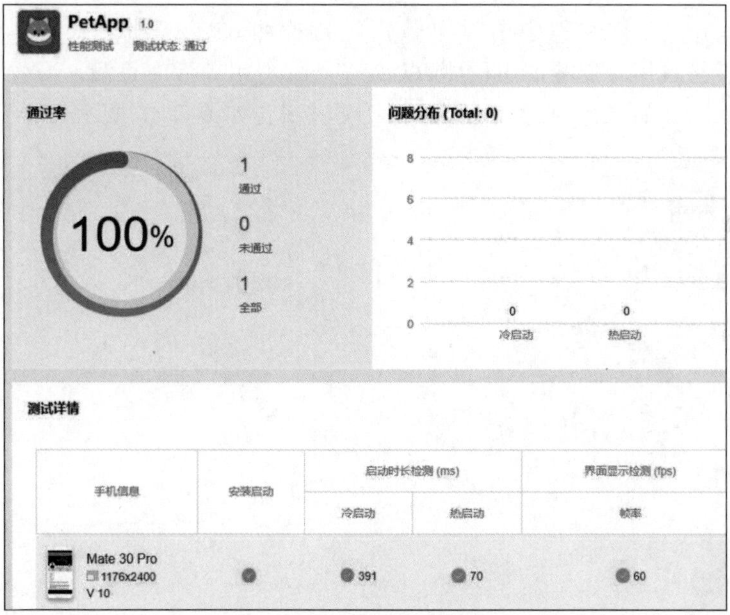

图 7.43　性能测试报告详情界面

4）功耗测试

功耗测试会检测功耗的各项关键指标。功耗测试的创建步骤和兼容性测试类似，这里不再详细阐述，不同点是在创建功耗测试任务时需要选择应用的分类，如图 7.44 所示。因为应用分类会影响某些检测项的评估结果，如音频占用检测对音频、视频类应用的评估标准与其他应用不同。

图 7.44　创建功耗测试界面

通过采集 App 运行过程中的耗电数据进行检测，包含 Wakelock 时长、屏幕占用、WLAN 占用、音频占用等资源占用检测，以及 Alarm 占用等行为检测。开发者通过功耗测试报告可以清晰地了解 App 的功耗情况，功耗测试报告如图 7.45 所示。

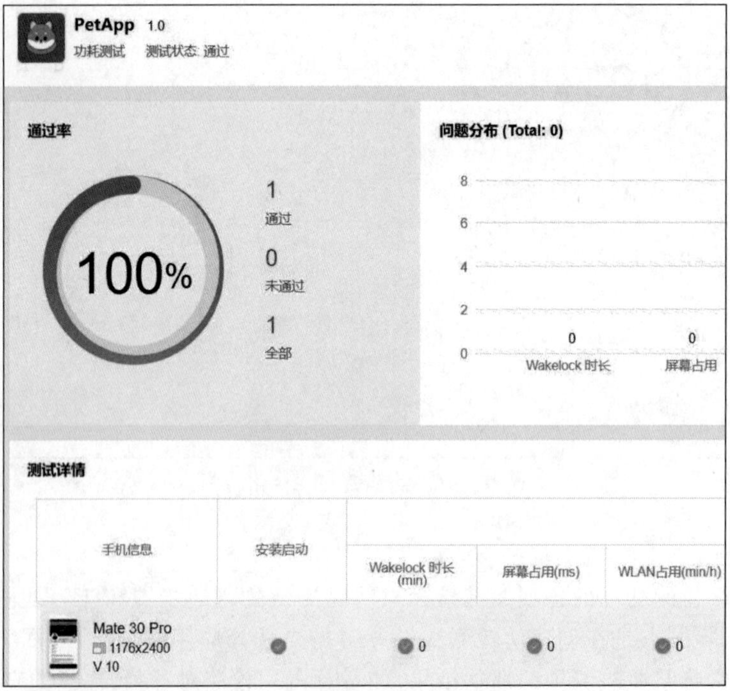

图 7.45　功耗测试报告详情界面

2. 提交应用上架

测试完成以后，就可以将应用发布到华为应用市场了。华为应用市场是华为官方的应用分发平台，通过开发者实名认证、四重安全检测等机制保障应用安全。发布 App 到华为应用市场，主要分为 4 个步骤：登录并发布应用、应用基础信息设置、分发信息设置和提交上架确认，登录并发布应用可参考 7.1.2 节，这里重点介绍其他三个步骤。

1）应用基础信息设置

(1) 登录华为开发者联盟，并进入 AppGallery Connect 页面，单击“我的应用”按钮，在应用列表中找到宠物商城 App，单击应用名称，进入“应用信息”页面，选择兼容的设备，如图 7.46 所示。

图 7.46　App 版本信息界面

(2) 完善语言、应用名称、应用介绍、应用图标等信息后，单击右上角的“保存”按钮即可完成基本信息设置。

2）分发信息设置

(1) 单击版本信息导航栏下的“准备提交”按钮，在软件版本目录下单击“软件包管理”按钮，上传需要发布的 APK，如图 7.47 所示。

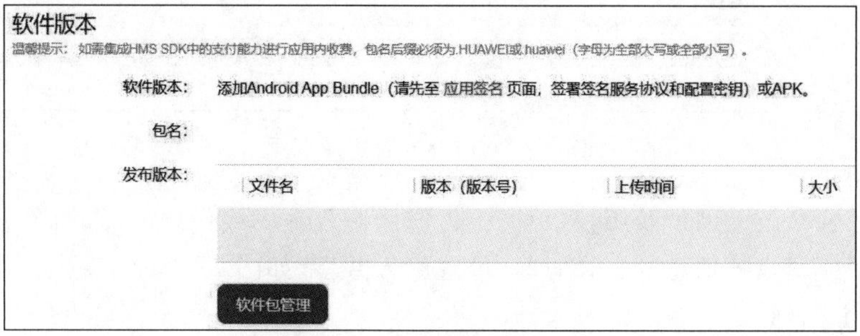

图 7.47　上传 APK 界面

（2）设置付费情况和应用内资费类型，如图 7.48 所示。

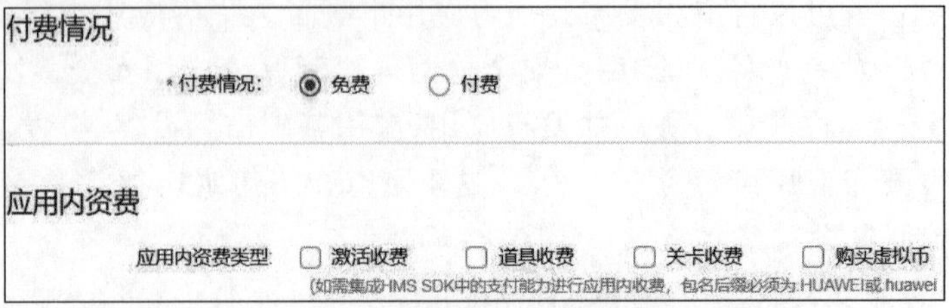

图 7.48　设置付费情况和应用内资费类型界面

（3）单击“管理国家及地区”按钮，选择分发的国家及地区，如图 7.49 所示。

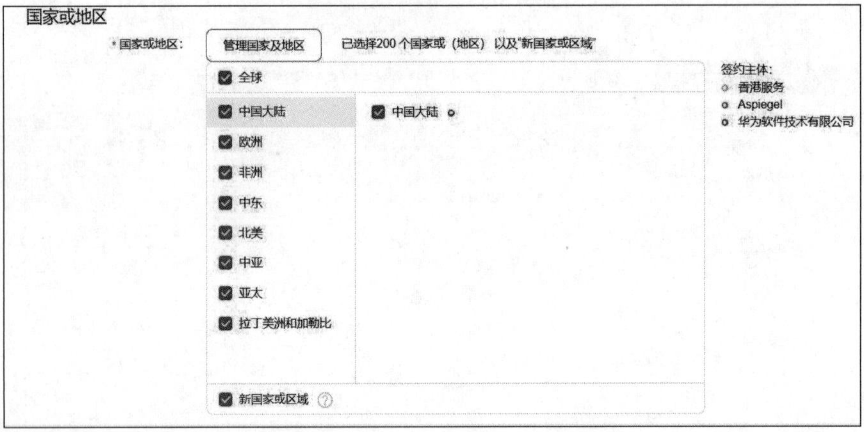

图 7.49　选择分发国家及地区界面

（4）单击“分级”按钮，根据年龄分级标准选择合适的分级，如图 7.50 所示。

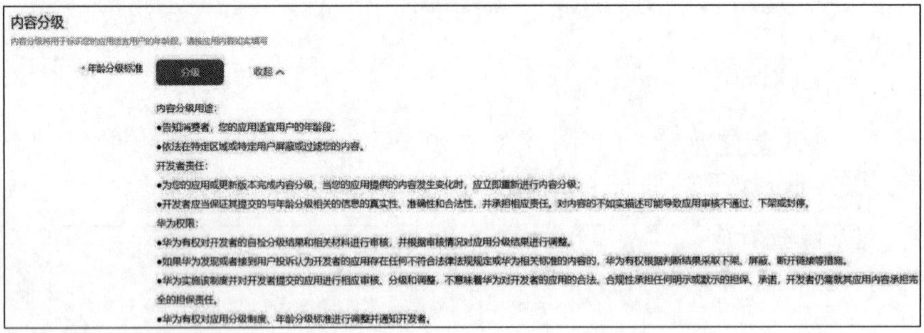

图 7.50　内容分级选择界面

（5）填写隐私政策网址及版权信息，上传应用版权证书或代理证书，如图 7.51 所示。

（6）填写应用审核信息及上架时间，设置家人共享，如图 7.52 所示。

3）提交上架确认

应用相关信息填写完毕后，单击右上角的“提交”按钮，等待审核，如果应用被驳回，华为

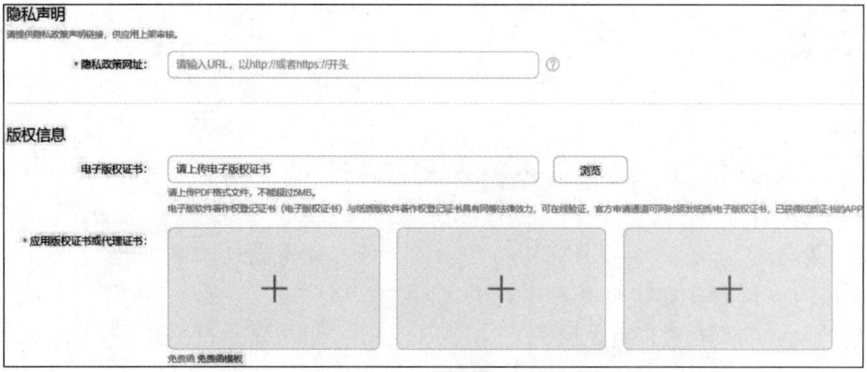

图 7.51　填写隐私政策和版权信息界面

图 7.52　填写应用审核信息、上架时间和设置家人共享界面

应用市场审核人员将会发送邮件到联系人邮箱进行通知，审核通过后，就可以在华为应用市场搜索到发布的 App 了。

关于升级应用、查看应用等其他华为应用市场的操作可参考应用市场的应用创建与管理指导文档。

7.2 小结

本章以宠物商城项目为背景，开发了注册登录模块、消息中心模块、个人中心模块、设置模块、观看宠物图片模块以及会员中心模块，在开发功能的同时，集成了华为 HMS 中的账号服务、推送服务和应用内支付服务，并对开发的应用进行了测试与上架。

7.3 习题

选择题

1. 推送服务中可实现向客户端推送消息的有哪些？（　　）

A. 应用服务器　　B. AppGallery Connect

C. 客户端　　D. 浏览器

2. 应用内支付服务支持哪几种支付方式？（　　）

A. 沙盒测试环境下的支付　　B. 非沙盒测试环境下的支付

C. 支付宝支付　　D. 微信支付

3. 华为云测试服务包含哪几部分？（　　）

A. 云测试　　B. 云调试　　C. 云管理　　D. 云应用

4. 云测试包含哪几种测试方式？（　　）

A. 兼容性测试　　B. 功耗测试　　C. 稳定性测试　　D. 性能测试

5. 兼容性测试主要包含以下几种？（　　）

A. 启动　　B. 崩溃　　C. 无响应　　D. 运行错误

6. 稳定性测试报告中列出了以下哪几种测试结果？（　　）

A. 崩溃数　　B. 无响应数　　C. 错误数　　D. 资源泄漏数

7. 性能测试会采集以下哪些应用数据？（　　）

A. CPU　　B. 内存　　C. 耗电量　　D. 流量

8. 提交应用上架分为以下几个步骤？（　　）

A. 登录并发布应用　　B. 应用基础信息设置

C. 分发信息设置　　D. 提交上架确认